Grundzüge der Wirtschaftsinformatik

Peter Mertens · Peter Buxmann · Thomas Hess
Oliver Hinz · Jan Muntermann · Matthias Schumann

Grundzüge der Wirtschaftsinformatik

13., überarbeitete und erweiterte Auflage

Springer Gabler

Peter Mertens
Friedrich-Alexander-Universität Erlangen-
Nürnberg
Nürnberg, Deutschland

Thomas Hess
Ludwig-Maximilians-Universität München
München, Deutschland

Jan Muntermann
Universität Augsburg
Augsburg, Deutschland

Peter Buxmann
Technische Universität Darmstadt
Darmstadt, Deutschland

Oliver Hinz
Goethe-Universität Frankfurt
Frankfurt, Deutschland

Matthias Schumann
Georg-August-Universität Göttingen
Göttingen, Deutschland

Bis zur 11. Auflage:

Arnold Picot
LMU München
Forschungsstelle für Information, Organisation und Management

Bis zur 12. Auflage:

Wolfgang König
Universität Frankfurt
Institut für Wirtschaftsinformatik und Freimut Bodendorf
Universität Erlangen-Nürnberg
Lehrstuhl für Wirtschaftsinformatik II

SAP und SAP HANA sind Marken oder eingetragene Marken der SAP AG in Deutschland und vielen anderen Ländern weltweit.
Alle anderen Produkte sind Marken oder eingetragene Marken der jeweiligen Firmen.

ISBN 978-3-662-67572-4   ISBN 978-3-662-67573-1   (eBook)
https://doi.org/10.1007/978-3-662-67573-1

Die Deutsche Nationalbibliothek verzeichnet diese Publikation in der Deutschen Nationalbibliografie; detaillierte bibliografische Daten sind im Internet über https://portal.dnb.de abrufbar.

Planung/Lektorat: Susanne Kramer
Springer Gabler ist ein Imprint der eingetragenen Gesellschaft Springer-Verlag GmbH, DE und ist ein Teil von Springer Nature.
Die Anschrift der Gesellschaft ist: Heidelberger Platz 3, 14197 Berlin, Germany

Das Papier dieses Produkts ist recyclebar.

Vorwort zur 13. Auflage

Die Informationsgesellschaft beeinflusst viele Aspekte unseres täglichen Lebens. On-line-Käufe sind eine Selbstverständlichkeit, zum Musikkonsum werden Streaming-Dienste verwendet und die Unternehmen nutzen sog. „Soziale Netzwerke" zur Kundenansprache sowie zum Anwerben von Mitarbeitenden. Aus vielen Bereichen des Arbeitens und Lebens sind die Informationstechnik (IT) und damit auch die Wirtschaftsinformatik nicht mehr wegzudenken. Die sogenannte „Digitalisierung" verändert unser betriebliches und privates Leben, ebenso entstehen neue Produkte und Dienstleistungen. Daraus resultiert die Notwendigkeit, Grundzüge der Wirt-schaftsinformatik zunehmend in Ausbildungsgängen auf unterschiedlichen Ebenen des Bildungssystems zu vermitteln. Dieses Buch soll solche Lehrveranstaltungen vor-bereiten und ergänzen.

Diesem Buch wird ein Lehrplan zugrunde gelegt, bei dem die Lernenden bereits persönliche Erfahrungen im Umgang mit Computern und Rechnernetzen haben oder diese zu Beginn des Studiums in PC-Labors der Hochschulen sammeln. Aus-gehend vom Basiswissen zu Hardware, Software und Netzwerken, arbeiten wir die Besonderheiten der Rechnerklassen heraus und stellen die Grundlagen von Netz-werken, insbesondere des Internets, dar. In dem Maße, wie im fortschreitenden Bachelor-Studium betriebswirtschaftliches Wissen gelehrt wird, kann im Wirtschaftsinformatik-Unterricht gezeigt werden, wie man Aufgabenbereiche in Unternehmen mit der IT unterstützt. Die gelernten Konzepte finden Verwendung in modernen Anwendungssystemen. Die integrierte Sicht auf diese Anwendungen, die ein Charakteristikum der Wirtschaftsinformatik ist, fördert auch das Denken in be-trieblichen Funktionen und Prozessen. So ist es gegen Ende eines Bachelor-Studiums möglich, dass die Studierenden Bezüge zwischen dem Stoff aus verschiedenen Funktionallehren (Absatz, Produktion, Rechnungswesen usw.) herstellen.

Das Buch liegt hiermit in der dreizehnten Auflage überarbeitet vor. Im Grund-lagen-▶ Kap. 1 und – mehr ins Detail gehend – in ▶ Kap. 7 werden Konzepte der „Digitalisierung" und des „Digitalen Wandels" stärker ausdifferenziert und die Voraussetzungen dieses Wandels in Gesellschaft und Wirtschaft (technische Innova-tionen, Strukturen, Kultur, Steuerung) ausführlicher dargestellt. Insbesondere der Abschnitt zu Daten, Informationen und Wissen wurde um das Thema „Künstliche Intelligenz" erweitert. Im ▶ Kap. 2 über Rechner und Netze kamen Informationen zur Arbeitsteilung zwischen im Netz verteilten Rechner- und Speicherressourcen in Form von Cloud Computing und Edge Computing sowie eine elementare Ein-führung in Hochleistungsrechner („Supercomputer") hinzu. Im ▶ Kap. 3 über Daten, Informationen und Wissen und an einigen anderen Stellen des Buches wird den intensiven Diskussionen zum Fortschritt der Künstlichen Intelligenz im Hinblick auf betriebliche Anwendungen Rechnung getragen. Im vierten Kapitel über Integ-rierte Anwendungssysteme wurde den Bestrebungen, im Produktionssektor stärker zu automatisieren, vor allem mittels Kommunikation zwischen Fertigungsmaschinen, Lagersteuerung, Logistik („Industrie 4.0"), Rechnung getragen, aber auch Weiter-entwicklungen bei Finanzdienstleistungen (Zahlungsverkehr, Elektronische Handels-systeme, Marktdatensysteme, Kernbankensysteme) sind skizziert. In moderne An-sätze der Software- und Systementwicklung, wie z. B. sog. Agile Methoden oder

Low-Code-Lösungen und in die Problematik der Datenschutzverordnungen wird in den ▶ Kap. 5 und 6 eingeführt.

Mit der Bedeutung dieser umfassenden Veränderungen hat sich der Umfang des Buches leicht erhöht. Dennoch sind die Autoren sich darüber klar, dass es bei der rasanten Entwicklung der Wirtschaftsinformatik immer schwerer wird, einen für die Grundlagen geeigneten Ausschnitt auf begrenztem Raum darzustellen. Auf manchen aus anderen Lehrbüchern „gewohnten" Stoff musste daher verzichtet werden, was uns nicht immer leichtfiel.

Auch bei den Autoren haben sich Veränderungen ergeben. Die Mitverfasser Freimut Bodendorf und Wolfgang König sind nach langer Tätigkeit für das Buch mit ihrer Emeritierung ausgeschieden. Die Weiterentwicklung der Kapitel haben für sie dankenswerterweise die Professoren Hinz und Muntermann übernommen.

Die folgenden Mitarbeitenden haben wertvolle Hilfe bei der Ausarbeitung der dreizehnten Auflage geleistet: Florentina Hager (TU Darmstadt) und Luc Becker (Universität München) bei der Überarbeitung einzelner Kapitel; Tobias Nießner sowie Lars Wilhelmi (beide Universität Göttingen) haben neben der inhaltlichen Unterstützung mit viel Akribie und Einsatz die Texte abgestimmt und die Aufbereitung für den Verlag übernommen.

Anglizismen treten gerade in der Wirtschaftsinformatik häufig auf und werden in der Fachliteratur sehr unterschiedlich und auch unsystematisch geschrieben. Hier haben wir uns um eine rigorose Vereinheitlichung auf der Grundlage der Vorschriften des Rechtschreib-Dudens bemüht, auch wenn wir dadurch zuweilen von der üblichen Schreibweise abweichen. Des Weiteren wird aus Gründen der besseren Lesbarkeit und mit Rücksicht auf Leserinnen und Leser, die nicht aus dem deutschen Sprachraum kommen, nicht grundsätzlich „gegendert". Vielmehr haben wir Aufgaben zum Teil Damen, zum Teil Herren zugewiesen. Die Autoren wissen, dass die deutschsprachige Wirtschaftsinformatik in Forschung und Lehre viele Initiativen Damen verdankt und dass auch viele bedeutende Fach- und Führungsaufgaben in der Wirtschaftspraxis von Damen wahrgenommen werden.

Unseren Leserinnen und Lesern sind wir im Voraus für jede Rückmeldung über Erfahrungen bei der Nutzung dieses Buches dankbar.

Peter Mertens
Nürnberg, Deutschland

Peter Buxmann
Darmstadt, Deutschland

Thomas Hess
München, Deutschland

Oliver Hinz
Frankfurt, Deutschland

Jan Muntermann
Augsburg, Deutschland

Matthias Schumann
Göttingen, Deutschland

Inhaltsverzeichnis

Wirtschaftsinformatik – Eine Einordnung

Inhaltsverzeichnis

1

1.1 Digitalisierung und digitaler Wandel als zentrale Herausforderung für die Wirtschaft

Informationstechnologien (IT) haben die Unternehmen in den letzten Jahren verändert. Vor fünf Jahren haben nur wenige Konsumenten Waren über mobile Endgeräte bestellt – heute sind mobile Vertriebskanäle Standard in vielen Branchen. Vor zehn Jahren waren Unternehmen froh, ihre administrativen und dispositiven Prozesse mit sogenannten *Enterprise-Resource-Planning-Systemen* (ERP-Systemen) endlich in den Griff zu bekommen – heute gibt es kaum ein Unternehmen, das kein ERP-System einsetzt, viele investieren z. B. in umfassende Systeme zum Management von Kundenbeziehungen. Noch vor zehn Jahren war die Nutzung dieser sogenannten digitalen Technologien für Fahrzeuge in der Automobilbranche eher ein Randthema – heute beschäftigen sich alle Automobilhersteller sehr intensiv mit Softwareunterstützung. Unternehmen aus etablierten Branchen, wie etwa dem Maschinen- und Automobilbau und der Medienbranche, sehen den richtigen Umgang mit digitalen Technologien mittlerweile als Teil ihrer Identität an – ganz anders als noch vor wenigen Jahren.

Natürlich gibt es auch immer wieder Vorhaben zur Einführung neuer digitaler Technologien, die scheitern. Erinnert sei z. B. an die anhaltenden Versuche der Einführung einer Gesundheitskarte in Deutschland oder die vielen neu gegründeten Unternehmen (Start-ups), die sich mit ihren Technologie-getriebenen Produktinnovationen am Markt nicht durchsetzen konnten. Ähnlich erging es auch der Corona-Warn-App, die mit Unterstützung der Robert-Koch-Instituts gestaltet, aber nicht ausreichend von der deutschen Bevölkerung angenommen wurde, um den gewünschten Effekt zu erzielen (Horstmann et al. 2021). Auch sind manche Fusionen, etwa im Finanzdienstleistungssektor, am Thema Informationstechnologie gescheitert.

Schon diese wenigen Beispiele zeigen, dass IT für die Wirtschaft sowohl Chancen als auch Risiken birgt. So werden die Digitalisierung und der sich daraus ergebende digitale Wandel als zentrales Thema für Unternehmen und für die Wirtschaft insgesamt angesehen (BMWK 2022). Und dies wird auf absehbare Zeit auch so bleiben, wahrscheinlich wird sich die Entwicklung sogar noch verstärken.

1.2 Mehrwert der Wirtschaftsinformatik

Es stellt sich die Frage, wie man die beschriebenen Themen systematisch angehen kann. Eine rein auf technologische Aspekte fokussierte Betrachtung greift zu kurz, sind doch viele Dinge technisch möglich, aus Sicht eines Unternehmens aber wenig sinnvoll. Genauso springt eine rein wirtschaftliche Betrachtung zu kurz. Nicht alles, was wirtschaftlich wünschenswert ist, ist auch technisch umsetzbar. Erforderlich ist daher eine integrierte Betrachtung der Themen an der Schnittstelle zwischen Wirtschaft einerseits sowie IT andererseits. Einige Beispiele sollen dies verdeutlichen:

- *Wearables* sind tragbare Endgeräte, die der Nutzer am Körper trägt. Der Hersteller traditioneller Uhren fragt sich, ob diese neue Technologie seine Marktposition gefährdet. Ein Start-up wird dagegen nach neuen oder veränderten Lösungen mit den Wearables suchen. Um derartige Fragen zu beantworten, ist sowohl ein Verständnis der Technologie als auch der latenten Bedürfnisse potenzieller Kunden erforderlich.

- Startet ein Unternehmen ein Kostensenkungsprogramm, dann stehen in der Regel auch Einsparungen im IT-Bereich auf der Agenda. Ein typisches Thema ist die Vereinheitlichung der IT-Landschaft, d. h. gleiche Aufgaben im Unternehmen (wie etwa die Vertriebsunterstützung) sollen durch ein einziges System und nicht durch unterschiedliche Systeme unterstützt werden. Wird dies erreicht, dann führt das in der Regel zu geringeren Lizenz- und Betreuungskosten. In Fällen, in denen Systeme weitgehend redundant sind, kann die Reduktion der Systeme allerdings nur durch eine integrierte Betrachtung technischer Aspekte (z. B. der zugrunde liegenden Technologien) und ökonomischer Aspekte (z. B. welche Aufgaben sind gleich?) geprüft werden.
- Soll eine Musikdatei mittels einer Abspiel-Software („Media Player") Musik von verschiedenen Herstellern wiedergeben können, dann müssen die Hersteller eine Vereinbarung über das Format treffen, mit dem die Musik abgespielt werden kann. Aus Sicht des einzelnen Herstellers stellt sich die Frage, ob er die Etablierung eines derartigen Standards forcieren oder lieber ein eigenes („proprietäres") Format festlegen soll. Die Frage kann er nur beantworten, wenn er sowohl die Marktkonstellation als auch die technischen Anforderungen an ein Format kennt.
- *In-Memory-Datenbanksysteme* (s. ▶ Abschn. 3.1.2.5) erlauben relativ große Datenbestände im schnellen Hauptspeicher zu halten, eine Auslagerung auf langsamere externe Speicher, wie z. B. Festplatten, ist nicht erforderlich. Ein Unternehmen, das diese Technologie einsetzen möchte, muss prüfen, ob der Nutzen (etwa durch schnellere Planungsrechnungen) wirklich die Kosten übersteigt und wie genau die Datenstruktur in der In-Memory-Datenbank anzulegen ist.

In allen genannten Fällen bringt die integrierte Betrachtung ökonomischer und technischer Aspekte einen Mehrwert. Eine derartige integrierte Betrachtung ist Kern und Alleinstellungsmerkmal der Wirtschaftsinformatik (WI).

❑ Abb. 1.1 beschreibt die sechs zentralen Themenfelder der WI. Ausgangspunkt der WI sind neue Entwicklungen der IT, so die erwähnten In-Memory-Datenbanksysteme. Mittels Methoden der Digitalisierung, etwa aus der Software-Technik (s. ▶ Abschn. 5.4), werden daraus konkrete Lösungen für praktische Probleme entwickelt. Ergebnis sind Anwendungssysteme (AS) – im Beispiel der In-Memory-Datenbanksysteme etwa ein Modul, mit dem man schneller als bisher Szenarien rechnen kann. Mit Hilfe einer zweiten Klasse von Methoden, denen des digitalen Wandels, werden die neuen Anwendungssysteme genutzt, um die wirtschaftliche Realität zu verändern – in unserem Beispiel würde die Planungsrechnung eines Unternehmens ganz anders aussehen als bisher.

Im Ergebnis entsteht eine digitalisierte Wirtschaft. Letztere entsteht sowohl durch den digital getriebenen Wandel etablierter Unternehmen als auch durch IT-basierte Startups. Übergreifend kommt das IT-Management ins Spiel, es beschäftigt sich mit dem Management von IT-Lösungen und der dafür erforderlichen Infrastruktur.

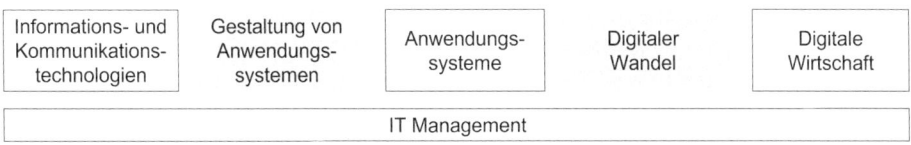

Informations- und Kommunikations-technologien	Gestaltung von Anwendungs-systemen	Anwendungs-systeme	Digitaler Wandel	Digitale Wirtschaft
IT Management				

❑ **Abb. 1.1** Themenfelder der Wirtschaftsinformatik

1

1.3   Wirtschaftsinformatik als Disziplin

Im Zentrum der Wirtschaftsinformatik stehen die bereits erwähnten betriebliche Anwendungssysteme. Die WI lässt sich als Lehre von der Erklärung und Gestaltung von AS verstehen (WKWI, FB WI der GI 2011). *Erklärungsaufgabe* ist beispielsweise, warum die Auslagerung von Teilen der IT bisweilen nicht immer zum gewünschten Erfolg (wie etwa einer verbesserten Wirtschaftlichkeit) geführt hat. Zu den *Gestaltungsaufgaben* zählt z. B. das Herausarbeiten neuer Lösungen oder Geschäftsmodelle für die Anbieter von Dienstleistungen im Internet.

Das langfristige Ziel der Wirtschaftsinformatik kann man in der *sinnhaften Vollautomation* (Mertens 1995) sehen. Danach ist immer dort eine Aufgabe von einem Menschen auf ein AS zu übertragen, wo die Maschine diese unter betriebswirtschaftlichen Maßstäben wie Kosten oder technischen Maßstäben wie Sicherheit gleich gut oder besser erledigen kann – natürlich unter Berücksichtigung des regulativen Rahmens.

Zur weiteren Konkretisierung der Zielsetzung des Einsatzes von AS kann man zwischen *Administrations- und Dispositionssystemen* auf der einen Seite sowie Planungs- und Kontrollsystemen auf der anderen Seite unterscheiden.

Mithilfe von *Administrationssystemen* will man Abläufe in AS nachvollziehen und damit rationalisieren. In diesem Sinne soll das Buchungs-AS einer Fluggesellschaft die Ticketbuchung unterstützen. *Dispositionssysteme* zielen auf verbesserte Entscheidungen beim Durchführen von Prozessen ab. Als Beispiel ist die Produktionsplanung eines Industriebetriebs zu nennen. *Administrations- und Dispositionssysteme* werden oftmals unter dem Sammelbegriff der *operativen Systeme* zusammengefasst.

Planungssysteme werden verwendet, um zuverlässige Daten für die Zukunftsgestaltung zur Verfügung zu stellen. Als Beispiel implementieren Fluggesellschaften derartige Systeme, um etwa für die vorgegebenen Flugverbindungen die Kapazitäten der zu beschaffenden Flugzeuge zu planen. *Kontrollsysteme* lenken die Aufmerksamkeit der Fach- und Führungskräfte auf beachtenswerte Datenkonstellationen und zeigen auf, in welchen Bereichen Abweichungen zwischen Plan- und Ist-Daten auftreten und daher spezielle Analysen und Abhilfemaßnahmen einzuleiten sind. Planungs- und Kontrollsysteme setzen vorwiegend auf den in den operativen Systemen gesammelten Daten auf und verdichten diese. Letzteres wird durch die breite Basis und die enge Spitze der Pyramide in ◘ Abb. 1.2 veranschaulicht – kongruent zur Aufbauorganisation eines Unternehmens, wenn auch in stark abstrahierter Form. Daneben werden in *Planungs- und Kontrollsystemen* vermehrt externe Daten, die zum Teil über das Internet gewonnen werden (z. B. Soziale Netzwerke), zum Vergleich mit der Konkurrenz oder zur Interessenten- oder Kundenanalyse eingesetzt (s. ▶ Kap. 3).

Mit dieser Betrachtung verbindet die Wirtschaftsinformatik beide Sichten – Wirtschaft und Informatik – über die reine Schnittmenge hinaus. Sie ergänzt diese Sicht um eher in den klassischen Ingenieurwissenschaften verankerten Inhalt, z. B. zur Produktionstechnik, und versteht sich so als interdisziplinäres Fach, das die Brücke zwischen Wirtschaftswissenschaften und Informatik, ergänzt um die und Ingenieurwissenschaften, schlägt (WKWI, GI FB WI 2011). ◘ Abb. 1.3 zeigt diese Positionierung in einer grafischen Darstellung.

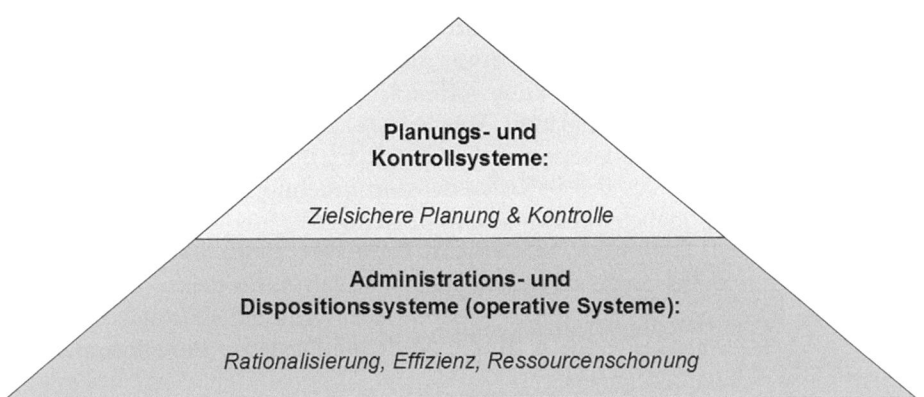

◘ Abb. 1.2 Ziele des Einsatzes von AS

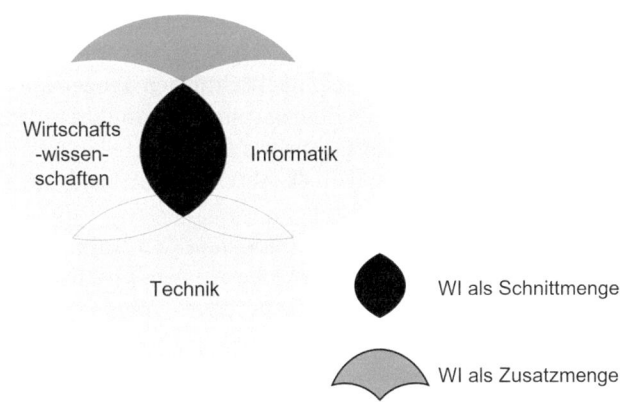

◘ Abb. 1.3 Einordnung der WI in den Fächerkanon

In dieser spezifischen Positionierung ist die WI heute eine etablierte Disziplin in den deutschsprachigen Hochschulen. Entstanden ist sie in den 1960er-Jahren. Die Professuren sind überwiegend in den wirtschaftswissenschaftlichen Fachbereichen angesiedelt. Aufgrund der inzwischen breiten Durchdringung der Gesellschaft mit digitalen Lösungen wird in der WI diskutiert, wieweit sich das Fach auch mit gesellschaftlichen Themen auseinandersetzen soll. (Strahringer et al. 2023)

Wirtschaftsinformatik wird an den Universitäten einerseits als Spezialisierungsfach innerhalb von Studiengängen der Wirtschaftswissenschaften und der Informatik sowie andererseits auch als eigenständiger Studiengang angeboten. Ein ähnliches Bild ergibt sich auch an den Fachhochschulen und Berufsakademien. Das Fach hat eigene Zeitschriften (wie z. B. „Business & Information Systems and Engineering", „Electronic Markets", „HMD Praxis der Wirtschaftsinformatik", „Wirtschaftsinformatik & Management") und eigene Konferenzen (wie z. B. die Internationale Tagung Wirtschaftsinformatik) herausgebildet, ist eng mit der betrieblichen Praxis verbunden und liefert so einen wichtigen gesellschaftlichen Beitrag (WKWI 2016).

1

Auch im englischsprachigen Raum wird die Schnittstelle zwischen Wirtschaft und IT thematisiert, allerdings mit einem etwas anderen Zuschnitt. Im Fach „Information Systems" (IS) stehen die Wirkung vorhandener AS sowie deren effizienter und effektiver Einsatz im Vordergrund. Weniger Beachtung finden in der anglo-amerikanisch geprägten IS-Forschung die Gestaltung innovativer AS sowie technische Aspekte. Diese findet sich in Teilen der dortigen Informatik („*Computer Science*") wieder. Ursprünglich war das Fach Information Systems auf die Anwendungsdomäne Wirtschaft fokussiert. Mittlerweile betrachtet dieses Fach die Nutzung digitaler Technologien auch in vielen gesellschaftlichen Bereichen. Im deutschsprachigen Raum haben sich dafür – neben der Wirtschaftsinformatik" weiter „Bindestrich-Informatiken", wie z. B. die Medizininformatik, Bioinformatik und Rechtsinformatik herausgebildet.

1.4 Konzeption dieses Lehrbuchs

Ziel des Lehrbuchs ist es, Studierenden im Haupt- oder Nebenfach einen grundlegenden und kompakten Überblick über die wichtigsten Teilgebiete der Wirtschaftsinformatik und insbesondere von Digitalisierung und digitalem Wandel zu geben. Dabei nehmen wir eine unternehmenszentrierte Perspektive ein und folgen der Logik des technologischen Imperativs wie er in ◘ Abb. 1.1 zum Ausdruck kommt. Daraus ergibt sich folgende Struktur:

- In ▶ Kap. 2 vermitteln wir einen Überblick über den Aufbau von Rechnern verschiedener Größen, die für unterschiedliche Anwendungsfelder genutzt werden, deren Software sowie deren Vernetzung über technische Kommunikationssysteme.
- Eine besondere Bedeutung im ökonomischen Kontext spielen das Speichern und Verwalten von Daten mithilfe vonDatenbanksystemen sowie das Bereitstellen von Methoden zur systematischen Verarbeitung von Daten. Aus diesem Grund geben wir in ▶ Kap. 3 einen vertiefenden Einblick in Konzeption und Nutzung von Datenbankmanagementsystemen und es wird das Thema Big Data behandelt. Darüber hinaus werden Fragen zur Informationsversorgung von Fach- und Führungskräften sowie zum Management von Wissen behandelt.
- In konkreten Anwendungssystemen treffen die technologischen Möglichkeiten sowie die wirtschaftlichen Anforderungen direkt zusammen. In der Praxis haben sich derartige Systeme über die Jahre entwickelt. Zudem entstehen immer wieder neue unternehmens- und wirtschaftszweigübergreifende Systeme. Mit ▶ Kap. 4 erhalten Sie einen Einblick in spezifische Lösungen für Industrie- und Dienstleistungsunternehmen sowie für unternehmens- und wirtschaftszweigübergreifende Lösungen. Diese werden sowohl singulär als auch insbesondere in ihrem Zusammenwirken („Integration") betrachtet.
- AS werden gestaltet, eingeführt, genutzt, im Rahmen von Wartungsprojekten weiterentwickelt und zu einem vorher nicht prognostizierbaren Zeitpunkt abgeschaltet. Jedes AS durchläuft einen derartigen Lebenszyklus. In ▶ Kap. 5 vermitteln wir einen Überblick über diesen Lebenszyklus. Ergänzend beschreiben wir auch, wie man Software-Unternehmen aufbauen kann und wie deren Lebenszyklus gestaltet ist. Dazu gehört auch das Management der Projekte.

- Die Entwicklung und Einführung neuer AS, so wie wir sie in ▶ Kap. 5 darstellen, ist nur ein Teil des Managements der Ressource IT in einem Unternehmen. In ▶ Kap. 6 skizzieren wir, wie man die Gesamtheit aller IT-Anwendungen in einem Unternehmen sowie die dafür erforderliche Infrastruktur weiterentwickeln kann, wie der IT-Bereich organisiert werden und welchen Wertbeitrag die IT in einem Unternehmen liefern kann.
- IT-Anwendungen eröffnen Unternehmen Chancen für neue betriebswirtschaftliche Konzepte und stellen bestehende in Frage. In ▶ Kap. 7 geben wir einen Überblick, wie diese Chancen und Risiken im Zuge des sogenannten digitalen Wandels aussehen können. Wir gehen dabei sowohl auf innovative Konzepte für die Wertschöpfung und die Führung von Unternehmen als auch für das Management des digitalen Wandels ein.

Eine Einführung in die Programmierung gehört nach unserem Verständnis ebenfalls in eine Grundlagenausbildung zur Wirtschaftsinformatik. Diese ist aber nicht Gegenstand dieses Buchs.

Literatur

BMWK, Bundesministerium für Wirtschaft und Klimaschutz (2022) Den digitalen Wandel gestalten. https://www.bmwk.de/Redaktion/DE/Dossier/digitalisierung.html. Zugegriffen am 09.01.2023

Horstmann KT, Buecker S, Krasko J, Kritzler S, Terwiel S (2021) Who does or does not use the 'Corona-Warn-App' and why? Eur J Public Health 31(1):49–51

Mertens P (1995) Wirtschaftsinformatik: Von den Moden zum Trend. In: König W (Hrsg) Wirtschaftsinformatik'95: Wettbewerbsfähigkeit, Innovation, Wirtschaftlichkeit. Physica, Heidelberg, S 25–64

Strahringer S, Hess T, Österle H, Schumann M (2023) Öffnung der Wirtschaftsinformatik für breite gesellschaftliche Themen: Chance oder Risiko?. HMD Praxis der Wirtschaftsinformatik

WKWI (2016) Wissenschaftliche Kommission Wirtschaftsinformatik (WKWI) im Verband der Hochschullehrer für Betriebswirtschaft e. V. Wirtschaftsinformatik. http://www.wirtschaftsinformatik.de. Zugegriffen am 25.05.2016

WKWI, GI FB WI (2011) Profil der Wirtschaftsinformatik. erschienen u. a.: Enzyklopädie der Wirtschaftsinformatik. https://wi-lex.de/index.php/lexikon/uebergreifender-teil/disziplinen-der-wi/wirtschaftsinformatik/profil-der-wirtschaftsinformatik/. Zugegriffen am 16.05.2023

Technische Grundlagen

Inhaltsverzeichnis

2

2.1 Rechner

Ein Rechner besteht i. d. R. aus den Komponenten *Hardware*, *Betriebssystem* und *Anwendungssoftware* und tritt für die Nutzenden in verschiedenen Formen und Varianten in Erscheinung, wie bspw. als Personal Computer (PC) oder mobiles Endgerät (s. ▶ Abschn. 2.1.1). Das *Drei-Schichten-Modell* von Hardware, Betriebssystem und Anwendungssoftware charakterisiert grundlegend den Aufbau und die Zusammenarbeit dieser Komponenten eines Rechners vor dem Hintergrund des betrieblichen Einsatzes (vgl. ❑ Abb. 2.1).

Hardware beschreibt alle physischen Geräte und Komponenten, die Rechenprozesse und Datentransfer ermöglichen (s. ▶ Abschn. 2.1.1). Software bildet die Voraussetzung für den Betrieb eines Rechners und bezeichnet allgemein in einer Programmiersprache geschriebene Programme, die nach Übersetzung auf einem Rechner ausführbar sind. Man unterscheidet nach dem Kriterium der Nähe zur Hardware bzw. der Nähe zur Anwendung zwischen Betriebssystem einerseits und Anwendungssoftware andererseits.

Eine zentrale Anforderung des *Betriebssystems* eines Rechners besteht darin, die physischen Leistungen der Hardware einfacher nutzbar zu machen und für die konkrete Ausführung der Softwareanwendungen zur Verfügung zu stellen. Beispielsweise wäre es unwirtschaftlich, in jedem Anwendungsprogramm eine eigene Druckersteuerung vorzusehen, die Vorkehrungen für den Fall trifft, dass kein Papier mehr verfügbar ist. Darüber hinaus sind vielfältige weitere Verwaltungs- und Überwachungsleistungen zu erbringen, die im Rahmen einer Betriebssystemsoftware zusammengefasst werden.

Die für die spezifische Tätigkeit ausgelegte *Anwendungssoftware* wird in den meisten Fällen auf Basis eines Betriebssystems genutzt und gliedert sich in zwei Klassen: Als Standardsoftware bezeichnet man Programme, die nicht für einen einzelnen Anwender, sondern für eine Vielzahl von Kunden mit gleichen oder ähnlichen Aufgaben

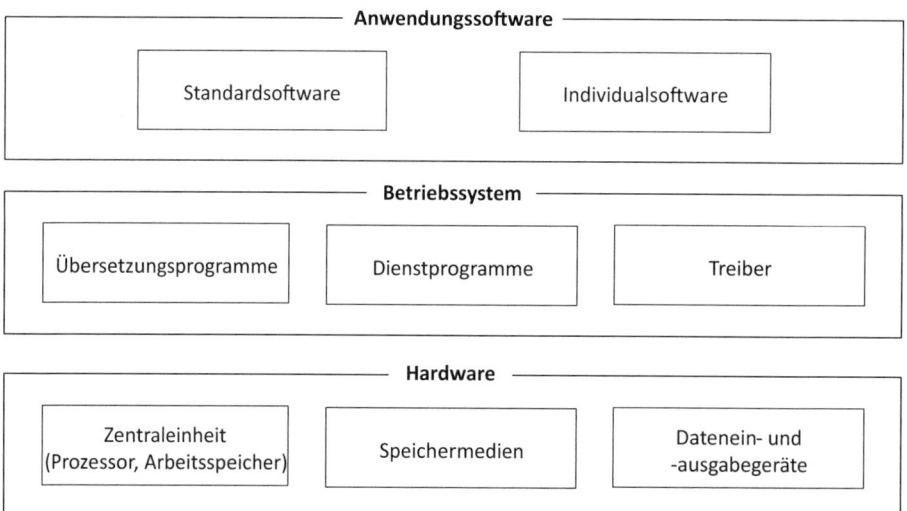

❑ **Abb. 2.1** Drei-Schichten-Modell von Rechnersystemen

entwickelt werden. Demgegenüber wird Individualsoftware (z. B. zur Steuerung einer Gepäckbeförderungsanlage) speziell auf den Bedarf eines Benutzers entwickelt und kann häufig ohne Anpassungen nicht von anderen Anwendern (z. B. andere Abteilungen oder Unternehmen) eingesetzt werden.

2.1.1 Hardware

Unter Hardware versteht man, vereinfacht ausgedrückt, alle physischen Komponenten und Geräte, aus denen sich ein Computer oder Rechnernetzwerk zusammensetzt, also Instrumente mit z. B. den Attributen Länge und Gewicht.

Ein typischer Arbeitsplatzrechner (PC) besteht aus den folgenden Hardwarebestandteilen:

- Prozessor
- Arbeitsspeicher
- Massenspeicher
- Geräte zur Dateneingabe (z. B. Tastatur, Maus, Scanner, Mikrofon) und Datenausgabe (z. B. Bildschirm, Drucker, Lautsprecher)

Darüber hinaus verfügt ein solcher Arbeitsplatz zumeist über eine kabelgebundene oder kabellose Netzwerkschnittstelle (z. B. Netzwerkkarte oder WLAN-Modem), wodurch der Computer in ein Kommunikationsnetz eingebunden werden kann (s. ▶ Abschn. 2.2). Externe Speichermedien, wie außerhalb des Gehäuses betriebene Festplatten, oder USB-Speichersticks können an einen Rechner angeschlossen werden. Neben stationären Rechner-Arbeitsplätzen haben portable Geräte wie Notebooks, Tablets und Smartphones stark an Bedeutung gewonnen.

Der grundlegende Arbeitsablauf eines Rechners beginnt mit der Dateneingabe, die über verschiedene Eingabegeräte wie die Tastatur, optische Lesegeräte oder das Netz erfolgen kann. In Zukunft könnten die Spracheingabe und die Bilderkennung aufgrund von KI-Entwicklungen an Bedeutung gewinnen. Die eingegebenen Daten werden in der Zentraleinheit nach einem vorgegebenen Programm verarbeitet und anschließend auf einem Bildschirm, Drucker, Speichermedium oder über das Netzwerk ausgegeben. Diesen Ablauf bezeichnet man als *Eingabe-Verarbeitung-Ausgabe-Prinzip* (EVA-Prinzip).

2.1.1.1 Zentraleinheit: Prozessor und interner Speicher

Die *Zentraleinheit* eines Rechners besteht aus einem Prozessor (Central Processing Unit, CPU), dem Arbeitsspeicher/Hauptspeicher und einer Schnittstelle für Geräte zur Dateneingabe und -ausgabe. Die Daten und Befehle, die der Prozessor unmittelbar zur Ausführung und Berechnung neuer Daten benötigt, werden temporär im Arbeitsspeicher abgelegt. Komponenten wie der Prozessor und der Hauptspeicher sind mit sog. *Bussen*, die man sich als mehradrige Kabel vorstellen mag, verbunden. Diese Busse ermöglichen den Daten- und Befehlsfluss zwischen den Komponenten. Heutzutage sind PCs in der Regel mit Mehrkernprozessoren ausgestattet, bei denen sich auf einem Chip mehrere parallel arbeitende Prozessorkerne befinden.

Der *Arbeitsspeicher* (Random Access Memory, RAM) setzt sich aus direkt adressierbaren Speicherzellen zusammen, die als Speicherworte bezeichnet werden. Bei einem PC besteht ein Wort i. d. R. aus 2 Byte (1 Byte entspricht 8 Bit und stellt

2

eine Ziffer oder einen Buchstaben dar). Hauptspeicherkapazitäten werden in Megabyte (1 MB = 2^{20} Byte) oder Gigabyte (1 GB = 2^{30} Byte) angegeben. Handelsübliche Rechner besitzen heute eine Arbeitsspeicherkapazität von 4 bis 32 GB.

Alle Programme müssen zum Zeitpunkt ihrer Ausführung vollständig oder partiell (mit dem aktuell auszuführenden Teil) im Arbeitsspeicher zur Verfügung stehen. Im zweiten Fall bietet das Betriebssystem die *virtuelle Speichertechnik* an. Dabei lagert es automatisch Programmteile, die nicht mehr in den Arbeitsspeicher geladen werden können (da z. B. andere Programme ebenfalls zur schnellen Abarbeitung im Hauptspeicher abgelegt sind), auf die Festplatte aus und bringt sie nur bei Bedarf in den Arbeitsspeicher, wodurch sich dieser logisch, jedoch nicht physisch vergrößert. Im Gegensatz zu Festplatten, die Daten auch nach Abschalten des Rechners halten, verliert der Arbeitsspeicher bei einer Unterbrechung der Stromzufuhr alle Informationen, die sich gerade in ihm befinden. Daher wird der Arbeitsspeicher als „flüchtiger" Speicher bezeichnet.

Beim sog. *In-Memory-Computing* wird primär der Arbeitsspeicher (s. ▶ Abschn. 3.1.2.5) als Datenspeicher verwendet. Auf diese Weise wird das stetige und jeweils sehr zeitraubende „Hin- und Herschaufeln" von Daten zwischen Arbeitsspeicher und interner Festplatte vermieden. Dies führt zu schnelleren Zugriffsgeschwindigkeiten und begünstigt beispielsweise Anwendungssysteme (AS), die eine Echtzeit-Datenverarbeitung bedingen. Daten werden dann nur bei Bedarf auf die interne Festplatte geschrieben.

In einem Rechner befindet sich zusätzlich ein *Festwertspeicher* (Read Only Memory, ROM), der nur gelesen, jedoch nicht verändert werden kann. Festwertspeicher werden i. d. R. vom Hersteller beschrieben und dienen u. a. der Speicherung grundlegender Teile des Betriebssystems, auf die beim Einschalten des Rechners automatisch zugegriffen wird (z. B. hardwarenahe Programme zur Ansteuerung des Bildschirms oder zur Kommunikation mit der Tastatur).

2.1.1.2 Speichermedien

Speichermedien haben die Aufgabe, größere Datenmengen langfristig zu speichern und ggf. transportabel zu machen. Sie können intern in einem Endgerät verbaut oder als externe, transportable Speichermedien an Schnittstellen am Gerätegehäuse angeschlossen werden. Als nicht-flüchtiger Speicher behalten sie die Daten auch bei Unterbrechung der Stromzufuhr. Die wichtigsten nicht-flüchtigen Speichermedien sind Festplatten, Speicherkarten, Flash-Speicher und optische Speicher.

Eine mechanische Festplatte, welche in Desktop-Rechnern jahrelang am weitesten verbreitet waren, besteht aus mehreren übereinander gestapelten Scheiben (meist aus Aluminium), die mit einer magnetisierbaren Schicht überzogen sind. Daten werden in Form von magnetisierten Bereichen auf den Scheiben gespeichert und in konzentrischen Spuren angeordnet. Der Plattenstapel dreht sich mit einer konstanten Geschwindigkeit und Schreib-Lese-Köpfe, die sich auf einem beweglichen Arm befinden, greifen auf die Daten zu. Moderne Festplatten können mehrere Terabyte an Daten speichern und in Großrechnersystemen werden Kapazitäten von vielen Petabyte (1 PB = 2^{50} Byte) erreicht.

Die *Flash-Speichertechnik* verwendet Halbleiter-Speicherbausteine zur Datenspeicherung, in denen, anders als bei konventionellen Festplatten zur Abfrage von Daten, Speicherbestandteile nicht bewegt werden müssen. Die Speichertechnik Flash wird so genannt, weil sie elektrisch löschbare, programmierbare Speicher (Electrically Erasable Programmable Read-Only Memory, kurz: EEPROM) verwendet. Der

Name „Flash" bezieht sich auf das schnelle Löschen von Speicherblöcken durch das Anlegen eines hohen Stromstoßes, der alle Bits in einem Block auf einmal löscht. Dadurch wird der Speicher schnell und einfach zurückgesetzt und kann neue Daten speichern. Im Gegensatz dazu müssen bei konventionellen Festplatten die Speicherbestandteile physisch bewegt werden, um Daten zu lesen oder zu schreiben. Diese Art der Speichertechnik ist zudem stromsparender und ermöglicht schnelleren Datenzugriff. Daher werden Flash-Speicher häufigen in mobilen Endgeräten eingebaut (s. ▶ Abschn. 2.2.1). *Solid State Disks* sind Flash-Speicher, die die Funktion einer Festplatte erfüllen und besonders schnelle Zugriffszeiten und Übertragungsraten jenseits derer von mechanischen Festplatten erreichen können. Mit dem vergleichsweise höheren Preis pro Speichereinheit werden sie als interne Festplatte in Notebooks verbaut und können auch als externe Speicherlösungen verwendet werden.

Sollen Datenbestände z. B. zwischen nicht vernetzten Rechnern ausgetauscht werden oder Sicherungskopien ausgelagert werden, so greift man auf transportable externe Speichermedien zurück, z. B. USB-Sticks.

Speicherkarten (auch als Flash Card oder Memory Card bezeichnet) sind transportable Speichermedien im Miniaturformat, welche auf der Flash-Speichertechnik basieren und ohne permanente Stromversorgung Daten speichern können. Verbreitete Speicherkartenvarianten sind bspw. die Micro Secure Digital Memory Card (microSD), welche z. B. in Mobiltelefonen zum Einsatz kommt, sowie die Compact Flash Card (CF), die teilweise in professionellen Digitalkameras verwendet wird. *USB-Massenspeicher* nutzen zumeist ebenfalls die Flash-Speichertechnik, kommunizieren aber über den Universal Serial Bus (USB). Die am häufigsten verwendete Form ist der USB-Stick. USB ist ein Busstandard, der speziell für den Anschluss von Geräten an die externen Schnittstellen eines Rechners entwickelt wurde.

Externe Festplatten sind Magnetplatten oder auf der Flash-Technologie basierende Datenträger in tragbaren Gehäusen, die über USB-Schnittstellen mit einem Rechner oder digitalen Endgerät verbunden werden. Als externe Speichermedien werden sie zur Datensicherung oder kurzfristigen Speicherplatzerweiterung verwendet.

Optische Speicher verlieren im betrieblichen Arbeiten an Bedeutung und finden Verwendung als spezieller Datenträger für Multimediainhalte. Daten werden mit einem Laserstrahl auf der unterhalb einer transparenten Schutzschicht liegenden Speicherschicht aufgezeichnet, wobei deren Oberfläche verändert wird. Diese Strukturen sind wiederum mittels Laserstrahl abtastbar.

2.1.1.3 Endgeräte zur Datenein- und -ausgabe

Endgeräte als physisch eigenständige Einheiten treten entweder auf Veranlassung des Computers mit den Nutzenden in Aktion oder können als funktionsintegriertes Endgerät Aufgaben unabhängig vom Rechner erfüllen, wie z. B. ein *Drucker* mit Kopier-Funktion.

Um die verschiedenen Komponenten eines Rechners miteinander zu verknüpfen, sind diese mit Schnittstellen ausgestattet. So können der Zentraleinheit Befehle erteilt und Daten ein- und ausgelesen werden. Eine Schnittstelle i. Allg. ermöglicht die Verbindung von Komponenten mit unterschiedlichen Eigenschaften innerhalb eines Systems. Um miteinander kommunizieren und Daten austauschen zu können, werden gemeinsame Standards festgelegt. Ein Beispiel ist im Falle von Hardwareschnittstellen ein Protokoll (s. ▶ Abschn. 2.3.1), das etwa den Ablauf eines sog. Handshakes als Kommunikation zweier Geräte oder Komponenten festlegt, wie beispielsweise

2

das gegenseitige Erkennen als berechtigte Kommunikationspartner. Interne Hardwareschnittstellen verbinden Prozessor, Arbeitsspeicher und interne Festplatte. Endgeräte zur Datenein- und -ausgabe können an internen Schnittstellen als ein Bestandteil eines funktionsintegrierten Endgeräts fest verbaut sein, wie die Tastatur und der Bildschirm eines mobilen PCs (Notebook). Externe Hardwareschnittstellen, z. B. USB, erlauben den Anschluss von Endgeräten außerhalb des Gerätegehäuses, wie etwa einer Maus, oder von externen Speichermedien (s. ▶ Abschn. 2.1.1.2).

Zu den wichtigsten Endgeräten zur Dateneingabe gehören neben Tastatur und Maus auch der *Touchscreen*, optische Belegleser und Lesegeräte zur Erfassung von elektromagnetischen Wellen. Bei einem Touchscreen deutet der Benutzer auf ein Objekt auf dem Bildschirm und optische oder magnetische Sensoren registrieren die Berührung sowie die Positionierung (z. B. bei Smartphones oder bei Geldautomaten). Die Eingabemethode *Multitouch* (auch: *Mehrfingergestensteuerung*) ermöglicht schnelle Eingabebefehle ohne Maus und Tastatur.

Ein *optischer Belegleser* erfasst genormte Daten, z. B. Bar-, OCR (Optical Character Recognition)- oder QR (Quick-Response)-Code, indem die einzugebende Vorlage abgetastet wird, um Hell-Dunkel-Unterschiede zu erkennen und auszuwerten. Optische Eingabegeräte benutzt man z. B. an Scannerkassen in Supermärkten oder in Kreditinstituten zum Einlesen von Formularen. Eine weitere Art von optischen Eingabegeräten sind Scanner, die die Vorlage in Bildpunkte zerlegen und als Graustufenbild oder Farbbild erfassen (z. B. Fotos und Grafiken). Zu Eingabegeräten zählen ebenfalls sog. *RFID* (Radio Frequency Identification)-Lesegeräte, die der Erfassung von elektromagnetischen Wellen dienen, welche von an Gegenständen oder Lebewesen befindlichen *RFID-Transpondern* ausgesendet werden (s. ▶ Abschn. 4.3.3.3). Sind zum Beispiel in Bibliotheken Bücher mit *RFID-Transpondern* ausgestattet, so können ganze Stapel auf einmal aus- oder eingebucht werden, ohne dass die Bücher einzeln aufgeschlagen werden müssen, um einen Barcode zu scannen.

Ein weiterer Weg der Befehlseingabe ist die *Sprachsteuerung*, bei der die Stimme der Nutzenden durch akustische Sensoren zur Befehlseingabe verwendet wird. Da die Eingabe ohne Blickkontakt des Nutzenden zum Bildschirm und ohne Verwendung einer Tastatur erfolgt, eignet sich Sprachsteuerung besonders für mobile Anwendungen. Assistenzsysteme wie Alexa, Siri oder Cortana setzen auf die Spracheingabe und eignen sich besonders in Situationen, in denen die Hände zur Dateneingabe nicht frei sind (z. B. beim Autofahren, beim Kochen, beim Werken oder beim Wickeln eines Kindes), für Kinder, die noch nicht schreiben können oder sehbehinderte Nutzende sowie Menschen mit anderweitigen Einschränkungen.

Die wichtigste Ausgabeeinheit für die betriebliche Informationsverarbeitung ist der *Bildschirm* (Monitor). Er ermöglicht die Datenausgabe und unterstützt auch die Eingabe durch die Darstellung von Masken zur Datenerfassung und Symbolen (Icons) zur Aktivierung von Programmen. Insbesondere bei mobilen Endgeräten, wie Smartphones oder Tablets, vereint der Bildschirm als Touchscreen die Funktionen von Eingabe- und Ausgabegeräten. Eine weitere bedeutende Ausgabeeinheit ist der *Drucker*, der sowohl Tintenstrahl- als auch Laserdrucker umfassen kann. Tintenstrahldrucker setzen Zeichen und Grafiken aus einzelnen Punkten zusammen und sprühen diese als schnell trocknende Tinte auf das Papier. Beim *Laserdrucker* hingegen wird die Seite im Drucker als Ganzes aufgebaut und mittels Toner auf das Papier übertragen.

2.1.2 Betriebssystem

Die Hauptaufgabe des Betriebssystems (Operating System) besteht darin, die verschiedenen Komponenten eines Computers (wie z. B. die Zentraleinheit, den Drucker oder die Tastatur) miteinander zu verbinden. Dabei fungiert das Betriebssystem als Schnittstelle zwischen den Nutzenden bzw. Anwendungsprogrammen und der Hardware (vgl. Tanenbaum 2009). Es koordiniert die Zusammenarbeit der Komponenten bei der Ausführung von Benutzeranfragen. Ein Betriebssystem muss daher bestimmte Anforderungen erfüllen, darunter:

— Administration von Benutzeranfragen, Zuweisung von Systemressourcen und Überwachung der Programmabläufe (Prozess- und Speicherverwaltung)
— Verwaltung der Hardwareressourcen (Prozessor, Arbeitsspeicher, Peripheriegeräte)
— Verwaltung des Dateisystems (s. ▶ Kap. 3)
— Bereitstellung einer grafischen Benutzungsoberfläche (Graphical User Interface, GUI)

Betriebssysteme unterstützen das sog. *Multitasking* sowie teilweise auch den Multiuser-Betrieb. Durch Multitasking ist der Rechner in der Lage, Programme parallel auszuführen. Beispielsweise ist es möglich, einen Text zu bearbeiten, während die Maschine dann, solange sie auf die nächste Eingabe wartet, im Hintergrund eine Kalkulation durchführt. Darüber hinaus spricht man von *Multithreading*, wenn es ein Betriebssystem zulässt, dass in einem Programm ein Prozess aus mehreren Teilprozessen (Threads) besteht, die parallel ausgeführt werden können, z. B. bei umfangreichen Grafikberechnungen. *Multiuser-Betrieb* liegt vor, wenn von einem zentralen Rechner mehrere Terminals und damit mehrere Anwender quasi-parallel bedient werden. Beim Singleuser-Betrieb wird hingegen nur eine Nutzerin versorgt.

Für Personal Computer werden zurzeit am häufigsten Betriebssysteme der Firma *Microsoft* (MS) verwendet, die sich zu einer Art inoffiziellem Standard entwickelt haben. Windows 11 gestattet die Verwendung für verschiedene Rechnerklassen wie z. B. Desktop-Computer und mobile Endgeräte (s. ▶ Abschn. 2.2.1), was unter anderem bei der Gestaltung der Elemente der Benutzungsoberfläche berücksichtigt wurde. *Unix-Systeme* erlauben den Multitasking- und den Multiuser-Betrieb. Zudem verfügen einige Varianten über eine integrierte Softwareentwicklungsumgebung. Der Terminus Unix suggeriert eine Einheitlichkeit, die aber so am Markt nicht auffindbar ist. Es existieren verschiedene Versionen und herstellerspezifische Implementierungen (z. B. AIX von IBM oder Mac OS von Apple). Eine Besonderheit im Umfeld der *Unix-Derivate* sind *Linux-Betriebssysteme*, deren Quellcode im Gegensatz zu kommerziellen Systemen frei zugänglich ist (s. auch Open-Source-Software, s. ▶ Abschn. 5.1.1.2). Dies bietet z. B. Spezialisten die Möglichkeit, eigene Modifikationen vorzunehmen, die Programme auf Sicherheitsbedrohungen zu überprüfen und sich an der Weiterentwicklung des Betriebssystems zu beteiligen.

Betriebssysteme werden oftmals bereits mit einer Vielzahl von *Dienstprogrammen* ausgeliefert. Dienstprogramme sind im Gegensatz zu Anwendungsprogrammen (s. ▶ Abschn. 2.1.3) Teil der Betriebssystemsoftware. Dienstprogramme stellen grundlegende systemnahe Funktionalitäten zur Verfügung, welche die Abwicklung häufig

2

wiederkehrender anwendungsneutraler Aufgaben unterstützen. Dazu zählen etwa Sortier- und Suchroutinen, (benutzungsfreundliches) Kopieren von Dateien sowie Datensicherung und Datenwiederherstellung.

Auch *Treiber* (Driver) zum Betrieb gängiger Typen externer Geräte sind im Betriebssystem enthalten oder können durch eine Aktualisierungsfunktion (Update) über eine Internetverbindung von den Servern des Herstellers heruntergeladen und automatisch installiert werden. Unter einem Treiber versteht man ein Programm, das als Übersetzer zwischen den Protokollen (s. ► Abschn. 2.3.1) verschiedener Funktionseinheiten oder einer Programm- und einer Funktionseinheit fungiert. Zum Beispiel werden die von einem Rechner an einen Drucker gesendeten Signale durch den Treiber vorher in ein dem Drucker verständliches Format umgewandelt.

Ein Rechner einschließlich Betriebssystem wird installiert, um den Anwender bei der Lösung seiner Fachaufgabe (z. B. Buchhaltung, Planung) zu unterstützen. Daher muss nun, aufbauend auf der Betriebssystemschnittstelle, ein AS konstruiert werden, das dies leistet. Die Gestaltung derartiger AS (wie auch des Betriebssystems selbst) erfolgt mittels Programmiersprachen. Unter einer Programmiersprache versteht man eine formale, künstliche Sprache, mit der eine auf einer Hardware ablauffähige Software entwickelt werden kann. Mit einer *Programmiersprache* legen Programmierer fest, wie eine Aufgabe durchzuführen bzw. ein Problem zu lösen ist. Die entwickelten Programme bestehen aus einer Menge von Anweisungen (Befehlen) und Ablaufstrukturen, die eine sequenzielle oder parallele Ausführung der Anweisungen festlegen. Verbreitete Programmiersprachen sind z. B. C, C# (gesprochen „C sharp") und C++ (zur Entwicklung von Anwendungsprogrammen für gängige Desktop-Betriebssysteme), Python (zur Datenverarbeitung und Entwicklung von Machine-Learning-Applikationen), Java (z. B. zur Entwicklung von Android Apps s. ► Abschn. 2.2.1), Swift und Objective C (zur Entwicklung von Mac OS Anwendungsprogrammen und Apps für iOS, dem Betriebssystem für mobile Endgeräte von Apple, s. ► Abschn. 2.2.1). Daneben gibt es Abfragesprachen für Datenbanksysteme, wie z. B. SQL (Structured Query Language). Softwareschnittstellen erlauben die Zusammenarbeit zwischen verschiedenen Programmen und die Einbindung unterschiedlicher Softwarekomponenten zu einem Produkt, indem sie einen einheitlichen Austausch von Daten und Befehlen ermöglichen.

Die Hardware eines Rechners ist jedoch nicht unmittelbar in der Lage, Anweisungen einer Programmiersprache (*Quellcode*) zu „verstehen". Die Übersetzung eines Quellcodes in eine maschinenlesbare Form (*Maschinencode*) erfolgt durch einen Compiler oder einen Interpreter. *Compiler* übersetzen das gesamte Quellprogramm „in einem Stück" (Batch). Sie prüfen vor der Übertragung das vorliegende Programm auf Syntaxfehler, z. B. ob nach einer öffnenden Klammer auch eine schließende Klammer folgt. Im nächsten Schritt wird das Programm übersetzt (kompiliert). *Interpreter* erzeugen dagegen keinen archivierbaren Maschinencode. Vielmehr wird jeder Befehl einzeln abgearbeitet, d. h. schrittweise übersetzt und sofort ausgeführt.

2.1.3 **Anwendungssoftware**

Ein *Anwendungsprogramm* (engl. „Application Software") – häufig auch AS – verwendet die Ressourcen des Betriebssystems und der zugrunde liegenden Hardware. In der Alltagssprache hat sich außerdem die etwas unglücklich gewählte Bezeichnung

„Applikation" eingebürgert. Hiervon ist des Weiteren der Begriff „App" abzugrenzen, welcher eine Kurzform von Application darstellt. Mit Apps sind i. d. R. Anwendungsprogramme für Smartphones und Tablets (s. ▶ Abschn. 2.2.1) gemeint.

2.1.3.1 Standardsoftware

Standardsoftware umfasst Produkte, die für den Massenmarkt konzipiert wurden. In der Regel werden sie mit Selbstinstallationsroutinen ausgeliefert und ermöglichen oft nur geringe, bei komplexeren Produkten (z. B. funktionsorientierter Software) jedoch auch größere Anpassungen (*Customizing*, s. ▶ Abschn. 5.2.3.2) an die individuellen Bedürfnisse.

- **Basissoftware**

Basissoftware stellt grundlegende systemnahe Funktionalitäten zur Verfügung, die unabhängig von spezifischen Arbeitsgebieten genutzt werden, wie z. B. Firewalls (s. ▶ Abschn. 2.3), Virenscanner (zur Entdeckung und Beseitigung von Schadsoftware), Komprimierungsprogramme (zur Minimierung der Größe einer Datei) und Browser. Als Browser werden allgemein Programme bezeichnet, die eine Suche nach Dateien und deren Platzierung in einer Verzeichnishierarchie ermöglichen (z. B. Windows Explorer). Der Aufbau der Verzeichnisse wird durch Baumstrukturen visualisiert. Wird ein Browser darüber hinaus zur audiovisuellen Darstellung von HTML-Seiten im World Wide Web (WWW) (s. ▶ Abschn. 2.2.3.3) verwendet, so spricht man von einem Webbrowser. Der Benutzerzugriff erfolgt durch die Angabe einer URL (Uniform Resource Locator, bspw.: ▶ http://www.uni-frankfurt.de). Aus Wettbewerbssicht sind zum Vermeiden von Angebotsmonopolen für verschiedene Funktionalitäten der Basissoftware Installationen von Software anderer Anbieter wünschenswert.

- **Standardbürosoftware**

Standardbürosoftware umfasst Programme zur Textverarbeitung (etwa MS Word), zum Erstellen von Präsentationen (z. B. MS PowerPoint), zur Tabellenkalkulation (z. B. MS Excel), zur E-Mail-Kommunikation (inkl. Adress- und Kalenderverwaltung, z. B. MS Outlook) sowie zur Datenbankverwaltung (s. ▶ Abschn. 3.1). Darüber hinaus sind am Markt integrierte Standardbürosoftwarepakete verfügbar, die Textverarbeitung, Tabellenkalkulation, grafische Bearbeitung und auch eine Datenbank unter einer einheitlichen Benutzungsoberfläche anbieten (z. B. MS Office oder OpenOffice).

- **Funktionsorientierte Software**

Als funktionsorientierte Standardsoftware werden Lösungen bezeichnet, die aus betriebswirtschaftlicher Sicht eine Funktion unterstützen. Funktionsübergreifend werden mehrere Anwendungsbereiche (z. B. Vertrieb, Materialwirtschaft, Produktion, Finanzwesen und Personalwirtschaft) und deren Prozesse unterstützt. Man spricht dann von funktionsübergreifender integrierter Standardsoftware, welche sich in Module gliedert, die auf eine gemeinsame Datenbasis zugreifen (vgl. Keller 1999). Dieser Aufbau bietet aus Sicht des Anwenders den Vorteil, dass er Software nur für die von ihm benötigten Problemstellungen betreiben muss. Er kann also z. B. Module für die Durchlaufterminierung und den Kapazitätsausgleich im Rahmen der Produktionsplanung und -steuerung erwerben, ohne die Werkstattsteuerung an-

2

schaffen zu müssen (s. ▶ Abschn. 4.4.1.3). Der modulare Aufbau ermöglicht zudem eine schrittweise Einführung neuer Systeme und somit ein langsames Ablösen von Altsystemen. Die Anpassung einer solchen Standardsoftware an spezifische Einsatz-bedürfnisse in Unternehmen erfolgt durch das Customizing (s. ▶ Abschn. 5.2.3.2), ohne dass eine Veränderung des Quellprogramms stattfinden muss. Darüber hinaus werden auch Schnittstellen für individuelle Erweiterungen angeboten.

Eine Ausprägung funktionsorientierter und funktionsübergreifender Software sind sog. *ERP-Systeme* (Enterprise-Resource-Planning-Systeme). Der Begriff ist sehr verbreitet, aber unglücklich gewählt, da diese Systeme gerade beim Umgang mit knappen Ressourcen, z. B. Produktionsengpässen, oft Schwächen aufweisen oder der Funktionsumfang in seiner Komplexität den Nutzenden beim Einsatz überfordern kann. Auch die Nutzungsgestaltung kann in ihrer Komplexität den Anwender über-fordern. Die drei weltweit größten Anbieter kommerzieller ERP-Systeme sind SAP, Oracle und Salesforce. Auch die Anpassung der Standardsoftware an das nutzende Unternehmen erweist sich oft als sehr aufwändig. So enthalten viele Systeme zur Be-schaffungsfunktion des Industriebetriebs mehrere alternative Methoden zur Be-rechnung optimaler Losgrößen im Einkauf von Fremdbezugsteilen, etwa zur Be-rechnung von Sicherheitsbeständen und „Eiserner Reserven". Es konnte gezeigt wer-den, dass die richtige Wahl dieser Parameter den Unternehmenserfolg empfindlich beeinflusst, aber die Auswahl setzt eingehende Überlegungen und Berechnungen vo-raus (Dittrich et al. 2009).

- **Prozessorientierte Software**

Die Grenze zwischen *prozessorientierter* und *funktionsübergreifender* Software ist flie-ßend (vgl. ▶ Abb. 4.2 und 4.18). In prozessorientierten Systemen sind Prozesse quer durch unterschiedliche Funktionsbereiche eines Unternehmens zu integrieren. Die Realisierung erfolgt häufig unter Verwendung von zentralen Datenbanken. Sog. *Workflow-Management-Systeme* (WMS, s. ▶ Abschn. 4.2.2) unterstützen durch ver-schiedene Funktionalitäten die Beschreibung und Modellierung von Geschäfts-prozessen, z. B. Vorgänge zur Erstellung und Abgabe eines Angebots in der chemi-schen Industrie oder in einer Versicherung.

Systeme zur Unterstützung verteilten Arbeitens sind z. B. *Workgroup-Support-Systeme*. Diese werden im Gegensatz zu den WMS zumeist bei der Bearbeitung einer relativ unstrukturierten Aufgabe eingesetzt. Die Kooperation basiert auf Netzwerk-architekturen mit zugehörigen Kommunikationssystemen, wie:

- Konferenzplanungssysteme: Terminvereinbarung, Ressourcenverwaltung (Be-sprechungsräume, Präsentationsgeräte),
- Computerkonferenzsysteme: Diskussionen zwischen räumlich getrennten Perso-nen (z. B. Videokonferenzsystem),
- Gruppenentscheidungsunterstützungssysteme (Mehrbenutzerumgebungen, z. B. zur gezielten Kompromissfindung bei Verhandlungen),
- Mehrautorensysteme (Co-Authoring): Werkzeuge zur gleichzeitigen Bearbeitung von Dokumenten (Texten, Plänen, Konstruktionszeichnungen, Grafiken) durch mehrere Teammitglieder (wie auch in diesem Lehrbuch).

2.1.3.2 **Individualsoftware**

Unter *Individualsoftware* versteht man AS, die für eine spezielle betriebliche Anforderung mit der zugehörigen Hard- und Softwareumgebung individuell angefertigt werden. Die Individualsoftware wird entweder selbst produziert oder fremdbezogen (zu Kriterien für diese Entscheidung s. ▶ Abschn. 5.1.4). Die Eigenentwicklung kann sowohl von der IT-Abteilung als auch von den entsprechenden Fachabteilungen, dort i. d. R. mit Tabellenkalkulation und Datenbankabfragen (s. ▶ Abschn. 3.1.2), durchgeführt werden. Aufgabe ist hier, die Entwicklung von Anwendungssoftware als Einzelfertigung technisch und finanziell zu beherrschen (s. ▶ Abschn. 5.1.2).

Wegen der hohen Entwicklungskosten von Individualsoftware ist ein starker Trend hin zu Standardsoftware zu beobachten. Demgegenüber wird Individualsoftware häufig eingesetzt, um Prozesse zu steuern, die ein Unternehmen von seinen Wettbewerbern unterscheiden und ihm einen Wettbewerbsvorteil verschaffen.

2.1.3.3 **Komponentenarchitekturen**

Die zunehmende *Modularisierung* von AS, die aus Gründen der erhöhten Wiederverwendbarkeit und leichteren Veränderbarkeit der Bausteine verfolgt wird, lässt die Grenze zwischen Individual- und Standardsoftware schwinden. Komponentenbasierte AS werden aus einzelnen Bausteinen individuell zusammengestellt. Eine Softwarekomponente ist ein *Codebaustein* mit Softwareschnittstellen, Attributen (Eigenschaften) und Verhalten (Funktionalitäten). So können die Komponenten zwar als Standardsoftware bezeichnet werden; da sie jedoch erst in einer spezifischen Zusammenstellung die gewünschte Funktion erfüllen, ist das resultierende AS keine Standardsoftware im eigentlichen Sinne mehr.

Die Integration der Komponenten zu AS erfolgt in Komponentenarchitekturen (auch: Komponentenframeworks). Diese spezifizieren einerseits, wie Schnittstellen der Komponenten aufgebaut sein müssen. Andererseits bieten sie eine Plattform als Laufzeitumgebung (Funktionalität zur Ausführung von Maschinencode), die den Betrieb des AS – also das konsistente Zusammenspiel der Komponenten – steuert und verwaltet sowie u. a. Sicherheitsmechanismen, Datenbankverbindungen, Benutzungsschnittstellen und die Speicherverwaltung bereitstellt. Aus Entwicklersicht besteht die Aufgabe darin, die Anwendungslogik (auch: Geschäftslogik oder Prozesslogik) in Form spezifischer Kombinationen vorgefertigter Bausteine zu programmieren (oder fremd zu beziehen, s. ▶ Abschn. 5.1.1). Dabei ist es nicht erforderlich, die Komponenten auf dem gleichen Rechner zu betreiben.

Zwei weit verbreitete Architekturen bzw. Plattformen zur Entwicklung komponentenbasierter AS sind die Java Platform Enterprise Edition (Java EE) von Oracle und das .NET-Framework von Microsoft. *Java EE* bietet ein *Komponentenmodell* auf Basis der Programmiersprache Java an: Die Anwendungslogik wird in Enterprise Java Beans(EJB) gekapselt. Als Laufzeitumgebung bietet Java EE einen sog. Container, der die Komponenten verwaltet und z. B. die Kommunikation mit Benutzungsschnittstellen ermöglicht. Das *.NET-Framework* stellt ein mit Java EE vergleichbares Konzept dar, lässt jedoch die Entwicklung in zahlreichen Programmiersprachen zu. Dafür ist dieses Framework jedoch nicht plattformneutral wie Java, sondern auf eine Anwendung im Umfeld von Microsoft-Betriebssystemen ausgerichtet.

2

2.2 Vernetztes Arbeiten: Rechnernetze und Netzarchitekturen

An sich unabhängig arbeitsfähige Rechner werden über Kommunikationspfade miteinander zu einem *Rechnernetz* verbunden, um mehrere Entscheidungsträger (Menschen oder Maschinen) in gemeinsame verteilte Steuerungs-, Dispositions- oder Planungsprozesse einzubinden. Einige Beispiele für die Verwendung von Rechnernetzen sind verschiedene Formen der *zwischenbetrieblichen Integration* (z. B. elektronischer Datenaustausch im Rahmen des Supply-Chain-Managements (SCM), s. ► Abschn. 4.8) oder der Zugriff auf externe Datenbanken (z. B. bei der Patentrecherche). Ebenso werden Maschinen, beliebige Endgeräte mit Datenschnittstellen oder Sensoren in Netzwerken eingebunden. Die wichtigsten Komponenten eines Rechnernetzes sind:

- die Rechner selbst, einschließlich der physischen Netzwerkanbindung (Netzwerkkarte oder Modem) sowie der jeweiligen Betriebs-, Netz- und Anwendungssoftware,
- die Verbindungs- und Kommunikationskomponenten in und zwischen Netzen (Switches und Router),
- die Datenübertragungswege sowie
- die Protokolle.

Verbindungs- und *Kommunikationskomponenten* bezeichnen spezielle Geräte, deren Aufgabe in der Einbindung von Rechnern in Netze, der Verknüpfung von Netzen sowie hierauf aufbauend der intelligenten Weiterleitung von *Datenpaketen* liegt. Man bezeichnet sie häufig als Vermittlungsknoten. Switches sind die zentralen Punkte in einem lokalen Netzwerk (s. ► Abschn. 2.2.3.1), die Rechner miteinander verbinden. Die Verbindung erfolgt über eine Reihe von Anschlüssen, sog. Ports. Die Switches übertragen die eingehenden Datenpakete an den Zielport bzw. Zielrechner. Router können unterschiedliche Netze miteinander verbinden; z. B. kann ein lokales Netzwerk an das Internet angeschlossen werden.

Daten werden auf Datenübertragungswegen (Leitungen oder Funkstrecken) übermittelt. Die gängigsten Übertragungskanäle sind verdrillte Kupferkabel, Glasfaserkabel, Radiowellen (Mobilfunk, *Wireless LAN*(WLAN), Bluetooth, Infrarot- und Laserwellen (optischer Richtfunk)).

Protokolle definieren sämtliche Vereinbarungen und Verfahren, die zur Kommunikation zwischen Rechnern beachtet werden müssen. Die in der Praxis am weitesten verbreitete *Protokollfamilie TCP/IP* (Transmission Control Protocol/Internet Protocol) spielt v. a. im Internet eine große Rolle (s. ► Abschn. 2.2.3.3).

2.2.1 Rechnerklassen

Für die Gestaltung der betrieblichen Rechner- und Netzinfrastruktur sind neben dem PC und den Endgeräten zur Datenein- und -ausgabe weitere Rechnerklassen und Endgerätetypen relevant, von denen die wichtigsten im Folgenden vorgestellt werden:

Der *Großrechner* (Host oder auch Mainframe) bietet durch seine großen Rechen- und Speicherkapazitäten eine hohe Verarbeitungsgeschwindigkeit im Multiuser-Betrieb. In größeren Unternehmen werden oft mehrere Hosts in einem Netz verbunden, z. B., um hohe Leistungsbedarfe der Anwender zu befriedigen oder eine gewisse Sicherung gegenüber Systemausfällen zu gewährleisten. Neuinstallationen von Großrechnersystemen werden überwiegend zugunsten von PC-Netzen in Clustern und Cloud-Anwendungen verworfen.

Workstations sind prinzipiell als selbstständige Arbeitsplatzrechner konzipiert, deren Leistungsfähigkeit zunächst unterhalb von Großrechnern einzuordnen ist. Die Leistung von Workstations kann durch die Verwendung im Verbund – typischerweise vernetzt zu einem Local Area Network (LAN, s. ▶ Abschn. 2.2.3.1) – in sog. Workstation-Farmen zur Lastverteilung auf momentan freie Kapazitäten erhöht werden.

Als weitere Rechnerklasse werden häufig *Netzwerkcomputer*(NC) und *Thin Clients* diskutiert. Dies sind preisgünstige Rechner mit einer geringeren Leistungsfähigkeit, die speziell für den (Client-) Betrieb in Netzen (s. ▶ Abschn. 2.2.2) konzipiert sind. NC bzw. Thin Clients nutzen über das Netz AS, die auf einem entfernten Server ausgeführt werden. Im Idealfall kommen solche Systeme ohne Festplatten aus. Durch die zentrale Administration (z. B. in einem Rechenzentrum) werden zudem die Kosten für die Pflege der Systeme reduziert.

Daneben haben sich Notebooks als *transportable Endgeräte* in vielen Bereichen des Lebens und der Arbeitswelt als praktische Alternative zu Desktop-PCs etabliert. Sie ermöglichen mobiles Arbeiten und damit eine flexiblere Gestaltung der Arbeitswelt.

Weitere mobile *funktionsintegrierte Endgeräte* wie Smartphones und Tablets erlauben ebenso ortsunabhängiges Arbeiten, entkoppelt von stationären Arbeitsplätzen und reglementierten Arbeitszeiten, z. B. bei manuellen Bestandskontrollen in Warenlagern, im Außendienst außerhalb des Betriebsgeländes sowie auf Geschäftsreisen. Diese Endgeräte sind auf die vernetzte mobile Anwendung ausgelegt und verfügen über einen Touchscreen zur integrierten Datenein- und -ausgabe sowie Schnittstellen zum Datenaustausch und zur Kommunikation über Mobilfunknetze und WLAN. Im Vergleich zu konventionellen Rechnern werden in mobilen Endgeräten oft System-on-a-chip (SoC)-Architekturen verbaut, die Prozessor, Arbeitsspeicher und eine Graphic Processing Unit (GPU) auf einem Chip integrieren. Als Speichermedien werden intern Flash-Speicher genutzt (s. ▶ Abschn. 2.1.1.2), zum externen Anschluss sind je nach Hersteller und Produkt Schnittstellen zur Verwendung von microSD-Speicherkarten und USB-Geräten vorhanden. Das meistverbreitete Betriebssystem für mobile Endgeräte ist das auf Linux (s. ▶ Abschn. 2.1.2) basierende Android, das von einem durch Google gegründeten Konsortium verschiedener Unternehmen entwickelt wurde und gepflegt wird. Apple liefert seine Mobilgeräte mit dem auf Unix basierendem Betriebssystem iOS aus.

Smartphones sind zum Alltagsgegenstand geworden, da sie sich mit verschiedenen mobilen Dienstleistungen sowie größerem Funktionsumfang vom klassischen Mobiltelefon zu einem vielseitigen tragbaren Rechner einschließlich Internetbrowser, Navigationsgerät und Multimediaplayer entwickelt haben. Tablet-PCs erweitern den Vorteil der Tragfähigkeit von Notebooks durch geringeres Gewicht, ein flacheres Gehäuse (Tafel, englisch: tablet) sowie die Entbehrlichkeit von Maus oder Tastatur zur Dateneingabe aufgrund des großflächigen Touchscreens. Wesentliches Merkmal mobiler Endgeräte ist die einfach zu bewerkstelligende individuelle Anpassung der Funktionen durch die Installation von Apps. Apps sind Anwendungsprogramme, die mit wenigen, gezielt ausgewählten Funktionen sowie per Touchscreen eine spezialisierte Aufgabe auf einem tragbaren Gerät benutzungsfreundlich und schnell

2

bewerkstelligen. Angeboten werden Apps dem Anwender entweder kostenlos (außer dem Aufwand für mobilen Datenaustausch) oder zum Kauf zumeist auf einem zentralen Online-Marktplatz. Die Funktionseigenschaften von mobilen und stationären Geräten gleichen sich zunehmend einander an, da Rechen- und Speicherleistungen auf technisch immer kleinerem Raum verwirklicht werden.

Im Unterschied zu den zuvor genannten Rechnerarten besteht bei mobilen Endgeräten insbesondere die Herausforderung, dass nicht nur betrieblich bereitgestellte Endgeräte, sondern auch private Tablets oder Smartphones zunehmend für betriebliche Zwecke eingesetzt werden. Dies nimmt besonders im Zusammenhang mit der Verlagerung von Arbeitsplätzen ins sog. Home-Office rapide zu. Die Integration privater portabler Endgeräte in die Rechner- und Netzinfrastruktur von Unternehmen wird als *Bring Your Own Device* (BYOD) bezeichnet (vgl. Disterer und Kleiner 2013). Organisationsrichtlinien regeln, auf welche Art und Weise das private Gerät das Unternehmensnetzwerk sowie Firmendaten nutzen darf, wobei auch rechtliche und sicherheitsbezogene Anforderungen z. B. bezüglich Lizenzrecht oder Datenschutz berücksichtigt werden müssen (s. ▶ Abschn. 2.3.2). Durch eine gewisse Wahlfreiheit der Geräte kann auf persönliche Bedürfnisse der Mitarbeiter besser eingegangen werden, sodass deren Zufriedenheit und Motivation steigt. Kritisch am BYOD-Ansatz sowie an mobilem Arbeiten i. Allg. wird eine mögliche Verschmelzung von Berufs- und Privatleben im Hinblick auf eine ständige Verfügbarkeit gesehen. Zudem wirkt BYOD der Standardisierung, Konsolidierung und Komplexitätsreduktion der IT-Infrastruktur entgegen. Das *Corporate-Owned-Personally-Enabled* (COPE)-Konzept beschreibt den gegenteiligen Ansatz, bei dem ein betriebseigenes Endgerät auch zur privaten Nutzung freigestellt wird.

Embedded Systems sind spezialisierte Rechner, welche Teile eines größeren Systems oder eines Gerätes darstellen und gewisse Aktivitäten in ihrer Umgebung steuern. Charakteristisch für diese Systeme ist, dass sie nicht in erster Linie als Computer wahrgenommen werden, sondern z. B. Komponente eines per IT-gesteuerten Verbrennungsmotors sind. Sie sind i. d. R. derart spezialisiert, dass sie kein Betriebssystem benötigen, sondern nur Anwendungsprogramme zur Erfüllung ihrer Funktion beinhalten. Mittels eingebetteter Systeme kann z. B. die Stromqualität in Kraftwerken und anderen Industriebetrieben überwacht werden, um großen Schäden bei Spannungsschwankungen vorzubeugen. Viele Geräte für den alltäglichen Gebrauch sind bereits mit solchen Systemen ausgestattet: Eingebettete Steuerungschips regeln die Kühlleistung in Kühlschränken anstelle mechanischer Regulation, melden den fertigen Waschgang einer Waschmaschine per Vernetzung an ein mobiles Endgerät oder finden sich zur automatischen Steuerung von Antiblockiersystemen (ABS) in Kraftfahrzeugen. Auch diese Systeme sind damit in Netzwerke eingebunden. Gleiches gilt für Fahrzeuge, deren Daten z. B. an Automobilhersteller übertragen werden können oder bei denen das übermittelte Fahrverhalten Einfluss auf die Versicherungsprämie hat (s. ▶ Abschn. 7.4.2). Selbst Messwerte von Sensoren können so über das Internet ausgelesen werden.

Während traditioneller Rechner – wie sie bis hierher beschrieben wurden – mit binären Bits arbeiten, die entweder den Wert „0" oder „1" annehmen können, können sogenannte *Quantencomputer* durch die Nutzung von *Qubits* hingegen gleichzeitig sowohl „0" als auch „1" darstellen, was als *Superposition* bezeichnet wird. Diese Eigenschaft ermöglicht es Quantencomputern, bestimmte Probleme parallel zu berechnen und daher einen bestimmten Aufgabentyp viel schneller zu lösen als herkömmliche Computer. Allerdings ist die Entwicklung von Quantencomputern noch immer in den Anfängen und es gibt noch viele Herausforderungen bei der Entwicklung und dem Einsatz dieser Rechnertechnologie. Es ist jedoch durchaus vorstellbar, dass in den nächsten Jahren ausreichend große Fortschritte erzielt werden, um diese Technologie für bestimmte Aufgaben zu prädestinieren. Zu den potenziellen Einsatzgebieten gehören Optimierungen in der Logistik oder der Finanzindustrie, Simulationen in der Chemie, Pharmazie und den Materialwissenschaften sowie Leistungssteigerungen im Bereich des maschinellen Lernens. Problematisch würde sich eine schnelle Entwicklung von Quantencomputern für die Verschlüsselung von Daten erweisen, da bestimmte asymmetrische Verschlüsselungsverfahren (s. ▶ Abschn. 2.3.1.1), die in vielen Bereichen als State-of-the-Art gelten, durch Quantencomputer äußerst schnell „geknackt" werden können.

2.2.2 Client-Server-Konzept als Kooperationsmodell

Die Kommunikation zwischen Rechnern setzt die Existenz eines geeigneten *Kooperationsmodells* voraus, das im Hinblick auf die Partner eine eindeutige Rollenverteilung festlegt und die gemeinsamen Protokolle spezifiziert. Im Client-Server-Konzept versuchen Clients auf der Benutzerseite, Dienste in Anspruch zu nehmen, die von einem bestimmten Rechner im Netz (Server) angeboten werden, wie z. B. Daten und Transaktionen eines AS. Aufgaben des Clients sind die Präsentation der entsprechenden Daten und die Interaktion mit dem Benutzer. Dieses Kooperationsmodell lässt sich auch mehrstufig umsetzen. So können etwa Datenbank- und Applikationsserver auf unterschiedlichen Rechnern implementiert werden, um die Arbeitslast zu verteilen. Die Clients nehmen einen Dienst des *Applikationsservers* in Anspruch, der wiederum die benötigten Daten von einem *Datenbankserver* erfragt.

In großen Netzwerken dienen verschiedene Rechner sowohl als Clients als auch als Server, was als *Peer-to-Peer-Kommunikation* (Kommunikation unter Gleichgestellten) bezeichnet wird und somit eine Kombination beider Rollen darstellt (s. ▶ Abschn. 4.4.5.1).

2.2.3 Netzklassen

2.2.3.1 Lokale Netze

Befinden sich die miteinander vernetzten Rechner in einem Büro, einem Haus oder einem Betriebsgelände, so spricht man von einem lokalen Netz (Local Area Network, LAN). Dieses wird häufig von unternehmenseigenen Netzabteilungen betrieben. In nicht kabelgebundenen *LANs* (Wireless Local Area Network, WLAN) können mobile Endgeräte wie Notebooks mittels Funktechnik über stationär installierte „Access Points" in einem Netz kommunizieren. Sie sind in der Regel an ein (kabelgebundenes) LAN angeschlossen.

2.2.3.2 Weitverkehrsnetze

Geografisch weit auseinanderliegende lokale Rechner oder Rechnernetze können über *Weitverkehrsnetze* (Wide Area Network, WAN) miteinander verbunden werden. Wir unterscheiden zwischen geschlossenen WANs mit Zugangssicherungsverfahren für spezielle Benutzergruppen und öffentlichen WANs wie dem Internet (s. ▶ Abschn. 2.2.3.3). Als technische Infrastruktur nutzt man Kabel- und Funkver-

2

bindungen, die innerhalb verschiedener (Netz-) Dienste Anwendung finden. Als *Hochleistungsnetz* oder *Backbone* werden zentrale Übertragungsstrecken bezeichnet, die Daten aus unterschiedlichen Subnetzen bündeln und weiterleiten. Sie verfügen über hohe Übertragungskapazitäten und garantieren den reibungslosen nationalen bis transkontinentalen Datenverkehr.

Asymmetric Digital Subscriber Line (ADSL) ist ein digital arbeitender Telekommunikationsdienst, der auf herkömmlichen Telefonleitungen Daten in Bitform mit einer Empfangsgeschwindigkeit bis zu 16 Mbit/s überträgt. Mit *Very High Speed Digital Subscriber Line* (VDSL) wird ein Verfahren der Datenübertragung bezeichnet, das im Vergleich zu ADSL höhere Übertragungsraten zwischen Vermittlungsstelle und Teilnehmerendeinrichtung (z. B. PC, Workstation) zur Verfügung stellte (VDSL2 bis zu 100 Mbit/s) und für die Verwendung in hybriden Glasfaser- und Kupfernetzen ausgelegt wurde. G.fast gilt mittlerweile als Nachfolgestandard zu VDSL2 und ermöglicht Übertragungsraten bis zu 1 Gbit/s. Die Nutzung von *Mobilfunknetzen* basiert auf eigens dafür entwickelten Systemen. Das weltweit erfolgreichste Mobilfunksystem ist *das Global System for Mobile Communications* (GSM). Die (mobilen) Funknetze der ersten und zweiten Generation (1G und 2G) bauen auf den Architekturen traditioneller Telefonnetze auf und sind daher vor allem für den leitungsvermittelten Sprachdienst konzipiert. Durch den enormen Erfolg des Internets erhöhte sich auch die Nachfrage nach paketvermittelnden Technologien im Mobilfunk (auf Paketvermittlung wird in ▶ Abschn. 2.2.3.3 näher eingegangen). *General Packet Radio Service* (GPRS) stellt einen Zwischenschritt hin zu einer flexiblen und leistungsfähigen Datenübertragung in Mobilfunknetzen dar. *Universal Mobile Telecommunications System* (UMTS) ist die Technologie der dritten Generation 3G, die mobilen Endgeräten durch neue Übertragungsverfahren, wie dem *High Speed Downlink Packet Access* (HSDPA), breitbandige Datenübertragung ermöglicht, sodass auch multimediale Inhalte, wie etwa Videoclips, übertragen werden können. *Long Term Evolution* (LTE, auch 4. Generation) ist die Weiterentwicklung des Mobilfunkstandards 3G mit höheren Datenübertragungsraten bis zu 300 Megabit pro Sekunde und derzeit in unterschiedlichen Variationen der meist verbreitete Mobilfunkstandard in Deutschland. Allerdings wird zunehmend 5G, also die fünfte Generation von Mobilfunknetzen, als Technologie angeboten, die noch höhere Geschwindigkeiten, geringere Latenz und hohe Kapazitäten bietet und damit die Grundlage für eine Vielzahl von Anwendungen und Diensten bildet, die bisher nicht abbildbar waren. Latenzzeiten von unter einer Millisekunde bis wenige Millisekunden sowie Übertragungsraten von bis zu 20 Gigabit pro Sekunde sind realisierbar. Es wird derzeit bereits mit Hochdruck am Nachfolgestandard 6G geforscht.

2.2.3.3 Das Internet

Das Internet bezeichnet den Zusammenschluss tausender lokaler Netzwerke, bestehend aus Millionen Rechnern, die Informationen über die Protokollfamilie TCP/IP austauschen. Darüber hinaus bietet es eine Reihe von Diensten und Techniken, die nicht nur seine Funktionalität sichern, sondern neben institutionellen Netzbetreibern auch kommerziellen Telekommunikationsanbietern im Aufbau und Erhalt technischer Infrastrukturen Verdienstmöglichkeiten eröffnen, wie z. B. bei interkontinentalen Datenleitungen. Die Entwicklung des Internets kennzeichnet das Bestreben, durch Verbindung von Netzen den jederzeitigen Zugriff auf weltweit verfügbare Informationsressourcen preiswert zu ermöglichen, um Kooperationsvorteile zu erzielen.

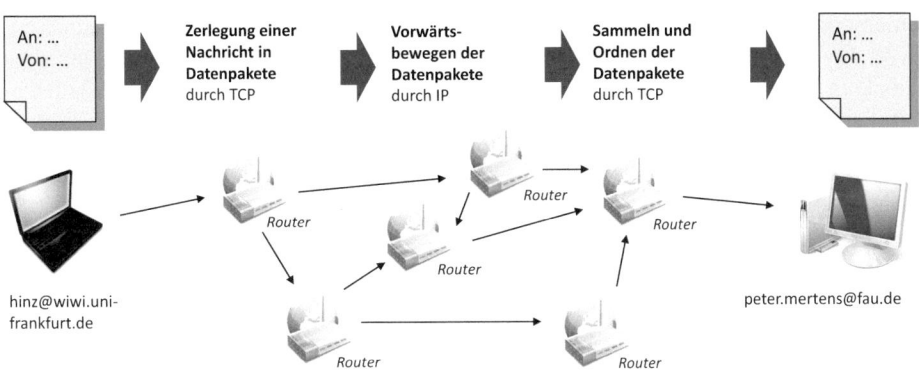

⬛ Abb. 2.2   Datenübertragung im Internet

Die Protokollfamilie TCP/IP setzt sich aus zwei Teilen, dem Transmission Control Protocol (TCP) und dem Internet Protocol (IP), zusammen. Das TCP zerlegt Nachrichten, z. B. eine E-Mail, in verschiedene Datenpakete und versieht jedes Datenpaket mit der IP-Adresse des Senders und Empfängers.

IP-Adressen sind Zifferncodes, die zur Identifikation von Informationsstandorten weltweit dienen. In der aktuell noch verbreiteten Protokollversion IPv4 haben sie eine Länge von 32 Bit (4 Byte) und werden in Form von vier durch Punkte getrennten Dezimalzahlen angegeben, welche jeweils Werte aus dem Intervall von 0 bis 255 annehmen können. Für Menschen ist es i. Allg. leichter, mit Namen anstelle von Zahlenkolonnen umzugehen. Der sog. Domain Name Service(DNS) übersetzt diesen Namen in die zugehörige IP-Adresse (z. B. ▶ www.wiwi.uni-frankfurt.de in 141.2.194.231).

⬛ Abb. 2.2 verdeutlicht die *Datenübertragung im Internet*. Die Pakete werden an einen Router geschickt (z. B. an den des Internetproviders), dessen Aufgabe in der IP-gesteuerten Weiterleitung der Informationen liegt. Innerhalb des Routernetzwerks versuchen z. B. Telefongesellschaften, mögliche temporäre Belastungstäler in der verfügbaren Streckeninfrastruktur aufzufüllen, indem ein Paket über den am wenigsten ausgelasteten Weg in Richtung Ziel geleitet wird. Jedes Datenpaket einer Nachricht kann einen anderen Weg im Internet nehmen (man spricht von einem Packet Switching Network). Am Ziel werden die Pakete – gesteuert durch TCP – in die ursprüngliche Reihenfolge gebracht.

Jeder Dienst, der das TCP/IP-Protokoll nutzt, verwendet fest im Netzwerkprotokoll spezifizierte Ports zur Kommunikation. Dieser Zusatz erlaubt es, dass mehrere AS über eine Internetverbindung gleichzeitig Daten austauschen können. Anhand der Portnummer erkennt das System, für welches AS die ein- und ausgehenden IP-Pakete bestimmt sind. Die Kombination aus IP-Adresse und Port ermöglicht die eindeutige Identifizierung des Dienstes auf einem spezifizierten Rechner.

Da die Anzahl der verfügbaren IPv4-Adressen nahezu ausgeschöpft ist, löst eine neue Protokollversion, die als IPv6 bezeichnet wird, die 32-Bit-Version des IPv4 schrittweise ab. Mit der Version 6 werden 128 Bits für die Adressierung verwendet, was einer Anzahl von $3,4 \times 1038$ Adressen entspricht. Im Gegensatz zu IPv4 bezeichnet man die Adressen bei IPv6 in Form von acht durch Doppelpunkte getrennte 16-Bit-Werte in hexadezimaler Schreibweise (z. B. 2BA:0:66:899:0:0:459:AC39). Neben der Erweiterung des Adressraums soll IPv6 das Routing vereinfachen, zu

2

einer höheren Datensicherheit beitragen sowie die Reservierung von Ressourcen, etwa für eine dauerhafte Verbindung, ermöglichen. Seit 2012 stellt die Deutsche Telekom auch Endkunden IPv6 an DSL-Anschlüssen zur Verfügung. In Deutschland erfolgen im Jahr 2022 ca. 70 % der Zugriffe auf den populären Internetsuchdienst Google über IPv6, was den relativ langsamen, schrittweisen Übergang zu diesem Protokoll verdeutlicht.

Das Internet verfügt heute über eine Vielzahl von Diensten, die es Nutzenden ermöglichen, Informationen zu empfangen bzw. zu senden. Zu den populärsten Diensten zählt das *World Wide Web* (WWW).

Das *Hypertext Transfer Protocol* (HTTP) ist das Standardprotokoll des WWW. Über dieses Protokoll werden die Webseiten übertragen. Der Webbrowser stellt einen HTTP-Client dar, der Anfragen generiert und diese an einen Webserver sendet. Der Server enthält einen sog. HTTP-Daemon, der auf HTTP-Anfragen wartet und diese bedient.

Zentraler Baustein von Webanwendungen sind in der *Hypertext Markup Language* (HTML) geschriebene Dokumente. Der Begriff Hypertext bezeichnet die Verknüpfung von Wörtern oder Textabschnitten mit anderen Informationsquellen. Durch Anklicken eines solchen Verweises (Link) kann das referenzierte Dokument aufgerufen werden. Aufgrund des Erfolgs des WWW sind die Grenzen des HTML-Konzepts vielfach sichtbar, da z. B. die inhaltliche Struktur der ausgegebenen Daten nicht expliziert ist und damit deren Weiterverarbeitung erschwert wird. Eine Lösung dieses Problems bringt die *Extensible Markup Language* (XML). XML erlaubt es, die Inhalte und ihre Struktur von der Darstellung (Layout) zu trennen, sodass z. B. ein Dokument für unterschiedliche Endgeräte jeweils grafisch angemessen visualisiert werden kann (z. B. PC-Monitor vs. Mobiltelefon-Display).

Für Client-seitige Anwendungen ermöglicht Java die Entwicklung von *Applets*, die als portable Programme vom Server auf den Client übertragen und dort im Browser ausgeführt werden. Dies erlaubt auch die Verlagerung der Ressourcenbeanspruchung (Prozessor, Speicher) vom stark beanspruchten Server auf die Client-Rechner.

Neben dem WWW und HTTP existieren weitere anwendungsbezogene Dienste auf der Grundlage von TCP/IP wie z. B. FTP (*File Transfer Protocol*) für die Dateiübertragung oder Voice-over-IP zur Übertragung von digitalisierten Sprachinformationen über das Netz.

2.2.3.4 Intranets und Extranets

Die beschriebenen Internettechniken sowie die vielfach kostenfreie Verfügbarkeit entsprechender Software ermöglichen deren breiten Einsatz im Unternehmen in sog. Intranets und Extranets.

Intranets sind selbstverantwortlich betriebene und gegenüber Außenstehenden abgesicherte Netze auf der Basis von TCP/IP sowie den darauf aufsetzenden Protokollen und Diensten. Der Aufbau von Intranets ist insbesondere aus Gründen der Integration mit den Diensten im Internet attraktiv, sodass Anwender beide Netze mit der gleichen Oberfläche benutzen können. Häufig bietet man interne Handbücher, Rundbriefe, Adressverzeichnisse, Organisationsrichtlinien und nicht-öffentliche Teilekataloge in Intranets an. Bestehen Schnittstellen zwischen einem geschlossenen Netz und dem Internet, so werden üblicherweise *Firewalls* (s. ▶ Abschn. 2.3.1) implementiert, die den internen Bereich vom öffentlichen Netz abschotten.

Ein Extranet bezeichnet demgegenüber ein geschlossenes Netz von über das Internet verbundenen Unternehmen mit entsprechenden Zugriffsrechten (z. B. die Zulieferunternehmen eines Automobilherstellers oder die eines Produzenten mit seinen Logistikpartnern). Wie Intranets basieren Extranets auf der Nutzung von Internettechniken. Häufigen Einsatz finden *Virtual Private Networks* (VPNs), in welchen über ein Tunneling-Protokoll Informationen beim Übergang vom privaten LAN in das öffentliche Netz verschlüsselt und beim Eintreffen am Empfangspunkt entsprechend decodiert werden. Darüber hinaus kann diese Technik auch in Intranets zum Einsatz kommen. So kann z. B. ein Mitarbeiter von zu Hause aus auf das interne Netzwerk seines Unternehmens zugreifen und Ressourcen wie Dateien oder Anwendungen nutzen. Der Mitarbeiter kann sich über das VPN-Protokoll sicher in das Unternehmensnetzwerk einloggen und Daten verschlüsselt übertragen.

2.2.4 Kommunikationsstandards und Webservices

Eine effiziente Kommunikation ist die Grundlage jeglicher Interaktion und Koordination betrieblicher Aufgaben und Prozesse. Dafür müssen Sender und Empfänger einer Nachricht im Vorfeld eine gemeinsam genutzte Sprache bzw. einen *Kommunikationsstandard* vereinbaren.

Zum Informationsaustausch hat sich die *Extensible Markup Language* (XML, s. auch ▶ Abschn. 2.2.3.3) als Standardstrukturierungssprache etabliert. XML ist eine textbasierte Meta-Auszeichnungs-Sprache, die es ermöglicht, Daten bzw. Dokumente bezüglich Inhalt und Darstellungsform derart zu beschreiben und zu strukturieren, dass sie – v. a. auch über das Internet – zwischen einer Vielzahl von Anwendungen in unterschiedlichen Hardware- und Softwareumgebungen ausgetauscht und weiterverarbeitet werden können. Dokumente zur Unterstützung von Geschäftsprozessen (wie etwa eine Bestellung oder Fakturierung), die in XML geschrieben sind und bei denen man sich auf eine inhaltliche Struktur geeinigt hat, können so (z. B. im Rahmen des Electronic Data Interchange, EDI) von Systemen verschiedener Geschäftspartner mit einem Minimum an personellen Eingriffen automatisch verarbeitet werden (vgl. Weitzel et al. 2001). Dazu ist es notwendig, dass Syntax und Semantik der Nachricht genau festgelegt sind. Die Syntax beschreibt die Regeln, welche Zeichen verwendet und zu komplexeren Einheiten zusammengefasst werden dürfen. Die Semantik ordnet den Zeichengruppen dann die inhaltliche Bedeutung zu. Es gibt wirtschaftszweig- und branchenabhängig verschiedene EDI-Nachrichtenstandards.

Mit *Webservices* wird das Konzept der komponentenbasierten Softwareerstellung weiterentwickelt hin zu weltweit verteilten und völlig voneinander losgelösten Anwendungsmodulen. Webservices lassen sich verstehen als autonome, gekapselte Dienste, die eine genau definierte Funktion erfüllen und über das Web als Teile übergreifender Wertketten verwendet werden können. Haben zwei AS eine Webservice-Schnittstelle, so können sie über standardisierte Internetprotokolle (s. ▶ Abschn. 2.2.3.3) miteinander kommunizieren. Auf diese Weise ist es u. a. möglich, Geschäftsprozesse abzuwickeln, die durch mehrere AS ausgeführt werden, z. B. die Buchung einer Reise, die individuell aus Flug, Hotel und Mietwagen in den AS unterschiedlicher Anbieter zusammengesetzt wird.

2

Als Basis von Webservices lassen sich wiederum *Serviceorientierte Architekturen* (SOA) definieren. SOA bezeichnet eine Systemarchitektur für eine plattform- und sprachneutrale Nutzung und Wiederverwendung verteilter Dienste, die von unterschiedlichen Besitzern verantwortet werden. Der Entwurf von Services orientiert sich hierbei nicht mehr (wie z. B. bei Softwarekomponenten im Rahmen einer Komponentenarchitektur) vorrangig an technischen Gesichtspunkten, sondern vielmehr an der Funktionalität im Hinblick auf die zu unterstützenden betrieblichen Funktionen und Prozesse. Ein Service kann z. B. die im Rahmen der Auftragsdatenerfassung durchzuführende Bonitätsprüfung einer Kundin über eine Kreditauskunftei sein. Ziel ist es, dass es einem Unternehmen ermöglicht wird, als Antwort auf geänderte geschäftliche Anforderungen durch die Reorganisation von Services schnelle und kostengünstige Anpassungen der AS-Landschaft vorzunehmen, ohne jede benötigte Funktionalität neu und selbst implementieren zu müssen (vgl. Buhl et al. 2008). Als zentrale Infrastrukturkomponente für die Kommunikation zwischen Anbietern und Nutzern von Webservices dient im Rahmen einer SOA häufig ein sog. Enterprise Service Bus (ESB).

2.2.5   Verteilte Rechen- und Speicherleistung

Mit dem Einsatz von Rechnernetzen werden verschiedene Ziele verfolgt, so z. B. die bessere Ausnutzung von Kapazitäten sowie der parallele Zugriff auf im Netz verfügbare Daten, Programme oder Hardwareressourcen.

2.2.5.1   Grid Computing

Beim sog. *Grid Computing* haben Nutzer oder AS Zugriff auf einen großen Pool von heterogenen, vernetzten IT-Ressourcen. IT-Ressourcen können in diesem Zusammenhang z. B. Server, Speicher, CPUs, Datenbanken oder Services sein (vgl. Berman et al. 2003). Grid Computing findet häufig Anwendung bei wissenschaftlichen Simulationen, der Datenanalyse sowie anderen rechenintensiven Tätigkeiten. Die IT-Ressourcen befinden sich häufig unter Kontrolle einer Institution (z. B. Forschungsinstitut oder Unternehmen) und sind für eine festgelegte Aufgabe dediziert.

2.2.5.2   Cloud Computing

Cloud Computing folgt der Idee, Nutzenden bedarfsabhängig sowie zeit- und ortsunabhängig, standardisierte IT-Ressourcen, wie z. B. Server oder AS, als Dienste zur Verfügung zu stellen. Auf Seite der Nutzenden werden also Teile der IT-Landschaft (z. B. Rechenzentren) nicht mehr selbst betrieben, sondern in die „Rechnerwolke" eines Anbieters ausgelagert (s. ▶ Abschn. 6.3). Es handelt sich dabei um hochautomatisierte Rechenzentren, die entsprechend skalieren. Daher wird für die größten Anbieter auch der Begriff der „Hyperscaler" benutzt. Hyperscaler sind Unternehmen, die eine extrem skalierbare und hochverfügbare Cloud-Computing-Plattform bereitstellen, die es Kunden ermöglicht, große Mengen an Daten, Anwendungen und Diensten über das Internet bereitzustellen und zu nutzen. Die bekanntesten Hyperscaler sind Amazon Web Services (AWS), Microsoft Azure und Google Cloud Platform.

Die Infrastruktur dieser Unternehmen wurden um eine Vielzahl von Diensten erweitert, die von komplexen Analysen und maschinellem Lernen bis hin zu Datenspeicherung und Datenverwaltung reichen. Ihre große Skalierbarkeit und hohe Verfügbarkeit macht sie zu einer attraktiven Wahl für Unternehmen jeder Größe, die ihre IT-Ressourcen auslagern möchten.

Die Reservierung, Nutzung und Wiederfreigabe der Cloud-Ressourcen erfolgt je nach Bedarf und automatisiert über einen Netzwerkzugriff und wird nach flexiblen Bezahlmodellen, ähnlich dem Strom- oder Telefonnetz, abgerechnet. In der Regel wird Cloud Computing als flexiblere und kostengünstigere Alternative zum Eigenbetrieb der Hardware betrachtet, da die Nutzung der Ressourcen flexibler und einfacher ist und keine Investitionen in Hard- und Software notwendig sind.

Die dynamische Ressourcenbereitstellung ermöglicht der Einsatz von Server-Virtualisierung und mandantenfähigen Systemen. Virtualisierung bezeichnet grundsätzlich die virtuelle (d. h. nicht-physikalische) Nachbildung von Computern, um eine Abstraktionsschicht zwischen Nutzenden (z. B. einem Betriebssystem) und den physikalischen Ressourcen (z. B. den Hardwarekomponenten eines Rechners) zu erzeugen. Beim Cloud Computing werden nun verschiedene virtuelle Server auf mehreren vernetzten physikalischen Servern betrieben und eine virtuelle Maschine wird einem gerade frei stehenden Server oder Speicher aus dem Pool zugeordnet. Die tatsächlich eingesetzte IT-Ressource kann von Nutzenden oft nicht mehr physikalisch lokalisiert werden (vgl. Marston et al. 2011). Cloud-Anbieter wollen durch die gemeinsame Verwendung von Ressourcen Skaleneffekte für ihr Geschäftsmodell ausnutzen. So ermöglicht Cloud Computing z. B. Internetfirmen wie Amazon, aktuell freie Kapazitäten ihrer Cloud-Ressourcen (etwa am frühen Morgen amerikanischer Ostküstenzeit) fremden Nutzern, die sich über das Internet verbinden, im Rahmen einer serviceorientierten Architektur anzubieten und durch den Verkauf von Cloud-Lösungen Erlöse zu erzielen. Neben der Skalierung und effizienten Nutzung von Hardware-Ressourcen investieren die Anbieter auch große Summen in IT-Sicherheit, Automatisierung, Datenmanagement, Künstliche Intelligenz und weitere Plattformdienste und stellen Applikationsentwicklern und Nutzenden damit leistungsstarke Stacks zur Verfügung, mit denen ein großer Mehrwert gestiftet werden kann.

Der Zugriff auf die derart abstrahierte IT-Infrastruktur findet bei Cloud Computing für die breite Öffentlichkeit, sog. „Public Cloud", i. d. R. über das Internet statt. Daneben kann die Bereitstellung z. B. über ein unternehmensinternes Intranet erfolgen, sodass der Zugang zu den entfernten Systemen einer *„Private Cloud"* nur der eigenen Organisation vorbehalten ist (vgl. Armbrust et al. 2009). Eine kombinierte Cloud aus Private, Community und Public Cloud, die sog. *„Hybrid Cloud"* bzw. *„Multi-Cloud"*, ermöglicht es, auf unterschiedliche Nutzerbedürfnisse und Anwendungsanforderungen einzugehen. Kritische Anwendungen können z. B. in der unternehmensinternen Private Cloud betrieben werden, während gleichzeitig auch auf Dienste der öffentlichen Cloud zugegriffen werden kann. Schnelle und zuverlässige Breitbandverbindungen sind also für den Einsatz und die Verbreitung von Cloud Services zwingend notwendig.

Mit zunehmenden Grad an Abstraktion stellen Cloud-Anbieter Infrastruktur-, Plattform- und Softwaredienste zur Verfügung:

2

- *„Infrastructure as a Service"* (IaaS) beinhaltet Rechenkapazität und Speicherplatz auf virtuellen Cloud-Servern zur Kapazitätserweiterung der unternehmensinternen IT-Infrastruktur auf Abruf, z. B. AWS EC2.
- *„Platform as a Service"* (PaaS) liefert eine Software-Plattform in der Cloud zum Entwickeln, Testen, Nutzen und Verwalten von individuellen Webanwendungen, z. B. Google App Engine. Diese Dienste basieren auf den Leistungen der IaaS-Schicht.
- *„Software as a Service"* (SaaS) bietet komplette Anwendungsprogramme, z. B. ▶ salesforce.com für das Kundenbeziehungsmanagement. Diese Dienste basieren in der Regel auf Leistungen der PaaS-Schicht und/oder der IaaS-Schicht.

Angebot und Nutzung dieser Cloud-Dienste erfolgen über Netzwerkverbindungen, Protokolle sowie über lokale Anwendungsprogramme. Die Kundin hat somit keine Kontrolle mehr über die zugrunde liegende Technik, etwa die Serverplattform, was Bedenken bzgl. der Datensicherheit mit sich bringt. Neben dem Wegfall von Vorabinvestitionen, Flexibilität bei der Ressourcennutzung und Kosteneinsparungen aufgrund von Ressourceneffizienz können durch die Virtualisierung auch erhebliche Hardware-Einsparungen realisiert werden. Insofern ist Cloud Computing bzw. Virtualisierung eine wichtige sog. *Green-IT*-Maßnahme mit einem potenziell positiven Umwelteffekt.

Green IT beschäftigt sich mit der Fragestellung, wie IT-Systeme zu einer Reduktion des Energieverbrauchs und höherer Energieeffizienz einen Beitrag leisten können. Als relativ neuer und stetig wachsender Anwendungsbereich der betrieblichen IT ist es die primäre Zielsetzung, Organisationen zur Erreichung ökologischer Ziele und mehr Nachhaltigkeit zu befähigen. Während sich ein eng gefasster Ansatz von Green IT primär auf die Verbesserung des Energieverbrauchs von Hardwaresystemen sowie deren Auslastung bezieht, umspannt eine weiter gefasste Sichtweise die planmäßige Entwicklung und den Einsatz von IT zur Verbesserung der Nachhaltigkeit in der Wirtschaft (vgl. Dedrick 2010). Themenfelder von Green IT behandeln Theorie und Praxis der effizienten Entwicklung, Herstellung, Nutzung sowie Entsorgung von Computern, Servern und den dazugehörigen Systemen mit möglichst keinem oder nur minimalem negativen Einfluss auf die Umwelt. In diesen Kontext fallen Bereiche wie beispielsweise energieeffiziente IT, Stromüberwachung, Entwurfsgestaltung für Rechenzentren, Ansätze zur Virtualisierung von Servern oder eine Standortwahl, die vorhandene Ressourcen zur Klimatisierung nutzt oder die Abwärme an anderer Stelle nachnutzt. Ebenso werden die verantwortungsbewusste Entsorgung und Wiederverwertung von Altgeräten, die Einhaltung von Gesetzen und Richtlinien, die Nutzung erneuerbarer Energien sowie Verwendung von Umweltzeichen und Ökosiegeln für IT-Produkte betrachtet. Auch die Veränderung und Neugestaltung eines Geschäftsprozesses (Business Process Redesign, s. ▶ Abschn. 6.1.1) kann mit der Beachtung von Gesichtspunkten ökologischer Nachhaltigkeit unter Einbeziehung von Umweltkennzahlen, etwa Energieverbrauch und CO_2-Emissionen, erfolgen (vgl. Tenhunen und Penttinen 2010).

2.2.5.3 Edge Computing

Während beim Cloud Computing die Rechenressourcen in einem Rechenzentrum betrieben werden, welches möglichst „zentral" in dem Teil des Internets liegt, das auf diese Ressourcen zugreift, folgt das sogenannte Edge Computing einem alternativen Ansatz: Die Datenverarbeitung findet nicht in einem Rechenzentrum statt, sondern in einer örtlichen Nähe derjenigen Sensoren und Geräte, die die Daten erzeugen und benutzen. Mit „Edge" wird der „Rand des Internets" bezeichnet, welcher typischerweise durch Endgeräte wie Computer, Smartphones, Router, Access Points und IoT-Geräte gebildet wird.

Das Ziel von Edge Computing ist es, die Latenzzeiten zu verringern und die Bandbreitennutzung zu minimieren, indem Datenverarbeitung und -speicherung in der Nähe der Quelle stattfinden und Daten nicht erst in ein Rechenzentrum (bzw. die „Cloud") geschickt werden, um sie dort zu speichern und zu verarbeiten (vgl. Sterz et al. 2022). Dieses Paradigma wird häufig eingesetzt, wenn es auf eine schnelle Reaktionszeit ankommt. Beispielhafte Anwendungen sind: Steuerung und Überwachung von Industriemaschinen in Echtzeit, Verkehrsüberwachung und -steuerung mit möglichst schneller Reaktionszeit, Betrieb von IoT-Endgeräten, die dadurch autonomer betrieben werden können und wodurch Datensparsamkeit im Sinne des Datenschutzes ermöglicht wird.

2.3 Sicherheit vernetzter Systeme

Stärkere Vernetzung und zunehmende Automatisierung der Geschäftsprozesse führen zu einer wachsenden Abhängigkeit des Geschäftsbetriebs von der IT. Geschäftsausfälle durch zufällig oder über gezielte Attacken korrumpierte AS sind ein Risiko, auf das Betriebe sowohl mit technischen als auch organisatorischen Sicherheitsmaßnahmen in Bezug auf die Nutzung von Hard- und Software reagieren. Vorsorge, Sicherung und Schutz (*Prävention*), das Erkennen einer Störung oder eines Angriffes (*Detektion*) sowie mögliches Eingreifen (*Reaktion*) gegenüber Bedrohungen von außen sowie betriebsinternen Gefahren sind Aufgabe des IT-Sicherheits- und Risikomanagements. Betriebsinterne Gefahren sind dabei durchaus bedeutend, da sie üblicherweise bis zu 70 % aller bekanntgewordenen, gezielten Korruptionen in einem Unternehmen ausmachen.

Die IT-Sicherheit betrachtet traditionell insbesondere den Schutz der technischen Systeme vor unerwünschten Ereignissen und Angriffen. Neben der IT-Infrastruktur eines Unternehmens sind auch die darin gespeicherten Daten und Informationen (s. ▶ Kap. 3) sowie betriebliche Transaktionen und die Kommunikation gegen Bedrohungen zu schützen, die folgende Qualitäten der IT gefährden:

- Vertraulichkeit der in den Systemen verarbeiteten Informationen
- Integrität der Daten und erbrachten Dienstleistungen
- Verfügbarkeit der Systeme und ihrer Dienste

Vertraulichkeit beschreibt die Wahrung von Geheimnissen und den Schutz vor Informationsweitergabe an unbefugte Personen, Organisationen oder Systeme. Vertraulichkeit ist notwendige Grundlage zur Aufrechterhaltung der Privatsphäre sowie zur Wahrung von Geschäftsgeheimnissen. Bewahrung der Vertraulichkeit stellt nicht nur einen Hygienefaktor dar, sondern wird auch durch entsprechende Gesetze (z. B. die Datenschutz-Grundverordnung, DSGVO, s. ▶ Abschn. 6.5.2) eingefordert. Integrität steht für die Gewährleistung der Konsistenz und Richtigkeit von Daten und stellt sicher, dass Daten nicht unautorisiert bzw. unentdeckt modifiziert und manipuliert werden. Der Begriff Verfügbarkeit umfasst die Eigenschaft eines technischen Systems, seinen eigentlichen operative Zweck und die entsprechenden Daten den autorisierten Nutzenden zur Verfügung zu stellen (König et al. 2014).

2

Aufgrund der wachsenden Abhängigkeit des Geschäftsbetriebs von IT, wird der Schutz der IT-Sicherheit in der IT-Governance immer wichtiger (s. ▶ Abschn. 6.4). IT-Sicherheit ist in mittelständischen Unternehmen zumindest eine Aufgabe der IT-Abteilung. Alternativ können technische, organisatorische und prozessuale Schutzmaßnahmen an einen Dienstleister vergeben werden. Erforderliche Leistungen sollten vertraglich als Teil von *Service Level Agreements* (SLAs, s. ▶ Abschn. 5.1.1.3) festgehalten werden und dienen als Voraussetzungen zur Überwachung der Einhaltung dieser Maßnahmen durch das auslagernde Unternehmen.

Vor der Realisierung von Sicherheits- und Gegenmaßnahmen sollte eine Risikoanalyse durchgeführt werden, um relevante Bedrohungen zu identifizieren. Dabei wird die Wahrscheinlichkeit berücksichtigt, mit der ein Schaden eintreten kann, sowie das zu erwartende Ausmaß des Schadens. Die potenzielle monetäre Schadenshöhe wird den Kosten der Maßnahmen gegenübergestellt, die zur Verhinderung notwendig sind.

Bedrohungen für betriebliche IT können durch interne und externe Faktoren entstehen. Sowohl interne als auch externe Ereignisse können mit krimineller Intention als Angriff durchgeführt werden oder unbeabsichtigt durch zufällige technische Ausfälle oder fahrlässiges menschliches Handeln verursacht werden. Die vier möglichen Kombinationen werden nachfolgend erläutert.

Interne zufällige Gefahren können durch technische Störungen wie den Ausfall von Hardwarekomponenten, Spannungsschwankungen und Stromausfällen entstehen. Auch Störungen in den lokalen Netzen des Betriebs können den Geschäftsbetrieb beeinträchtigen. Nicht-intendierte Ereignisse können auch in externen Bedrohungsszenarien wie Naturkatastrophen (Erdbeben, Überflutungen oder Brände) ihren Ursprung haben.

Nicht-beabsichtigte Vorfälle werden im Bereich der IT mit Ausfallsicherheitsmaßnahmen begegnet. Um den Verlust von Daten in einem Schadensfall zu verhindern, werden redundante Systeme und Subsysteme eingesetzt. Redundanz bedeutet, dass die Daten an mindestens einem weiteren Ort „gespiegelt" gespeichert werden, um im Schadensfall von mehreren physischen Orten aus abrufbar zu sein. Bei Ausfall einer Hardwarekomponente wird möglichst automatisiert ein Ersatz bereitgestellt. Um sich gegen Stromausfälle abzusichern, sollten Notstromaggregate genutzt werden. Ferner sollte ein Katastrophenhandbuch ausgearbeitet werden, welches das Vorgehen im Notfall (z. B. Brand im Rechenzentrum) beschreibt und die notwendigen Schritte umfasst, um basierend auf den bisherigen Sicherheitsmaßnahmen den Ausfall der IT und die im schlimmsten Fall auch daraus resultierende Einschränkung des ganzen Unternehmens zeitlich zu begrenzen.

Nicht-intendierte Handlungen von Mitarbeitern können interne Gefahrenquellen darstellen, indem diese der IT fahrlässig, aber unbeabsichtigt Schaden durch mangelnde Aufmerksamkeit oder Missachtung von Dienstanweisungen zufügen (s. ▶ Abschn. 2.3.2). Es gibt jedoch auch Fälle, in denen Mitarbeiter absichtlich mit krimineller Intention vorgehen.

Der Schutz vor intendierten externen Angriffen, wie z. B. Malware oder Cyber-Attacken, ist eine integrale Aufgabe der IT-Sicherheit. Hier besteht ein bewusster Angriff auf das Unternehmen, indem Daten entwendet, manipuliert oder Betriebsausfälle provoziert werden, Betriebsgeheimnisse in Erfahrung gebracht oder ein Vorteil auf Seiten des Angreifers verschafft wird. Der Begriff *Malware* leitet sich von „malicious software" ab und bezeichnet schädliche Softwareprogramme wie

Computerviren, Computerwürmer oder Trojanische Pferde. In betriebliche Netzwerke kann Malware beispielsweise während der Internetnutzung durch Mitarbeiter gelangen, indem versteckte Programme auf Webseiten sich Zugriff auf den Computer des Nutzenden verschaffen und dann dessen Daten unbemerkt an den Angreifer weiterleiten (Cross-Site-Scripting). Ebenso mag Malware aus geöffneten Anhängen von E-Mails eingeschleust werden, durch Hackerangriffe oder durch sogenannte *Schatten-IT* (engl. shadow IT). Letztere bezeichnet die unerlaubte oder unkontrollierte Nutzung von Hard- und Software durch Mitarbeiter im Unternehmensnetzwerk – eine substanzielle Gefahrenquelle ist das BYOD (s. ▶ Abschn. 2.2.1) – oder die unberechtigte oder geduldete Installation von Software auf Betriebshardware. Mögliche Folgen von Malware sind der Verlust sowie Diebstahl vertraulicher Daten (z. B. Kreditkartendaten), die Verlangsamung oder der Ausfall von Unternehmensnetzwerken, die Verletzung der Integrität von Daten, der Zugriffsverlust durch Verschlüsselung der Daten (Ransomware) durch Dritte sowie das Blockieren von Rechenzeit oder Speicherplatz.

2.3.1 Technische Maßnahmen

2.3.1.1 Prävention

Vorbeugende technische Maßnahmen reichen von der physischen Trennung von Systemen, dem Einsatz von Firewalls, der Vergabe und Kontrolle von Zugriffsrechten auf Daten und Prozesse bis zur Verwendung verschlüsselter Protokolle (vgl. König et al. 2014). Auch das Verhalten der Mitarbeiter ist ein sicherheitsrelevanter Faktor, dem durch vorbeugende Maßnahmen begegnet wird (s. ▶ Abschn. 2.3.2).

Zuverlässiges Vorgehen zur Prävention gegen einen Schadensfall ist die *logische* oder *physikalische Trennung* von *Systembereichen*. Bereiche, die für einen externen Angriff leichter erreichbar sind, werden abgeschottet von solchen, die zum Aufrechterhalten des Geschäftsbetriebs unerlässlich sind oder aus Datenschutz- oder Wettbewerbssicht sensible Daten enthalten, z. B. Mitarbeiter- und Kundendaten oder Ergebnisse der Forschungs- und Entwicklungsabteilung. E-Mail-Server, die mit dem Internet kommunizieren, können z. B. von Systemen getrennt werden, die eine voll automatisierte Produktion steuern (sog. *Operational Technology Security*, OT Security). Die Aufspaltung in Intra- und Internet (s. ▶ Abschn. 2.2.3) vermindert die Wahrscheinlichkeit, dass interne Daten nach außen weitergegeben werden.

Externe Angriffe können durch *Firewalls* abgehalten werden. Kommunikation für festgelegte Ports (s. ▶ Abschn. 2.2) und IP-Bereiche werden erlaubt. Andere Kommunikation wird blockiert. Aufgrund der vorgegebenen Regeln eignen sich Firewalls nur zur Vorbeugung und nicht zur Erkennung bereits erfolgter Einbrüche. Personal Firewalls arbeiten in Rechnern (oftmals als Teil des Betriebssystems (s. ▶ Abschn. 2.1.2)). Dedizierte Hardware-Firewalls schützen ganze Netzwerkbereiche und weitere Netzwerkbestandteile wie z. B. Router. Es kann zwischen zwei Arbeitsweisen unterschieden werden: Bei IP-basierter Prüfung betrachtet die Firewall den Sender und Empfänger eines Datenpaketes, während bei Analyse des Anwendungsprotokolls die Firewall die Datenstruktur der Datenpakete auf bösartige Strukturen untersucht. Um unerwünschte Werbe-E-Mails (Spam) und die damit verbundenen Sicherheitsrisiken zu vermeiden, müssen Mailfilter definiert werden.

2

Ebenso sind die Software und der Zugang zu Daten durch die Vergabe von *Passwörtern* und *Zugriffsrechten* zu sichern. Zu den Kontrollen zählen eine Identifikation der Nutzenden, die Überprüfung der Benutzerrechte sowie die Protokollierung der Aktivitäten. Gegenüber Mitarbeitern sowie als Schutz gegen Außenstehende soll damit erreicht werden, dass nur die Berechtigten auf jeweilige Geschäftsprozesse und Datenbereiche zugreifen können. Dies dient sowohl dem Datenschutz als auch der Sicherung von Geschäftsgeheimnissen.

Sowohl bei der Datenübertragung in internen als auch mit externen Netzen sollten *verschlüsselte* Protokolle, z. B. mit Hilfe von SSL (*Secure Socket Layer*)-Verschlüsselung, bei der Übertragung kritischer Informationen verwendet werden. Mit solchen *kryptografischen Verfahren* werden bei einer Anwendung bei der Datenübertragung Geheimhaltungs- und Authentifizierungsziele verfolgt. Durch Verschlüsselung wird die geforderte Vertraulichkeit gewährleistet, kryptografische Protokolle gewährleisten die Integrität und *digitale Signaturen* stellen die Authentizität eines Kommunikationspartners sicher.

Man kann hierbei *symmetrische* und *asymmetrische* Verschlüsselungsmethoden unterscheiden.

Bei der *symmetrischen* Verschlüsselung wird eine Nachricht durch den Sender mit einem Schlüssel chiffriert und beim Empfänger mittels umgekehrter Anwendung desselben Schlüssels dechiffriert. Ein Problem ist, dass zuvor Sender und Empfänger den Schlüssel über einen sicheren Kanal transportieren müssen. Bei der asymmetrischen Verschlüsselung dagegen hält jeder Kommunikationsteilnehmer ein eng aufeinander bezogenes Schlüsselpaar (bestehend aus einem öffentlichen Schlüssel und einem privaten Schlüssel), wobei sich der eine Schlüssel nicht ohne Weiteres aus dem anderen (z. B. durch Umkehrung) herleiten lässt. Die *asymmetrische Verschlüsselung* wird z. B. bei der Erstellung einer digitalen Unterschrift (*Elektronische Signatur*) angewendet, durch welche die Urheberschaft einer Nachricht (z. B. eine per E-Mail versendete elektronische Rechnung) sichergestellt werden kann.

Zusätzlich sind Schulungen zu *Security-Awareness* zu empfehlen, um die Mitarbeiter zu sensibilisieren, auf welche Gefahren im täglichen Arbeitsalltag geachtet werden sollte (s. ▶ Abschn. 2.3.2), z. B. Anhänge von E-Mails oder an externe Hardwareschnittstellen angeschlossene USB-Sticks.

2.3.1.2 **Detektion**

Wegen der wachsenden Komplexität und stetigen Weiterentwicklung technischer Systeme ist es unmöglich, Sicherheitslücken und Systemschwächen, die zum Angriff und zur Schwächung der Funktionsfähigkeit betrieblicher IT ausgenutzt werden können, vollständig zu verhindern. Eine Störung wird als Abweichung vom Normalbetrieb definiert. Mit Hilfe von Monitoring-Werkzeugen werden die normalen Betriebsparameter erfasst und Abweichungen erkannt. Die Netzwerküberwachung misst die Menge des Datenverkehrs und zeigt den Netzwerkadministratoren den Grad der Auslastung eines Servers an. Beim Angriff einer Dienstblockade (engl. Denial of Service) wird die Kapazität eines Servers durch übermäßige Anfragen überlastet, wodurch reguläre Anfragen nicht mehr bearbeitet werden können. Da auch normale betriebliche Nutzung zu bestimmten Zeiten zu erhöhter Nutzung der IT-Infrastruktur führen kann, müssen zur Unterscheidung von böswilligen Angriffen verschiedene Betriebszustände berücksichtigt werden. In Realumgebungen sind diese Zusammenhänge komplex und werden mit technischen Systemen analysiert.

2.3.1.3 **Reaktion**

Das Erkennen und Reagieren auf Fehler ist der Bereich des Incident- bzw. Störungs-Managements. Der physische Ausfall einer Ressource führt zu einer Störung, die durch redundante Systeme abgefangen werden kann. Auf intendierte Angriffe wird in vielen Fällen versucht, mit gezielten Systembeschränkungen zu reagieren. Denial-of-Service-Angriffe über Bot-Netze können bspw. einen großen Umfang haben und gehen meist mit sinnloser Kommunikation einher. Um die ausgenutzte Sicherheits-lücke zu schließen, lassen sich Anfragen aus einzelnen Segmenten des Internets mit einer dem Angriff angepassten Änderung der Filterregeln der Firewall abblocken. Da nur schwer zwischen legitimem und illegitimem Datenverkehr unterschieden wer-den kann, bspw. zwischen tatsächlichen Kunden eines Webshops und dem Verkehr von Angreifern, mag die Reaktion auf den Angriff auch (ahnungslose) Kunden tref-fen und verärgern. Das Ziel ist, die Filterung möglichst früh in Richtung der Quelle des Angriffs vorzunehmen. Mit *Intrusion-Detection-Systemen* wird u. a. versucht, auf unberechtigte Zugriffe wie z. B. Passwort-Phishing (Abfragen des Passworts, z. B. durch falsche Internetseiten) zu reagieren. Wurden Daten unbemerkt aus-gelesen, wird dies oftmals erst nachträglich durch den Missbrauch der Daten er-kannt, z. B. durch ungewöhnlich häufige Verwendung eines Passwortes. Bei ver-untreuten Passwörtern muss ein neues Passwort gesetzt werden.

2.3.2 **Organisatorische Maßnahmen**

Technische Schutzmaßnahmen betrieblicher AS können unterlaufen werden, falls Mitarbeiter unachtsam handeln. Wenn Daten in externen Umgebungen außerhalb des Unternehmensnetzwerks hinterlegt und dadurch missbräuchlich verwendet wer-den können oder Passwörter im Klartext ausgeschrieben und abgespeichert werden, gefährdet dies die Sicherheit des Unternehmensnetzwerkes. Um dem Personal die si-chere Beherrschung der verbundenen Systeme bewusst zu machen, sind entsprechend gestaltete Organisationsabläufe notwendig (vgl. Haag und Eckhardt 2014).

Aus Organisationssicht ist zunächst eine Security-Strategie, die im Einklang mit der IT-Strategie und der Business-Strategie steht, zu erarbeiten. Dies ist in einigen Branchen wie z. B. der Finanzbranche mittlerweile auch regulatorisch gefordert. Aufbauend darauf sind geeignete Sicherheitsrichtlinien zu definieren, welche die an-gemessene Nutzung der betrieblichen IT-Ressourcen sowie den sicheren Umgang mit vertraulichen Firmendaten regeln. Diese formalen Regeln zu Nutzerthemen, wie etwa *Passwortsicherheit* oder BYOD (s. ▶ Abschn. 2.2.1), schreiben die Rolle und Pflichten des Personals in Bezug auf die IT-Sicherheit und den Datenschutz fest und sollen bewusstem und unbewusstem internen Computermissbrauch entgegenwirken.

Das Verständnis und die Einhaltung der Sicherheitsrichtlinien wird durch sog. *Security Education, Training and Awareness* (SETA)-Programme gesteigert (vgl. Bul-gurcu et al. 2010). In Trainingsprogrammen und Schulungen wird mittels Sicher-heitsexperten, Gruppenarbeit oder Rollenspielen das Bewusstsein der Nutzenden für die Wichtigkeit eines adäquaten Umgangs mit den IT-Systemen verbessert und das nötige Know-how vermittelt, um die erforderlichen Sicherheitsmaßnahmen im Arbeitsalltag korrekt durchzuführen. Das Hauptziel von SETA-Programmen ist die positive Beeinflussung der Gewohnheiten der Nutzenden, alle IT-basierten Arbeits-

2

schritte regelkonform und sicher auszuführen. Informationskampagnen, z. B. über das Intranet, via E-Mail-Newsletter, Poster oder Flyer, ergänzen die Schulungen und machen Mitarbeiter regelmäßig auf Änderungen der Sicherheitsrichtlinien sowie aktuelle Gefahren und Entwicklungen in der IT- und Internetsicherheit aufmerksam. Entscheidend für den Erfolg ist, das SETA-Programm genau auf die Sicherheitsbedürfnisse, das Personal und die Unternehmensziele abzustimmen. Das Arbeitsumfeld soll dabei positiv das Verhalten des Personals in Bezug auf Sicherheit beeinflussen. Um die Wirksamkeit der Maßnahmen zu überprüfen, engagieren einzelne Unternehmen auch professionelle „*Hacker*".

Eine Kultur des mitdenkenden Handelns und entsprechender Fähigkeiten des Personals wird durch das Konzept der organisatorischen Achtsamkeit (engl. Organizational Mindfulness) beschrieben. Organisationen, die eine solide Achtsamkeit im Arbeitsumfeld etablieren und belohnen, reagieren schneller und geschickter auf unvorhergesehene Fehler- sowie Schadensituationen wie Sicherheitsattacken und Systemausfälle. Darüber hinaus arbeiten sie mit IT-Systemen sicherer und erfolgreicher.

Gesetzliche Grundlage zum Schutz von IT-Systemen in Deutschland sind unter anderem das *Bundesdatenschutzgesetz* (BDSG), das *Telemediengesetz* (TMG) sowie das *Gesetz zur Erhöhung der Sicherheit informationstechnischer Systeme* (IT-Sicherheitsgesetz, IT-SIG) (s. ▶ Abschn. 6.5.2). Im Raum der Europäischen Union spielt die *Datenschutz-Grundverordnung* (DSGVO) eine große Rolle.

Für IT-Sicherheit existieren weitere Normen, die AS und Geräte durch allgemeingültige Standards einheitlich und vergleichbar bewertbar machen. In Deutschland vergibt das Bundesamt für Sicherheit in der Informationstechnik (BSI) Zertifizierungen, die an den *ISO-Standards* ausgerichtet sind. Im Rahmen des IT-Grundschutzes hat das BSI die ISO-Normen in sogenannte *BSI-Standards* umgearbeitet.

Literatur

Armbrust M, Fox A, Griffith R, Joseph AD, Katz R, Konwinski A, Lee G, Patterson D, Rabkin A, Stoica I, Zaharia M (2009) A view of cloud computing. Communications of the ACM 53(4):50–58

Berman F, Fox G, Hey A (2003) Grid computing: making the global infrastructure a reality. Wiley, New York

Buhl HU, Heinrich B, Henneberger M, Krammer A (2008) Service Science. WIRTSCHAFTSINFORMATIK 49(2):129–132

Bulgurcu B, Cavusoglu H, Benbasat I (2010) Information security policy compliance: an empirical study of rationality-based beliefs and information security awareness. MIS Quart 34(3):523–548

Dedrick J (2010) Green IS: concepts and issues for information systems research. Commun Assoc Inf Syst 27:11–18

Dittrich J, Mertens P, Hau M, Hufgard A (2009) Dispositionsparameter in der Produktionsplanung mit SAP, 5. Aufl. Vieweg und Teubner, Wiesbaden

Disterer G, Kleiner C (2013) BYOD – Bring Your Own Device. HMD Praxis der Wirtschaftsinformatik 50(2):92–100

Haag S, Eckhardt A (2014) Sensitizing employees' corporate IS security risk perception. In: Proceedings of the 35th international conference on information systems, Auckland

Keller G (1999) SAP R/3 prozessorientiert anwenden: Iteratives Prozess-Prototyping mit Ereignisgesteuerten Prozessketten und Knowledge Maps, 3. Aufl. Addison-Wesley, München

König W, Popescu-Zeletin R, Schliesky U (2014) IT und Internet als kritische Infrastruktur – vernetzte Sicherheit zum Schutz kritischer Infrastrukturen. Lorenz-von-Stein-Inst. für Verwaltungswiss. an der Christian-Albrechts-Univ Kiel

Marston S, Li Z, Bandyopadhyay S, Zhang J, Ghalsasi A (2011) Cloud computing – the business perspective. Decis Support Syst 51(1):175–189

Sterz A, Felka P, Simon B, Klos S, Klein A, Hinz O, Freisleben B (2022) Multi-stakeholder service placement via iterative bargaining with incomplete information. IEEE/ACM Transactions on Networking. 2022 Mar 15

Tanenbaum AS (2009) Moderne Betriebssysteme. Pearson, München

Tenhunen M, Penttinen E (2010) Assessing the carbon footprint of paper vs. electronic invoicing. In: Proceedings of the Autralasien conference on Information Systems (ACIS 2010)

Weitzel T, Harder T, Buxmann P (2001) Electronic business und EDI mit XML. dpunkt, Heidelberg

Management von Daten

Inhaltsverzeichnis

3.1   Daten und Datenbanken

3.1.1   Grundlagen

3

Daten bilden die Grundlage von Entscheidungen – sowohl in Unternehmen als auch im privaten Bereich. So nutzen Navigationssysteme beispielsweise Straßenkarten sowie Verkehrsdaten, um die optimale Route zu finden. In Unternehmen bilden Zahlungsbereitschaften von Kunden die Grundlage für Preisstrategien. Ebenso basieren die Produktionsplanung, Marketing-Kampagnen oder Jahresabschlüsse auf der Verfügbarkeit von Daten. Daten sind auch die Grundlage für die Anwendung von Künstlicher Intelligenz (KI, s. ▶ Abschn. 3.5). Viele Unternehmen entwickeln vor diesem Hintergrund eine Datenstrategie, welche die Grundlage für die digitale Transformation (vgl. ▶ Kap. 7) darstellt. Im Folgenden werden einige grundlegende Technologien für die Speicherung und den Zugriff auf Daten, insbesondere Datenbanksysteme, behandelt. Darauf aufbauend werden die betriebswirtschaftlichen Implikationen sowie datenbasierte Geschäftsmodelle diskutiert.

Häufig findet man in der Literatur auch eine Unterscheidung in Daten, Informationen und Wissen (Boisot und Canals 2004). In diesem Buch wird auf diese Unterscheidung verzichtet, weil Daten zum einen der Rohstoff sind, auf dem Entscheidungen in Unternehmen aufbauen (sollten) und zum anderen die Basis für neue Geschäftsmodelle in der Internet-Ökonomie darstellen. Zudem werden die Begriffe in Wirtschaft und Wissenschaft trotz vieler Definitions- und Abgrenzungsversuche in den letzten Jahrzehnten ohnehin nicht trennscharf verwendet.

3.1.1.1   Grundbegriffe der Datenorganisation

- Es gibt verschiedene Möglichkeiten, Daten in Unternehmen zu speichern und zu verarbeiten. Wichtige und aufeinander aufbauende Begriffe der Datenorganisation sind (vgl. ◘ Abb. 3.1):
- *Datenfeld*: (Datenelement): Es besteht aus einem oder mehreren Zeichen, z. B. einer Artikelnummer oder einem Artikelnamen.
- *Datensatz*: Inhaltlich zusammenhängende Datenfelder werden sowohl logisch als auch physisch (z. B. auf der Festplatte, s. ▶ Abschn. 2.1.1.2) zu adressierbaren Datensätzen zusammengefasst. Ein einfacher Datensatz für einen Artikel besteht bspw. aus Artikelnummer, Artikelname, Warengruppe und Artikelpreis.

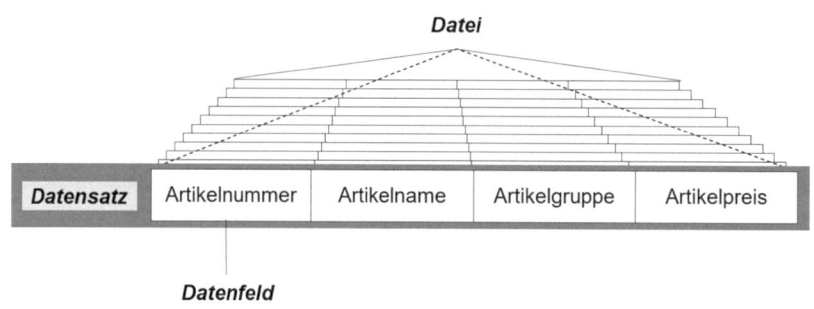

◘ **Abb. 3.1**   Hierarchie der Datenbegriffe

- *Datei*: Alle Datensätze, die zusammengehören und dem gleichen Format folgen, speichert man in einer Datei – in unserem Beispiel in einer Artikeldatei. Man nennt die Formatstruktur auch Datentyp.
- *Datenbank*: Als Datenbank bezeichnet man eine Sammlung logisch zusammengehörender Dateien, die auf einem oder mehreren geeigneten Trägermedien gespeichert sind. Zum Beispiel kann eine einfache Datenbank für die Kostenrechnung aus Dateien für verschiedene Kostenarten, betriebliche Kostenstellen und Kostenträger zusammengesetzt sein.
- *Datenbanksystem*: Ein Datenbanksystem besteht aus einer Datenbank und den zugehörigen Routinen zu ihrer Verwaltung, dem sog. Datenbankmanagementsystem (DBMS, s. ▶ Abschn. 3.1.2.2.

Schlüssel spielen insbesondere in relationalen Datenbanken (s. ▶ Abschn. 3.1.2.4) eine große Rolle. Von großer Bedeutung ist der sog. Primärschlüssel. Dieser kann aus einem oder mehreren Datenfeldern bestehen und dient dazu, Datensätze eindeutig zu identifizieren. Ein Beispiel ist eine Artikelnummer.

3.1.1.2 Datenqualität

Unternehmen stehen einer beständig wachsenden Datenmenge gegenüber, die entweder im Unternehmen selbst anfällt oder von externer Seite (z. B. aus dem Internet, von Marktforschungsinstituten, etc.) zur Verfügung gestellt wird. Dabei ist nicht nur die Menge der Daten, sondern auch deren Qualität für den Erfolg von Unternehmen ausschlaggebend. Datenqualität bezieht sich auf die Relevanz und Korrektheit von Daten und beschreibt, wie gut diese geeignet sind, die Realität abzubilden und in einem bestimmten Kontext einen Nutzen zu stiften (Eppler 2006). So lässt sich z. B. ein Kundendatensatz, der nur den Namen und die Postanschrift des Kunden enthält, im Rahmen einer Serienbrief-Erstellung nutzen, nicht jedoch, wenn alle Kunden per E-Mail angesprochen werden sollen.

Daten von schlechter Qualität enthalten z. B. Datenfehler, Dubletten, fehlende Werte oder falsche Formatierungen und stellen potenzielle Fehlerquellen dar, die bedeutende wirtschaftliche Konsequenzen nach sich ziehen können. In Datenbanken gilt daher das „Garbage in, garbage out"-Prinzip, d. h. Daten von schlechter Qualität führen zu fehlerhaften oder wenig hilfreichen Abfrageergebnissen und damit zu möglichen Fehlentscheidungen. Die Datenqualität (und in Folge die Qualität der Datenbankabfragen) lässt sich bei der Eingabe der Daten verbessern, etwa durch Standards oder Integritätsbedingungen. So ist bei Matrikelnummern z. B. oft die letzte Ziffer eine reine Prüfziffer, anhand der sich mit einem Algorithmus überprüfen lässt, ob die übrigen Ziffern eine gültige Matrikelnummer darstellen.

Häufig bezieht sich der Begriff der Daten- oder Informationsqualität nicht nur auf einzelne Datenwerte oder Datensätze, sondern auf ganze Datenmengen mit bestimmten Eigenschaften. Datenqualität kann damit als ein Bündel an Qualitätsmerkmalen definiert werden. Die Auswahl und Definition der Merkmale hängt dabei wiederum vom jeweiligen Anwendungskontext ab. Eine vielfach verwendete Liste von Qualitätsmerkmalen geht auf Wang und Strong (1996) zurück:

- *Glaubwürdigkeit*: Die Daten werden als wahr und glaubwürdig erachtet.
- *Fehlerfreiheit*: Die Daten sind korrekt und verlässlich.
- *Objektivität*: Die Daten sind unvoreingenommen und neutral.

- *Hohes Ansehen*: Die Quellen der Daten stehen im Ruf einer hohen Vertrauenswürdigkeit.
- *Wertschöpfung*: Die Daten liefern einen Mehrwert.
- *Relevanz*: Die Daten lassen sich für eine konkrete Aufgabe nutzen.
- *Aktualität*: Das Alter der Daten ist der konkreten Aufgabe angepasst.
- *Diversität*: Die Vielfalt der realen Welt wird angemessen abgebildet.
- *Vollständigkeit*: Der Umfang und der Detaillierungsgrad der Daten sind auf die konkrete Aufgabe abgestimmt.
- *Angemessene Menge*: Die Menge der vorhandenen Daten ist weder zu gering noch zu hoch.
- *Interpretierbarkeit und gute Verständlichkeit*: Die Daten sind klar definiert und in einer verständlichen Sprache dargestellt.
- *Einheitliche Darstellung*: Die Daten sind im gleichen Format gespeichert und mit früheren Daten kompatibel.
- *Übersichtlichkeit*: Die Daten sind in kompakter und dennoch vollständiger Form gespeichert.
- *Zugänglichkeit*: Die Daten sind verfügbar oder leicht abrufbar.
- *Zugangssicherheit*: Der Zugang zu den Daten kann eingeschränkt werden.

3.1.2 Datenbanken

3.1.2.1 Dateiorganisation versus Datenbankorganisation

In den Anfängen der Datenverarbeitung basierte die Entwicklung von AS auf einer *engen Verflechtung zwischen dem Programmentwurf und der physischen Datenorganisation* auf den Speichermedien. In Abhängigkeit des verarbeitenden Programms werden die Daten durch eigene Dateien mit den erforderlichen Datensätzen und spezifischen Zugriffsfunktionen bereitgestellt. Der Dateiaufbau ist der lokalen, einzelnen Aufgabenstellung angepasst und besitzt eine geringe Flexibilität bezüglich neuer Aufgabenstellungen, da dort vorhandene Dateien z. B. in anderer Sortierfolge vorliegen müssen oder durch zusätzliche Felder zu ergänzen sind. Die Folge ist eine doppelte oder mehrfache Anlage identischer Daten für unterschiedliche Programmanforderungen mit der Gefahr der unkontrollierten *Redundanz von Daten* und inkonsistenter Datenbestände.

Im Gegensatz zur Dateiorganisation sind die Daten einer Datenbank für verschiedene AS entworfen und gültig, d. h. sie sind unabhängig von den einzelnen Programmen, die auf sie zugreifen. Diese *Unabhängigkeit* in der Datenorganisation bildet die wesentliche Anforderung an moderne Datenbanksysteme und wird durch eine Trennung der *logischen Datenstrukturierung* von der *physischen Datenspeicherung* erreicht.

◘ Abb. 3.2 verdeutlicht den Unterschied (Kemper und Eickler 2015, S. 17 ff.): Bei der Dateiorganisation greifen die Programme 1 und 2 auf eigene, physisch vorhandene Dateien zu; die Datei B ist redundant. Im Fall der Datenbankorganisation stellt das Datenbankmanagementsystem den Programmen die jeweils erforderlichen *logischen Dateien* zur Verfügung; physisch werden die Daten redundanzfrei und konsistent in der Datenbank abgelegt.

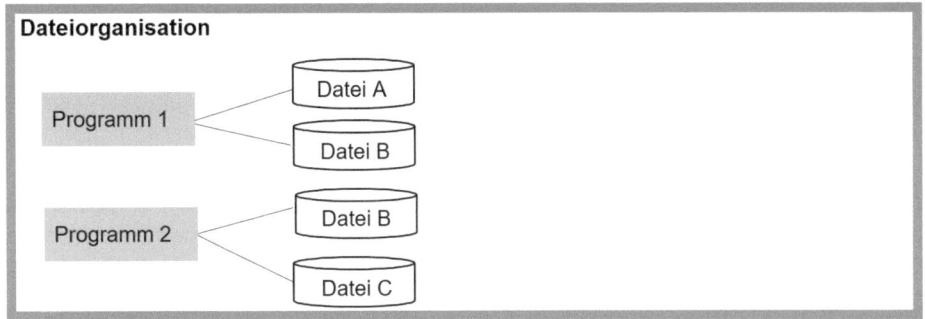

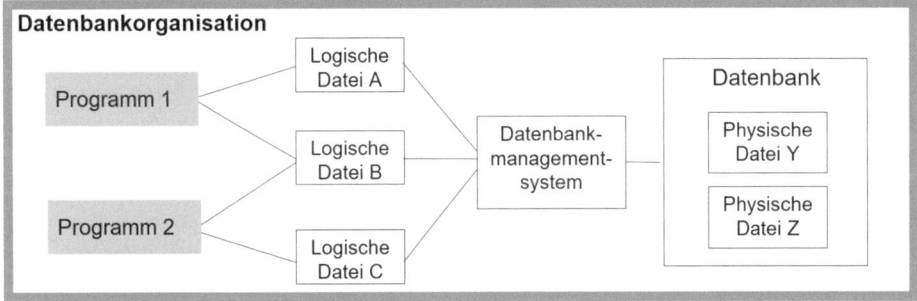

◘ **Abb. 3.2**   Dateiorganisation und Datenbankorganisation

Unabhängig von der Art der zugrunde liegenden Datenorganisation sind folgende Dateioperationen möglich: Suche von einem oder mehreren Datensätzen nach einem bestimmten Suchkriterium (Wert von Datenfeldern), Ändern von Datenfeldwerten, Einfügen von neuen Datensätzen, Löschen von vorhandenen Datensätzen, Sortieren von Datensätzen, Kopieren von gesamten Dateien oder Teilen davon, Aufteilen von Dateien in mehrere neue Dateien oder Zusammenfügen von mehreren Dateien zu einer neuen Datei.

3.1.2.2 **Komponenten und Architektur von Datenbanksystemen**

Ein Datenbanksystem (DBS) besteht aus einer Datenbank und dem Datenbankmanagementsystem (DBMS). Aufgabe des DBMS ist die Verwaltung der Datenbank. Zur Durchführung und Spezifikation der Dateioperationen stehen u. a. die folgenden Funktionen zur Verfügung:

— *Datendefinitions- oder Datenbeschreibungssprache* (Data Definition/Description Language, DDL): Sie dient der Beschreibung der logischen Datenstrukturen einer Datenbank. Eine Aufgabe ist die Übertragung des Datenmodells (s. ▶ Abschn. 3.1.2.4) in die Datenbank.
— *Datenmanipulationssprache* (Data Manipulation Language, DML): Sie ermöglicht Datenbankbenutzern und Anwendungsprogrammen den interaktiven Zugriff (z. B. Ändern, Hinzufügen, Löschen) auf die Datenbank.
— *Speicherbeschreibungssprache* (Data Storage Description Language, DSDL): Sie übernimmt die Beschreibung der physischen Datenorganisation innerhalb eines Datenbanksystems.

3

Diese drei Sprachen folgen in der Regel dem Denkmuster der prozeduralen *Programmiersprachen*, mit welchen der Programmierer dem ausführenden System mitteilen muss, wie in einzelnen Folgen von Arbeitsschritten eine Aufgabe zu erledigen ist. Somit verlangt eine solche Vorgehensweise detaillierte Systemkenntnisse und -erfahrungen eines Datenbankadministrators. In den meisten DBMS steht daher als vierte Komponente eine *Abfragesprache* (Query Language, QL) zur Verfügung. Sie erlaubt die deskriptive Formulierung von Abfragen (z. B. Suche nach Kunden aus München). Der Benutzer beschreibt, was er aus der Datenbank erhalten möchte, und das DBMS stellt die notwendigen Arbeitsfolgen zur Verfügung. Deskriptive QLs vereinfachen somit die direkte Kommunikation zwischen Benutzer und der Datenbank.

In den meisten DBMS steht eine Datenbanksprache zur Verfügung, die die oben angegebenen Funktionen umfasst. Sie erlaubt auch die deskriptive Formulierung von Abfragen (z. B. Suche nach Kunden aus München). Der Benutzer beschreibt, was er aus der Datenbank erhalten möchte, und das DBMS führt die erforderlichen Befehle aus. De-facto-Standard bei relationalen DBS (s. ▶ Abschn. 3.1.2.4) ist die Structured Query Language (SQL, s. ▶ Abschn. 2.1.2).

Bei der Formulierung von Daten und Datenbeziehungen lassen sich drei verschiedene Sichtweisen unterscheiden: Aus einer konzeptuellen Perspektive werden Daten und ihre Zusammenhänge möglichst situations- und damit auch personen- und kontextunabhängig formuliert. Aus einer zweiten Perspektive können die Daten so organisiert sein, wie sie die verschiedenen Anwender benötigen (externe Sicht). Schließlich lassen sich Daten im Hinblick auf die Struktur der physischen Speicherung beschreiben (interne Sicht). Diesen unterschiedlichen Sichtweisen entsprechend legt man für die Beschreibung der prinzipiellen Struktur von DBS zumeist die vom ANSI/SPARC (American National Standards Institute/Standards Planning and Requirements Committee) vorgeschlagene Drei-Ebenen-Architektur zugrunde (vgl. ◘ Abb. 3.3).

Die Datenstrukturen auf der *konzeptuellen Ebene* werden durch das *konzeptuelle Schema* beschrieben. Konzeptuelle Modelle (z. B. die Beschreibung von Datenstrukturen in der Material- und Terminwirtschaft) werden i. d. R. in Zusammenarbeit mit allen betroffenen Fachabteilungen einer Unternehmung erstellt. Die DDL eines DBMS unterstützt die Umsetzung des Schemas in die Datenbankbeschreibung (insbesondere die Festlegung von Datenfeldern, Feldtypen, Feldlängen und der Beziehungen zwischen Datensätzen).

Die Sicht des Anwenders auf die von ihm benutzten Datensätze bezeichnet man als *Subschema*, *externes Schema* oder *externe Sicht* (View, z. B. erhält ein Einkäufer keine Sicht auf die Monatsgehälter seiner Kollegen; der Personalsachbearbeiter wiederum benötigt diese Daten). Die Verbindung zwischen dem DBS und den Benutzern sowie ihren Anwendungsprogrammen wird über die DML hergestellt. Die problemindividuellen Benutzersichten leiten sich aus dem konzeptuellen Modell ab. Demzufolge ist die Benutzersicht ein Ausschnitt aus dem konzeptuellen Modell. Sie weist damit den gleichen Abstraktionsgrad wie ein konzeptuelles Modell auf.

Weder das konzeptuelle Schema noch das externe Subschema spezifizieren, wie Daten physisch zu speichern sind. Bei gegebener logischer Struktur existieren unterschiedliche Möglichkeiten der physischen Datenorganisation. In der *internen Ebene* (auch *internes Schema*) wird die physische Datenorganisation mithilfe der DSDL festgelegt. Das physische Modell enthält eine formale Beschreibung, wie die Daten abzuspeichern sind und wie auf sie zuzugreifen ist. Diese Beschreibung wird auch als *internes Modell* bezeichnet.

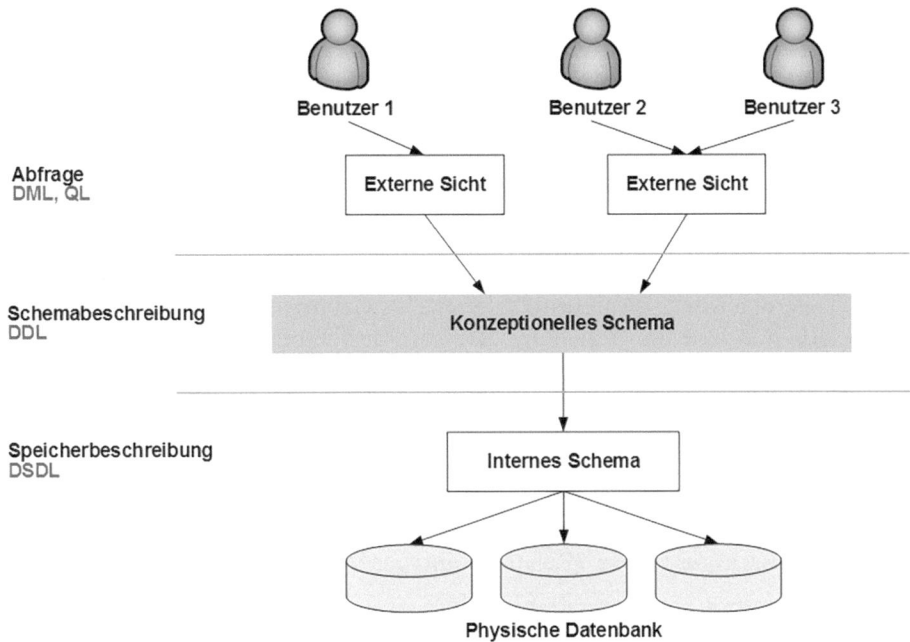

Abfrage
DML, QL

Schemabeschreibung
DDL

Speicherbeschreibung
DSDL

□ **Abb. 3.3**   Drei-Ebenen-Architektur von Datenbanksystemen

Die Transformationen zwischen den einzelnen Ebenen werden durch das DBMS auf der Basis von *Transformationsregeln* durchgeführt. Es übersetzt Zugriffswünsche, die in den Begriffen eines externen Modells formuliert werden, zunächst in die Kategorien des konzeptuellen Schemas.

3.1.2.3 **Datenmodellierung**

Vor der Implementierung einer Datenbank sind auf der konzeptuellen Ebene zwei Schritte erforderlich: Die *Datenmodellierung* bzw. -strukturierung sowie der *Transfer in ein geeignetes Datenbankmodell* (s. ▶ Abschn. 3.1.2.4).

Aufgabe der Datenmodellierung ist die Beschreibung des in der Datenbank abzubildenden Realitätsausschnitts auf nicht-technischer Ebene. Die Sprache zur Modellierung sollte möglichst einfach sein, damit Fach- und Digitalisierungsexperten sich auf dieser Grundlage austauschen können.

Hierzu sind weitgehend interpretations- und redundanzfreie Vereinbarungen hinsichtlich der Semantik, d. h. der Bedeutung der Begriffe, zu finden. Beispielsweise ist zu klären, ob unter einem Artikel ein Endprodukt, ein in Endprodukte eingehendes Material oder beides verstanden wird. Man bezeichnet diese Phase deshalb als *semantische bzw. konzeptionelle Datenmodellierung*. Für diese Aufgabe hat sich die *Entity-Relationship (ER)-Methode* als De-facto-Standard etabliert (Chen 1976). Ergebnis der Methode ist das *Entity-Relationship-Modell* (ERM). Die ER-Methode ist durch eine klare Definition und übersichtliche grafische Darstellung gekennzeichnet. Mit ihr lassen sich Objekte und ihre Beziehungen beschreiben. Die Grundelemente der ER-Methode sind Entities mit ihren Eigenschaften (Attributen) sowie die Beziehungen (Relationships) zwischen diesen Entities mit den dazugehörigen Attributen.

3

Entities sind reale oder abstrakte Objekte mit einer eigenständigen Bedeutung. Eine Entity kann z. B. ein Kunde, Lieferant oder Artikel, aber auch eine Abteilung eines Unternehmens sein. In einem ERM ist zu unterscheiden, ob eine Entität (Entity) ein bestimmtes Objekt (Exemplar) darstellt (z. B. Kunde Maier) oder ob man alle Entities des gleichen Typs, d. h. die gesamte *Klasse* des Objekts „Kunde", meint. Im letztgenannten Fall spricht man von *Entitytyp*.

Attribute sind Eigenschaften von Entity- und Beziehungstypen. Ihre konkreten Ausprägungen, die *Attributwerte*, beschreiben die einzelnen Entities bzw. Beziehungen näher. So kann man den Entitytyp „Mitarbeiter" u. a. mit den Attributen „Mitarbeiternummer", „Anschrift", „Name", „Geburtsdatum" und „Abteilung" charakterisieren und die Beziehung „Kunde kauft Produkt" mit den Attributen „Datum" und „Menge" spezifizieren. Sämtliche Entities eines Entitytyps bzw. sämtliche Beziehungstypen werden durch dieselben Attribute dargestellt. Eine Entität bzw. eine Beziehung ist also durch eine spezifische Attributwertkombination beschrieben. Diese Werte müssen innerhalb eines definierten Wertebereichs liegen, den man auch als Domäne bezeichnet.

Bei den zwischen den Entities bestehenden *Beziehungen* lassen sich drei unterschiedliche *Beziehungstypen* (Relationshiptypen) unterscheiden (vgl.❏ Abb. 3.4 und 3.5).

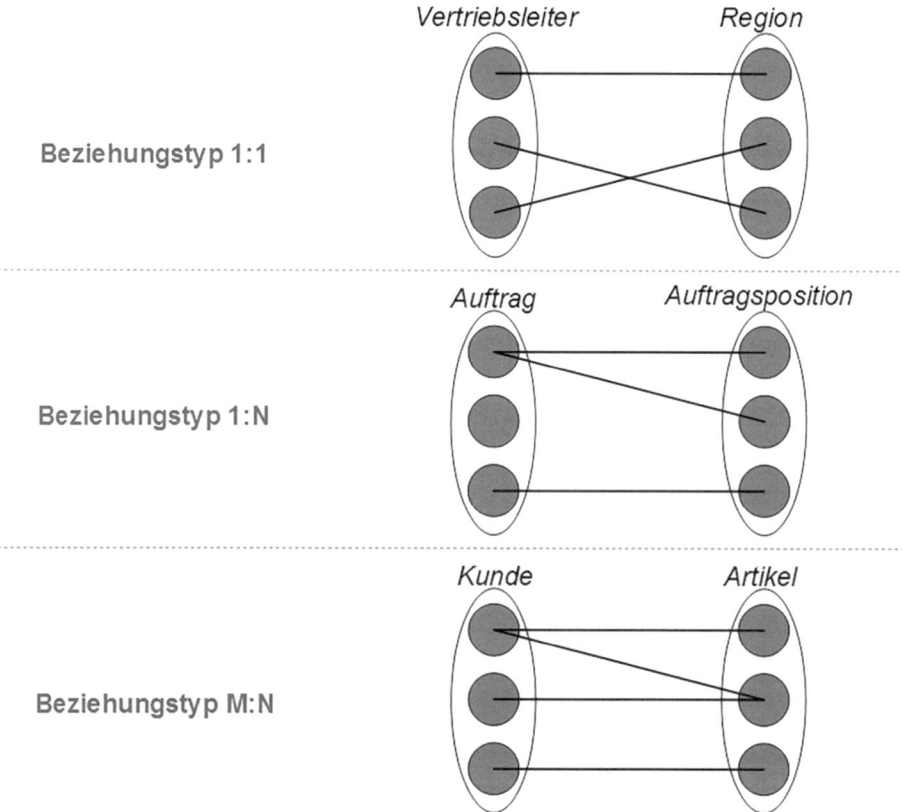

❏ **Abb. 3.4**   Arten von Beziehungstypen im Entity-Relationship-Modell

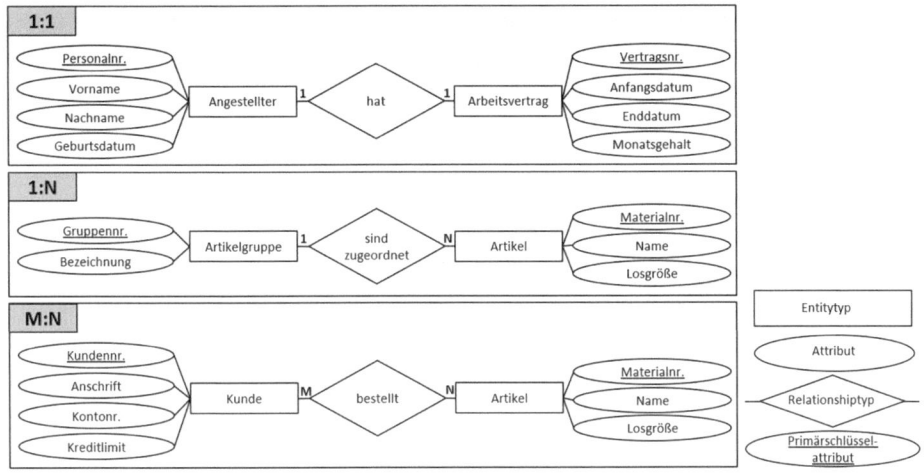

□ **Abb. 3.5**   Beispiele für Beziehungstypen zwischen Entitytypen

Eine 1:1-Beziehung bringt zum Ausdruck, dass zu jedem Element der ersten Menge maximal ein Element der zweiten Menge gehört und umgekehrt (z. B.: Jeder (einzelne) Angestellte eines Unternehmens hat jeweils einen Arbeitsvertrag und umgekehrt)). Bei einer 1:N-Beziehung lässt sich eine Entität der ersten Menge keinem, einem oder mehreren Entities der zweiten Menge zuordnen; jedem Element der zweiten Menge kann maximal ein Element der ersten Menge zugewiesen werden (z. B.: Zu einer Artikelgruppe können kein, ein oder mehrere Artikel gehören; ein Artikel ist genau einer Artikelgruppe zugeordnet). Bei der M:N-Beziehung steht jedes Element der ersten Menge mit keinem, einem oder mehreren Elementen der zweiten Menge in Beziehung und umgekehrt (z. B.: Ein bestimmter Kunde bestellt keinen, einen oder mehrere Artikel, und ein bestimmter Artikel wird von keinem, einem oder mehreren Kunden bestellt). In einem ERM können beliebig viele Entity- und Beziehungstypen enthalten sein.

In einem ERM stellt man Entitytypen durch Rechtecke und Beziehungstypen durch Rauten dar. Die Symbole werden durch ungerichtete Kanten (Beziehungstypen besitzen keine Richtung) verbunden, an denen die sogenannte Komplexität des Beziehungstyps angetragen wird.

Für die ER-Methode wurden zahlreiche Varianten und Erweiterungen vorgeschlagen. Diese präzisieren die Komplexität der Beziehungstypen oder unterscheiden spezielle Ausprägungen der Beziehungstypen (Ferstl und Sinz 2012).

3.1.2.4   Das relationale Datenbankmodell

Ist das *konzeptuelle Schema* modelliert, kann es anschließend in ein Datenbankmodell transferiert werden. Erfolgt diese Modellierung mittels der ER-Methode, so gibt es für alle gängigen Datenbankmodelle z. T. automatisierte Verfahren, die diese Transformationen vornehmen. Bei den derzeit am Markt existierenden DBS liegt häufig das im Folgenden skizzierte *relationale Datenbankmodell* zugrunde.

3

Relation „Kunde"

Kunden_Nr	Kunden_Name	Kdn_Wohnort
0764245	König, P.	Göttingen
6321552	Schmitt, J.	Darmstadt
8642119	Müller, M.	Hamburg
5623478	Maier, B.	Mainz
6764374	Matthäus, L.	München

Relation „Artikel"

Artikel_Nummer	Artikel_Name	Waren_Gruppe	Artikel_Preis
15003	QE 1300	A	598,00
37111	CDP 100 A	B	898,60
34563	Sound 7	C	193,70
23845	QE 1700	A	715,50
97322	Quattro B	D	5100,00

Relation „bestellt"

Kunden_Nr	Artikel_Nummer	Menge
0764245	15003	1
6321552	15003	2
8642119	23845	1
5623478	23845	3
6764374	97322	1

◘ **Abb. 3.6** Darstellung einer N:M-Beziehung zwischen den Relationen „Kunde" und „Artikel" mithilfe einer Beziehungsrelation. (Elmasri und Navathe 2015)

Das relationale Datenbankmodell nach Codd (1970) basiert auf der *Relationentheorie* und damit auf genau festgelegten mathematischen Grundlagen. Das einzig benötigte Strukturelement zur Erstellung eines Datenbankmodells ist die *Relation* (Date 2004; Elmasri und Navathe 2015; Kemper und Eickler 2015).

Relationen lassen sich als *zweidimensionale Tabellen* mit einer festen Anzahl von Spalten und einer beliebigen Anzahl von Zeilen darstellen. Die Zeilen einer Tabelle werden als *Tupel* bezeichnet. Ein *Tupel* entspricht im ERM einer Entity. Jedes Tupel muss einen Schlüssel besitzen, mit dem es identifiziert werden kann (Primärschlüssel). Die Attribute einer Relation werden in den Spalten dargestellt, wobei für sie jeweils ein Wertebereich gegeben ist. ◘ Abb. 3.6 zeigt u. a. eine Beispielrelation „Artikel" mit den Attributen Artikel_Nummer (als Primärschlüssel unterstrichen), Artikel_Name, Waren_Gruppe und Artikel_Preis.

Aus der Definition einer Relation lässt sich eine Reihe von Eigenschaften ableiten:
- Es gibt keine zwei Tupel in einer Relation, die identisch sind, d. h., die Zeilen einer Tabelle sind paarweise verschieden.
- Die Tupel einer Relation unterliegen keiner Ordnung, d. h., die Reihenfolge der Zeilen ist irrelevant.
- Die Attribute einer Relation folgen keiner Ordnung, d. h., das Tauschen der Spalten verändert die Relation nicht.
- Die Attributwerte von Relationen sind atomar, d. h., sie bestehen aus einer einelementigen Menge.
- Die Spalten einer Tabelle sind homogen, d. h., alle Werte in einer Spalte sind vom gleichen Datentyp.

Die oben angesprochene Umsetzung eines ERM in ein relationales Modell kann nach den folgenden Regeln durchgeführt werden (Elmasri und Navathe 2015; Ferstl und Sinz 2012):
- Ein *Entitytyp* im ERM wird im relationalen Modell durch eine Relation dargestellt, deren Attribute identisch mit denen des Entitytyps sind. Als Primärschlüssel übernimmt man das Primärattribut des Entitytyps oder führt einen künstlichen Schlüssel (i. d. R. Nummer) ein.

- Eine *Beziehung* im ERM wird im relationalen Modell durch eine Relation beschrieben, deren Attribute aus den Schlüsseln (und nicht etwa aus allen Attributen) der beteiligten Relationen im ERM bestehen (vgl. ◘ Abb. 3.6). Diese Attribute können um weitere für die Beziehung relevante Attribute ergänzt werden (s. das Attribut „Menge" in ◘ Abb. 3.6).
- Zur Abbildung einer 1:1-Beziehung kann in einem der im ERM beteiligten Entitytypen der Schlüssel des anderen Entitytyps eingetragen werden.
- Eine 1:N-Beziehung stellt man i. d. R. durch Eintragung des Schlüssels des ersten Entitytypen im ERM des zweiten Entitytypen dar.
- Für eine Relation, die aus einer N:M-Beziehung entsteht, nimmt man die Vereinigung der Schlüssel der an der Beziehung beteiligten Entitytypen vor.

Relationale DBS zeichnen sich gegenüber älteren Datenbankmodellen wie z. B. dem hierarchischen Datenbankmodell, das Daten in baumförmigen Strukturen organisiert, durch eine große Nutzungsflexibilität aus. Sie ermöglichen eine unkomplizierte Variation des Relationenschemas.

Attribute können hinzugefügt, verändert oder gelöscht werden, ohne dass AS, die diese Attribute nicht verwenden, geändert werden müssen. Relationale Modelle erlauben vielfältige und einfach durchzuführende Datenmanipulationen und Abfragen. Dadurch ist es auch Benutzern mit geringen Datenbankkenntnissen möglich, Suchanfragen und Auswertungen vorzunehmen.

Mit den hier nur erwähnten, aber nicht erklärten Regeln zur Normalisierung von Relationen (Normalformenlehre) von Codd gelingt es, die Struktur einer Datenbank so zu gestalten, dass die Verarbeitung von Daten vereinfacht wird und unerwünschte Abhängigkeiten zwischen den Attributen beim Einfügen, Löschen und Ändern von Daten nicht auftreten. Ansonsten würde die Gefahr redundanter und inkonsistenter Daten bestehen.

3.1.2.5 In-Memory-Datenbanksysteme

Durch die vermehrte Nutzung datenintensiver analytischer Anwendungen, wie sie im *Big-Data-Kontext* (s. ▶ Abschn. 3.3) häufig vorkommen, ist eine zunehmende Verbreitung von In-Memory-Datenbanksystemen zu beobachten. Im Gegensatz zu traditionellen Datenbanksystemen, die darauf ausgelegt sind, Datensätze auf Festplatten zu speichern, werden bei In-Memory-Datenbanksystemen wesentliche Teile der Datenbank im ArbeitsspeicherRAM vorgehalten, wodurch ein sehr schneller Datenzugriff möglich wird (s. hierzu ▶ Abschn. 2.1.1.1).

Durch die Fortschritte bei der kostengünstigen Herstellung von RAM wird diese Technik zunehmend für unterschiedliche betriebliche Anwendungen verfügbar. Beispiel für eine kommerzielle Lösung, die auf einem In-Memory-Datenbanksystem basiert, ist SAP HANA.

3.1.2.6 Vernetzte und verteilte Datenbanken

Bisher wurde von einer zentralen Datenorganisation ausgegangen. Sofern Unternehmen aber z. B. auf mehrere Standorte verteilt oder die Server aus anderen Gründen räumlich verteilt sind, empfiehlt sich mitunter eine dezentrale Datenhaltung, bei der Daten an den Orten gespeichert, an denen sie entstehen oder benötigt werden. Es muss berücksichtigt werden, dass bei verteilter Datenverarbeitung große Daten-

3

bestände in Ländern mit günstigen Energiekosten gehalten werden können. Die Kostenersparnisse müssen bei dezentraler Speicherung im Vergleich zu den Mehrkosten der Datenübertragung zwischen dezentralisierten Speichern und Verarbeitungsorten abgewogen werden. Auch rechtliche Anforderungen können die Wahl der Datenorganisation beeinflussen. Die dezentrale Datenorganisation in verteilten Datenbanken kann die Antwortzeiten bei Datenbankanfragen reduzieren; beim Ausfall eines Datencenters sind die Folgen weniger gravierend.

3.1.2.7 Blockchain

Ein relativ neues Konzept der dezentralen Datenhaltung ist die *Blockchain.* Diese stellt eine besondere Form der sog. *Distributed-Ledger-Technologie* (DLT), einer dezentralen Datenbank zur Aufzeichnung von Transaktionen, dar. Bei diesen Transaktionen kann es sich beispielsweise um die Überweisung von Geldern in Kryptowährungen handeln. Im Gegensatz zu zentralen Systemen, die von einzelnen Parteien, wie z. B. Banken, kontrolliert und verwaltet werden, verfügen bei Distributed Ledgers alle Nutzer über eine Kopie sowie Schreib-, Lese- und Speicherrechte. Erfolgt nun eine neue Transaktion, müssen Teilnehmer nach einem festgelegten Verfahren diese prüfen (Validierung) und der Transaktion zustimmen (Konsens). Erst dann erfolgt der Aktualisierungsprozess, bei dem die lokalen Kopien fortgeschrieben werden (vgl. ◘ Abb. 3.7). Diese Vorgehensweise soll sicherstellen, dass Eigentum (z. B. Bitcoins) nicht mehrfach übertragen wird. Das Blockchain-Konzept basiert somit – im Gegensatz zum Prinzip relationaler Datenbanken – auf einer redundanten Datenhaltung. Ein bekanntes Anwendungsbeispiel für die Verwendung von Blockchains sind Kryptowährungen. Aufgrund der Komplexität der dahinterstehenden Blockchain sowie vielfältigen rechtlichen und regulatorischen Fragestellungen ist unklar, ob sich neben Kryptowährungen zukünftig weitere bedeutende Anwendungsszenarien etablieren werden.

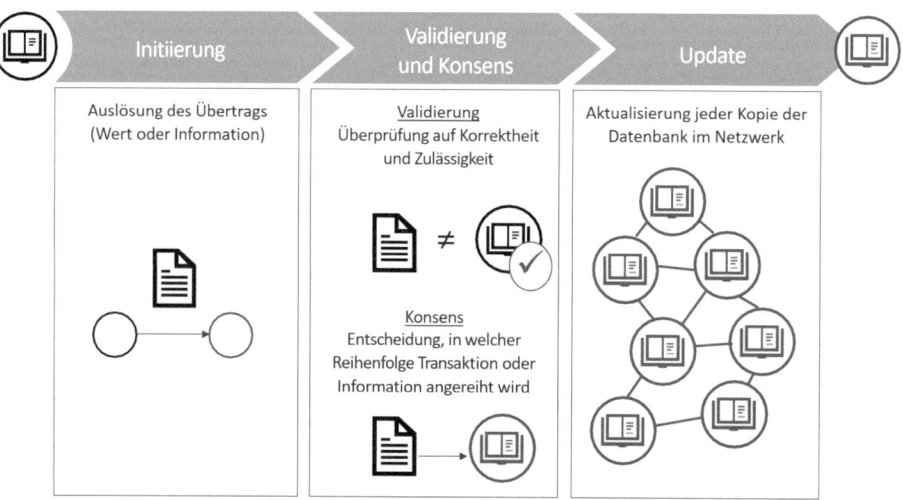

◘ **Abb. 3.7**   Aktualisierung eines Distributed Ledgers. (Deutsche Bundesbank 2017)

3.1.3 Content-Management-Systeme

Content-Management-Systeme (CMS) dienen der arbeitsteiligen Planung, Erzeugung und Verwaltung von Inhalten. Dabei handelt es sich in vielen Fällen um Websites. Die wesentlichen Komponenten eines CMS sind das Editorial System, das Content Repository sowie das Publishing System. Das Editorial System unterstützt die Planung, Erfassung, Bearbeitung und Gestaltung von Inhalten. Die Speicherung der Inhalte wird durch das Content Repository übernommen. Die Ausgabe auf dem Zielmedium erfolgt mithilfe des Publishing Systems. Beispiele für CMS sind u. a. Word-Press oder FirstSpirit.

Durch den Einsatz von CMS kann der Grad der Standardisierung und Automatisierung bei der Inhalte-Erstellung erheblich erhöht werden. Zudem werden Format- und Medienbrüche verhindert sowie die Wiederverwendung einmal erzeugter Inhalte erleichtert. CMS werden heute in allen Bereichen der Medienindustrie vom Verlagshaus über Fernsehanstalten bis hin zu Online-Agenturen eingesetzt (s. ▶ Abschn. 4.4.5.1). Studien haben gezeigt, dass hinsichtlich der zu erwartenden Kostenvorteile und damit der Wirtschaftlichkeit des Produktionsprozesses der Strukturierungsgrad der Inhalte von entscheidender Bedeutung ist. Bei strukturierbaren Inhalten kann erwartet werden, dass insbesondere die variablen Kosten pro Dokument sinken – wenn auch zu Lasten höherer Fixkosten (Benlian et al. 2005, S. 217). Häufig wird der hohe Standardisierungsgrad von CMS von den Benutzern jedoch als einschränkend empfunden.

3.2 Data Warehouse

3.2.1 Grundlagen

Data-Warehouse-Anwendungen dienen der Zusammenführung von Daten, um auf dieser Grundlage bessere Entscheidungen treffen zu können. Im Gegensatz zu den Daten der operativen Datenbanken, die größtenteils Momentaufnahmen des aktuellen Geschehens darstellen, dienen die Daten in einem Data Warehouse u. a. dem Zeitvergleich und der Analyse von Entwicklungen. Daher müssen ihre Schlüssel bei Übernahme der Daten aus den operativen DBS immer eine Zeitkomponente erhalten, d. h. sie sind *zeitabhängig* und aufgrund der Nicht-Volatilität der Daten wird ein einmal in ein *Data Warehouse* aufgenommenes Datum nicht mehr verändert oder überschrieben; allerdings kann es je nach Nutzungskonzept gelöscht werden.

Ein Data Warehouse lässt sich somit definieren als eine Sammlung von integrierten, zeitabhängigen und *nicht-volatilen Daten*, aus denen Informationen für Managemententscheidungen gewonnen werden. Daher wird das Data Warehouse auch häufig als *Information Warehouse* bezeichnet. Die drei Grundkomponenten eines Data Warehouse sind Datenmanagement, Datenorganisation und Aufbereitung/Auswertung (s. ◘ Abb. 3.8).

Das *Datenmanagement* beschäftigt sich mit der Bereitstellung und der Transformation der Daten. Diese sind häufig in unterschiedlichen Formaten über eine Vielzahl isolierter IT-Systeme verstreut und müssen zunächst transformiert werden,

3

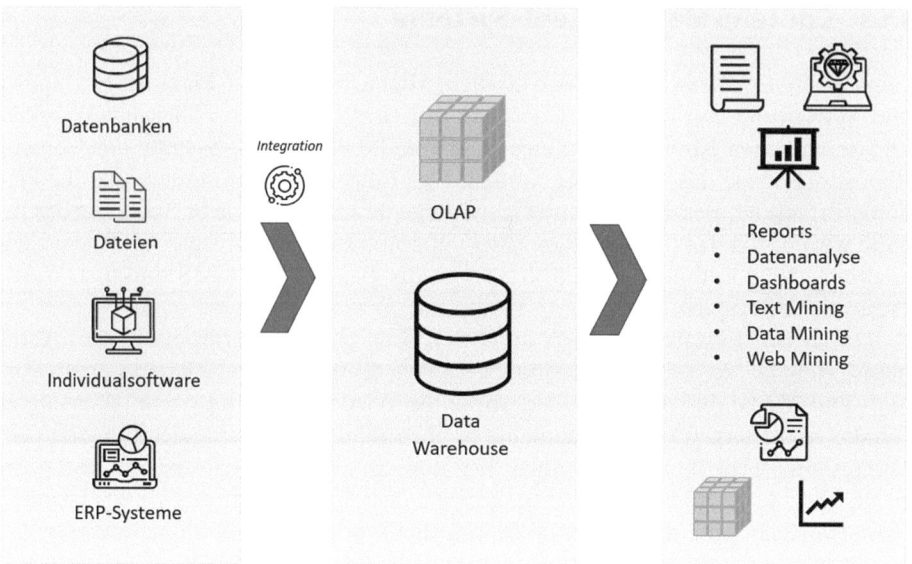

◻ **Abb. 3.8**   Data Warehouse

damit sie integriert werden können. Die Daten der operativen Datenbanken werden dazu in zyklischen Abständen in aufbereiteter Form (selektiert und transformiert) in den Datenbestand des Data Warehouse übernommen. Neben diesen *internen* Daten kommen i. d. R. aber noch *externe Daten* hinzu, z. B. aus der Marktforschung oder von Finanzmärkten. In neueren Systemen werden z. T. auch qualitative Informationen gespeichert, wie z. B. verbale Kommentare zu einer bemerkenswerten Entwicklung in Zeitreihendaten. Durch das Zusammenführen von heterogenen und verstreuten Daten besteht eine der größten Herausforderungen im Datenmanagement in der Sicherstellung der Konsistenz und der Qualität der Daten (s. ▶ Abschn. 3.1.1.2). Insbesondere die Bereinigung der Daten ist dabei ein komplexer und häufig arbeitsintensiver Prozess. Es kann zu einer besonders kritischen Aktivität werden, wenn Unternehmen, z. B. zwei Banken, fusionieren und ihre beiden Data Warehouses zu einem verschmolzen werden sollen. So mag ein Kunde bei beiden Banken ein laufendes Konto und ein Wertpapierdepot haben, aus denen nach der Fusion je eines werden soll. Öffentlich bekannt wurden derartige Schwierigkeiten bei der Zusammenlegung der Informationssysteme der Deutschen Bank und ihrer Tochtergesellschaft Postbank.

In der *Datenorganisation* wird beschrieben, wie mit den Daten physisch und logisch zu verfahren ist. Es werden also Fragen zur Form der Speicherung, des Zugriffs oder der Aktualisierung und Wartung der Datenstrukturen geklärt. Dabei ist zu beachten, dass Data Warehouses meist mit großen Datenvolumen operieren.

Das dritte Grundelement des Data Warehouse ist die *Aufbereitung/Auswertung*, die sich verschiedener Hilfsmittel und Methoden bedient. Beispiele sind statistische Methoden zum Erkennen von Zusammenhängen und Mustern in großen heterogenen Daten- und Textmengen (Data Mining, Visualisierung und OLAP (s. auch ▶ Abschn. 3.2.2)). Da Data Warehouses vor allem von den Entscheidungsträgern im Unternehmen genutzt werden, sollen Abfragen möglichst in natürlicher Sprache formuliert werden können, um eine aufwändige Einarbeitung der Mitarbeiter zu vermeiden. Neuere Methoden der generativen KI wie ChatGPT, die auf sog. Sprachmodellen beruhen, dürften dieses erleichtern (s. ▶ Abschn. 3.5.2).

3.2.2 OLAP

Ein wichtiges Werkzeug für die Auswertung der normalerweise sehr umfangreichen Business-Intelligence-Inhalte (s. ▶ Abschn. 3.2.2.1) ist das *Online Analytical Processing* (OLAP), das seit der Entwicklung der ersten Data-Warehouse-Anwendungen häufig zum Einsatz kommt. Mithilfe von OLAP lässt sich eine mehrdimensionale Analyse durchführen. Der Namensbestandteil „Online" bezieht sich dabei auf die „Just-in-time"-Bereitstellung von komplexen Informationszusammenhängen. Voraussetzung ist die Bildung eines sog. OLAP-Würfels, der die relevanten Dimensionen abdeckt. Unter *OLAP-Würfeln* versteht man multidimensionale, mit Daten bestückte Matrizen (anders als beim physischen Würfel kann ein OLAP-Würfel mehr als drei Dimensionen haben). Während „klassische" Tabellen nur zweidimensionale Zusammenhänge repräsentieren (z. B. die regionalen Umsätze bezogen auf verschiedene Produkte), lassen sich nunmehr noch weitere Dimensionen in die Analyse mit einbeziehen (vgl. ◘ Abb. 3.9). Innerhalb solcher OLAP-Würfel können dann Abfragen in jeder beliebigen Kombination von Dimensionen durchgeführt werden.

Zur Veranschaulichung sei ein Beispiel mit drei Dimensionen betrachtet: Hängen die Verkaufszahlen im Quartal z. B. von den Dimensionen Produkt, Region und Zeitraum (etwa Monatsgliederung) ab, so bilden diese Dimensionen den OLAP-Würfel. Mithilfe dieses OLAP-Würfels können dann eine Reihe von Analysen der Datenbestände durchgeführt werden (vgl. ◘ Abb. 3.9). Multidimensionale Modelle wie OLAP-Würfel eignen sich besonders gut für hierarchische Analysen. So lassen sich im sog. *Roll-up*-Verfahren Daten mit steigender Generalisierung betrachten (z. B. wöchentlich, vierteljährlich und jährlich) und im sog. *Drill-down*-Verfahren zunehmend tiefere Detailebenen darstellen (vgl. das Beispiel in ▶ Abschn. 4.6.3).

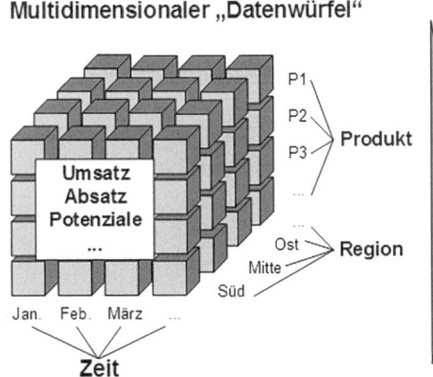

◘ Abb. 3.9 OLAP-Würfel

3

Mittlerweile existiert eine Vielzahl von Softwarelösungen mit OLAP-Funktionalitäten. Voraussetzung ist die Bildung der relevanten Dimensionen in Abhängigkeit der zugrunde liegenden Fragestellung. Im Vergleich zu klassischen Datenbankanfragen führen OLAP-Würfel insofern zu tendenziell differenzierteren Aussagen und Informationen. Somit bildet die mehrdimensionale Sichtweise auf Daten betriebswirtschaftliche Fragestellungen besser ab. Ein weiterer Vorteil besteht in den kürzeren Antwortzeiten, da während belastungsniedriger Zeiten die in den Würfeln gespeicherten Daten vorab erstellt werden und daher im Abfragefall aufwändige Datenbankauswertungen entfallen.

3.2.2.1 Data und Text Mining

Verfahren zur systematischen und häufig automatisierten Analyse und Prognose von (internen und externen) Unternehmensdaten werden auch als *Business Intelligence* bezeichnet. Unter Business Intelligence werden allgemein Verfahren und Prozesse verstanden, mit deren Hilfe sich unterschiedliche Daten in Unternehmen sammeln, auswerten und darstellen lassen, mit dem Ziel, bessere Entscheidungen zu treffen. Dabei sind in den letzten Jahrzehnten eine Vielzahl von Typen von Systemen und Namen entstanden, die genau diesen Zweck verfolgen und sich in der Zielsetzung ähneln. Beispiele sind Data Warehouses, Management Information Systems oder Executive Information Systems.

Eines der wichtigsten Werkzeuge zur Auswertung und Aufbereitung der Daten innerhalb eines Data Warehouse ist das *Data Mining* (Chamoni und Gluchowski 2016; Elmasri und Navathe 2015).

Data Mining bezieht sich generell auf das vermutungs- bzw. werturteilsfreie Analysieren eines großen Datenbestandes, um Muster und Beziehungen der Daten untereinander aufzudecken, die bis dato noch nicht erkannt wurden. Das Data Mining stellt einen sehr komplexen Vorgang dar und operiert mit anspruchsvollen mathematisch-statistischen Verfahren (aufgrund ihrer Komplexität können diese hier nur aufgezählt werden: Entscheidungsbäume, Assoziationsanalysen, Clusteranalysen, künstliche neuronale Netze sowie genetische Algorithmen). Im Gegensatz zu klassischen Datenbankabfragen, bei denen der Benutzer weiß, was er sucht, soll das Data-Mining-System „unvoreingenommen" bzw. „hypothesenfrei" suchen, bis es etwas Bemerkenswertes oder Verdächtiges vermutet.

Data Mining kann etwa für folgende Aufgaben eingesetzt werden (Elmasri und Navathe 2015):

- *Vorhersage*: Man kann zeigen, wie sich bestimmte Attribute der Daten in Zukunft entwickeln könnten, z. B. im Rahmen einer Umsatzprognose für bestimmte Märkte oder Regionen basierend auf Daten der Vergangenheit.
- *Identifizierung*: Datenmuster können benutzt werden, um die Existenz eines Gegenstands, eines Ereignisses oder einer Aktivität zu identifizieren. Auf diese Weise können auch unberechtigte Nutzer eines Systems anhand ihrer „Datenspur" (ausgeführte Programme, geöffnete Dateien etc.) identifiziert werden. So mag z. B. das System einer Bank feststellen, dass plötzlich gehäuft größere Beträge an einen ausländischen Adressaten überwiesen werden, mit dem jahrelang nur sehr sporadisch Beziehungen bestanden. Das wäre Anlass für die Risikokontrolle der Bank.

- *Klassifizierung*: Die Daten lassen sich so aufteilen, dass unterschiedliche Klassen oder Kategorien auf der Grundlage von Deskriptoren identifiziert werden. So werden etwa Kunden in Online-Shops nach Auswahl eines Produkts häufig noch andere, verwandte Produkte angezeigt ("das könnte Sie ebenfalls interessieren"), die von einer Kundengruppe mit ähnlichem Kaufverhalten zusätzlich gekauft wurden.
- *Optimierung*: Die Daten können analysiert werden, z. B. um eine Zielvariable wie Umsatz oder Gewinn unter bestimmten Nebenbedingungen zu maximieren. Dieses Vorgehen des Data Mining ähnelt den klassischen Ansätzen des Operations Research, also der Optimierung einer Zielfunktion unter Nebenbedingungen.

Beim *Text Mining* werden anstelle von zahlenbasierten Datenbeständen umfangreiche *Textbestände* nach Zusammenhängen durchsucht. Damit geht es um unstrukturierte oder nur schwach strukturierte Datenbestände. So lassen sich zum Beispiel automatisiert Unternehmensprofile aus Daten, die sich zu einzelnen Firmen im Internet finden, zusammenstellen. Andere Verfahren versuchen so z. B. Insiderinformationen beim Wertpapierhandel zu identifizieren.

Data Mining und Text Mining unterscheiden sich von der klassischen Informationserschließung (Information Retrieval) (vgl. ▶ Abschn. 4.2.3) insofern, dass im Information Retrieval der Mensch bereits im Voraus weiß, wonach er sucht, während beim Text Mining der Benutzer dem IT-System die Anweisung gibt, in den Daten nach potenziell interessanten oder überraschenden Informationen zu suchen.

3.2.2.2 Sentimentanalysen

Die *Sentimentanalyse* ist ein Untergebiet des Text Mining (vgl. ▶ Abschn. 3.2.2.1) und beschäftigt sich mit der automatisierten Auswertung von Texten mit dem Ziel, aus diesen die geäußerte Haltung oder Stimmung zu erkennen und zu klassifizieren (Sirichanya und Kraisak 2021). Ein Beispiel sind Stimmungsindikatoren bezogen auf die Kommunikation zu einzelnen Unternehmen im Internet. Zum Beispiel werden überragende Leistungen eines Tennis-Profis in internationalen Turnieren von der Sportartikelindustrie genutzt, um neue Marken von Tennisschlägern und Schuhen zu kreieren.

Eine grundlegende Art der Sentimentanalyse besteht darin, die Polarität eines Textes zu bestimmen und dabei den Text einer von zwei gegensätzlichen Stimmungen zuzuordnen. Im einfachsten Fall bedeutet es das ausgedrückte Sentiment als "positiv" oder "negativ" zu klassifizieren.

Unternehmen können Sentimentanalysen für unterschiedliche Anwendungszwecke nutzen. Ein Beispiel ist die Bewertung von Lieferanten in der Supply Chain. Das Lieferkettensorgfaltspflichtengesetz (vgl. ▶ Abschn. 4.8) und andere Regularien verpflichten zukünftig immer mehr Unternehmen zu einer umfassenden Berichterstattung, zum Beispiel über die Einhaltung von Menschenrechten in der Lieferkette. Beispiele für Softwarelösungen zur Unterstützung von Sentimentanalysen sind RapidMiner oder SAS Text Miner.

3.3 Big Data und die Entwicklung neuer datenbasierter Geschäftsmodelle

3.3.1 Big Data

3

Auch bei der Betrachtung des Themas Big Data geht es darum, große Datenbestände auszuwerten. Das Volumen aller weltweit bestehenden Daten verdoppelt sich laut aktuellen Berechnungen alle zwei Jahre. Diese enormen Datenmengen dienen nicht nur der täglichen Entscheidungsfindung in Unternehmen, sie ermöglichen auch den Aufbau von neuen, datenbasierten Geschäftsmodellen. Diese Entwicklung ist die treibende Kraft hinter dem Begriff „*Big Data*", welcher sich in letzter Zeit zu einem viel diskutierten Konzept in Wissenschaft und Praxis entwickelt hat. Big Data ermöglicht es, große Datenmengen und unterschiedliche Datenformate in kurzer Zeit zu verarbeiten (Chen et al. 2012; Lycett 2013). Im Zusammenhang mit diesen neuen Möglichkeiten zur Speicherung, Verarbeitung und Analyse von Daten weckt Big Data große Erwartungen an neue Möglichkeiten, Daten ökonomisch zu nutzen.

Die systematische Nutzung von Daten durch Unternehmen ist prinzipiell nicht neu. Betrachtet man beispielsweise den Einzelhandel, so konnten Geschäftsleiter schon lange nachvollziehen, welche Artikel sich gut verkaufen und welche eher nicht nachgefragt werden. Durch die Digitalisierung der Vertriebskanäle, wie wir sie heute im Online-Handel kennen, fällt eine Vielzahl Daten an, wodurch sich neue Möglichkeiten ergeben, ein besseres Verständnis des Kundenverhaltens zu erlangen. Heute ist es nicht nur möglich zu analysieren, welche Produkte ein bestimmter Kunde gekauft hat, vielmehr kann fast sein gesamtes Kaufverhalten ausgewertet werden. Hierzu gehört die Analyse, wie ein Kunde im Online-Shop navigiert, welche Produkte der Kunde anschaut, wie er auf Angebote und Rabatte reagiert oder wie er durch Produktbeurteilungen bzw. -empfehlungen beeinflusst wird. Damit werden Kaufentscheidungen einzelner Kunden deutlich transparenter, und auf Basis dieser Daten können Vorhersageverfahren entwickelt werden, welche es beispielsweise ermöglichen, gezielte Produkt- bzw. Kaufempfehlungen zu geben.

Entsprechende Anwendungsfelder für eine systematische Nutzung von Big Data zur Entwicklung oder Verbesserung von Produkten und Dienstleistungen bestehen über alle Branchen hinweg. Dabei hegen insbesondere die datenintensiven Branchen wie Medien, Telekommunikation, Gesundheitswesen, Maschinen- und Anlagenbau sowie Finanzdienstleistung große Erwartungen im Zusammenhang mit Big Data (Buhl et al. 2013).

Beispiele für die ökonomisch sinnvolle Nutzung von Big Data sind Prognosemethoden zur vorbeugenden zustandsabhängigen Wartung („*Predictive Analytics*" sowie „*Predictive Maintenance*"). Predictive Analytics verfolgt das Ziel, Muster und Abhängigkeiten in Datenbeständen zu identifizieren, um potenzielle zukünftige Ereignisse vorherzusagen sowie mögliche Handlungsalternativen zu bewerten.

Große Datenbestände werden nach auffälligen Mustern durchsucht. Teilweise finden diese Analysen in Echtzeit und unter Verwendung von In-Memory-Datenbanken statt (s. ▶ Abschn. 3.1.2.5). Die Industrie interessiert sich verstärkt für diese mathematischen Vorhersagemodelle, denn *Predictive-Maintenance-Systeme* versuchen technische Mängel frühzeitig zu erkennen, bevor es zu einer Störung kommt. Somit werden gegenüber den periodischen Wartungen teure Ausfallzeiten stark reduziert. Beispielsweise erhalten Flugzeugturbinenhersteller heute laufend Daten von Flugzeugturbinen und können so permanent die technische Funktionsfähigkeit überwachen und vorbeugende Instandhaltungsmaßnahmen einleiten. Automobilhersteller gehen dazu über, für ihre Fahrzeugflotte ebenfalls solche Dienste anzubieten.

Inwieweit Big Data effizient genutzt werden kann, hängt neben Faktoren wie der Datenqualität (s. ▶ Abschn. 3.1.1.2) jedoch von einer Vielzahl weiterer Faktoren ab (Surbakti et al. 2020). Insbesondere in den letzten Jahren haben Aspekte wie Datenschutz oder -sicherheit an Bedeutung gewonnen. Aber auch technische Voraussetzungen, die Bereitschaft zur Nutzung dieser Technologien in Unternehmensstrukturen sowie unter den Beschäftigten tragen wesentlich zu einem erfolgreichen Einsatz dieser Technologie bei.

3.3.2 Anforderungen an Big-Data-Anwendungen – die 5-V

Zur Erläuterung und Vertiefung des Big-Data-Begriffs eignet sich das Konzept der 5-V, welches die Dimensionen Volumen (engl. *volume*), Geschwindigkeit (engl. *velocity*), Vielfalt (engl. *variety*), Zuverlässigkeit/Genauigkeit (engl. *veracity*) und Wert (engl. *value*) unterscheidet:

- *Volume* bezieht sich auf die wachsende Menge an Daten. Volumen, die als „Big" angesehen werden, liegen im Bereich von Terabytes und mehr (Klein et al. 2013). Häufig angeführte Beispiele für das große Volumen an Daten, mit dem Unternehmen sich zunehmend konfrontiert sehen, sind die mehr als 200 Mio. Emails, welche pro Minute verschickt werden (Klein et al. 2013), oder die ca. 500 Mio. Twitter-Nachrichten, pro Tag (Danner und Coopersmith 2015).
- *Velocity* adressiert die Geschwindigkeit, in der einerseits neue Daten entstehen, aber auch jene, in der auf Daten bei der Analyse zugegriffen werden kann. Durch die Nutzung von In-Memory-Datenbanken (s. ▶ Abschn. 3.1.2.5) lässt sich die Geschwindigkeit der Verarbeitung von Daten deutlich erhöhen (Plattner und Zeier 2012).
- *Variety* beschreibt den Umfang unterschiedlicher Datentypen, welche mehr oder weniger strukturiert sein können. Strukturierte Daten bezeichnen solche, die beispielsweise in klassischen relationalen Datenbanken unter Zuhilfenahme von Relationen strukturiert in Tabellen abgespeichert werden. Halbstrukturierte Daten haben ein gewisses Maß an Struktur, können dabei aber gleichzeitig auch unstrukturierte Inhalte umfassen. Hierzu zählen beispielsweise Emails, welche durch den Kopf der Nachricht (d. h., Absender, Adressat und Betreff) über eine Struktur verfügen, gleichzeitig aber im Rumpf der Nachricht fast beliebige digitale Inhalte und Anhänge enthalten können. Unstrukturierte Daten umfassen die Vielfalt an Daten aus menschlicher Kommunikation (z. B. aus sozialen Netzwerken), menschlicher Interaktion mit Diensten oder Maschinen (z. B. aus dem Online-Handel oder der Smartphone-Nutzung) und der Kommunikation zwischen Diensten oder Maschinen (z. B. Sensordaten oder Positionsdaten).
- *Veracity* bezeichnet das Ausmaß der Zuverlässigkeit bzw. Genauigkeit der Daten, was auch im Kontext von Big Data eine Herausforderung darstellt. Wie zuvor beschrieben, können die Daten aus einer Vielzahl unterschiedlicher Datenquellen

3

kommen und dabei hinsichtlich ihrer Struktur sehr heterogen sein. Dies kann zu Schwierigkeiten bei der Integration und Bereinigung der Daten und zu Unschärfe bzw. Ungenauigkeiten in der Datenbasis führen (Klein et al. 2013). Folglich sollten verfügbare Daten stets auch hinsichtlich ihrer Eignung für die Nutzung in einem Anwendungsszenario bewertet sowie entsprechend bereinigt und aufbereitet werden.

— *Value* bezeichnet die Fähigkeit, aus den verfügbaren Daten auch einen ökonomischen Nutzen zu generieren. Hierbei spielt die Analyse der Daten eine entscheidende Rolle, die sich daran orientieren sollte, wie damit eine Verbesserung oder Erweiterung wichtiger Funktionen und Prozesse eines Unternehmens erreicht werden kann (Lycett 2013).

3.3.3 Datenbasierte Geschäftsmodelle

Big Data eröffnet für viele Unternehmen neue Möglichkeiten der Datenauswertung. Eine Zielsetzung besteht in der Verbesserung von Entscheidungen. Darüber hinaus dienen Daten aber auch als Grundlage für neue Geschäftsmodelle. Daten haben also einerseits einen erheblichen Wert, andererseits führen diese neuen datenbasierten *Geschäftsmodelle* häufig auch zu einer Verletzung der Privatsphäre von Nutzerinnen und Nutzern. Dieser Zusammenhang soll im Folgenden anhand des Beispiels von Meta erläutert werden.

Praktisches Beispiel

Meta hat im Jahr 2022 einen Umsatz von 117 Mrd. US-Dollar und einen Gewinn von 23 Mrd. US-Dollar erwirtschaftet. Grundlage des Geschäftsmodells sind die Daten ihrer Nutzer, die diese freiwillig, zum Teil aber auch unfreiwillig, preisgeben. Letztlich basiert das Geschäftsmodell von Facebook, Instagram und anderen sozialen Netzwerken darauf, Werbetreibenden die Möglichkeit zu geben, zielgruppenorientiert Anzeigen zu schalten. Dieses Konzept beruht auf der Verfügbarkeit von nutzerbezogenen Daten. Ein Beispiel: Ein Werbetreibender möchte auf Facebook seine Produkte – beispielsweise Kleidung oder Autos – einer bestimmten Zielgruppe bekannt machen. Auf Basis der Daten, die Meta über seine Nutzer gesammelt hat, wird die entsprechende Anzeige bspw. nur allen Frauen im Alter zwischen 30 und 40 Jahren angezeigt. Bezahlt wird vom Werbetreibenden in der Regel auf Basis der sogenannten „Cost per Click"- oder „Cost per Impression"-Modelle. Im erstgenannten Fall entrichtet der Werbetreibende für jeden Klick eines Nutzers auf die Anzeige einen bestimmten Betrag, der dynamisch im Rahmen eines auktionsartigen Verfahrens festgelegt wird, an Meta. Im zweitgenannten Fall zahlt der Werbetreibende in Abhängigkeit der Anzahl der angezeigten „Banner". Im Gegensatz zu Facebook besteht die Besonderheit des Geschäftsmodells von Instagram darin, dass auch die Nutzer viel Geld verdienen können. Das gilt insbesondere für Influencer, die mit ihren Posts und einer großen Zahl von Followern zum Teil sehr hohe Einnahmen erzielen.

Auch die Geschäftsmodelle von Suchmaschinen, wie Google oder Bing, basieren auf Daten. So spielt Google auf Grundlage der verwendeten Suchbegriffe Werbung von Anbietern ein. Die Werbeplätze werden von Google auf Basis einer Auktion vergeben. Google verdient dann Geld durch die Klicks der Nutzer auf die Werbung.

Die Qualität und das *Ranking von Suchergebnissen* sind zentrale Erfolgsfaktoren und Grundlage der Geschäftsmodelle von Suchmaschinen. Daher wird der Suchalgorithmus in der Regel von den Anbietern geheim gehalten. Verfahren und Maßnahmen, die eigenen Websites zu optimieren, um besser im Netz gefunden zu werden, wird als Search Engine Optimization (SEO) bezeichnet. Auch wenn diese Page-Ranking-Algorithmen im Detail nicht bekannt sind, weiß man, dass die Bedeutung einer Website anhand ihrer Verlinkungsstruktur beurteilt wird. Je mehr Links auf eine Seite verweisen, desto größer ist das „Gewicht" dieser Website. Dabei fließt auch die Qualität der Links mit ein. So zählt ein Link von IBM etwa mehr als ein Link von einer privaten Homepage. Darüber hinaus wird der Page-Rank-Algorithmus tendenziell Seiten priorisieren, auf denen viel erklärender Text zu relevanten Sachverhalten steht. Suchmaschinen-Anbieter arbeiten heute daran mehr Künstliche Intelligenz in ihre Produkte zu integrieren. Ein Beispiel ist Microsoft, die das Sprachmodell ChatGPT in Bing einbauen (s. ▶ Abschn. 3.5).

3.4 Big Data und Privatsphäre

Zwischen der Sammlung und Nutzung von Daten und der Privatsphäre existiert ein Spannungsfeld. Je mehr Daten gesammelt werden, umso wahrscheinlicher ist tendenziell eine Verletzung der Privatsphäre von Nutzern. Natürlich können hier Verfahren wie Verschlüsselung, Anonymisierung und Pseudonymisierung der Daten Abhilfe schaffen. Dennoch zeigen viele Vorfälle, dass es einen hundertprozentigen Schutz der Privatsphäre nicht geben kann.

Ein Beispiel sind Soziale Netzwerke. Häufig geben die Nutzer Daten wie z. B. Name, Geburtsdatum oder Geschlecht freiwillig an. Facebook zum Beispiel sammelt mittlerweile aber auch weitere Daten, z. B. welche Websites die Nutzer besuchen, welche Apps sie herunterladen und an welchen Orten sie sich aufgehalten haben – es sei denn, die Nutzer haben widersprochen (in einem sog. opt-out). Der Hintergrund ist klar: Der Betreiber des Sozialen Netzwerks möchte noch mehr Daten seiner Nutzer auswerten, um auf dieser Basis höhere Einnahmen zu generieren. Weiß Facebook beispielsweise, dass jemand häufig nach Krediten im Internet sucht, so kann diesem Nutzer passgenaue Werbung z. B. einer Bank eingeblendet werden – und seitens der Werbetreibenden besteht für solche potenziellen Kunden eine hohe Zahlungsbereitschaft.

Die Nutzer eines Dienstes wie Facebook erhalten somit ein – auf den ersten Blick – kostenloses Angebot, zahlen aber letztlich mit der Preisgabe ihrer Daten den „Preis des Kostenlosen". Dieses Prinzip gilt aber nicht nur im Umfeld von Unternehmen wie Facebook und Co. Auch die meisten News-Seiten finanzieren sich über Anzeigen. Das Prinzip funktioniert in der Regel folgendermaßen: Sobald ein Nutzer eine solche Seite aufruft, analysiert ein vom Betreiber der Seite beauftragter Drittanbieter die Cookies des Nutzers auf sein Surfverhalten. Auf dieser Basis wird innerhalb des Bruchteils einer Sekunde aus einer „Anzeigendatenbank" passende Werbung ausgewählt und ein-

3

gespielt. Das heißt, die Nutzung einer Nachrichtenseite ist in der Regel auch nicht kostenlos – auch hier erfolgt eine Bezahlung durch Daten. Es ist anzumerken, dass die Einhaltung der Datenschutz-Grundverordnung (DSGVO) in bestimmten Fällen zu intensiven Diskussionen geführt hat, da die Verfolgung von Straftaten, die Weiterentwicklung der Medizin oder generell die Wissenschaft und Forschung durch Einschränkungen beeinträchtigt werden könnten (Jakobi et al. 2020; Mertens 2019).

Das Geschäftsmodell von Meta, auf Basis von Daten Geld zu verdienen, ist Gegenstand vieler Debatten. Die Liste der Verletzung der Privatsphäre von Nutzern ist lang. Ein Beispiel ist der Fall Cambridge Analytica: Über eine App wurden Daten von über 50 Mio. Facebook-Nutzern an die Beratungsfirma Cambridge Analytica weitergegeben, die auch die britische Volksabstimmung zum EU-Austritt Großbritanniens sowie den US-Wahlkampf, den Donald Trump gewann, beeinflusst haben soll. Allgemein gilt, dass gerade das Zusammenführen von Daten über Nutzer aus verschiedenen Quellen die Erstellung von aussagekräftigen persönlichen Profilen erlaubt. Insbesondere die Sorge, dass diese Daten in „falsche Hände" fallen könnten, ist sicherlich nicht unberechtigt.

3.5 Künstliche Intelligenz

3.5.1 Durchbrüche und Historie

Künstliche Intelligenz (KI) ist auf dem Weg, Gesellschaft und Wirtschaft nachhaltig zu verändern. Im November 2022 veröffentlichte die US-amerikanische Firma OpenAI das System ChatGPT, das innerhalb von fünf Tagen eine Million Nutzer erreichte. Kurze Zeit später folgte Google mit dem System BARD. Die Systeme beeindrucken die Öffentlichkeit, indem sie menschenähnliche Dialoge führen, Texte schreiben sowie Softwarecode generieren.

Bevor auf die Funktionsweise von KI-Systemen eingegangen wird, ein kurzer Blick zurück auf die Geschichte der KI (Buxmann und Schmidt 2021): Das „Summer Research Project on Artificial Intelligence", das 1956 am Dartmouth College in Hanover (New Hampshire) stattfand, gilt als Geburtsstunde der Künstlichen Intelligenz. Die Teilnehmer hatten die Vision, dass Intelligenz auch außerhalb des menschlichen Gehirns geschaffen werden könne. Allerdings waren sie sich uneinig über den Weg dorthin und auch der von McCarthy vorgeschlagene Begriff „Künstliche Intelligenz" blieb damals – wie heute – umstritten.

Im Anschluss an diese Konferenz bekam die KI-Forschung viel Auftrieb. Die große Euphorie führte allerdings auch zu Fehleinschätzungen und Übertreibungen. So sagte Marvin Minsky beispielsweise im Jahre 1970 dem Life Magazine *„from three to eight years we will have a machine with the general intelligence of an average human being"*. Angesichts Aussagen wie diesen wurden viele Erwartungen zunächst nicht erfüllt, was nicht nur an der unzureichenden Rechenleistung lag. Die Zeitspanne von 1965 bis etwa 1975 wird daher häufig auch als „KI-Winter" bezeichnet (Manhart 2017).

Insbesondere in den achtziger Jahren wurde die Entwicklung so genannter Expertensysteme vorangetrieben, deren Prinzip im Wesentlichen auf einer Definition von Regeln und dem Aufbau einer Wissensbasis für eine thematisch klar abgegrenzte

Problemstellung aufbaut. Bekannt wurde insbesondere das MYCIN-System, das zur Unterstützung von Diagnose- und Therapieentscheidungen in der Medizin diente (Shortlife et al. 1975).

In vielen Unternehmen und Forschungsstätten wurde mit ganz unterschiedlichen Expertensystemen experimentiert (Mertens et al. 1993). Teilweise fanden sie Eingang in die betriebliche Praxis, teilweise wurden Elemente von Expertensystemen in andere Systeme eingebettet, z. B. unter der Bezeichnung „regelbasiertes Programmieren". Nachteilig erwies sich, dass die nachträgliche Integration in Standardsoftware und die Pflege bei Regeländerungen (etwa neue Paragrafen im Steuerrecht) aufwändiger ist als ursprünglich geschätzt. Vorteil ist, dass die Systeme in den eigenen Regelwerken nachverfolgen können, wie sie zu einer Entscheidung oder Empfehlung gelangt sind („Erklärungskomponente").

Im Mittelpunkt des öffentlichen Interesses stand KI das erste Mal, als IBMs Rechner Deep Blue den damaligen Schachweltmeister Garri Kasparov besiegte (s. ◗ Abb. 3.10). Kritiker merkten jedoch an, dass es sich bei Deep Blue nicht wirklich um ein intelligentes System gehandelt habe. Vielmehr habe das System schlicht mit hoher Rechenleistung einfach nur die Konsequenzen aller (halbwegs plausiblen) Züge durchgerechnet. Tatsächlich nutzte Deep Blue heuristische Algorithmen, die eine intelligente Suche ermöglichen (Stanford 2012).

Das Etikett „KI" wird wegen seiner Attraktivität auch auf schon lange bekannte Methoden zu statistischen Berechnungen, Simulationen oder generell Operations-Research-Verfahren geklebt. Aber was versteht man eigentlich unter KI? Diese Frage ist gar nicht so einfach zu beantworten, denn es gibt eine Vielzahl von Definitionen. Eine einheitliche Begriffsbestimmung zu finden ist aus zwei Gründen schwierig: zum einen aufgrund der Breite des Gebietes, zum anderen, weil selbst eine Definition von „Intelligenz" sich als schwierig erweist. Einigkeit besteht darin, dass es sich bei KI um ein Teilgebiet der Informatik handelt, das sich mit der Erforschung und Entwicklung so genannter „intelligenter Agenten" befasst (Franklin und Graesser 1997). Diese zeichnet aus, dass sie selbstständig Probleme lösen können (Carbonell et al. 1983). Die Wirtschaftsinformatik befasst sich insbesondere mit der Anwendung von KI in Wirtschaft und Gesellschaft sowie mit der Entwicklung KI-basierter Geschäftsmodelle (Buxmann und Schmidt 2021).

◗ **Abb. 3.10** Garri Kasparov gegen IBMs Deep Blue. (Quelle: gettyimages, Al Tielemans)

3.5.2 Maschinelles Lernen

In den vergangenen Jahren entwickelte sich die KI in die Richtung des *Maschinellen Lernens* (ML). Dabei handelt es sich gemäß Brynjolfsson und McAfee (2017) von der Stanford University und dem *Massachusetts Institute of Technology* um die wichtigste Basistechnologie unseres Zeitalters.

Bei ML geht es darum, Zusammenhänge in bestehenden Datensätzen zu erkennen, um darauf aufbauend Vorhersagen oder Entscheidungen zu treffen (Murphy 2012). Die Fähigkeit einer Maschine oder Software, bestimmte Aufgaben zu lernen, beruht darauf, dass sie auf der Basis von Daten trainiert wird. Was unspektakulär klingt, ist aber eine neue Denkweise. Ein anschauliches Beispiel ist das Erkennen von Katzen, Hunden oder anderen Tieren auf Bildern. Um dem Algorithmus eine Unterscheidung beizubringen, formuliert der Entwickler beim ML nicht mehr explizit, dass eine Katze beispielsweise vier Pfoten, zwei Augen, scharfe Krallen und Fell hat. Vielmehr wird der ML-Algorithmus mit vielen unterschiedlichen Tierfotos trainiert, anhand derer er selbstständig erlernt, wie die jeweiligen Tiere aussehen. Ein weiteres Beispiel zur Verdeutlichung des grundliegenden Prinzips sind Audiosysteme, bei denen ein ML-Algorithmus mit Audio-Daten angelernt wird, die ein bestimmtes Wort enthalten, z. B. „Zieleingabe" für das Navigationssystem in einem Auto. Auf diese Weise lernt der Algorithmus, wie dieses Wort klingt, auch wenn es von verschiedenen Menschen unterschiedlich ausgesprochen wird oder verschiedene Hintergrundgeräusche existieren.

Üblicherweise werden die folgenden drei Arten des ML unterschieden (Marsland 2014; Murphy 2012; Russell und Norvig 2021):

- Supervised Learning (überwachtes Lernen)
- Unsupervised Learning (unüberwachtes Lernen)
- Reinforcement Learning (verstärkendes Lernen)

Am häufigsten wird das Prinzip des Supervised Learning (SL) verwendet, das vereinfacht ausgedrückt wie folgt funktioniert: Grundlage ist ein Training mit „beschrifteten" (gelabelten) Daten. Beispielsweise wird ein Algorithmus mit jeweils mehreren tausend Tierfotos trainiert. Jedes Foto enthält einen Vermerk, um welches Tier es sich handelt (Label). SL-Algorithmen lernen auf diese Weise ähnlich wie Menschen. Nach dem Training erfolgt eine Überprüfung mit einem Testdatensatz, um auf dieser Basis Aussagen über die Güte des trainierten Modells zu machen. Der eigentliche Lernprozess basiert also auf dem Trainingsdatensatz, während die Evaluierung des trainierten Modells mit den Testdaten erfolgt (Marsland 2014; Murphy 2012; Russell und Norvig 2021).

Praktisches Beispiel

Ein Anwendungsbeispiel zum SL aus der Wirtschaft: Ein Unternehmen aus der Elektroindustrie entwickelte einen Prototyp zur Qualitätskontrolle für Wafer. Bislang war ein Mitarbeiter dafür zuständig, fehlerhafte Teile zu erkennen und auszusortieren. Diese visuelle Inspektion sollte zukünftig durch eine ML-Anwendung erledigt werden. Naheliegend war die Nutzung eines SL-Ansatzes: Das Training erfolgte mit Beispieldaten, bei denen es sich um Bilder der zu inspizierenden Teile handelte. Die Bilder wurden zuvor mit dem Label „fehlerfrei" oder „fehlerhaft" versehen. Das Unternehmen analysierte unterschiedliche am Markt verfügbare KI-Services zur Bilderkennung. Hierzu wurden verschiedene Standard-Algorithmen von den Anbietern Google, Microsoft und IBM getestet. In den Tests schnitt ein Bilderkennungsalgorithmus von IBM am besten ab, der eine nahezu fehlerfreie Erkennung erreichte. Alle Anbieter erzielten Ergebnisse, die wesentlich besser als die Eigenentwicklung des Unternehmens waren. An dem Beispiel lässt sich noch mehr über das Grundprinzip der Nutzung von standardisiertem KI-as-a-Service lernen: Die Anwendung zeigt, dass eine Standard-Lösung, ähnlich wie bei ERP-Software oder vielen Cloud-Angeboten, nicht alle Anforderungen erfüllt. Das heißt, der KI-Service konnte nicht ohne individuelle Anpassungen benutzt werden. Die Herausforderung bestand im konkreten Fall darin, dass der verwendete KI-Service nur ein Bild pro Teil akzeptierte. Aus fachlicher Sicht kann die visuelle Inspektion jedoch nur vorgenommen werden, wenn jedes Teil aus verschiedenen Perspektiven betrachtet wird. Die Lösung war, dass vier Bilder eines jeden Teils zu einem Bild aggregiert wurden. Auf diese Weise konnte der KI-Service mit Trainingsdaten gefüttert werden, die dem implementierten Standard entsprachen (Koppe et al. 2021).

Das Prinzip des SL ist relativ allgemeingültig und kann für eine Vielzahl von Anwendungen eingesetzt werden, wie ◘ Tab. 3.1 zeigt.

Beim Unsupervised Learning versuchen Algorithmen selbstständig, Kategorien zu finden. Das bedeutet, dass eine Beschriftung der Daten wie beim Supervised Learning nicht notwendig ist. Beim Beispiel der Tiererkennung würden die Trainingsdaten also nicht mit der Tierart ausgezeichnet werden. Ein potenzielles Problem, aber ebenso eine Chance in der Anwendung besteht darin, dass der Algorithmus die Kategorisierung selbstständig vornimmt. Die Tierfotos müssten nicht unbedingt

◘ **Tab. 3.1** Anwendungsbeispiele für SL. (In Anlehnung an Brynjolfsson und McAfee 2017)

Anwendung	Trainingsform	Labels
Spamfilter	E-Mails	Spam & gewöhnliche E-Mails
Betrugserkennung	Kreditkartentransaktionen	Korrekte Transaktionen & Betrugsfälle
Kreditwürdigkeitsprüfung	Vergebene Kredite	Ausgefallene & beglichene Kredite
Condition Monitoring	Sensordaten	Korrekte Zustände & Störzustände
Visual Inspection	Bildaufnahmen	Korrekte & fehlerhafte Werkstücke
Intelligentes Ticket-Routing	Serviceanfragen	Ticket-Zuständigkeiten
Erwartete Kundentreue	Kundenverhalten	Treue & abwandernde Kunden
Spracherkennung	Texte	Sprache
Krankheitserkennung	Gesundheitsdaten	Erkrankte & gesunde Patienten

3

nach Tierarten (Hund oder Katze) kategorisiert werden, sondern es könnten alternativ je nach Datenlage auch Cluster nach Farben (schwarze, braune oder weiße Tiere) herauskommen. Anwendungsbeispiele sind Komprimierverfahren (Saul und Roweis 2003) oder Predictive Maintenance (Alsheryani et al. 2019).

Im Rahmen des Reinforcement Learning soll für ein gegebenes Problem eine optimale Strategie erlernt werden. Grundlage ist eine zu maximierende Anreiz- oder Belohnungsfunktion. Der Algorithmus erhält zu bestimmten Zeitpunkten auf Basis der Anreizfunktion eine Rückmeldung im Sinne einer Bewertung der gewählten Aktion – entwedor eine Belohnung oder eine Strafe. Ein Anwendungsbeispiel ist eine KI der Firma DeepMind, die Algorithmen entwickelt hat, gegen die die besten Go-Spieler der Welt keine Chance hatten (Silver et al. 2018).

In letzter Zeit gewinnt eine weitere Variante des maschinellen Lernens immer mehr an Bedeutung; das sogenannte *Self-Supervised-Learning* (SSL). Ziel des SSL ist es *Supervised Learning Algorithmen* einzusetzen, ohne den Aufwand, große Datenmengen labeln zu müssen. Dies wird erreicht, indem die Daten automatisiert verändert werden und das KI-Modell darauf trainiert wird, auf Basis der veränderten Daten die ursprünglichen Daten vorherzusagen. Eine solche Veränderung wäre z. B. das Weglassen von Informationen. Im Falle von Sprachmodellen könnte man z. B. automatisiert Lückentexte erzeugen, indem man Wörter weglässt und das KI-Modell darauf trainiert, die fehlenden Wörter vorherzusagen. Auf diese Weise lernt das KI-Modell die Zusammenhänge und Muster in den Daten, ohne dass Trainingsdaten manuell erzeugt werden müssen.

SSL bildet häufig die Grundlage für sogenannte *generative KI-Modelle*. Diese sind in der Lage, neue, bisher unbekannte Daten zu erzeugen, die denen ihres Trainingsdatensatzes ähneln. Im Falle von Sprachmodellen wie ChatGPT bedeutet dies, dass das Modell in der Lage ist, menschenähnliche Antworten zu generieren, die es während seines Trainings nicht gesehen hat. Generative KI-Modelle können neben Texten auch Bilder, Musik und andere Formen kreativer Inhalte erzeugen (Jing und Tian 2020; Liu et al. 2021). An dieser Stelle ist zu erwähnen, dass SSL häufig lediglich als initiale Phase des Trainingsprozesses für generative KI-Modelle dient. Im Fall von ChatGPT wurde zudem eine zweite Trainingsphase mittels Supervised Learning und eine dritte mittels Reinforcement Learning durchgeführt.

Für eine umfassende und tiefgreifende Diskussion von ML-Methoden siehe z. B. LeCun et al. (1998); Krizhevsky et al. (2012); Bishop (2006) oder Hastie et al. (2009).

3.5.3 Die Bedeutung von Daten für das Maschinelle Lernen

Zentrale Grundlage der Nutzung von ML ist die Verfügbarkeit von Daten, die sowohl für das Trainieren als auch für das Testen der ML-Algorithmen verwendet werden. Als Faustregel gilt, dass etwa 80 % eines Datenbestands für das Trainieren und 20 % für das Testen der Algorithmen verwendet werden. Von zentraler Bedeutung der Güte der ML-Anwendungen sind die Menge sowie die Qualität der verwendeten Daten (zur Datenqualität s. ▶ Abschn. 3.1.1.2). So wird eine Anwendung zur Bilderkennung mit einer Vielzahl von Bildern trainiert. Ein Sprachmodell, wie ChatGPT, lernt auf der Basis von Texten aus dem Internet. Weitere Beispiele finden sich in ◘ Tab. 3.1

Eine ML-Anwendung wird also nur so gut sein, wie die zugrunde liegende Datenbasis. Natürlich spielen auch Algorithmen eine große Rolle, aber wie das Beispiel in ▶ Abschn. 3.5.2 zeigt, können viele Algorithmen bereits als Standard von Anbietern wie IBM, Google oder Microsoft bezogen werden.

Häufig wird auch diskutiert, dass KI diskriminierend, unfair oder rassistisch sein könnte. Ein bekanntes Beispiel ist ein Algorithmus, den Amazon für die Einstellung von Personal genutzt hat. Nach einiger Zeit stellte sich heraus, dass der Algorithmus männliche Bewerber bevorzugt. Es ist einleuchtend, dass ein Algorithmus keinen Anreiz hat, Bewerberinnen zu diskriminieren. Der Fall zeigt: Die Diskriminierung steckte in der Datenbasis, die aus vielen hoch qualifizierten Männern und weniger gut qualifizierten Frauen bestand (im umgekehrten Fall hätte der Algorithmus Frauen bevorzugt). Die Benachteiligung von Bewerberinnen war also menschengemacht, indem die Datenbasis nicht repräsentativ und fair ausgewählt wurde.

Beispiele wie diese zeigen, dass Trainings- und Testdaten nicht nur entscheidend für die Güte einer ML-Anwendung sind, sondern auch wesentlich zur Bekämpfung von Diskriminierung oder Rassismus im Kontext von KI beitragen können. Wie in dem vorhin illustrierten Beispiel von Amazon, können Mechanismen der Ausgrenzung durch eine entsprechende schlechte Datenbasis jedoch auch verstärkt werden. Eine hohe Datenqualität (s. ▶ Abschn. 3.1.1.2) ist somit zentraler Erfolgsfaktor für KI- und ML-Anwendungen.

Literatur

Alsheryani RM, Alkaabi SS, Alkaabi SS, Aldhaheri AM, Khouri FI, Alharmoodi, SI, Shadid TT, Alhajeri AS (2019) Applying artificial intelligence (AI) for predictive maintenance of power distribution networks: a case study of al ain distribution company. In: 2019 International Conference on Electrical and Computing Technologies and Applications (ICECTA), S 1–5
Benlian A, Reitz M, Wilde T, Hess T (2005) Verbreitung, Anwendungsfelder und Wirtschaftlichkeit von XML in Verlagen – Eine empirische Untersuchung. In: Ferstl OK, Sinz EJ (Hrsg) Proceedings der 7. Internationalen Tagung Wirtschaftsinformatik, Bamberg, S 211–230
Bishop C (2006) Pattern recognition and machine learning. Springer, New York
Boisot M, Canals A (2004) Data, information and knowledge: have we got it right? J Evol Econ 14(1):43–67
Brynjolfsson E, McAfee A (2017) The business of artificial intelligence. Harv Bus Rev. https://hbr.org/cover-story/2017/07/the-business-of-artificial-intelligence. Zugegriffen am 06.01.2018
Buhl HU, Röglinger M, Moser F, Heidemann J (2013) Big data. Bus Inf Syst Eng 55(5):65–69
Buxmann P, Schmidt H (2021) Grundlage der Künstlichen Intelligenz und des Maschinellen Lernens. In: Buxmann P, Schmidt H (Hrsg) Künstliche Intelligenz, 2. Aufl. Springer Gabler, Berlin, S 3–24
Carbonell JG, Michalski RS, Mitchell TM (1983) An overview of machine learning. In: Michalski RS, Carbonell JG, Mitchell TM (Hrsg) Machine learning: an artificial intelligence approach. TIOGA Publishing Co., Palo Alto, S 3–23
Chamoni P, Gluchowski P (2016) Analytische Informationssysteme – Einordnung und Überblick. In: Gluchowski P, Chamoni P (Hrsg) Analytische Informationssysteme: Business Intelligence-Technologien und -Anwendungen, S 3–12
Chen H, Chiang R, Storey V (2012) Business intelligence and analytics: from big data to big impact. MIS Q 36:1165–1188
Chen PP (1976) The entity-relationship model: towards a unified view of data. ACM Trans Database Syst 1(1):9–36
Codd EF (1970) A relational model for large shared data banks. Commun ACM 13(6):377–387
Danner J, Coopersmith M (2015) The other „F" word – how smart leader, teams and entrepreneurs put failure to work. Wiley, Hoboken

3

Date CJ (2004) An introduction to database systems, 8. Aufl. Addison-Wesley, Boston

Deutsche Bundesbank (2017) Distributed-Ledger-Technologien im Zahlungsverkehr und in der Wertpapierabwicklung: Potenziale und Risiken. Monatsbericht September 2017

Elmasri R, Navathe SB (2015) Fundamentals of database systems, 7. Aufl. Addison-Wesley, Boston

Eppler M (2006) Managing information quality: increasing the value of information in knowledge intensive products and processes, 2. Aufl. Springer, Berlin

Ferstl OK, Sinz EJ (2012) Grundlagen der Wirtschaftsinformatik, 7. Aufl. Oldenbourg, München

Franklin S, Graesser A (1997) Is It an agent, or just a program?: a taxonomy for autonomous agents. In: Müller J, Wooldridge MJ, Jennings NR (Hrsg) Intelligent agents III agent theories, architectures, and languages. ECAI'96 Workshop (ATAL) Budapest, Hungary, August 12–13, 1996 Proceedings 3. Springer, S 21–35

Hastie T, Tibshirani R, Friedman J (2009) The elements of statistical learning: data mining, inference, and prediction, 2. Aufl. Springer, New York

Jakobi T et al (2020) The role of IS in the conflicting interests regarding GDPR. Bus Inf Syst Eng 62(3):262–272

Jing L, Tian Y (2020) Self-supervised visual feature learning with deep neural networks: a survey. IEEE Trans Pattern Anal Mach Intell 43(11):4037–4058

Kemper A, Eickler A (2015) Datenbanksysteme: Eine Einführung, 10. Aufl. Oldenbourg, München

Klein D, Tran-Gia P, Hartmann M (2013) Big data. Informatik Spektrum 36(3):319–323

Koppe T, Schatz J, Hornung T (2021) Herausforderungen und Potenziale von KI-gestützter visueller Inspektion in der Elektronikindustrie. In: Buxmann P, Schmidt H (Hrsg) Künstliche Intelligenz, 2. Aufl. Springer Gabler, Berlin, S 65–79

Krizhevsky A, Sutskever I, Hinton GE (2012) ImageNet classification with deep convolutional neural networks. Commun ACM 60(6):84–90

LeCun Y, Bottou L, Bengio Y, Haffner P (1998) Gradient-based learning applied to document recognition. Proc IEEE 86(11):2278–2324

Liu X, Zhang F, Hou Z, Mian L, Wang Z, Zhang J, Tang J (2021) Self-supervised learning: generative or contrastive. IEEE Trans Knowl Data Eng 35(1):857–876

Lycett M (2013) "Datafication": making sense of (big) data in a complex world. Eur J Inf Syst 22:381–386

Manhart K (2017) Eine kleine Geschichte der Künstlichen Intelligenz. http://www.cowo.de/a/3330537. Zugegriffen am 17.10.2017

Marsland S (2014) Machine learning: an algorithmic perspective. Taylor & Francis Inc., London

Mertens P (2019) Die Datenschutz-Grundverordnung – eine kritische Sicht. Wirtschaftsinformatik Manag 11(1):6–17

Mertens P, Borkowski V, Geis W (1993) Betriebliche Expertensystem-Anwendungen, 3. Aufl. Springer, Berlin/Heidelberg/New York/Tokyo

Murphy KP (2012) Machine learning: a probabilistic perspective. The MIT Press, Cambridge

Plattner H, Zeier A (2012) In-memory data management: technology and applications. Springer, Berlin

Russell S, Norvig P (2021) Artificial intelligence, global edition. 4. Aufl. Pearson Education. https://elibrary.pearson.de/book/99.150005/9781292401171. Zugegriffen am 02.03.2023

Saul LK, Roweis ST (2003) Think globally, fit locally: unsupervised learning of low dimensional manifolds. J Mach Learn Res 4:119–155

Shortlife EH, Davis R, Axline SG, Buchanan BG, Green CC, Cohen SN (1975) Computer-based consultations in clinical therapeutics: explanation and rule acquisition capabilities of the MYCIN system. Comput Biomed Res 8:303–320

Silver D, Hubert T, Schrittwieser J, Antonoglou I, Lai M, Guez A, Lanctot M, Sifre L, Kumaran D, Graepel T, Lillicrap T, Simonyan K, Hassabis D (2018) A general reinforcement learning algorithm that masters chess, shogi, and go through self-play. Science 362(6419):1140–1144

Sirichanya C, Kraisak K (2021) Semantic data mining in the information age: a systematic review. Int J Intell Syst 36(8):3880–3916

Stanford (2012) Deep blue. https://stanford.edu/~cpiech/cs221/apps/deepBlue.html. Zugegriffen am 15.05.2020

Surbakti FPS, Wang W, Indulska M, Sadiq S (2020) Factors influencing effective use of big data: a research framework. Inf Manage 57(1):103146

Wang R, Strong D (1996) Beyond accuracy: what data quality means to data consumers. J Manage Inf Syst 12(4):5–33

Integrierte Anwendungssysteme im Unternehmen

Inhaltsverzeichnis

© Der/die Autor(en), exklusiv lizenziert an Springer-Verlag GmbH, DE, ein Teil von Springer Nature 2023
P. Mertens et al., *Grundzüge der Wirtschaftsinformatik*, https://doi.org/10.1007/978-3-662-67573-1_4

4.1 Integrationsorientierte Anwendungssystemgestaltung

4.1.1 Integration als Leitthema

AS wurden und werden häufig für einzelne Unternehmen bzw. deren Abteilungen oder sogar einzelne Arbeitsplätze entwickelt, was einem arbeitsplatz-, abteilungs- oder unternehmensübergreifenden Informationsfluss im Wege steht. Integration heißt, dass diese künstlich geschaffenen Grenzen wieder aufgehoben werden. Gehen wir z. B. davon aus, dass ein Kundenverwaltungs-, ein Auftragssteuerungs- und ein Buchhaltungssystem zusammen mit einem Internetportal die Auftragsabwicklung in einem Industrieunternehmen unterstützen, so ist ohne eine *Integration* dieser AS ein effizienter Ablauf nicht möglich. Wären etwa ein Internetportal und das Kundenverwaltungssystem nicht integriert, so würden Änderungen der Kundendaten, die über das Portal hereinkommen, nicht automatisch in das Kundenverwaltungssystem gelangen. Bei personeller Weiterleitung der Daten zwischen den AS entstehen durch Medienbrüche typischerweise Fehler und damit hohe Kosten für die Nachbearbeitung.

Bedarf an Integration kann aber auch im *zwischenbetrieblichen* Bereich entstehen. Möchte z. B. das Industrieunternehmen ausgewählten Lieferanten die Möglichkeit eröffnen, die vom Kunden übermittelten Aufträge direkt in ihr Auftragsabwicklungssystem zu überspielen, so ist ebenfalls eine Integration der jeweiligen AS erforderlich – sofern nicht von Anfang an ein zusammenhängendes unternehmensübergreifendes Systemkonzept verfolgt wurde.

Entscheidend für die AS-Integration ist, welche Konzepte aufeinander abgestimmt werden müssen, sodass ein durchgängiger Informationsfluss entlang der zu unterstützenden Funktionen und Prozesse entsteht. Hierfür bieten sich drei grundsätzliche Ansatzpunkte an:

- Datenintegration bedeutet, die Datenbestände von zwei oder mehreren AS so zu verwalten, dass jedes Datum (z. B. die Kundenadresse) nur einmal gespeichert ist (s. ▶ Abschn. 3.1.1.1). Bei mehrfachem Auftreten dieses Datums werden die Kopien in einem übereinstimmenden (konsistenten) Zustand gehalten. Technisch zu realisieren ist dies z. B. über Aufbau und Betrieb einer übergreifenden Datenbank (s. ▶ Abschn. 3.1.2) oder den periodischen bzw. ereignisabhängigen Abgleich von Datenbeständen über Schnittstellen.
- Funktionsintegration ist gegeben, wenn mehrere Funktionen in einem AS gebündelt werden. Beispielsweise kann sich ein Konstrukteur während der Entwurfsarbeiten am Bildschirm auch Informationen über die Kosten von Varianten anzeigen lassen.
- Prozess- oder Vorgangsintegration ist erreicht, wenn in einem Prozess aufeinander folgende Funktionalitäten ineinandergreifen. Bei jedem Bearbeitungsschritt werden dem Anwender die erforderlichen Funktionen und Daten zur Verfügung gestellt. Auch lässt sich die Bearbeitung eines einzelnen Vorgangs viel einfacher überwachen. Voraussetzung für eine Prozessintegration ist eine detaillierte Beschreibung der Prozesse. Prozessintegration findet sich sowohl innerhalb als auch zwischen Unternehmen sowie zwischen Unternehmen und Verbrauchern.

Darüber hinaus lassen sich Integrationsansätze der WI nach weiteren Kriterien systematisieren (Mertens 2012a):

4

1. Ausgehend von der Informationspyramide aus ◘ Abb. 4.18 kann man horizontale und vertikale Integration unterscheiden.
   – Unter horizontaler Integration hat man sich in erster Linie die Verbindung der Administrations- und Dispositionssysteme verschiedener Unternehmensbereiche vorzustellen, also z. B. die Weitergabe der aktuellen Auftragseingänge aus dem Vertrieb an die Produktionsplanung (s. ▸ Abschn. 4.4.1.3).
   – Vertikale Integration bezieht sich vor allem auf die Datenversorgung der Planungs- und Kontrollsysteme aus den Administrations- und Dispositionssystemen heraus. Sind z. B. kundenbezogene Informationen auf verschiedene AS verteilt, so ermöglicht erst eine Sammlung dieser Daten in einem Planungssystem eine umfassende Analyse der Rentabilität einzelner Marktsegmente.
2. Bezogen auf die *Integrationsreichweite* ist die *innerbetriebliche* von der *zwischenbetrieblichen Integration* zu unterscheiden. Beispielsweise nutzt das AS des Kfz-Ersatzteilproduzenten U2 die Daten über die Verkäufe einzelner Modelle beim Pkw-Hersteller U1 für sein Lagerbevorratungssystem – und kann so seine Lagerkosten reduzieren (vgl. ◘ Abb. 4.1). Das Resultat gibt U2 an das AS des Unterlieferanten U3 weiter, von dem der Ersatzteilproduzent Stahlbleche bezieht. U3 erhält gleichzeitig von U1 Absatzdaten für seine Langfristplanung und avisiert Lieferungen an U2. Wir haben hier gleichzeitig ein Beispiel für ein sehr einfaches Liefernetz bzw. Wertschöpfungsnetz. Dies wird im Zusammenhang mit dem sog. Supply Chain Management in ▸ Abschn. 4.8 behandelt.
3. Nach dem Automationsgrad trennen wir in vollautomatischen und teilautomatischen Informationstransfer.
   – Vollautomatischer Informationstransfer liegt z. B. vor, wenn ein AS zur Maschinendatenerfassung bei signifikanten Soll-Ist-Abweichungen ein anderes Programm anstößt („triggert"), das dann eine Diagnose erstellt und eine geeignete „Therapie" (beispielsweise eine Umdispositionsmaßnahme) veranlasst. Das AS trägt in diesem Fall zur Reduktion der Prozesskosten bei.
   – Bei teilautomatischen Lösungen wirken Mensch und Maschine zusammen. Es ist wiederum danach zu differenzieren, wer eine Aktion auslöst. Im Regelfall ergreift ein Disponent die Initiative. Beispielsweise erkennt dieser aufgrund von in der Fertigung gesammelten Daten (Betriebsdatenerfassung s. Abschn. ▸ „Betriebsdatenerfassung") eine sich anbahnende Verspätung in der Produktion und reagiert mit einer Vorwarnung an die Kunden. In einem anderen Fall identifiziert das Debitorenüberwachungssystem einen säumigen Abnehmer und fordert, nachdem die erste automatisch generierte Mahnung nicht erfolgreich war, den Debitorenbuchhalter auf, persönlichen Kontakt aufzunehmen.

◘ **Abb. 4.1**   Beispiel für eine
zwischenbetriebliche Integration

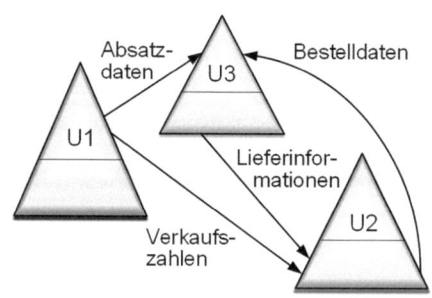

Integrierte AS setzen spezifische Techniken voraus und haben Implikationen auf den Prozess der AS-Entwicklung sowie auf das Informationsmanagement.

So trugen die Integration aller kundenbezogenen Daten und die Implementierung komplexer Analyse-, Verarbeitungs- und Prüfalgorithmen maßgeblich zum Konzept der vollintegrierten und *teilautonomen Einzelarbeitsplätze* bei. Zentrale Idee war, dass der Kunde lediglich einen Ansprechpartner hat, der seinen Wunsch kompetent und abschließend bearbeiten kann. Derartige Arbeitsplätze finden sich häufig in Banken und Versicherungen sowie zunehmend auch in öffentlichen Verwaltungen.

Zwischen Unternehmen hat gerade das Internet mit seinen standardisierten Diensten die Kommunikationskosten nachhaltig gesenkt und damit die Zusammenarbeit spezialisierter Unternehmen über eine räumliche Distanz erleichtert.

In den letzten Jahren ist der Einfluss neuer Integrationstechniken noch umfassender spürbar. Auch hier liegt im Internet die wichtigste Entwicklung. Beispiele werden wir in ▶ Abschn. 7.2.2 bringen.

4.1.2 Funktionsintegration

Funktionsmodelle sind oft nach den Funktionsbereichen der Aufbauorganisation eines Unternehmens gegliedert. Innerhalb dieser Organisationseinheiten werden Funktionen (z. B. die Weiterbildung des Personals) ausgeführt. Funktionsmodelle baut man zweckmäßigerweise hierarchisch auf. Folglich eignen sich zur Darstellung Bäume. ◘ Abb. 4.2 bringt einen Ausschnitt aus einem einfachen Funktionsbaum auf hoher Verdichtungsebene für die Personalwirtschaft, ◘ Abb. 4.3 einen tiefer gegliederten für den Produktionssektor.

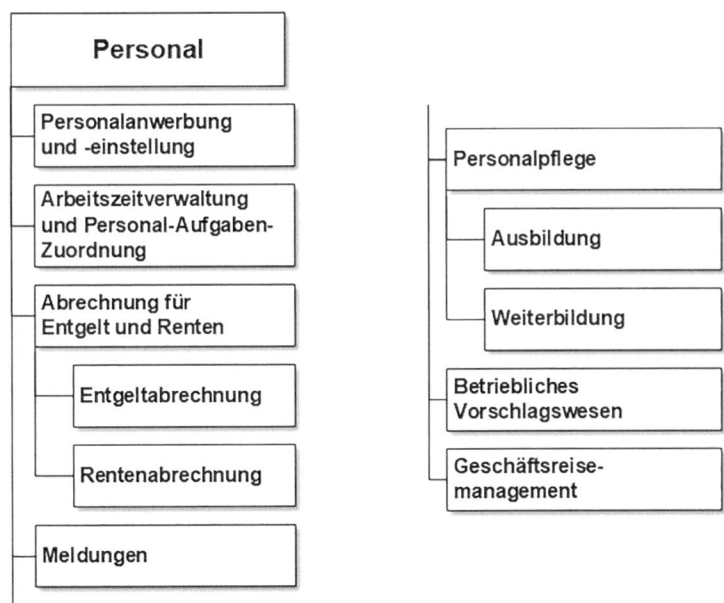

◘ **Abb. 4.2** Funktionsmodell des Personalsektors. (S. ▶ Abschn. 4.5.3)

4

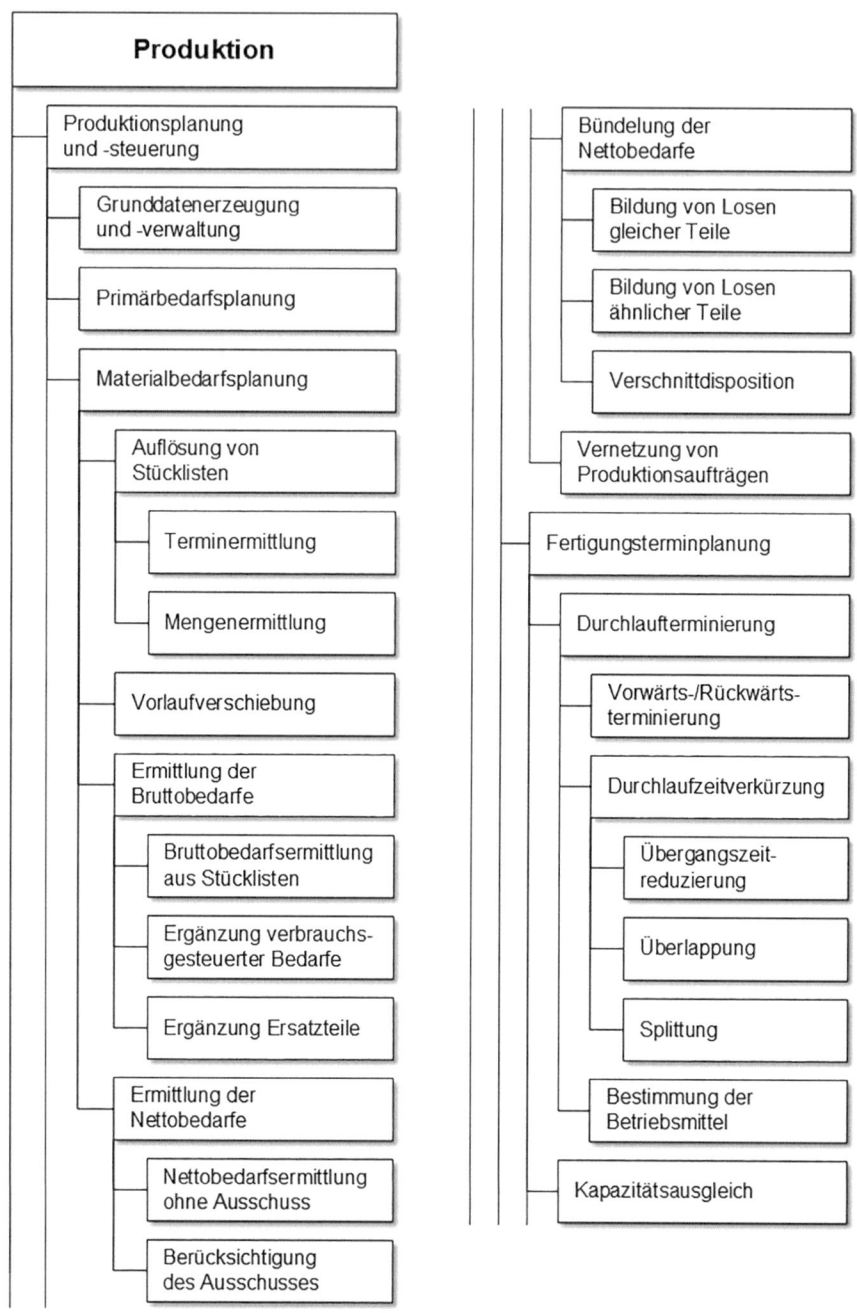

◻ **Abb. 4.3**   Funktionsmodell des Produktionssektors (Ausschnitt) (s. ▶ Abschn. 4.4.1.3)

4.1.3 Prozessintegration

4.1.3.1 Geschäftsprozesse

Eine *zeitlich-logische Abfolge* von Funktionen zur Erfüllung einer bestimmten Aufgabe (etwa die Abwicklung eines Kundenauftrags) wird im betrieblichen Zusammenhang *Geschäftsprozess* genannt. Bestimmte Geschäftsprozesse werden *innerhalb* eines Funktionsbereiches abgewickelt. In der Regel erstrecken sich Geschäftsprozesse jedoch über Abteilungen unterschiedlicher Funktionsbereiche (vgl. ◘ Abb. 4.4 und 4.18) oder gar *über Unternehmensgrenzen* hinweg. Beispielsweise bestellt ein Nutzkraftfahrzeughersteller vor der Montage eines Kranwagens einen Satz Spezialreifen bei einem Reifenproduzenten. Derartige Prozesse werden auch unter der Bezeichnung „Transaktionsprozesse" geführt (► Abschn. 4.7 und 4.8).

Betrachtet man die Geschäftsabwicklung mit externen Partnern, z. B. die Koordination und Interaktion mit Kunden oder Lieferanten, so spricht man von *Transaktionsprozessen* bzw. *Transaktionen*.

Die *Prozessarchitektur* eines Unternehmens besteht meist aus den Prozessfeldern, die in ◘ Abb. 4.5 aufgeführt sind. Sie umfassen sowohl die operativ wertschöpfenden als auch die unterstützenden und die managementorientierten Prozesse.

4.1.3.2 Modellierung von Geschäftsprozessen

Um Geschäftsprozesse planen und insbesondere mit IT unterstützen zu können, ist eine übersichtliche formale Modellierung notwendig. Es existiert eine Reihe von Modellierungsmethoden, die ihrerseits mithilfe von Softwaretools effizient eingesetzt werden können.

Im betriebswirtschaftlichen Anwendungsbereich ist z. B. die Methode „*Ereignisgesteuerte Prozesskette*" (EPK) verbreitet. ◘ Abb. 4.6 veranschaulicht einen, mithilfe einer EPK modellierten, Prozessausschnitt. Ein Prozess besteht aus Aktivitäten

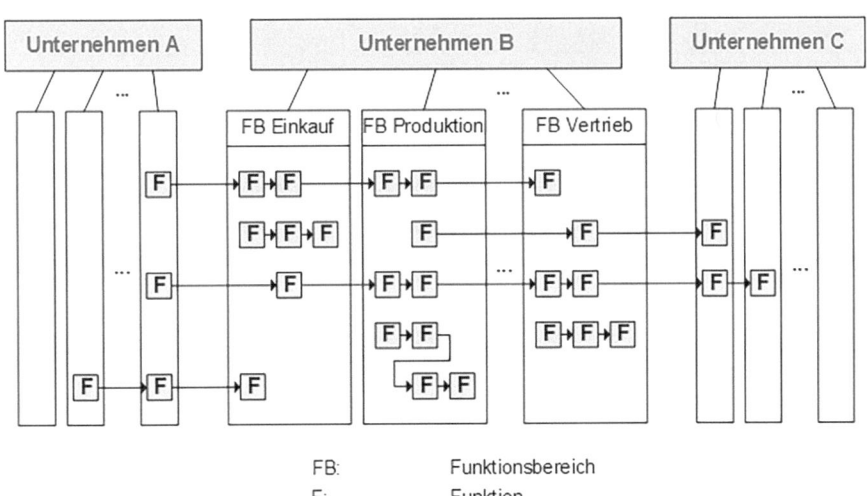

FB: Funktionsbereich
F: Funktion
F→F→...→F: Geschäftsprozess

◘ **Abb. 4.4** Funktionen und Geschäftsprozesse

4

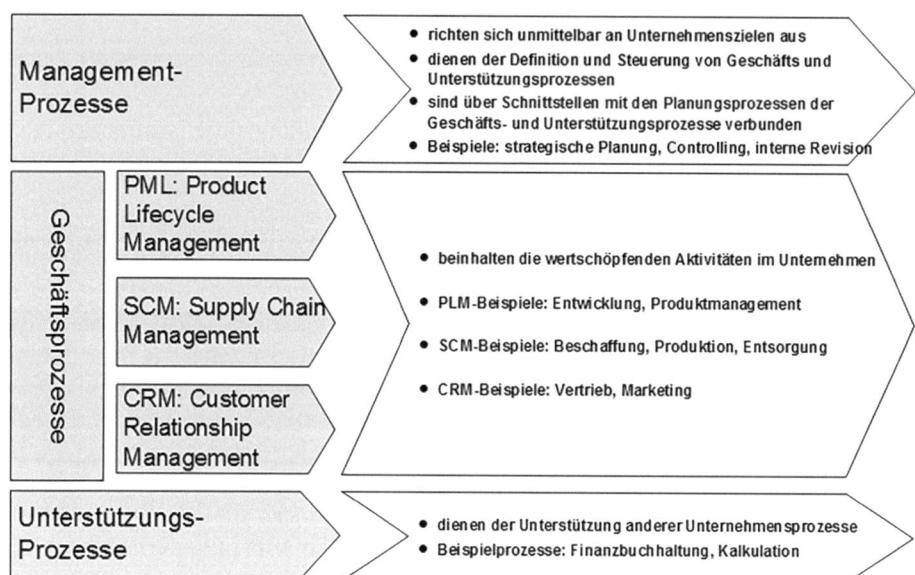

◘ **Abb. 4.5**   Prozessfelder

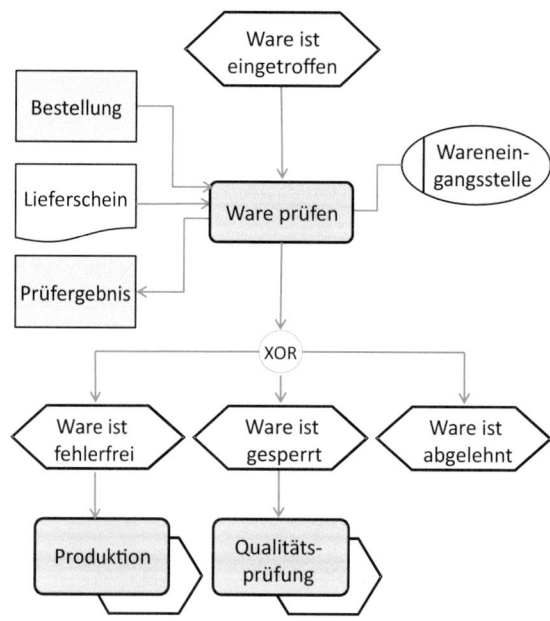

◘ **Abb. 4.6**   Ausschnitt aus einer eEPK

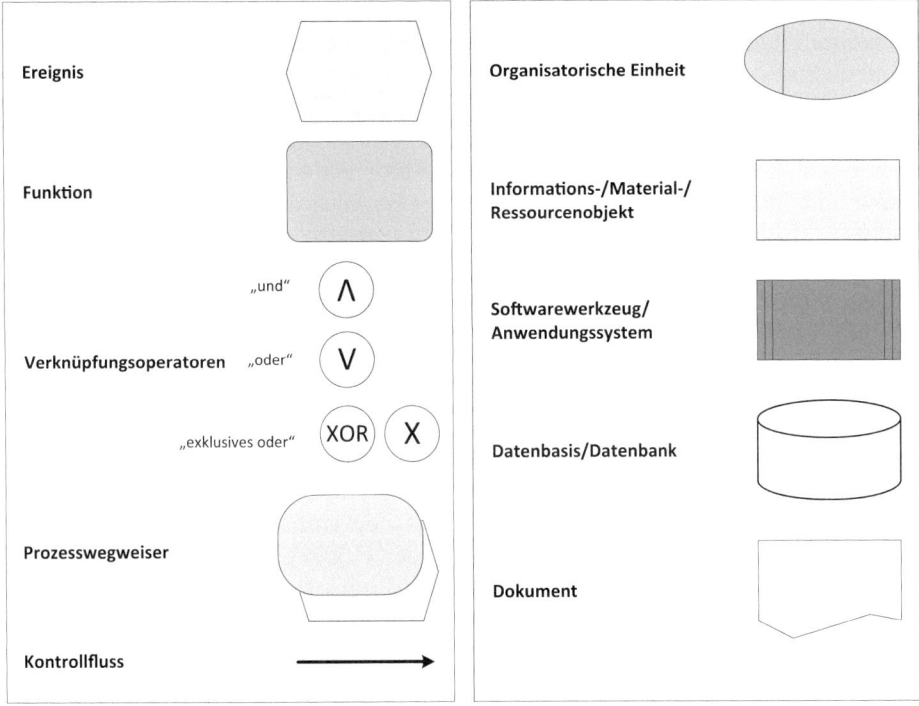

● **Abb. 4.7**   eEPK-Modelle

bzw. Funktionen (z. B. „Ware prüfen"), die von Ereignissen (z. B. „Ware ist eingetroffen") ausgelöst werden und ihrerseits wieder Ereignisse erzeugen (z. B. „Ware ist fehlerfrei").

● Abb. 4.7 zeigt in der linken Hälfte einige wichtige Symbole, die in EPK-Modellen häufig verwendet werden. Zentrale Bestandteile der Ereignisgesteuerten Prozesskette sind Funktionen, Ereignisse, Verknüpfungsoperatoren, Prozesswegweiser und Kontrollfluss.

Funktionen ändern den Zustand von Objekten. Die Bezeichung einer Funktion setzt sich deshalb i. d. R. aus einem Objekt und einer Aktivität zusammen. Beispiele sind „Auftrag anlegen" oder „Bestellung prüfen".

Ereignisse sind passive Objekttypen. Sie lösen Funktionen aus und sind wiederum Ergebnis ausgeführter Funktionen. Von einem Ereignis können mehrere Funktionen parallel ausgehen. Andererseits kann der Abschluss mehrerer Funktionen zu einem Ereignis führen.

Ereignisse beschreiben einen eingetretenen Zustand bzw. ein Objekt, das eine Zustandsänderung erfahren hat. Die Bezeichnung eines Ereignisses setzt sich oft aus einem Objekt und dem eingetretenen Zustand zusammen. Beispiele sind „Auftrag ist eingegangen", „Auftrag ist erfasst" oder „Angebot wurde erstellt".

Eine EPK beginnt und endet immer mit einem Ereignis. Solche, die einen Prozess auslösen, werden als Startereignisse bezeichnet. Folgeprozesse können durch Endereignisse eines vorangegangenen Prozesses ausgelöst werden. Ein Endereignis kann also in einem anderen Prozess ein Startereignis darstellen.

4

Der *Kontrollfluss* („Pfeile") beschreibt die zeitlich-logischen Abhängigkeiten von Ereignissen und Funktionen (Ablauf). Funktionen können von mehr als einem Ereignis ausgelöst werden und auch mehrere Ereignisse zur Folge haben. So hängt z. B. das Ereignis „Kunde ist kreditwürdig" von mehreren Vorbedingungen ab, die überprüft werden müssen. Um diese Konstrukte abzubilden, kommen Verknüpfungsoperatoren (*Konnektoren*) zum Einsatz. Sie beschreiben die Verknüpfung von Ereignissen und Funktionen. Sowohl die Eingänge als auch die Ausgänge können konjunktiv („Logisches Und"), adjunktiv („Logisches Oder") oder disjunktiv („Exklusives Oder") verknüpft werden.

Der *Prozesswegweiser* fungiert als Navigationshilfsmittel und zeigt die Verbindung von einem zu einem anderen Prozess. Im Beispiel der ◖ Abb. 4.6 wird am Ende auf die Prozesse „Produktion" und „Qualitätsprüfung" verwiesen.

In vielen Fällen reichen diese Grundelemente einer EPK nicht aus, um alle relevanten Aspekte eines Prozesses darzustellen Für aussagekräftigere Prozessdarstellungen wird die EPK um *zusätzliche* Elemente erweitert (rechte Hälfte der ◖ Abb. 4.7). Alle Erweiterungselemente werden grafisch mit den Funktionen verknüpft. Die erweiterte EPK (eEPK) kann u. a. folgende Symbole enthalten:

— die organisatorische Einheit als Element der Organisationsstruktur (z. B. Abteilung, Rolle, bspw. Projektmitarbeiter oder Projektleiter)
— das Informations-/Material-/Ressourcenobjekt als z. B. Datenobjekt eines Entity-Relationship-Modells (s. ▶ Abschn. 3.1.2.3).
— das AS oder Softwarewerkzeug zur Unterstützung der Prozessaktivität bzw. -funktion
— die Datenbank als Datenquelle, -senke oder Zwischenspeicher
— Dokumente als Teil des elektronischen sowie papiergebundenen Informationsflusses

4.2 Anwendungssysteme bei der Abwicklung von Geschäftsprozessen

4.2.1 Business-Process-Management-Systeme

Ausgehend von der Spezifikation und Modellierungeines Geschäftsprozesses entsteht durch die Workflow-Verfeinerung (s. ▶ Abschn. 4.2.2) eine maschinenlesbare Prozessbeschreibung. Diese wird von einer Process Engine, z. B. einem *Workflow-Management-System* (s. ▶ Abschn. 4.2.2), zur automatisierten Steuerung des Prozesses verwendet. Die *Process Engine* ist i. d. R. über ein sog. Prozessportal (s. ▶ Abschn. 4.2.4) zugreifbar.

◖ Abb. 4.8 zeigt die Funktionsweise eines *Business-Process-Management-Systems* (BPMS). BPM-Systeme unterstützen alle Phasen des *Prozessmanagement-Lebenszyklus* (s. ▶ Abschn. 6.1.1). BPMS ermöglichen die durchgängige Unterstützung verschiedener Arten von Prozessen: sowohl vollautomatisch durchgeführte als auch solche mit hohen personellen Anteilen, sowohl stark strukturierte als auch wenig strukturierte.

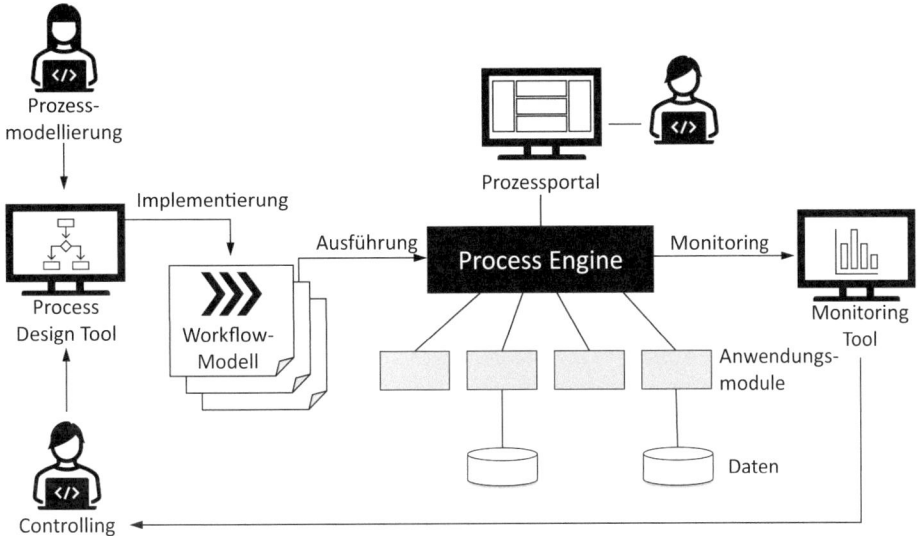

Prozess-
modellierung

Implementierung

Prozessportal

Ausführung

Monitoring

Process
Design Tool

Workflow-
Modell

Process Engine

Monitoring
Tool

Anwendungs-
module

Daten

Controlling

◘ Abb. 4.8   Struktur eines BPMS

Basisparadigma, um die Vision eines BPMS umzusetzen, ist die Trennung von Prozessen, Anwendungsprogrammen und Datenhaltung. Bei Standardsoftware (s. ▶ Abschn. 2.1.3.1) ist beispielsweise die Ablauflogik meist fest programmiert und kann höchstens durch Einstellung von Parametern in gewissem Umfang beeinflusst werden. Eine weitergehende Anpassung an unternehmensspezifische Prozesse erfordert – ebenso wie spätere Änderungen – aufwändige Eingriffe. Schnelle und flexible Prozessänderungen sind somit kaum möglich.

Bei BPMS werden Anwendungssysteme bzw. -module zur Unterstützung der Geschäftsprozesse über standardisierte Schnittstellen aufgerufen. Der fachlogische Ablauf und damit die Sequenzialisierung und Parallelisierung von Aktivitäten sind auf der Prozessebene beschrieben.

Die für die einzelnen Aktivitäten relevanten Anwendungsmodule werden durch die Process Engine z. B. als Webservices aufgerufen (s. ▶ Abschn. 2.2.4). Neben diesen Services einer modernen Serviceorientierten Architektur (SOA, s. ▶ Abschn. 2.2.4) können auch z. B. Funktionen von Standardsoftware und anderen Anwendungsprogrammen aufgerufen bzw. eingebunden werden. Man nennt derartige Technologien zur (An-)Kopplung von verschiedenen AS bzw. Systemkomponenten sowie zur entsprechenden Datentransformation und -übertragung auch *Enterprise Application Integration* (EAI).

4.2.2 Workflow-Management-Systeme

Damit ein Geschäftsprozess vollständig oder teilweise durch IT unterstützt oder automatisch ausgeführt werden kann, sind neben der zeitlich-logischen Abfolge der Aktivitäten insbesondere Datenquellen, -senken und -flüsse sowie die benötigten AS zu spezifizieren. Prozessmodell wird so ein *Workflowmodell* (vgl. ◘ Abb. 4.9), das z. B. die Process Engine eines BPMS interpretiert und entsprechend die Prozessausführung steuert.

4

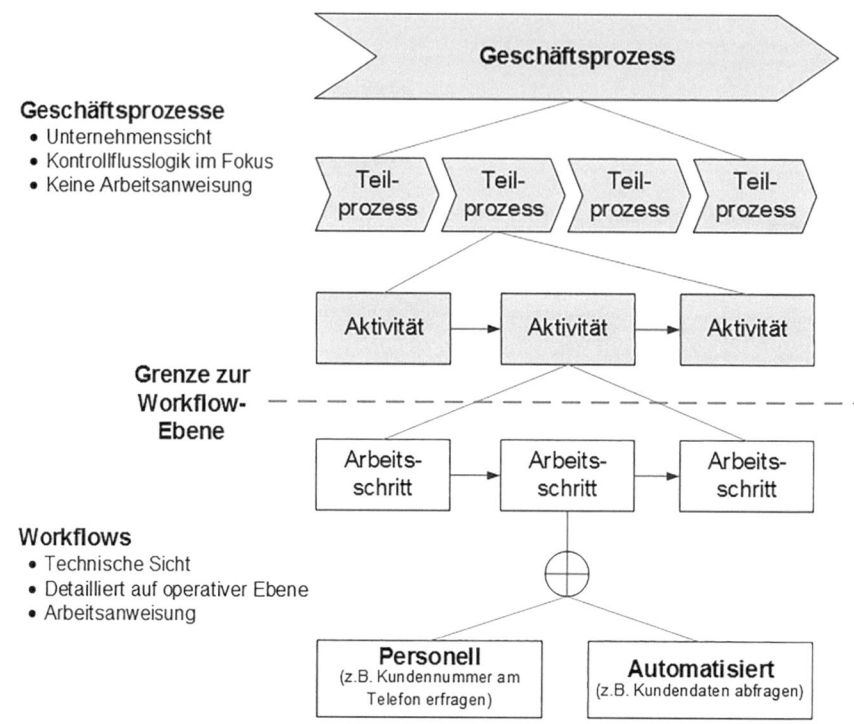

Geschäftsprozesse
- Unternehmenssicht
- Kontrollflusslogik im Fokus
- Keine Arbeitsanweisung

Grenze zur Workflow-Ebene

Workflows
- Technische Sicht
- Detailliert auf operativer Ebene
- Arbeitsanweisung

☐ Abb. 4.9   Workflow-Verfeinerung eines Geschäftsprozesses

Workflow-Management-Systeme (WMS) werden zur Steuerung, Koordination, Abwicklung und Kontrolle von Geschäftsprozessen eingesetzt. Die einzelnen Aktivitäten können personell, rechnergestützt oder vollständig automatisiert durchgeführt werden. Dokumente werden dazu in möglichst papierloser, elektronischer Form, einzeln oder in elektronischen Vorgangsmappen gruppiert, eingeholt, bearbeitet, abgelegt und weitergeleitet. Geeignet sind WMS v. a. für dokumentenintensive, stark arbeitsteilige, standardisierte Geschäftsprozesse mit Wiederholungs- und Routinecharakter.

☐ Abb. 4.10 skizziert das Zusammenwirken von Workflow- und Dokumenten-Management-Systemen.

Ein Starterereignis, z. B. das Eintreffen eines Kreditantrages in einer Bank, initialisiert eine *Workflow-Instanz*, d. h. einen konkreten Bearbeitungsauftrag mit Auftragsnummer, Name des Auftraggebers usw. Diese Instanz bezeichnet man auch oft als *Vorgang*. Liegt der Antrag in Papierform vor, so wird daraus ein elektronisches Dokument generiert (*Imaging*), z. B. durch Scannen, im Dokumenten-Management-System (DMS, s. ▶ Abschn. 4.2.3) abgelegt und dem WMS zugeleitet. Das WMS holt sich das passende Workflow-Modell, identifiziert die erste durchzuführende Aktivität und sendet dem zugeordneten Mitarbeiter eine entsprechende Vorgangsinformation und Bearbeitungsaufforderung. Der Mitarbeiter lässt sich vom DMS die Vorgangsdokumente anzeigen, ruft benötigte AS auf oder verwendet Standardwerkzeuge z. B. zur Textverarbeitung oder Tabellenkalkulation. Nach Beendigung der Aktivität 1 erhält das WMS eine Erledigungsanzeige, die Ergebnisdokumente

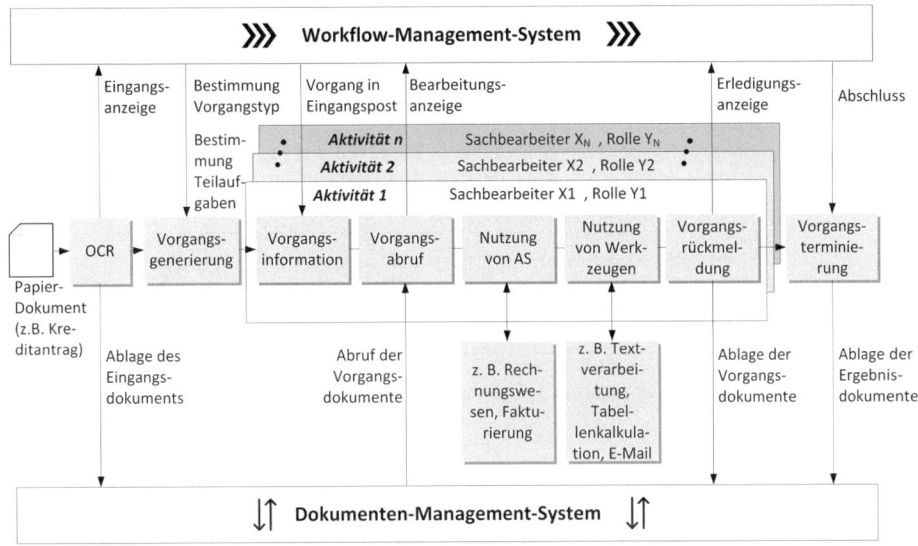

Abb. 4.10 Beispielhafte Arbeitsweise eines WMS

werden im DMS abgelegt. Daraufhin bestimmt das WMS über das Workflow-Modell die nächste(n) zu bearbeitende(n) Aktivität(en) und triggert in entsprechender Weise die zuständigen Bearbeiterinnen. Wird nach der letzten Aktivität des Workflow-Modells das Endereignis erreicht, so terminiert das WMS die Workflow-Instanz.

Bei weitgehend unstrukturierten Geschäftsprozessen sind die IT-Möglichkeiten auf die Unterstützung der Kommunikation zwischen Mitarbeitern beschränkt. Neben eher textorientierten Kommunikationswerkzeugen wie z. B. E-Mail gewinnen multimediale Systeme mit Video- und Audioübertragung an Bedeutung. Darüber hinaus können auch wechselnde gruppen- bzw. teamorientierte Aufgaben (z. B. Abstimmungs- oder Verhandlungsprozesse) durch sog. *Groupware* oder *Workgroup-Systeme* unterstützt werden (s. ▶ Abschn. 2.1.3.1).

4.2.3 Dokumenten-Management-Systeme im Workflow

Als *Dokumenten-Management-Systeme* (DMS) bezeichnet man IT-Systeme zum strukturierten Erzeugen, Verwalten, Wiederverwenden und zur Ablage von elektronischen Dokumenten.

Unter elektronischem Dokumenten-Management kann man einerseits die elektronische Verarbeitung von ursprünglich papiergebundenen Dokumenten (z. B. Text und Bilder) verstehen, andererseits aber auch die Verarbeitung von rein elektronischen Dokumenten (z. B. mit Video- und Audiosequenzen). Typische Dokumente in einer Büroumgebung sind z. B. Verträge, Handbücher, Briefe und Kurzmitteilungen. Ein DMS besteht aus einer Komponente zur Aufnahme von Dokumenten, einer Funktion zur Vergabe von Suchbegriffen („*Indexierung*"), einer elektronischen Ablage sowie Mechanismen zur Recherche („*Retrieval*") und Anzeige von Dokumenten (vgl. ▶ Abb. 4.11).

4

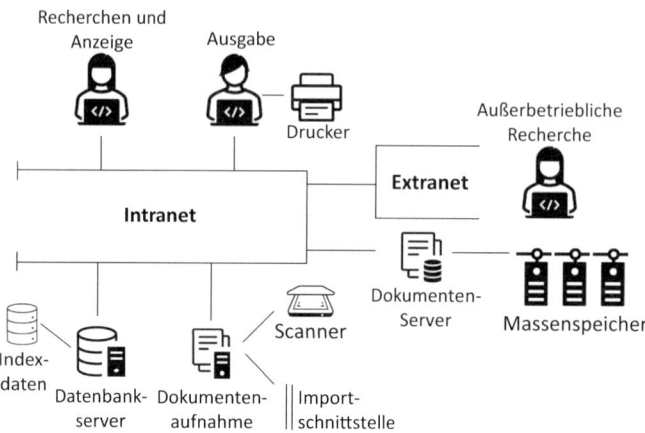

Das Aufnehmen, Verwenden, Bearbeiten und die Ablage bzw. Weiterleitung von Dokumenten sind oft wesentliche Aufgaben bei der Abwicklung von Geschäftsprozessen. Besondere Bedeutung haben DMS deshalb im Rahmen von WMS, in denen sie zur Reduzierung bzw. Substitution von Papierdokumenten führen und damit zu einer Beschleunigung der Vorgangsbearbeitung beitragen. DMS helfen auch, die sog. Informationslogistik in Geschäftsprozessen zu automatisieren. Ziel ist, das richtige Dokument zum richtigen Zeitpunkt dem richtigen Bearbeiter am richtigen Ort elektronisch zur Verfügung zu stellen. Am Ende steht die völlig papierlose Verwaltung.

4.2.4 Geschäftsprozess-Portale

Ein elektronisches *Prozessportal* (engl. Dashboard) bietet einen personalisierten Zugang für die am Prozess beteiligten Rollen (Personengruppen), um Software und Informationen als Bausteine einer integrierten Anwendungsumgebung an einer Stelle zusammenzufassen. Ziel ist es, diese gekapselten Funktionsbausteine über eine einheitliche Plattform dem richtigen Rollenträger zur richtigen Zeit am richtigen Ort entlang seiner Prozesse bereitzustellen. Portale können auch Prozessbeteiligte außerhalb des Unternehmens einbinden; sie haben also auch bei den unternehmensübergreifenden Transaktionsprozessen eine große Bedeutung.

Die zur Prozessabwicklung benötigten Applikationen und Dienste (z. B. Standardsoftware-Module oder Webservices; vgl. ▶ Abschn. 2.2.4) werden über sog. Portlets in der Oberfläche des Portals angezeigt und können dort vom Mitarbeiter aufgerufen sowie auch mithilfe von Portalfunktionen miteinander verknüpft werden.

◻ Abb. 4.12 zeigt ein Architekturkonzept, bei dem ein *Prozessportal*, eine *Process Engine* sowie SOA-basierte Anwendungen (s. ▶ Abschn. 2.2.4) in einem *Business-Process-Management-System* integriert sind. Die zentrale Process Engine kann z. B. aus einem kombinierten Workflow- und Dokumenten-Management-System bestehen. Präsentations-, Prozess- und Service-Ebene werden koordiniert über eine anwendungsneutrale Verteilungsplattform, die sog. Middleware.

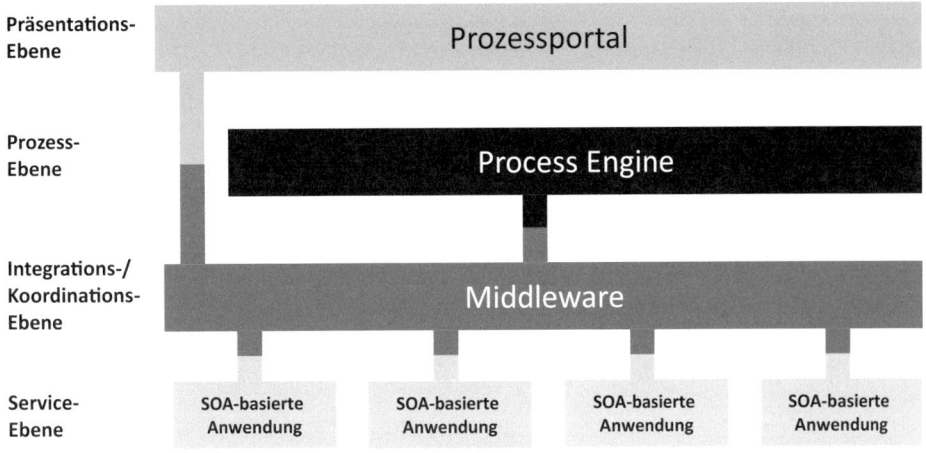

◘ Abb. 4.12 Integration eines Geschäftsprozess-Portals

4.3 Anwendungssysteme bei der Abwicklung von Transaktionen

4.3.1 Transaktionsprozesse

An der Wertschöpfung, d. h. an der Erstellung von Gütern und Dienstleistungen, die für den Kunden von Wert sind, ist i. d. R. nicht ein Unternehmen allein beteiligt. Zahlreiche Lieferanten und andere Partner tragen Teilwerte bei. Dies wird durch Outsourcing-Strategien (s. ► Abschn. 6.3) verstärkt, bei denen sich Unternehmen auf ihre Kernkompetenzen konzentrieren und andere Leistungen „von außen" beziehen.

Die stufenweise Herstellung von Sachgütern und Dienstleistungen durch mehrere beteiligte Unternehmen bzw. Organisationseinheiten bezeichnet man als überbetriebliche Wertschöpfungskette (vgl. ◘ Abb. 4.13). Sie reicht bis zum Endkunden (Verbraucher). Wenn eine Stufe mehrere Vorgänger und/oder Nachfolger hat, was überwiegend der Fall ist, spricht man von einem Wertschöpfungsnetzwerk.

Auf jeder Wertschöpfungsstufe laufen in den betreffenden Unternehmen Geschäftsprozesse ab, die einen definierten Output als Ergebnis liefern. Transaktionsprozesse dienen zur Abwicklung wirtschaftlicher Transaktionen zwischen Geschäftspartnern, d. h. das Übertragen von Leistungen über Unternehmensgrenzen hinweg. Dabei kann es sich sowohl um Sach- als auch um Dienstleistungen handeln. Im zwischenbetrieblichen Bereich spricht man von *Business-to-Business* (B2B)-Transaktionen. Gegenüber dem Endkunden bzw. Verbraucher handelt es sich um *Business-to-Consumer* (B2C)-Transaktionen. Der Begriff der Transaktion ist mit unterschiedlichen Bedeutungen belegt. So versteht man in der Informatik z. B. unter einer Datenbanktransaktion das Überführen eines Datenbankinhaltes von einem konsistenten Zustand in einen anderen konsistenten Zustand. Im Folgenden wird von wirtschaftlichen Transaktionen ausgegangen.

4

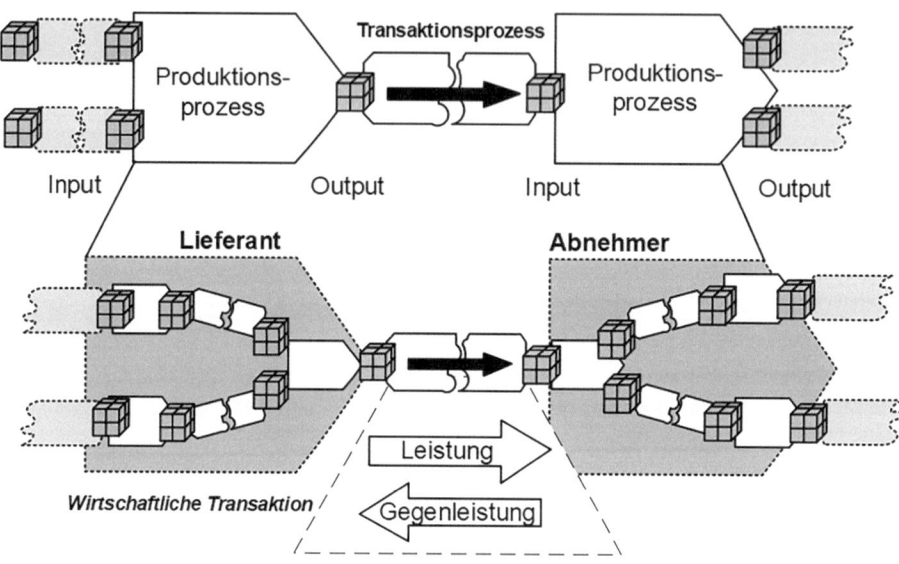

● **Abb. 4.13**   Produktions- und Transaktionsprozesse

Transaktionsphase	Koordinationsaufgaben	Leistungsaustausch
Anbahnung	• Leistungsspezifikation • Verhandlung	
Vereinbarung	• Leistungsspezifikation • Verhandlung • Vertragsabschluss	
Abwicklung	• Überwachung des Leistungsaustauschs • Tracking & Tracing („Auffinden und die Spur verfolgen") • Kontrolle der erbrachten Leistung • Auswahl des Zahlungsmittels	• Erbringung der Leistung • Übergabe des Gutes • Verbuchung • Bezahlung

● **Abb. 4.14**   Transaktionsphasen

Aus Prozesssicht ergibt sich ein *Netzwerk aus Geschäftsprozessen* in Unternehmen und Transaktionsprozessen zwischen Unternehmen, das die gesamte Wertschöpfung trägt. Wirtschaftliche Transaktionen beinhalten einen Leistungsaustausch zwischen Partnern. Objekte dieses Leistungsaustausches sind wirtschaftliche Güter. Oft handelt es sich dabei um ein Produkt (z. B. Sachgut), und die Gegenleistung ist monetär. Neben dem Leistungsaustausch umfasst eine wirtschaftliche Transaktion Abstimmungs- und damit Koordinationsaufgaben. In der zeitlichen Abfolge lassen sich Koordination und Leistungsaustausch der wirtschaftlichen Transaktion in drei unterschiedliche Phasen gliedern (vgl. ● Abb. 4.14).

Über *Transaktionsprozesse* werden u. a. Produktionsprozesse (Transformation des Inputs eines Systems in Output) unternehmensübergreifend verknüpft. Transaktionsprozesse überführen den Output des einen Systems in den Input des anderen (vgl. ● Abb. 4.13). Ein besonders kompliziertes Geflecht von solchen Transaktionsprozessen ist das Supply-Chain-Management (s. ▶ Abschn. 4.8).

4.3.2 Transaktionsabwicklung mit Kunden

4.3.2.1 Anbahnungsphase

In der *Anbahnungsphase* sucht der Abnehmer (Nachfrager) nach den Lieferanten (Anbietern), die das gewünschte Produkt erzeugen oder die gewünschte Dienstleistung bereitstellen können. Oftmals ist der Bedarf nur grob beschreibbar, sodass unter vielen Produkt- bzw. Leistungsvarianten die günstigste ermittelt und gefunden werden muss. Anbieter stellen Informationen u. a. über Websites im Internet sowie Präsentations-, Auskunfts- und Beratungssysteme zur Verfügung.

Präsentationssysteme dienen vor allem dazu, Produkt- und Dienstleistungsangebote möglichst ansprechend aussehen zu lassen, und unterstützen damit insbesondere die Entscheidung, ob ein Kauf erfolgen soll.

Aufgaben von Präsentationssystemen sind u. a:
- das Interesse des Kunden zu wecken,
- einen Überblick über die Produkte und/oder das Unternehmen zu vermitteln und attraktiv darzustellen,
- Besonderheiten oder einzelne Aspekte der Produkte im Detail zu zeigen oder vorzuführen,
- den Kunden emotional anzusprechen.

Hierzu werden oft multimediale Systeme eingesetzt, die verschiedene Arten der Information wie Text, Grafik, Bild, Animation, Video und Audio kombinieren. Denkbar ist auch die Verwendung sog. *Virtual-Reality-Systeme*, die es dem Kunden ermöglichen, sich in einer dreidimensionalen künstlichen Welt zu bewegen (vgl. Meta, s. ▶ Abschn. 3.3.3).

Auskunftssysteme zielen auf eine effiziente Informationserschließung, d. h. sie bearbeiten konkrete Kundenanfragen und stellen die Ergebnisdaten übersichtlich zusammen. Die Visualisierung der Informationen ist dabei weniger wichtig als ihr Inhalt. Aufgabe von Auskunftssystemen ist vor allem die Unterstützung des Kunden bei:
- der Vorauswahl aus einem umfangreichen Angebot,
- der Auswahl eines einzelnen Dienstes oder Produktes nach festen, einfach zu identifizierenden Merkmalen,
- dem Einholen spezieller Informationen, die ein Mitarbeiter des Unternehmens nicht ad hoc bieten kann.

Bei der softwaretechnischen Realisierung von *Auskunftssystemen* liegt der Schwerpunkt vor allem auf einer komfortablen und effizienten Unterstützung des Information Retrieval und der übersichtlichen Darstellung der Suchergebnisse. Unternehmensinterne Auskunftssysteme bestehen meist aus spezifischen, umfassenden Datenbanken und zugehöriger Abfragesoftware.

Sprachauskunftssysteme (Chatbots) ermöglichen dem Kunden einen einfachen und intuitiven Zugang zu den Informationen, die er benötigt. Da das Vokabular in Kundendialogen häufig begrenzt ist, eignen sie sich zur Rationalisierung von Verkaufsprozessen. Sprachauskunftssysteme bestehen im Wesentlichen aus Modulen zur Spracherkennung, zur Dialogsteuerung und zur Sprachausgabe.

4

Beratungssysteme unterstützen die Kunden, indem sie u. a. die Produktinformation oder zur Auswahl stehenden Varianten unter Berücksichtigung der speziellen Kundenerfordernisse bewerten und eventuell darüber hinaus Empfehlungen geben. Sie bieten zusätzlich zur Information eine weiter gehende Unterstützung des Kunden. Dabei sind u. a. folgende Aufgaben zu unterscheiden:

- Das System leitet den Bedarf des Kunden aus seiner persönlichen Situation und seinen Präferenzen ab.
- Angebote werden in Bezug auf die Wünsche des Kunden bewertet.
- Es werden individuell ausgerichtete Auswahlempfehlungen mit entsprechenden Begründungen gegeben. Dabei kann auch abhängig von der Zahlungsbereitschaft des Kunden eine differenzierte Preisberechnung erfolgen.
- Die für den Kunden geeignete Alternative wird ausgewählt.

Um diese Funktionen erfüllen zu können, steht bei Beratungssystemen die Interaktion mit dem Kunden im Vordergrund. So müssen dem System zunächst die Vorlieben sowie die spezielle Situation des Kunden bekannt gemacht werden, sofern diese Merkmale nicht schon in einem Kundenprofil hinterlegt sind. Als Inputdaten für ein Beratungssystem eignen sich bereits ausgewählte Produkte, gewünschte Produktmerkmale oder gespeicherte, bereits gekaufte Produkte, Produktbewertungen und Käufereigenschaften. Anschließend dienen verschiedene Filterverfahren dazu, aus dem generellen Angebot passende Produkte für den Kunden herauszusuchen.

Anbahnungssysteme könnten wahrscheinlich in Zukunft mit Hilfe von KI stärker als bisher automatisiert werden, ohne dass in dieser Phase der Kundenkontakt zu sehr leiden müsste.

4.3.2.2 Vereinbarungsphase

Als Folge der Anbahnungsphase kennt der Kunde die Angebote eines oder mehrerer Unternehmen. Die generelle Offerte kann im einfachsten Fall vom Kunden unverändert angenommen werden und man gelangt sofort zu einem Leistungs- und Bezahlungsversprechen, d. h. der Vereinbarung mit Vertragscharakter. Im komplexeren Fall muss vor Annahme des Angebots dieses noch weiter spezifiziert oder differenziert werden. Der Kunde ist daran interessiert, das Angebot auf seine individuellen Bedürfnisse zuzuschneiden. Daneben kann die Preisgestaltung variabel sein, d. h., es müssen Preisfindungsmechanismen angewendet werden.

Konfigurationssysteme unterstützen den Kunden bei der individuellen Zusammenstellung seines Produktes (vgl. ● Abb. 4.15). Sie fragen zunächst seine Präferenzen ab und prüfen schrittweise während des Konfigurationsprozesses, ob die gewünschte Variante machbar oder eine andere Bausteinkombination empfehlenswert ist. Dieses Wissen ist meist in Form von Regeln hinterlegt. Die Anwendung der Regeln erfolgt durch sog. wissensbasierte Systeme, die auch je nach Vorlieben oder Geschmack des Kunden individuelle Vorschläge zur Komponentenzusammenstellung unterbreiten können. Da bei modularen Leistungsarchitekturen die kombinatorische Anzahl möglicher Varianten sehr hoch sein kann, trägt eine solche regelbasierte Konfiguration wesentlich zum Vereinfachen und Automatisieren des Konfigurationsvorganges bei.

Ergänzend oder alternativ kann das System automatisch verschiedene Konfigurationen anbieten, aus denen der Kunde nach seinen Präferenzen und seiner Zahlungsbereitschaft auswählt („Versionierung").

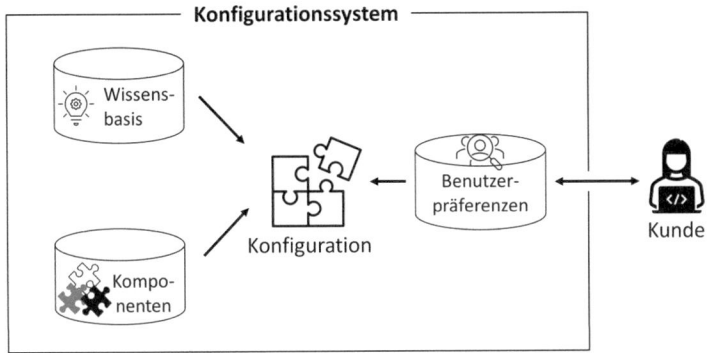

◘ **Abb. 4.15** Konfigurationssystem zur Zusammenstellung von Produkten

Besondere Ausprägungen von Konfigurationssystemen sind sog. *Soft-Matching-Systeme*. Sie lösen das Problem, dass es beim Nutzer eines Konfigurationssystems zu Akzeptanzproblemen kommt, wenn seine genaue Konfiguration nicht erstellt werden kann. Sie bieten dem Kunden bei einem fehlgeschlagenen Konfigurationsversuch keine komplette Neukonfiguration an, sondern es werden Produkte in der Angebotspalette des Unternehmens identifiziert, die den Anforderungen des Kunden möglichst nahe kommen. Das System schlägt dem Benutzer diese ähnlichen Produkte als Alternative vor.

Auktionssysteme sind eine vor allem im Internet weit verbreitete Art von Preisfindungsverfahren, die auf strukturierten Verhandlungen basieren. Das bekannteste Auktionsverfahren ist die englische Auktion, bei der die Nachfrager sich so lange überbieten, bis kein höherer Preis mehr geboten wird. Das höchste Gebot erhält den Zuschlag. In holländischen Auktionen startet der Anbieter am oberen Preislimit und erniedrigt den Preis stufenweise in festen Zeitabschnitten so lange, bis ein Nachfrager das Angebot annimmt. In umgekehrten Auktionen äußert der Nachfrager einen Kaufwunsch und die Anbieter reagieren darauf. Kehrt man die englische Auktion um, so beginnt der Nachfrager mit einem Kaufangebot am oberen Preislimit und die Anbieter unterbieten sich so lange, bis kein niedrigerer Preis mehr geboten wird. In der umgekehrten holländischen Auktion erhöht ein Nachfrager sein Gebot für eine Leistung schrittweise so lange, bis ein Anbieter annimmt und ihm das Produkt oder die Dienstleistung verkauft (vgl. ◘ Abb. 4.16).

Insbesondere im B2B-Bereich bei homogenen Gütern, wie z. B. Rohzucker, Kohle, Chemikalien oder auch Finanzinstrumenten, finden sich immer häufiger zweiseitige Verhandlungsverfahren, wie sie bei *Börsensystemen* bekannt sind. Wesentliche Formen sind in diesem Bereich der fortlaufende Handel und Auktionen (s. ▶ Abschn. 4.4.3.3). Die Limits vorliegender Kauf- und Verkaufsangebote werden dabei in einem Orderbuch festgehalten.

Beim *fortlaufenden Handel* werden bei Angebot und Nachfrage komplementäre Preisvorstellungen jeweils umgehend einzeln zur Deckung gebracht („matching"). Ein Beispiel ist der kontinuierliche Handel an einer elektronischen Wertpapierbörse. Der Verkäufer legt etwa für 50 Aktien ein Verkaufslimit („ask") von 371 € fest. Ein Nachfrager gibt aktuell sein Kauflimit („bid") für 50 Aktien mit 372 € an. Das elektronische Handelssystem erkennt die komplementären Handelsintentionen und führt die beiden Orders gegeneinander zu einem für die Transaktion individuell bestimmten Preis aus.

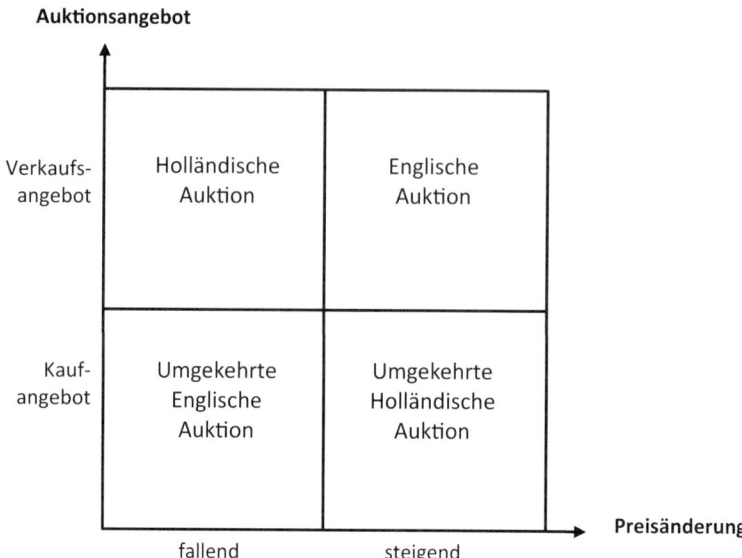

Auktionsangebot

	fallend	steigend
Verkaufs-angebot	Holländische Auktion	Englische Auktion
Kauf-angebot	Umgekehrte Englische Auktion	Umgekehrte Holländische Auktion

Preisänderung

◻ **Abb. 4.16**   Auktionsverfahren

Klassischen Auktionen liegt hingegen das Meistausführungsprinzip mittels Einheitskursfeststellung zugrunde. Es wird derjenige Kurs ausgehend von den Limits der Anbieter und Nachfrager festgesetzt („fixing"), bei dem der höchste Umsatz stattfinden kann. Zur Festlegung des Einheitskurses kumuliert man für jeden möglichen Kurs alle Gebote, die zu einer Transaktion führen.

*Ticketing- und Contracting-Systeme*unterstützen den Käufer beim Reservieren und Buchen von Dienstleistungen sowie beim Abschluss des Kaufvorganges. Der Ablauf ist strukturiert und basiert i. d. R. auf vorgefertigten Formularen. Der Kunde durchläuft eine solche „Formularstrecke" und gibt die notwendigen Informationen schrittweise ein.

Am Ende des Prozesses sendet er seinen gesamten Auftrag an das Unternehmen. Der Ablauf umfasst in der Vereinbarungsphase meist folgende Schritte:
1. Gesamtübersicht über die bestellten Produkte im Warenkorb
2. Angabe von Rechnungs- und Lieferadresse
3. Bestätigung der allgemeinen Geschäftsbedingungen (AGB)
4. Auswahl möglicher Zahlarten und Angabe der notwendigen Zahlungsdaten (z. B. IBAN für Lastschrift)
5. Absenden der Bestellung
6. Zusammenfassung der gesamten Bestellung durch den Anbieter
7. Bestätigung durch den Kunden

4.3.2.3 Abwicklungsphase

Beim Vertrieb nicht-digitaler Produkte geht man davon aus, dass Systeme zur Auswahl und Bestellung der Erzeugnisse (Anbahnungs- und Vereinbarungsphase) einen großen Teil der Kosten einer integrierten IT-Lösung ausmachen. Die wesentlichen Herausforderungen bei Sachgütern sind daher die Abwicklung der Transaktion sowie deren Integration in bestehende AS, z. B. in der Warenwirtschaft.

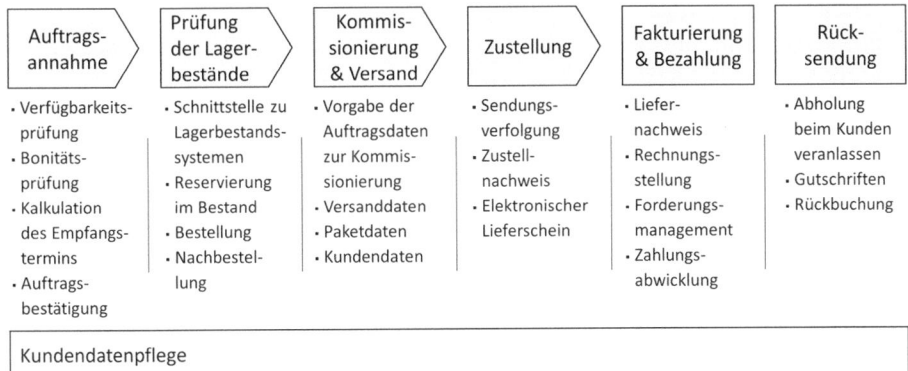

◘ Abb. 4.17 Unterstützung der Abwicklungsphase

◘ Abb. 4.17 skizziert wichtige Aufgaben der Auftragsabwicklung in einem Handelsunternehmen zusammen mit notwendigen Funktionalitäten entsprechender Unterstützungssysteme.

Bei Dienstleistungen erfolgt zum Abschluss der Vereinbarungsphase in der Regel allein ein Leistungsversprechen, z. B. in Form eines Tickets oder einer Buchungsbestätigung. Die eigentliche Leistung wird in einem anschließenden Durchführungsprozess der Dienstleistung erbracht. Hier sind eine Reihe von unterstützenden Maßnahmen denkbar, die den eigentlichen Dienstleistungsprozess durch einen Informationsfluss begleiten.

Digitalisierbare Dienstleistungen (z. B. Finanzdienstleistungen, s. ▶ Abschn. 4.4.3) können vollständig elektronisch abgewickelt werden. Bei nicht digitalen Dienstleistungen findet die Durchführungsphase im realen Umfeld und im direkten Kontakt mit dem Kunden oder einem Objekt aus seinem Besitz statt. Auch hier ist es über verschiedene Technologien möglich, die im Internet-Umfeld begonnenen Transaktionen im realen Umfeld fortzuführen und zu begleiten.

Bei der Datenbereitstellung und -verarbeitung des Anbieterunternehmens sind fünf Hauptaufgaben zu unterscheiden:

- **Bereitstellung der Auftragsdaten**

Im Falle von Dienstleistungen, die komplett spezifiziert werden können, wie z. B. ein Konzert oder eine Bahnfahrt, endet die Vereinbarungsphase mit einer Art Ticket, das die Auftragsdaten widerspiegelt. Diese Auftragsdaten werden direkt in Rechnungsdaten überführt. Die Bezahlung erfolgt oftmals vor der Leistungserbringung. Findet die Dienstleistung im realen Umfeld statt, so wird das Ticket entweder ausgedruckt oder an das mobile Endgerät des Kunden übertragen, sodass die Leistungserbringung darauf aufbauen und der berechtigte Kunde identifiziert werden kann.

- **Erfassung der Leistungsdaten**

Ist die Dienstleistung nicht vorab festlegbar, so müssen während der Durchführung Leistungsdaten erhoben werden, die in die Abrechnung einfließen. Zum Beispiel kann man sich vorstellen, dass ein Entsorgungsunternehmen Menge und Art des Giftmülls von Kunden IT-gestützt erfasst und auf dieser Basis automatisch Rechnungen ausfertigt.

4

- **Bereitstellung und Verarbeitung von Kundendaten**

Kundendaten sind insbesondere bei einer stark individualisierten Leistungserbringung in der Abwicklungsphase wichtig, um z. B. auf Sondervereinbarungen, Präferenzen und andere Profilinformationen zurückzugreifen. Vor allem bei digitalen Dienstleistungen sind diese Stammdaten auch für eine Vielzahl anderer Aufgaben, vom Marketing bis hin zur Bezahlung, von Bedeutung.

- **Vergleich Soll-/Ist-Leistungsdaten**

Die bei der Durchführung erfassten Leistungsdaten dienen nicht nur der Abrechnung und internen Verwaltungsprozessen, sondern auch für Steuerungs- und Kontrollaufgaben. Um in den Erstellungsprozess steuernd eingreifen zu können, sind oft eine „Echtzeit"-Erfassung der Leistungsdaten sowie ihr Vergleich mit Sollgrößen notwendig. Auf dieser Basis erhält der Kunde exakte Informationen über den aktuellen Stand der Durchführung. Ein Beispiel hierfür ist das Tracking and Tracing (vgl. ◘ Abb. 4.14) von versandten Gütern bei Transportdienstleistungen.

- **Bezahlung**

Ein wesentlicher Bestandteil der Abwicklungsphase bei einer Transaktion mit Kunden ist die Bezahlung als Erfüllung der vereinbarten Gegenleistung. Grundsätzlich lassen sich drei Arten von elektronischen Bezahlverfahren unterscheiden:

- *Klassische Bezahlverfahren*: Kunden übermitteln ihre Konto- oder Kreditkartendaten z. B. über eine gesicherte Internetverbindung direkt an den Verkäufer.
- *Bezahlung über Mittler*: Kunden können bei einem Mittler („Zahlungsprovider"), wie z. B. PayPal, einmalig ihre präferierten Zahlungsweisen mit z. B. Konto- und/oder Kreditkartendaten hinterlegen und dann Bezahlungen über diesen Mittler abwickeln.
- *Mobile Bezahlverfahren*: Neben den klassischen konto- oder kartenbasierten Verfahren entwickeln sich neuere Ansätze, die auf Mobilgeräten basieren. PayPal ermöglicht es beispielsweise, durch das Abfotografieren von sog. Quick Response Codes (QR Codes) mit dem Mobiltelefon eine PayPal-Zahlung anzustoßen. Bei Verwendung der Near Field Communication (NFC) sind die Konto- bzw. Kreditkartendaten des Kunden auf seinem Mobiltelefon gespeichert. Bei einem Bezahlvorgang wird diese Information von speziellen Lesegeräten per Funk ohne direkten Kontakt mit dem Mobilgerät ausgelesen.

4.3.3   Transaktionsabwicklung mit Lieferanten

Transaktionen mit Lieferanten dienen vornehmlich der Beschaffung von Materialien, Teilen, Vorprodukten oder Dienstleistungen für die Wertschöpfungsaktivitäten des kaufenden Unternehmens. Die Bearbeitungs-, Liege- und Transportzeiten reduzieren sich durch das sog. E-Procurement („elektronische Beschaffung") spürbar. Auch hier sind viele elektronische Unterstützungssysteme in den Transaktionsphasen einsetzbar, die wir schon bei Transaktionen mit Kunden skizziert haben (s. ▶ Abschn. 4.3.2). Im Folgenden werden darüber hinausgehende Besonderheiten im E-Procurement vorgestellt.

4.3.3.1 **Anbahnungsphase**

Im Rahmen der Anbahnungsphase werden die intern ermittelten Bedarfe den Leistungen und ggf. dem bisherigen Lieferverhalten der infrage kommenden Lieferanten gegenübergestellt.

In Form von *Ausschreibungsdatenbanken* und *elektronischen Marktplattformen* existieren Instrumente, die eine flexible Identifikation und Ansprache potenzieller Transaktionspartner erlauben.

Bei etablierten, langfristigen Kunden-Lieferanten-Beziehungen erfolgt die Auswahl des gewünschten Produktes und des richtigen Lieferanten über einen Vergleich der Katalogdaten der potenziellen Anbieter. *Elektronische Produktkataloge* sind somit eine grundlegende Form der Unterstützung der Anbahnungsphase im E-Procurement.

Grundsätzlich kommen drei Varianten bei der organisatorischen Ausgestaltung eines Katalogsystems infrage:

- Das einkaufende Unternehmen speichert den Katalog des Lieferanten in seinem Intranet. Dabei kann es sich bereits um eine vorausgewählte Produktpalette handeln und das Unternehmen wird regelmäßig mit der neuesten Katalogversion versorgt.
- Der Lieferant speichert und pflegt seinen Katalog auf einem eigenen Server. Er gewährt seinen Kunden Zugriff.
- Ein dritter Partner stellt die Kataloge eines oder mehrerer Lieferanten bereit oder vereint diese zu einem gemeinsamen Katalog. Er nimmt gegebenenfalls Kategorisierungen vor, reichert die Darstellung an und bietet Zusatzdienste.

Alle drei Varianten haben den Nachteil, dass sich die Kataloge einzelner Lieferanten in Format, Funktionalität und Darstellung unterscheiden. Ein Einkäufer ist auf eine einheitliche Präsentation der Katalogdaten angewiesen, um durch Vergleich der Angebote den geeigneten Lieferanten bzw. das passende Produkt auswählen zu können. Die hierzu notwendigen Konvertierungen verursachen in katalogbasierten Systemen oft hohe Kosten. Deshalb wurden Standardisierungslösungen für Katalogdaten entwickelt, die meist auf XML (s. ▶ Abschn. 2.2.4) basieren.

Aus Sicht des zu beliefernden Unternehmens kommen für die Auswahl neuer Lieferanten verschiedene Ansätze infrage:

- *WWW-Suche*: Der Beschaffer kontaktiert die mithilfe von Suchmaschinen gefundenen potenziellen Lieferanten.
- *Portalsuche*: Der Beschaffer sucht in einem Lieferantenportal, in dem registrierte Anbieter mit ihrem Angebotsspektrum nach einheitlichen Kriterien indexiert sind.
- Der Beschaffer veröffentlicht seine Bedarfe auf einer unternehmenseigenen Website.
- *Elektronischer* Markt: Beschaffer und Lieferanten treffen sich auf einer virtuellen Marktplattform.

4.3.3.2 **Vereinbarungsphase**

Die Vereinbarungsphase hat das Ziel, zu einem Vertrag über Leistung und Gegenleistung zwischen Lieferanten und Beschaffer zu gelangen. Bei der Beschaffung von Materialien ist der Vertrag in der Regel verhandelbar, d. h. eine oder mehrere Eigenschaften der Transaktion (Preis, Lieferzeitpunkt usw.) sind flexibel. Hierzu suchen die Transaktionspartner im iterativen Austausch von Angeboten, Forderungen und Zugeständnissen nach einem Leistungsvertrag, der beidseitig akzeptabel ist.

Im endkundenorientierten elektronischen Handel (*E-Commerce*) sind in der Regel Verkäufer-dominierte Marktplattformen anzutreffen, d. h. der Verkäufer definiert Fest- bzw. Mindestpreise. Im *E-Procurement* kehrt sich die Rollenverteilung oft um, sodass eine Ausschreibung durch den Beschaffer stattfindet. Der Beschaffungsprozess wird mittels eines sog. *Request for Proposal* (RFP) durch den potenziellen Abnehmer eingeleitet. Ist der Bedarf hinreichend genau spezifizierbar, so können durch einen sog. *Request for Quote* (RFQ) Preisangebote der Lieferanten eingeholt werden. So lässt sich eine umgekehrte Auktion einleiten, die über ein zwischenbetriebliches Verhandlungsunterstützungssystem abgewickelt wird.

Auf einem fortgeschrittenen Automatisierungsniveau mögen umgekehrte Auktionen durch die Implementierung eines agentenbasierten Auktionsprotokolls effizient durchgeführt werden. Man findet Softwareagenten im Prinzip bei allen Auktionstypen (vgl. ◘ Abb. 4.16, ▶ Abschn. 4.3.2.2). Ein Beispiel bei der englischen Auktion ist der Bieteragent von eBay. Bei bereits bestehenden Kooperationsbeziehungen ist für eine erfolgreiche elektronische Unterstützung der Vereinbarung die Verfügbarkeit von Vergangenheitsdaten entscheidend. Mithilfe gespeicherter Vertragsdaten können bisher ausgehandelte Mengen, Konditionen und Vertragslaufzeiten analysiert und der aktuellen Verhandlung zugrunde gelegt werden (Contract-Management-System). Dies erlaubt z. B. die bestmögliche Ausnutzung vorhandener Rahmenverträge. Sofern die elektronische Integration der Abnehmer- und der Lieferantensysteme dies zulässt, sind auch vereinfachte *automatische Vereinbarungssysteme* möglich, die den Zuschlag für eine Lieferung gemäß vorgegebener Einkaufsrichtlinien erteilen. In entsprechende Entscheidungsregeln umsetzbare Richtlinien sind z. B.:

- Vertragsschluss mit dem zuverlässigsten und/oder günstigsten Lieferanten: Die Auswahl erfolgt anhand einer festzulegenden Metrik, z. B. Zuverlässigkeits- und Preiskennzahlen. Kann ein Lieferant nicht die vollständige Lieferung leisten oder gibt man eine Volumenbegrenzung je Lieferanten vor, so werden die nach der gewählten Metrik nächstplatzierten Lieferanten hinzugezogen.
- Umsatzakkumulation bis zur Rabattschwelle: Auf den Gesamtumsatz bezogene Rabatte werden ausgenutzt, indem der den Rabatt einräumende Lieferant bis zum Erreichen der Rabattschwelle bevorzugt wird.

4.3.3.3 Abwicklungsphase

Im Mittelpunkt der Abwicklungsphase stehen die Lieferung und die anschließende Bezahlung durch den Abnehmer. Dieser prüft periodisch die vorgemerkten Bestellungen und gibt Mahnungen an Lieferanten aus, wenn zugesagte Liefertermine überschritten werden, Auftragsbestätigungen fehlen oder einer Aufforderung zur Gebotsabgabe nicht gefolgt wurde. Neben der Anmahnung von Auftragsbestätigungen zählt auch die routinemäßige Liefererinnerung vor dem geplanten Liefertermin zum präventiven Störungsmanagement im E-Procurement.

Der Einsatz von *RFID-Technologie* (s. ▶ Abschn. 2.1.1.3) ermöglicht eine Lokalisierung der zu liefernden Objekte. Die Übermittlung von Standortdaten und Mitteilungen über das Erreichen kritischer Übergabepunkte z. B. durch EDI oder Webservices erlaubt die transparente Protokollierung und Überwachung des Lieferprozesses durch Beschaffer und Lieferant (Tracking and Tracing). Eine wichtige Überwachungsaufgabe im E-Procurement ist daneben die Wareneingangskontrolle. Je nach Ausstattung der Lieferung mit RFID-Etiketten oder Barcodes (z. B. palettenweise, stückweise) kann diese automatisch als Ganzes erfasst oder nach Art und Stückzahl mit den Sollwerten verglichen werden.

Nach abgeschlossener Wareneingangskontrolle wird eine Wareneingangsbestätigung generiert und es erfolgt eine Einbuchung des Zugangs ins *Warenwirtschaftssystem*, auf deren Grundlage automatisch abgerechnet werden kann. Durch die elektronische Kontrolle und Einbuchung werden Fehler und Folgekosten einer personellen Prüfung weitestgehend vermieden.

Elektronische Bezahlungssysteme begleichen Rechnungen automatisch. Die laufend erfassten Informationen und die darauf aufbauenden Abweichungsanalysen über die mit den Lieferanten getroffenen Vereinbarungen bezüglich Menge, Preis, Zeit und Qualität stellen die Eingangsgrößen der Lieferantenbewertung dar. Die Lieferantenleistung wird gemessen, um bei Abweichungen rechtzeitig reagieren und unter Einbeziehung des Lieferanten geeignete Korrekturmaßnahmen ergreifen zu können. Die gesammelten Informationen dienen der weiteren Planung der Beziehung, z. B. durch objektivierte Anhaltspunkte für eine intensivere oder aber eine losere Kooperation.

Zur effizienten Gestaltung von Beschaffungsprozessen setzen Unternehmen auch komplexe *Materialwirtschaftssysteme* ein. Beim Ansatz einer total integrierten Materialwirtschaft unterstützen diese gezielt die Bereiche Beschaffung, Produktion und Logistik und sind auf die jeweiligen Bedürfnisse des Unternehmens ausgerichtet. Bei der Einführung von Softwarelösungen (s. ▶ Abschn. 2.1.3 und 5.2) zur innerbetrieblichen Prozessverbesserung ergibt sich, aufbauend auf den bereits bestehenden Materialwirtschaftssystemen in einem Liefernetzwerk, eine Vielzahl von unternehmensspezifischen Systemen. Diese über die Zeit heterogen gewachsene Software-Landschaft behindert eine flexible Integration von Zulieferern und Abnehmern. Betrachtet man die Transaktion mit Lieferanten in dem gesamten Wertschöpfungsnetzwerk (s. ▶ Abschn. 4.1.1), so ist die elektronische Steuerung des Materialflusses sowie des entsprechenden Informationsflusses über den organisationsübergreifenden Wertschöpfungsprozess hinweg eine große Herausforderung. Mit dieser befassen sich Supply-Chain-*Management-Systeme* (SCM-Systeme, s. ▶ Abschn. 4.8).

4.4 Beispiele wirtschaftszweigspezifischer Anwendungssysteme

4.4.1 Anwendungssysteme in Industrieunternehmen

4.4.1.1 Bezugsrahmen

◨ Abb. 4.18, die man als Verfeinerung der ◨ Abb. 4.4 ansehen soll, ist ein Funktionsmodell des Industrieunternehmens. Neben den Funktionsbereichen sind auch ein Prozess, der mehrere Funktionsbereiche übergreift, die Auftragsabwicklung, und zwei Prozesse innerhalb je eines Bereichs (Produkt- und Prozessentwicklung und Kundendienst) angedeutet. Den Auftragsdurchlauf kann man sich über die Unternehmensgrenzen verlängert vorstellen, und zwar von den Lieferanten her und zu den Kunden hin.

4

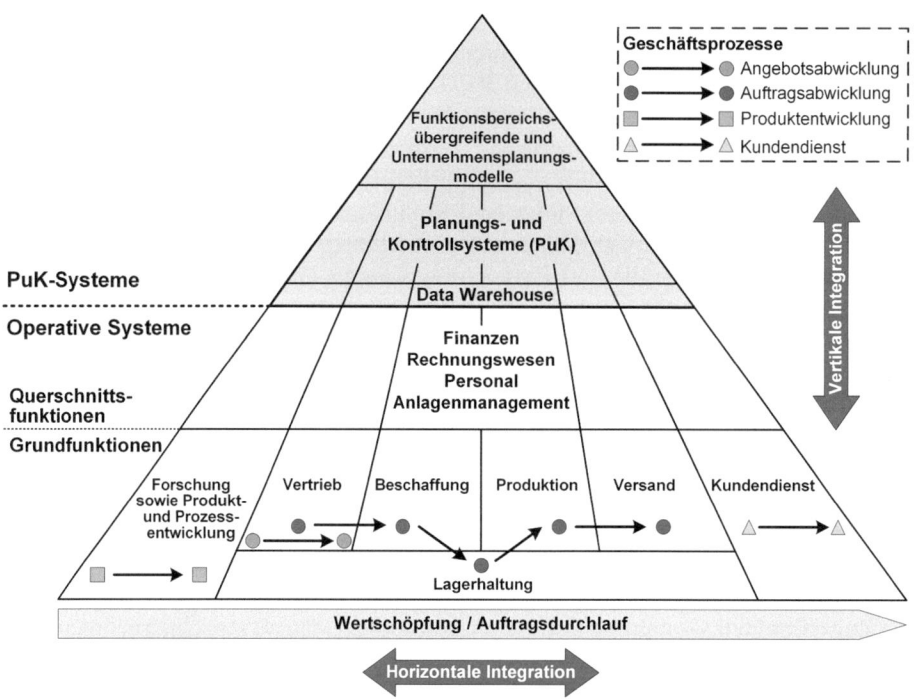

■ **Abb. 4.18**   Funktionsbereiche und Prozesse im Industrieunternehmen

In der Abbildung sind die in ▶ Abschn. 1.3 eingeführten Typen von Anwendungssystemen systematisch eingeordnet. Wir können hier nicht die gesamte Pyramide beschreiben. In den Abschnitten „Transaktionsabwicklung mit Kunden" (s. ▶ Abschn. 4.3.2) und „Transaktionsabwicklung mit Lieferanten" (s. ▶ Abschn. 4.3.3) wurden die Prozesse beim Erstellen von Angeboten und beim Verkaufen sowie beim Versand behandelt. Bis zu einem gewissen Grad sind sie in den Unternehmen verschiedener Wirtschaftszweige ähnlich und gelten somit auch für Industrieunternehmen.

4.4.1.2 Entwicklung von Produkten und Prozessen
- **Produktentwurf (CAD/CAE)**

Im Mittelpunkt des Produktentwurfs steht die computerunterstützte Konstruktion, das sog. *Computer-aided Design* (CAD).

CAD-Systeme kann man zunächst als Übertragung des Konstruktionszeichnens vom Reißbrett auf den Bildschirm („Intelligentes Zeichenbrett") verstehen. Dadurch verfügt der Konstrukteur über alle Möglichkeiten moderner Computergrafik. So zeichnet das System z. B. Kreise und andere geometrische Gebilde nach Eingabe der bestimmenden Parameter (beim Kreis: Koordinaten des Mittelpunktes und Radius) selbsttätig, schraffiert markierte Flächen „auf Knopfdruck" u. v. a. m. Ergebnis der CAD-Prozedur sind im Rechner gespeicherte Zeichnungen bzw. Geometriedaten und die Stückliste des Erzeugnisses (s. „Materialbedarfsplanung/MRP I" in ▶ Abschn. 4.4.1.3).

In besonders eleganten Systemen sind Produktkonstruktion und Produktion eng verbunden. Wahlster (2015) nennt in Verbindung mit Industrie 4.0 das Beispiel von Parfum-Unikaten, die auf speziellen Kundenwunsch hin aus Duftkombinationen, Flakons, Sprayköpfen und Verpackung konstruiert und automatisch durch Mischen von Duftstoffen produziert werden (s. ▶ Abschn. 4.4.1.3).

Eine wichtige Erweiterung ist das *Computer-aided Engineering* (CAE). Hierbei bildet man das entworfene Produkt als Modell im Rechner ab und kann damit simulieren. Beispielsweise wird mit CAE die Geometrie einer Pkw-Karosserie modelliert, noch bevor man sie im Detail konstruiert. Das System stellt dann mithilfe von Ingenieurrechnungen fest, welche Auswirkungen eine stärkere Neigung der Windschutzscheibe auf den Luftwiderstand und damit die Höchstgeschwindigkeit, den Benzin- oder Stromverbrauch und den CO_2-Ausstoß sowie die Aufheizung der Fahrgastzelle haben würde. CAE-Systeme stellen komplexe IT-Anwendungen dar, da – wie in diesem Beispiel – alle voneinander abhängigen Produkteigenschaften im Rechner zu modellieren sind. In unserem Beispiel erübrigt sich der Bau von Karosserievarianten, die im Windkanal oder gar in aufwändigen Straßenversuchen getestet werden müssten.

Werden im Lauf des „Lebens" einer Konstruktion wiederholt Änderungen an ihr ausprobiert und/oder durchgeführt, so mag sich eine für solche Änderungen bzw. Konstruktionen geeignete Speicherung in Form eines „digitalen Schattens" lohnen (s. u.).

Die Tendenz geht dahin, CAD/CAE zu umfassenden Konstruktionsinformationssystemen weiterzuentwickeln. Neben die technischen Berechnungen treten dann sog. Schnellkalkulationen, mit denen man die Konstruktionsvarianten auf Kostenvorteile untersucht.

Ein weiteres Ziel solcher Systeme ist es, dafür zu sorgen, dass die Zahl der im Unternehmen vorkommenden und damit in der Materialwirtschaft zu verwaltenden Teile nicht zu stark wächst. Deshalb ermöglicht man es dem Konstrukteur, aus unternehmensinternen und externen Datenbanken Informationen über verfügbare Teile, insbesondere Normteile, und über deren Verwendung in anderen Erzeugnissen abzurufen. Dadurch soll schon in der Konstruktionsphase dazu beigetragen werden, dass die Ingenieurinnen und Ingenieure im Zweifel bereits vorhandene Bauelemente („Wiederholteile") verwenden. Auch können sie sich etwa über das Internet *externe* Informationen beschaffen (s. ▶ Abschn. 3.3), so z. B. über das Verhalten eines Werkstoffes bei starken Temperaturschwankungen oder zu technischen Eigenschaften, um Baugruppen in Bezug auf *Nachhaltigkeit* einzuschätzen. Hierzu werden u. U. sehr komplizierte ökologische und ökonomische Modellrechnungen notwendig. Beispielsweise hängt bei Elektrofahrzeugen die zu wählende Kapazität der Batterie mit der Ladedauer und Ladehäufigkeit bei gegebener Fahrstrecke zusammen. Letztere beeinflussen die Summe der Zeitverluste an Ladestationen. Andererseits bedeutet eine stärkere Batterie auch höheres Gesamtgewicht des Fahrzeugs und so einen höheren Stromverbrauch, der wiederum Einfluss auf die Ladedauer hat.

In Branchen mit Einzelfertigung oder komplizierten Varianten bringt die Integration der Konstruktion mit anderen Funktionen Vorteile, wie das folgende Praktische Beispiel zeigt.

4

> **Praktisches Beispiel**
> Die Reiss Büromöbel GmbH beschreibt ihre Politik der stark individualisierten An-
> gebote mit den Worten „Kaum ein Auftrag gleicht einem anderen". Das Spektrum
> reicht von einem einzelnen Möbelstück bis zu kompletten Verwaltungsabteilungen in
> neuen Werken. Die eingehenden Kundenaufträge werden zum Konstruktionssystem
> übertragen. Aus den dort entstehenden Stücklisten gehen Informationen an den Ein-
> kauf von Fremdbezugsteilen. Für die Eigenfertigung und die Montageprozesse werden
> Parameter an Maschinen gemeldet, welche computergesteuert (Computerized Nume-
> rical Control/CNC) die Holzplatten schneiden und beschichten. Dann werden die be-
> nötigten Kapazitäten für die Fertigung und den Versand mit Wochen- und Tages-
> genauigkeit geplant (Schambach 2023).

Dem Konstrukteur in der mechanischen Industrie entspricht in der Chemieindustrie
der Syntheseplaner. Das zugehörige Werkzeug ist das *Computer-assisted Synthesis
Planning* (CASP). Man findet damit Reaktionswege und Vorprodukte, die für ein
Enderzeugnis mit gewünschten Eigenschaften infrage kommen.

In der Automobilindustrie ergeben sich Besonderheiten dadurch, dass die Fahr-
zeuge zunehmend viele IT-Elemente enthalten. Stichworte sind „Software-definierte
Fahrzeuge" oder – spöttisch – „Computer auf Rädern". So schätzt man die Zahl der
Steuergeräte in ersten Fahrzeugen dieser Art auf ca. 100. Die Koordination dieser
Bauteile soll auch durch Betriebssysteme erfolgen, welche von Fahrzeughersteller zu
entwickeln wären (Hubik et al. 2022).

Um neue Produkte sehr rasch auf den Markt zu bringen, arbeiten zuweilen Kons-
trukteure mehrerer Unternehmen (z. B. Karosseriebauer und Hersteller von Pressen)
mit Hilfe von spezieller Software, z. B. Digitalen Schatten (s. u.), simultan an einem
Erzeugnis, ohne dass sie sich am gleichen Ort treffen („Concurrent Engineering").

- **Arbeitsplanung/Prozessplanung**

Computer-aided Planning (CAP) bedeutet die teilautomatische Entwicklung von
Arbeitsplänen (Fertigungsvorschriften) oder – in günstigen Fällen – ganzer
Fertigungsprozesse (Computer-aided Process Planning, CAPP). Das AS muss aus
den Geometrie- und Stücklistendaten, wie sie aus dem CAD kommen, und ggf. aus
bereits gespeicherten Arbeitsplänen ähnlicher Erzeugnisse die Fertigungsvorschriften
ableiten.

- **Digitale Fabrik/Digital Schatten/Digitale Zwillinge**

Bisher sind wir davon ausgegangen, dass CAP einsetzt, wenn das Produkt bereits
konstruiert ist. Es können sich aber Rückkopplungen oder gar Schleifen ergeben,
wenn sich bei der Planung der Fertigung herausstellt, dass das Erzeugnis nicht
fertigungsgerecht ist. Besonders weitreichend sind Systeme, bei denen die Konstruktion, der Fertigungsablauf und die Fabrik gleichzeitig IT-gestützt im Wege des „*Digital Mock-up*" (DMU) entwickelt werden. Anspruchsvolle Simulationen der Hand-
griffe bei der Montage im Rahmen einer *Digitalen* bzw. *Virtuellen Fabrik* (Digital
Manufacturing) zeigen z. B., dass sich ein Montagearbeiter sehr schwertut, eine zu
wenig kompakt gestaltete Cockpit-Einheit in die Karosserie eines PKW einzubauen,
oder dass Baugruppen zu eng gedrängt im Motorraum liegen und bei Montage und

Gebrauch Kollisionen drohen. Im Daimler-Konzern hat man mit einem derartigen System (O.V. 2007; Unger 2005) ermutigende Ergebnisse (z. B. Einsparen von 30 % der Montagezeit) erzielt.

Im Werk Leipzig der BMW AG prüft man mit *„Augmented Reality"* (AR), ob geöffnete Fahrzeugtüren auf dem Montageband irgendwo anstoßen. (Unter AR versteht man die visuelle Ergänzung der Wirklichkeit – etwa mit Spezialbrillen – um virtuelle Gegenstände; z. B. platziert ein AR-System eine bisher nicht vorhandene Tür in eine Fahrzeug-Rohkarosserie.)

Auch das Passagierflugzeug Boeing 787 („Dreamliner") wurde in der Frühphase der Entwicklung vollständig digital und dreidimensional beschrieben.

In Unternehmen, in deren Fertigungssektor laufend und flexibel Entscheidungen getroffen werden müssen (u. a. bei Einzelfertigung und variantenreichen Produktkonfigurationen, Eilaufträgen, Veränderung von Art und Zahl der Betriebsmittel), sind *Simulationen* oft die Methode der Wahl. Entwicklungen bei der Hardware wie die Erhöhung des Leistungs-Preis-Verhältnisses in Verbindung mit großen Hauptspeicherkapazitäten (In-Memory-Computing, s. ▶ Abschn. 3.1.2.5) erlauben es, in kurzer Zeit zahlreiche Alternativen durchzurechnen. Voraussetzung ist, dass die schwer veränderbaren bzw. langfristig gültigen Daten der Produktionsstätten in einem Modell festgehalten werden. Dazu gehören die Flächen der Werkshalle, die Orte, Leistungswerte und Ausschussraten der Betriebsmittel (Werkzeugmaschinen, Roboter, Hebezeuge, Qualitätskontroll-Stationen, Transportbänder, Aufzüge, Ort und Fläche von Zwischenlagern). Diese Modelle, die die *fixen* Gegebenheiten repräsentieren, bezeichnet man zuweilen als „Digitalen Schatten" (DS). Damit wird angestrebt, dass nicht für jede Untersuchung einer Alternative (z. B. Wirkung der Erweiterung des Querschnitts eines Engpasses per Simulation) erst ein neues Modell erstellt werden muss. Ein ehrgeiziges Ziel ist es, nach Veränderung einer Fertigungsstätte die neuen Daten *automatisch* im Digitalen Schatten nachzutragen, z. B. aus den neu angelegten Betriebsmittelstammsätzen.

Mit einem DS können bei entsprechender Abstimmung auch *mehrere* Unternehmen arbeiten. In der Bauwirtschaft hilft ein „digitales" Abbild des Gebäudes einschließlich Zeichnung und zentralem Speicher der technischen Daten, die Planungen *mehrerer* am Gebäude beteiligter Architekten, Bauunternehmen und Maschinen- sowie Materiallieferanten zu koordinieren. Beispielsweise mag der Einbau einer klimafreundlichen, aber besonders raumfordernden Heizungsanlage in ein Krankenhaus dazu führen, dass auch Kabelschächte, Rohrleitungen und Zwischenwände anders geführt und gedämmt werden. Die Partner würden ihre Pläne dazu nicht durch Austausch von technischen Zeichnungen, sondern durch Veränderungen an dem Digitalen Schatten kommunizieren (Terliesner 2023).

Neben dem Digitalen Schatten wird der Begriff „Digitaler Zwilling"(DZ) benutzt. Zuweilen soll dieser auch das Instrumentarium zum Entwerfen und Programmieren der DS, zum Simulieren von möglichen Entscheidungen zu Varianten bei der Aufbau- und Ablauforganisation und zur Auswertung der Ergebnisse, also eine Art Methodenbank, beinhalten.

Einen weiteren Automationsschritt geht man, wenn die Simulationsergebnisse nicht nur den Disponenten, dem Vorstand für Technik oder anderen Verantwortlichen zur Entscheidung zwischen Alternativen präsentiert werden, sondern das System selbsttätig die zu präferierende Möglichkeit auswählt und die daraus folgenden Steuerungssignale automatisch an andere betroffene IT-Systeme sendet.

- **Produkt-Lebenszyklus-Management-Systeme (PLM)**

Unter *Produkt-Lebenszyklus-Management-Systemen* (PLM) wird die Sicht auf den *gesamten Lebenszyklus* eines existierenden Produktes verstanden. Man verfolgt das Erzeugnis von der Entwicklung („Geburt") bis zu seiner Außerbetriebnahme („Tod"), Entsorgung („Beerdigung") oder Wieder- und Weiterverwendung bzw. Verwertung (Recycling). Produktbezogene Daten und Dokumente aus verschiedenen Quellen (z. B. Grobentwurf mit DMU-Geometrie, CAD, Kalkulation, Angebotswesen, Qualitätskontrolle in der Produktion, Kundendienst, Entsorgungsvorschriften) sind zusammenzutragen und logisch und/oder physisch an einer Stelle zu speichern. Das zugehörige Datenmodell bzw. die einschlägige Datenverwaltung fasst man unter „*Produktdatenmanagement*" (PDM) zusammen.

Funktionen, die um eine solche zentrale Informationsbasis herum gelagert werden, sind z. B. Zugriff auf Kataloge von Lieferanten, die Teile zu dem Enderzeugnis bereithalten, die Einbindung der technischen Dokumentation (etwa Schaltplan eines elektronischen Geräts), Patentinformationen, Workflow-Management-Systeme zur Einschaltung aller betroffenen Instanzen vor der Freigabe einer Produktänderung (Freigabe- bzw. Änderungsmanagement)

PLM ist wiederum die Basis für wichtige Teile der IT-gestützten Unternehmensplanung, soweit diese am „Lebenslauf" wichtiger Erzeugnisse ansetzt (s. ▶ Abschn. 4.6.2) (Sendler 2009).

4.4.1.3 **Produktion**

Ein sehr schwieriges Problem bei der Konzeption von AS im Produktionssektor ist die intensive Wechselwirkung zwischen einzelnen Teilsystemen. ◘ Abb. 4.19 zeigt ein Beispiel eines Wirkungsverbundes: Erhöht man die Losgröße, so nimmt man höhere Lagerbestände in Kauf. Wegen der insgesamt niedrigeren Rüstzeiten werden aber die Engpässe besser ausgenutzt. Dadurch sinken zunächst die Durchlaufzeiten der Aufträge in der Fertigung. Nach Überschreiten eines Minimalwertes steigen jedoch diese Durchlaufzeiten an, weil immer wieder Lose vor Fertigungsaggregaten warten müssen, an denen ein davor liegendes großes Los längere Zeit bearbeitet wird.

Der Produktionsablauf ist von verschiedenen Faktoren abhängig, z. B. Soll-Losgrößen auf verschiedenen Fertigungsstufen, Produktionsreihenfolgen sowie Auswahl von konstruktiven Varianten und Alternativen bei den Arbeitsplänen. Im Grunde müsste man alle in Wechselbeziehung stehenden Einflussgrößen simultan berücksichtigen. Mit sog. *Advanced-Planning-Systemen* (APS) wird dies unter Nutzung vieler moderner Entwicklungen bei den Algorithmen, bei der Rechengeschwindigkeit und bei der Speicherverwaltung auch in Teilen versucht. Jedoch dominiert in der Praxis (noch) unter der Bezeichnung „PPS-System" (für „Produktionsplanung

◘ **Abb. 4.19** Wirkungsverbund in der Fertigung

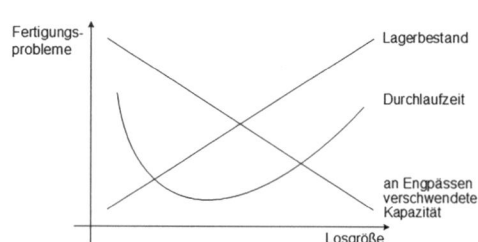

und -steuerung") eine Abarbeitungsreihenfolge der Module, die in vieler Hinsicht zweckmäßig, wenn auch nicht immer optimal ist. Sie liegt der folgenden Betrachtung zugrunde.

- ▪ **Primärbedarfsplanung/MRP II**

Die *Primärbedarfsplanung* gleicht grob die gewünschten Absatz- bzw. Produktionsmengen mit den vorhandenen Fertigungskapazitäten ab. Diese frühzeitige Abstimmung von Kapazitätsangebot und -bedarf soll verhindern, dass die Werkstatt mit unrealistisch geplanten Produktionsaufträgen überlastet wird. Hierzu können z. B. maschinelle Absatzprognosen auf statistischer Basis (Mertens und Rässler 2012) und das in ▶ Abschn. 4.6.1 skizzierte Matrizenmodell herangezogen werden.

Systeme, bei denen derartige Komponenten eine wichtige Rolle spielen, bezeichnet man auch als „*Manufacturing Resource Planning*" (MRP II). Von MRP II ist MRP I „*Material Requirements Planning*" – Materialbedarfsplanung – zu unterscheiden (s. folgenden Abschnitt). MRP-II-Konzepte sind ferner durch eine Vielfalt von Rückkopplungsschleifen charakterisiert, auf die wir hier nicht näher eingehen können.

- ▪ **Materialbedarfsplanung/MRP I**

Die von der Auftragserfassung, Absatz- oder Primärbedarfsplanung bereitgestellten Endproduktbedarfe müssen unter Verwendung von Stücklisten (Erzeugnisstrukturen) in ihre Bestandteile (*Sekundärbedarf*) zerlegt werden („Stücklistenauflösung"). ◖ Abb. 4.20 zeigt eine solche Stückliste. Wegen des Platzbedarfs ist es ein im Vergleich zur Praxis sehr kleiner Ausschnitt.

Sie ist als Baukastenstückliste organisiert, d. h., man erkennt (anhand der gestrichelten Rechtecke), aus welchen „untergeordneten" Teilen ein jeweils „übergeordnetes" Teil zusammengebaut wird. Das AS würde also z. B. feststellen, dass pro Pkw ohne Ersatzrad vier Räder benötigt werden. Die Baugruppe „Rad" würde es

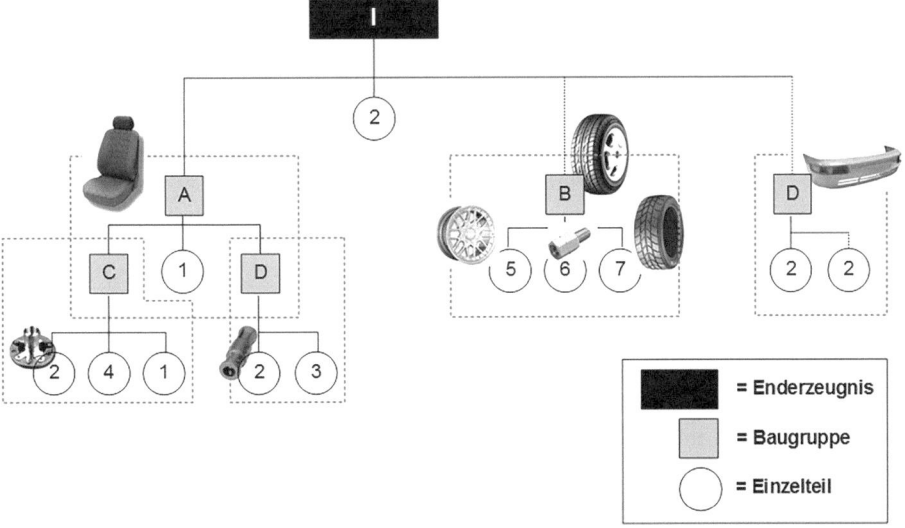

◖ **Abb. 4.20** Erzeugnisstruktur eines Produkts

4

wieder in je eine Felge, einen Reifen und vier Befestigungsschrauben auflösen usw. So werden zunächst die *Bruttobedarfe* der Baugruppen und Einzelteile errechnet. Stellt man diese den Vorräten gegenüber, so erhält man *Nettobedarfe*. Das AS prüft auch, ob sich durch die Bündelung von Bedarfen für verschiedene Zukunftsperioden kostengünstige Lose ergeben. Bei dieser Materialbedarfsplanung wird der Übergang zur folgenden *Terminplanung* dadurch vollzogen, dass das System die *Vorlaufzeit* (Vorlaufverschiebung) berücksichtigt. Dies ist die Zeitspanne, um welche die untergeordnete Komponente früher bereitstehen muss als die übergeordnete, damit die nachgeordneten Teile rechtzeitig zusammengefügt (montiert) werden können. Das Resultat der Prozedur sind grob geplante Betriebs- bzw. Fertigungs- bzw. Produktionsaufträge oder (bei Fremdbezugsteilen) Bedarfe, die an die Bestelldisposition transferiert werden.

Wenn das gleiche Fremdbezugsteil an verschiedenen Standorten des Unternehmens oder Konzerns verbaut wird, stellt sich das zusätzliche Problem, die Produktionsplanung mit der Lagerhaltung so abzustimmen, dass man einerseits die Vorteile größerer Bestell-Losgrößen nutzt, indem die Bedarfe der Werke addiert werden, aber andererseits auszurechnen ist, wieviel Stück der Lieferung an welchen Standort zu bringen sind. Beispielsweise strebt die Mercedes AG an, sowohl Verbrenner- als auch Elektrofahrzeuge an verschiedenen Standorten an den gleichen Bändern herzustellen (Menzel und Tyborski 2022).

- **Durchlaufterminierung**

Während bei der Materialbedarfsplanung mithilfe der Vorlaufverschiebung die Bereitstellungstermine, also die Zeitpunkte, zu denen ein Teil abzuliefern ist, ermittelt wurden, hat die Durchlaufterminierung die *Starttermine* der einzelnen Arbeitsgänge vorzugeben.

Eine Methode dazu ist die *Rückwärtsterminierung*, die von den in der Materialbedarfsplanung geforderten Ablieferungsterminen in Richtung Gegenwart rechnet. Als Beispiel dient in ◼ Abb. 4.21 der Betriebsauftrag M in der Montage, der die Endprodukte der Betriebsaufträge A, B und C benötigt. Man beachte, dass in dieser Phase keine Wartezeiten, wie sie durch Kapazitätsengpässe entstehen, berücksichtigt werden. Mit anderen Worten: Es wird mit der vereinfachenden Prämisse „Kapazität ist unendlich" gearbeitet („infinite loading").

Besonderheiten treten dann auf, wenn das AS feststellt, dass ein Arbeitsgang schon mehrere Tage oder gar Wochen „vor der Gegenwart" hätte beginnen müssen (manche Studentinnen und Studenten gewinnen solche Erkenntnisse bei der Herstellung des Produktes „Abschlussarbeit" auch!). Um zu verhindern, dass dann wegen der späteren Ablieferungstermine die bisherige Produktionsplanung revidiert werden muss, wird das AS versuchen, die Durchlaufzeiten gegenüber den Planwerten zu verkürzen. Beispielsweise kann es prüfen, ob für einen *Arbeitsgang* mehrere Maschinen zur Verfügung stehen, und dann ein Los auf zwei oder mehr Betriebsmittel splitten, die sich die Arbeit „teilen". Das System muss dabei mithilfe von Parametern, die die Fertigungsleitung vorgegeben hat, abwägen, welche Durchlaufzeitverkürzung mit welchem Aufwand für das zusätzliche Rüsten der zweiten, dritten usw. Maschine erkauft werden darf.

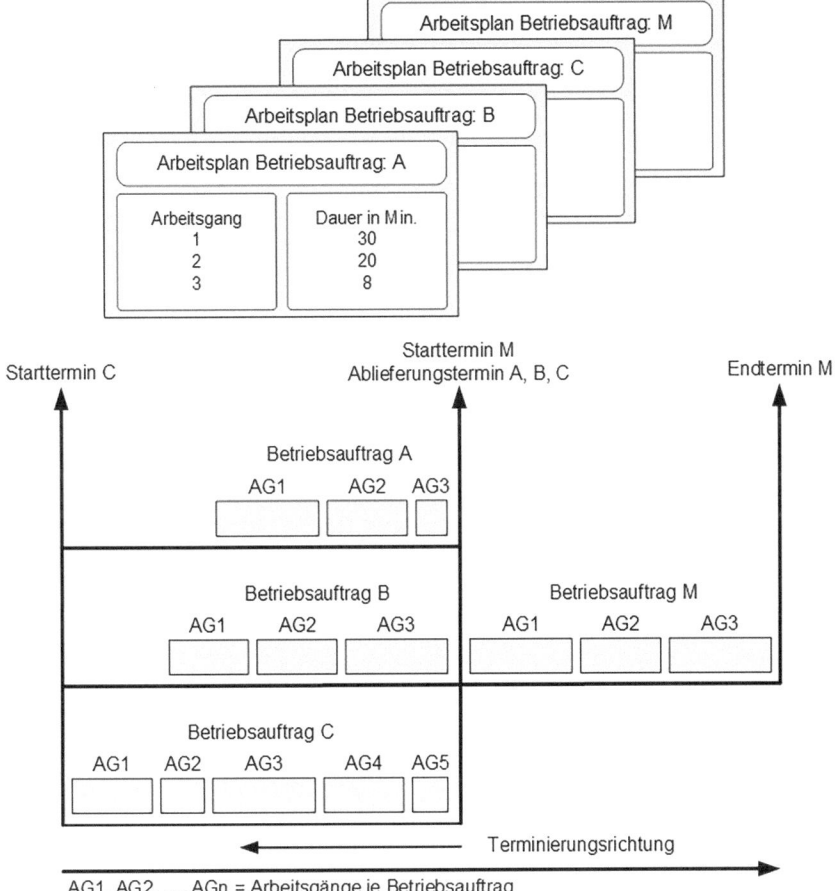

◘ Abb. 4.21 Rückwärtsterminierung

■ **Kapazitätsausgleich**

Wenn in der Durchlaufterminierung auf Kapazitäten keine Rücksicht genommen wurde (s. o.), kann es vorkommen, dass in einzelnen Perioden bestimmte Arbeitsplätze stark über-, andere unterlastet sind (vgl. ◘ Abb. 4.22).

Hier setzt der *Kapazitätsausgleich* ein. Sie mögen auf einen Blick erkennen, dass es beispielsweise gilt, den „Gipfel" in Periode 10 in das „Tal" der Periode 9 „zu kippen". Der Mensch sieht dieses aufgrund seiner Mustererkennungsfähigkeiten, in denen er einem Computer oft überlegen ist. Daher wird man in vielen Fällen nicht versuchen, den Kapazitätsausgleich zu automatisieren, sondern das Kapazitätsgebirge am Bildschirm eines *Leitstands* anzeigen und dazu Informationen liefern, welche einzelnen Produktions- und Kundenaufträge zur Last in einer bestimmten Periode beitragen. Die Umdisposition obliegt dann dem Fertigungsplaner.

4

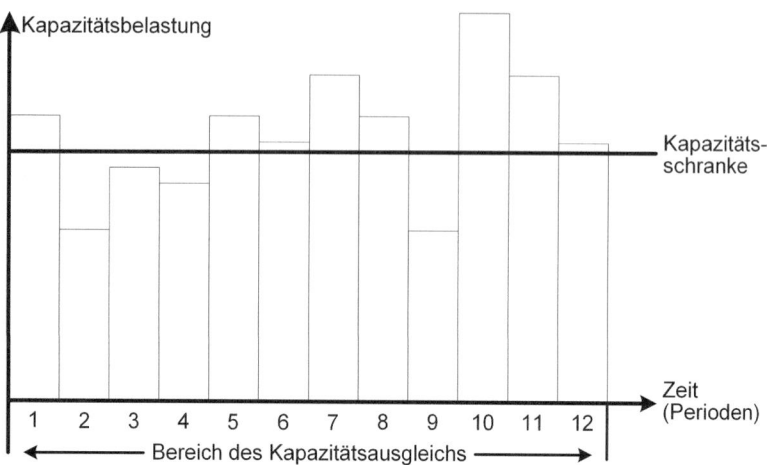

□ **Abb. 4.22**   Kapazitätsausgleich

- **Verfügbarkeitsprüfung**

Es wäre misslich, wenn der Computer den Start eines Betriebsauftrags in einer Fertigungsstätte auslöste, den diese nicht ausführen könnte, weil in der gleichen Periode eine Maschine zwecks Wartung stillgelegt ist, Fremdbezugsmaterial aufgrund von Verspätungen beim Lieferanten nicht rechtzeitig eintraf oder ein Programm zur Steuerung einer Maschine noch nicht geschrieben ist. Vielleicht hat auch das Personal mit der nötigen Qualifikation an dem betreffenden Tag Urlaub. Funktion der *Verfügbarkeitsprüfung* ist es daher, solche Produktionsaufträge auszusondern, für die irgendwelche Ressourcen fehlen.

- **Fertigungssteuerung**

Eine zentrale Aufgabe der *Fertigungssteuerung* besteht darin, eine Bearbeitungsreihenfolge der Aufträge an einem Arbeitsplatz zu finden, die bestimmte Ziele möglichst gut erfüllt. Solche Ziele können minimale Gesamtdurchlaufzeit der Lose, minimale Kapitalbindung, maximale Kapazitätsauslastung, minimale Umrüstkosten, maximale Terminsicherheit oder auch Einfachheit der Steuerungsverfahren sein. Da in den einzelnen Branchen, in verschiedenen strategischen Lagen oder in unterschiedlichen Konjunkturphasen das Gewicht der Ziele stark schwankt, ergeben sich sehr komplexe Steuerungsaufgaben.

Ansätze zur Steuerung kann man danach gliedern, ob das nächste an einer gerade frei- werdenden Maschine zu bearbeitende Los bestimmt werden soll oder ob es mehr darauf ankommt, anstehenden Produktionsaufträgen geeignete Betriebsmittel zuzuteilen, wenn mehrere zur Wahl stehen. Letzteres gilt z. B. in Walzwerken oder auch in der Papierindustrie, dort in Verbindung mit Qualitäts- oder Verschnittproblemen.

Durch Anwendung von *Prioritätsregeln* lassen sich die aktuellen Zielausprägungen verhältnismäßig gut berücksichtigen. Legt man ein rechnergestütztes Steuerungssystem z. B. so aus, dass es unter mehreren vor einem Engpass wartenden Losen zunächst jenes auswählt, das am besten zum aktuellen Rüstzustand des Betriebsmittels passt, so werden tendenziell die Umrüstkosten niedrig. Entscheidet man sich hingegen dafür, das Los zu priorisieren, welches das meiste Kapital bindet, so werden kapitalintensive Produkte rascher durch die Werkstatt geschleust und im Endeffekt wird die gesamte Kapitalbindung reduziert. Die automatische Kommunikation zwischen den Betriebsmitteln (Industrie 4.0, s. u.) könnte es in Zukunft gestatten, die Produktionssteuerung über Prioritätsregeln zu verfeinern (Mertens und Barbian 2023).

Wo wegen der skizzierten Komplexität eine weitgehend automatische Steuerung (noch) nicht möglich ist, werden oft Fertigungsleitstände eingesetzt, die personelle Dispositionen erleichtern. Mit geeigneten Benutzungsoberflächen zeigt das IT-System dem Leitstandpersonal die aktuelle Fertigungssituation (z. B. Kapazitätsauslastung von Engpässen, unbeschäftigte Maschinen, verspätete Aufträge, Sicherheitsbestände, nicht verfügbare Ressourcen) (s. o.).

Die Fertigungssteuerung gibt die für die Produktion notwendigen Dokumente (Laufkarten, Lohnscheine, Materialbelege, Qualitätsprüfscheine u. a.) aus. Es ist zweckmäßig, diese maschinell lesbar zu gestalten (z. B. indem sie einen Barcode tragen); dann können sie nach Rückkehr aus den Fertigungsstätten wieder in das IT-System eingelesen werden („*Rücklaufdatenträger*"). In vielen Unternehmen verzichtet man auf die Ausgabe solcher Dokumente; stattdessen erkennen die Arbeitskräfte auf ihren Bildschirmen, was sie wie wann herstellen sollen („*papierlose Fabrik*").

- ### Computergestützte Produktion/CAM

Der Begriff CAM (*Computer-aided Manufacturing*) umfasst nicht nur die IT-Unterstützung der physischen Produktion im engeren Sinne, sondern auch Systeme, welche einer Automatisierung der Funktionen Transportieren, Lagern, Prüfen und Verpacken dienen. Im CAM werden NC-Maschinen (*NC = Numerical Control*) verwaltet sowie Prozesse (z. B. in der Chemischen Industrie, *Roboter* (*RC = Robot Control*)) und verschiedenartige Transportsysteme gesteuert. Hinzu kommen die Verwaltung von Lagern, insbesondere von Pufferlagern in der Fertigung.

Es wird angestrebt, mit CAM den Materialfluss über mehrere Phasen zu begleiten (vgl. ◘ Abb. 4.23, s. auch Mertens 2012a, S. 164). Ein umfassendes CAM-System rüstet Betriebsmittel automatisch mit Werkzeugen, erfasst deren Stillstands- und Bearbeitungszeiten, erkennt verbrauchte oder defekte Werkzeuge und wechselt diese aus. Weiterhin werden die Werkstücke bzw. das Material ent-

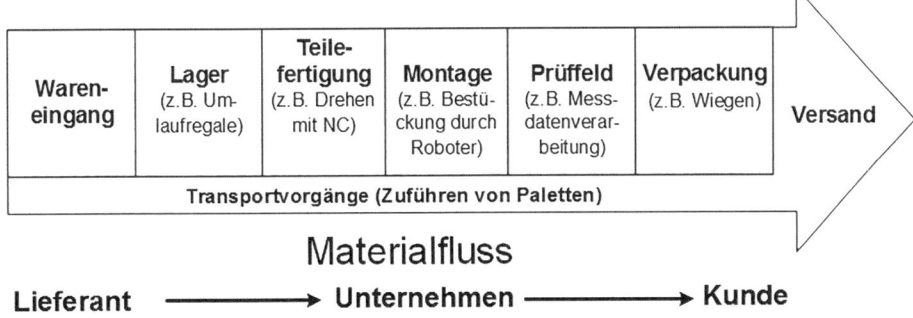

◘ **Abb. 4.23** CAM und Materialfluss

sprechend den Produktionsplänen den Lagern entnommen, den Betriebsmitteln in günstiger Reihenfolge zugeführt (z. B. so, dass möglichst wenig Rüstvorgänge erforderlich sind) und die physischen Parameter geregelt (z. B. das Setzen eines Schweißpunktes an einer bestimmten Position durch einen Roboter oder die Drehgeschwindigkeit eines Bohrers).

Darüber hinaus werden Fahrerlose Transportsysteme (FTS) dirigiert, das Fertigerzeugnis verpackt und für den Versand bereitgestellt.

CAM setzt häufig die Zusammenarbeit von verschiedensten Computern mit unterschiedlichen Spezialaufgaben voraus („vernetzte Fabrik"). Die Koordination obliegt oft einem Leitrechner bzw. einem Produktionsleitsystem, das aus mehreren vernetzten Computern bestehen kann. Ein *Leitsystem als CAM-Komponente* ist nicht mit einem *Leitstand* für den Kapazitätsausgleich (s. o.) identisch.

- **Industrie 4.0**

Die Revolutionen in der Geschichte der industriellen Produktion werden oft in die folgenden Abschnitte eingeteilt:

1. Mechanische Produktionsanlagen mit Hilfe von Dampf und Wasserkraft
2. Massenproduktion mit Hilfe elektrischer Energie
3. Weitere Automation mit Hilfe elektrischer Energie
4. Industrielle Produktion mit dem Merkmal: Produktion auf der Basis von cyber-physischen Systemen (Internet der Dinge), auch Industrie 4.0 genannt und mit I4.0 abgekürzt (Wahlster 2015). Charakteristisch ist ein Netzwerk von „Intelligenten Objekten". Solche Objekte sind Betriebsmittel (Werkzeugmaschinen, Roboter, Prüfvorrichtungen, Transportmittel einschließlich Aufzügen) sowie Kunden- und Betriebsaufträge.

Soweit Maschinen mit Maschinen kommunizieren, benutzt man auch die Kurzform M2M (Machine to Machine). Hardware-Voraussetzung ist, dass diese Betriebsmittel mit speziellen Computern, sogenannten eingebetteten Systemen (embedded systems) ausgestattet werden. Sie müssen über Rechenkapazität mit beträchtlichem Leistungs-Kosten-Verhältnis verfügen und stark vernetzt sein. Eine IT-Methode kann auf Software-Agenten basieren, d. h. hoch spezialisierten Programmen auf der Basis Künstlicher Intelligenz, etwa Expertensysteme (Dhiman et al. 2022, vgl. ► Abschn. 3.5.1). Diese tauschen nicht nur Informationen aus, z. B. über Terminverschiebungen, sondern *verhandeln* miteinander, unter anderem über die Prioritäten, welche zu fertigende Teile an Engpassmaschinen erhalten sollen. Diese Prioritäten mögen auch unter Berücksichtigung der Auslastung weiterer Betriebsmittel festgelegt sein, die gemäß Durchlaufterminierung (s. ► Abschn. 4.4.1.3) im Wertschöpfungsnetz folgen („Dezentrale Selbstorganisation"). Eine solche Heuristik ist der *Puffertausch*: Ein Betriebsauftrag B1 ist nicht terminkritisch und hat daher vor einer Maschine M1 einen größeren Zeitpuffer; einem anderen Betriebsauftrag B2 droht eine Verspätung auf der gleichartigen Maschine M2. B1 überlässt B2 den „Vortritt" auf M1 und wechselt in die Warteschlange vor M2. Alternativ sind auch Auktionen denkbar, beispielsweise wenn mehrere Kundenaufträge um knappe Kapazitäten vor Engpässen konkurrieren. Generell könnten Kombinationen aus Agentensystemen und Prioritätsregelsteuerung zur Methode der Wahl in der Fertigung der Zukunft werden (Mertens und Barbian 2023).

Umfassende Simulationen haben zu dem Ergebnis geführt, dass solche mehr dezentrale Methoden Vorteile haben, wenn nur wenige Engpässe zu überwinden sind, weil man die Kapazitätsquerschnitte weit dimensioniert hat. Gilt es hingegen, mit knappen Kapazitäten auszukommen, so erbringt eine zentrale Steuerung die besseren Resultate (Weigelt 1994).

Bisher wird I4.0 fast ausschließlich auf den Produktionssektor im engeren Sinn bezogen. Das Konzept kann aber längerfristig auch auf weitere Funktionsbereiche des Industriebetriebs ausgedehnt werden. Beispiele sind von Maschinen in der Produktion ausgehende Signale an die *Instandhaltungsplanung* bzw. das *Anlagenmanagement*. So könnte automatisch eine Instandhaltungsmaßnahme vorgezogen werden, wenn sich die Störungen häufen, oder der Einkauf beauftragt werden, Ersatzteile zu bevorraten. An den Produktionsaggregaten gemessene Werte (Ausschuss, Verschnitt, Energieverbrauch, CO_2-Ausstoß) müssen in die obligatorische *Nachhaltigkeitsberichterstattung* einfließen (s. ▶ Abschn. 2.2.5.2).

In der Theorie angedacht und in Einzelfällen bereits realisiert ist die Übertragung von I4.0-Elementen in die Logistik (Logistik 4.0). Dies könnte bedeuten, dass per zwischenbetrieblicher Kommunikation zwischen Maschinen und Betriebsaufträgen über die Unternehmensgrenzen hinweg z. B. abgeprüft wird, ob ein Lieferant noch freie Bestände hat, die bei Engpasssituationen im Kundenbetrieb herangezogen werden. Ein verspätetes Frachtschiff mit einer Sendung Speicherchips an Bord könnte seine Position automatisch an die Beschaffungssysteme der Adressaten übertragen, die auf einem Leitstand darstellen, ob und ggf. welche Auswirkungen die sich abzeichnende verspätete Ankunft auf die Kunden- und Betriebsaufträge haben würde bzw. wird. Zudem wäre der Verwaltung der Häfen, in denen Zwischenaufenthalte geplant sind, zu signalisieren, dass die Reservierung eines Abladekais zu ändern ist (Kröner 2022). Mit derartigen Vernetzungen nehmen freilich durch Offenlegung von Bestandteilen der Netze auch sog. Digitalisierungsrisiken, z. B. Datendiebstahl, zu (O.V. 2022).

Wenn eine Maschine nicht gekauft, sondern gemietet wurde und die Miete von der Nutzung abhängig ist („Pay per use"), überträgt der zuständige Softwareagent die Laufzeitdaten zur Kreditorenbuchhaltung des Vermieters.

Die Realisierung von I4.0 und von ähnlichen stark automatischen Lösungen ist eine Herausforderung und dürfte viel Zeit kosten. Als Fehlschlag entpuppte sich der frühe Versuch „Halle 54" der Volkswagen AG. Diese sollte der Prototyp einer „vollautomatisierten Fabrik" werden. Sie wurde im Zuge der Neuentwicklung des Modells Golf II realisiert. Im Fokus stand die Endmontage mit Robotern. Nach der Inbetriebnahme 1982 konnten die Ziele nicht erreicht werden, sodass man den Automationsgrad verringerte. Gründe waren u. a. der hohe *Instandhaltungsaufwand* und *Motivationsprobleme*, die zu einem überdurchschnittlichen Krankenstand führten. Auch ähnliche Experimente anderer Automobilhersteller enttäuschten.

Qualitätssicherung/CAQ

Die Sicherung der Produktionsqualität wird häufig mit dem Begriff *Computer-aided Quality Assurance* (CAQ) umschrieben. In einem weiteren Verständnis umfasst CAQ zudem die Steuerung der Produktqualität im Entwurfsstadium, die Güteprüfung im Wareneingang, die Wartung oder Reparatur der ausgelieferten Geräte oder Maschinen beim Kunden und die Bearbeitung von Reklamationen. Dadurch nähert man sich dem „*Total Quality Management*" (TQM).

In modernen Lösungen veranlasst ein AS individuelle Prüfungen (z. B. elektrische Messungen, Oberflächenprüfungen, physikalisch-chemische oder mikrobiologische Untersuchungen). Wenn nicht durchgehend alle Produkte geprüft werden, sondern das IT-System Auflagen aufgrund von Stichproben erteilt, erreicht man neben einer Rationalisierung auch den u. U. wünschenswerten Überraschungseffekt, z. B. falls die Gefahr besteht, dass Arbeitskräften Flüchtigkeitsfehler unterlaufen.

Betriebsdatenerfassung

Bei der *Betriebsdatenerfassung* (BDE) werden aus der Fertigung zurückkehrende Meldungen (z. B. Zeit-, Mengen-, Lohn-, Materialentnahme-, Qualitätskontrolldaten) in das System eingelesen und bei den Vormerkdaten der veranlassten Produktionsaufträge gebucht. Die Herausforderung bei der Weiterentwicklung der BDE-Systeme liegt zum einen darin, möglichst viele Daten automatisch zu erfassen, z. B. über RFID von Fertigungsaggregaten, Transportgeräten oder Prüfautomaten (*Maschinendatenerfassung*, MDE) oder unmittelbar aus einem Prozess (*Prozessdatenerfassung*, PDE). So ist es beispielsweise möglich, die Menge des in einem pharmazeutischen Unternehmen hergestellten Granulats an einer mit dem Rechner gekoppelten Wiegestation festzustellen.

Zum anderen ist es wichtig, die – gerade bei MDE und PDE – große Flut der eintreffenden Daten weitgehend automatisch auf Richtigkeit und Plausibilität zu prüfen, denn ähnlich wie die Auftragserfassung ist auch die BDE ein wichtiger Eingangspunkt in die integrierte IT, sodass Irrtümer bei der Erfassung leicht zahlreiche Folgefehler auslösen.

Produktionsfortschrittskontrolle

Das AS *Produktionsfortschrittskontrolle* nutzt die BDE-/MDE-/PDE-Daten, um den Fertigungsfortschritt zu erkennen. Drohen Terminversäumnisse, so gibt es Mahnungen aus.

Eine mögliche Weiterentwicklung könnte darin bestehen, dass das IT-System nicht nur die Tatsache meldet, z. B. in einem Kontrollsystem (vgl. ▶ Abschn. 4.6.3), dass ein Betriebs- oder ein Kundenauftrag verspätet ist, sondern auch die zugehörigen Teilprozesse, etwa die Montage der Komponenten, und detaillierte Ursachen aufführt. Das können zum Beispiel Wiederholungen von Aktivitäten sein, weil das Ergebnis einen Mangel hatte, vorübergehender Stromausfall, Brüche eines Werkzeugs, Änderungen des Kundenwunsches „in letzter Minute". (Hill und Berry 2021). Diese Ursachen lassen sich dann auch maschinell nach einem Typ sortieren, sodass z. B. getrennte Statistiken über sich häufende Störungen an bestimmten Werkzeugmaschinen generiert werden, die das Eingreifen der Betriebsleitung fordern. Sollen in diesem Zusammenhang auch sich häufende Kombinationen von Ursachen aufgedeckt werden, so liegt es nahe, Versuche mit Künstlicher Intelligenz zu machen.

4.4.1.4 **Manufacturing Execution Systems – MES**

In Literatur und Praxis zur IT des Produktionssektors ist oft der Begriff *Manufacturing Execution System* (MES) zu finden. Allgemein bezeichnet er alle Funktionen und Prozesse zur *Realisierung* bzw. *Durchsetzung* der Produktionsplanung. In leider sehr uneinheitlicher Weise wird MES als Kombination von Fertigungssteuerung bzw. Produktionssteuerung bzw. Werkstattsteuerung, CAM, CAQ sowie BDE/MDE/ PDE aufgefasst.

4.4.1.5 Integration von betriebswirtschaftlichen, informatischen und technischen Funktionen CIM

In stark integrierten und hoch automatisierten Industriebetrieben stehen betriebswirtschaftliche, informatische und technische Einflussgrößen in so enger Wechselwirkung, dass eine Trennung nur schwer möglich wäre. Somit liegt eine typische Aufgabe der Wirtschaftsinformatik vor.

Beispiele für solche Interdependenzen sind:

1. Aufbereitung der Kundenaufträge (Vertrieb) für technische Zwecke, etwa Auswahl von Werkstoffen (Technik)
2. Kostenkalkulation (Betriebswirtschaft) von Konstruktionsalternativen (Technik)
3. Einstellung der Parameter von Prioritätsregeln in der Fertigungssteuerung (s. ► Abschn. 4.4.1.3), z. B. des Gewichts der Rüstzeit an einer Werkzeugmaschine (Technik) und der Einhaltung des mit dem Kunden vereinbarten Auslieferungstermins (Betriebswirtschaft)
4. Frühzeitige Warnung, dass Daten aus der Betriebsdatenerfassung (Technik) die pünktliche Auslieferung des Enderzeugnisses gefährden (Betriebswirtschaft).

Die Entscheidungen, welche Parameter überhaupt in den IT-Systemen vorgesehen werden sollen und welche Verantwortlichen im Anwenderbetrieb unter welchen Bedingungen welche Einstellungen vornehmen dürfen, setzen wegen der Wechselwirkungen zwischen betriebswirtschaftlichen, informationstechnischen und ingenieurtechnischen Sachverhalten tiefes und gleichzeitig breites Wissen der Wirtschaftsinformatiker voraus (Dittrich et al. 2009). Die Bewältigung dieser Komplexität ist abhängig von Branchen und Marktkonstellationen; beispielsweise wird das Unternehmen in Phasen der Unterauslastung unbedingt vermeiden wollen, dass Kunden enttäuscht werden, während in der Hochkonjunktur die maximale Kapazitätsauslastung der Fertigungsaggregate höhere Priorität erhält. Derartige Entscheidungen fallen teilweise auch in das Aufgabengebiet der Wirtschaftsinformatik. Für diese Funktion wird auch der Begriff CIM (Computer-integrated Manufacturing) gebraucht. Scheer hat zur Veranschaulichung ein „X" benutzt (Scheer 2020), das wir hier in einer modifizierten, an die Darstellung des Bereichs Produktion in diesem Buch angepassten Version zeigen (◘ Abb. 4.24).

Der „betriebswirtschaftliche Strang" beginnt mit der Primärbedarfsplanung und endet mit Versand und Rechnungswesen. Er beinhaltet im Wesentlichen die Auftragsabwicklung. Der „technische Strang" enthält die sog. C-Systeme wie CAD/CAE, CAM, CAP und CAQ (s. ► Abschn. 4.4.1.2 und 4.4.1.3), also den Produktentwicklungs- bzw. Produktausreifungsprozess.

Im Kreuzungspunkt der Balken lassen sich die betriebswirtschaftlichen und technischen Sachverhalte kaum trennen. An dieser Stelle könnten in Zukunft Methoden der Kategorie Industrie 4.0 eine wichtige Rolle spielen.

Charakteristisch sind vielfältige Vernetzungen zwischen den Strängen, z. B.:

1. Übergabe der Kundenspezifikationen aus der Auftragserfassung an den Konstruktionsarbeitsplatz (CAD)
2. Grobkalkulation von Entwurfsalternativen
3. Übergabe von Steuerungsprogrammen (NC-Programme) aus der computergestützten Arbeitsplanung in die Fertigungssteuerung.

4

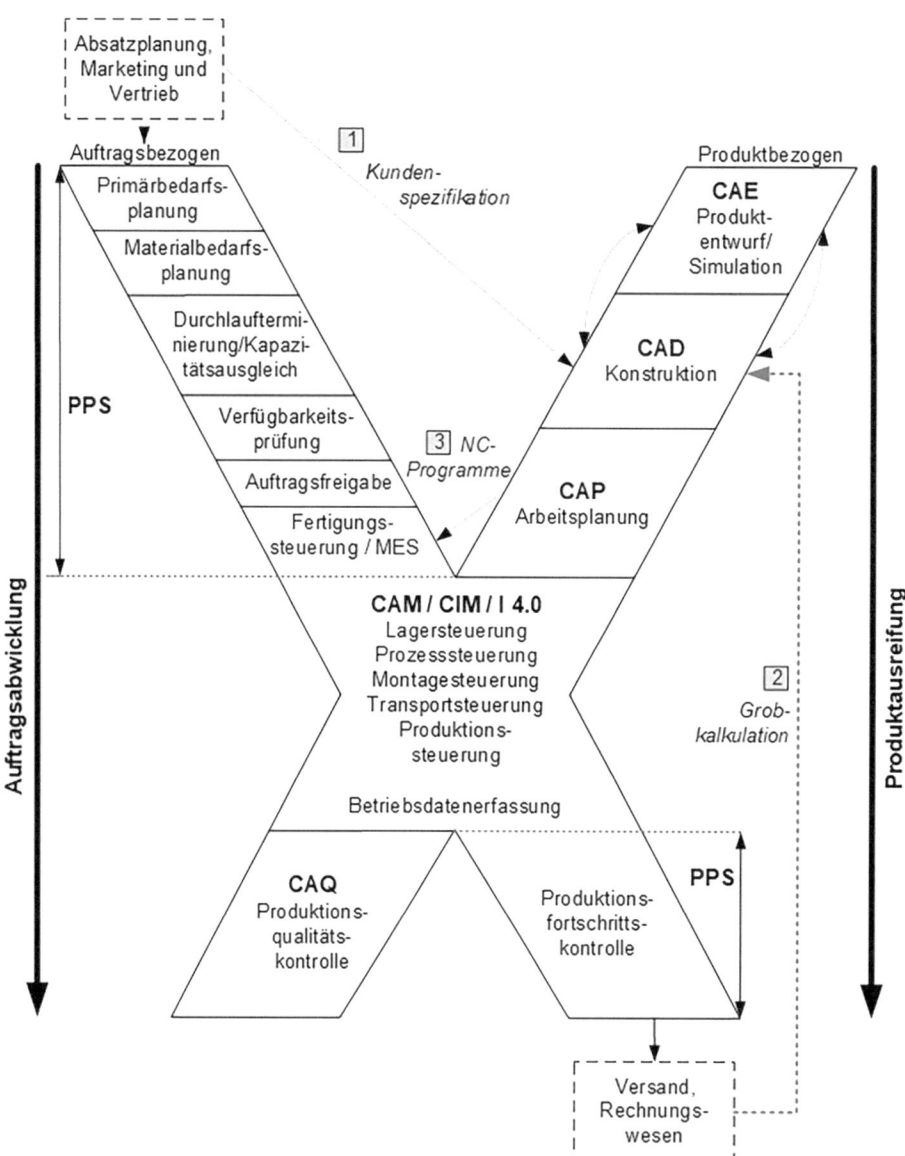

○ **Abb. 4.24**   Zusammenwirken betriebswirtschaftlicher und technischer Teilsysteme

Die ○ Abb. 4.24 gilt in erster Linie für Betriebe, etwa im Maschinenbau, in denen vom Kunden individuell und oft mit gewissen Varianten bestellte Erzeugnisse in Werkstattfertigung produziert werden. Für Industrieunternehmen, die vorwiegend ausgesprochene Massenprodukte für einen „anonymen" Markt erzeugen, wie z. B. Waschmittel, oder auch für Einzelfertiger müssten andere Anordnungen der Bausteine gewählt werden. In Industrie 4.0-Konzepten ist diese Verflechtung aufgrund der Kommunikationsmechanismen der verschiedenen Objekte noch enger.

4.4.1.6 **Lagerhaltung**

■ **Materialbewertung**

Das AS entnimmt den Materialstammdaten Bewertungsansätze, wie z. B. bei Fremd-bezugsmaterial die Preise aus der Lieferantenrechnung oder bei Eigenfertigung die neuesten Kosten aus der Nachkalkulation. Gegebenenfalls kommt auch eine einfache Bewertungsrechnung, wie z. B. mit geglätteten Durchschnitten (bei jedem Zugang wird der neue Durchschnittspreis ermittelt), infrage.

■ **Bestelldisposition**

Bei der *Bestelldisposition* handelt es sich im Prinzip um eine „Abprogrammierung" der geometrischen Darstellung von ◘ Abb. 4.25. Als Erstes bestimmt das System für jedes Teil den *Sicherheitsbestand* e („eiserne Reserve"). Das geschieht z. B., indem der Unternehmer die Zahl der Tage t_e festlegt, die er auch dann noch lieferbereit sein möchte, wenn als Folge einer Störung (z. B. durch einen Streik-bedingten Riss in einem Wertschöpfungsnetz) der Nachschub ausbleibt. Das AS multipliziert t_e mit dem von ihm selbst beobachteten durchschnittlichen täglichen Lagerabgang und gelangt so zu e. In verfeinerten Versionen wird e mithilfe statistischer Methoden vergrößert, wenn die Lagerabgangsprognose mit großen Unsicherheiten behaftet ist (große Differenzen zwischen Prognose und Ist-Zustand, die das System selbst registriert).

Das Bestelldispositionsprogramm findet den Schnittpunkt L (Wunschliefertermin) der Lagerabgangslinie mit der Parallelen zur x-Achse, die den Sicherheitsbestand markiert, und geht von diesem Punkt um die Wiederbeschaffungszeit t_w nach links. Damit wird der Bestelltermin T_B bestimmt. Dies ist der Zeitpunkt, zu

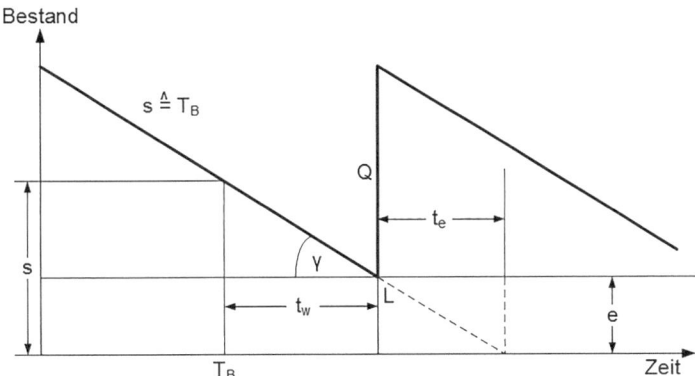

e = Sicherheitsbestand (Mindestbestand, eiserne Reserve)
t_e = Sicherheitszeit zur Abdeckung von Prognoseabweichungen und anderen Unsicherheiten
t_w = Wiederbeschaffungszeit
T_B = Bestelltermin
s = mengenmäßige Bestellgrenze (Meldebestand)
Q = Losgröße
γ = Winkel, der die Geschwindigkeit der Lagerentnahmen wiedergibt

◘ **Abb. 4.25** Ermittlung von Bestellzeitpunkt und -menge

4

dem bestellt werden muss, damit nach Ablauf der Wiederbeschaffungszeit die georderten Teile rechtzeitig eintreffen. Dem Abszissenwert T_B entspricht der Ordinatenwert s. Dies ist der Meldebestand.

Im nächsten Schritt wird eine günstige Bestellmenge Q ermittelt. Wenn das Teil von der eigenen Fertigung bezogen wird, ist die Bestellung bei einem Enderzeugnis an das AS Primärbedarfsplanung (s. ▶ Abschn. 4.4.1.3) zu transferieren. Bei einem Zwischenprodukt oder Einzelteil gehen die Transferdaten an das AS Materialbedarfsplanung (s. ▶ Abschn. 4.4.1.3). Handelt es sich dagegen um Fremdbezug, so gibt die Materialdisposition die Daten an das Einkaufssystem weiter.

Für die Vorhersage von Lagerabgängen unterscheidet man zwischen Programm- und Bedarfssteuerung. Bei der *programmgesteuerten* Ermittlung errechnet sich der Bedarf an Baugruppen und Teilen in Abhängigkeit von dem geplanten Absatz- und Produktionsprogramm. Bei der *bedarfsgesteuerten* Vorhersage beobachtet das IT-System den Lagerabgang und zieht daraus Schlüsse für den künftigen Bedarf.

Kern des Verfahrens ist in vielen Unternehmen das Exponentielle Glätten erster Ordnung nach der Formel (vgl. Schröder 2012):

$$\bar{M}_i = \bar{M}_{i-1} + \alpha \left(M_{i-1} - \bar{M}_{i-1} \right)$$

Darin bedeuten:

$\bar{M}_i$ – Vorhergesagter Bedarf für die Periode i

$\bar{M}_{i-1}$ – Vorhergesagter Bedarf für die Periode i−1

M_{i-1} – Tatsächlicher Bedarf in der Periode i−1

α – Glättungsparameter ($0 \leq \alpha \leq 1$)

Der Bedarf für Periode i wird geschätzt, indem man den Vorhersagewert für die Periode i−1 um einen Bruchteil α des dabei aufgetretenen Vorhersagefehlers korrigiert. Die Größe von α bestimmt, wie sensibel der Prognoseprozess auf die jüngsten Beobachtungen reagiert. Je kleiner α gesetzt wird, desto stärker werden die Vorhersagewerte der Vergangenheit berücksichtigt. An der Formel erkennt man diese Wirkung z. B., wenn man α so klein wie möglich macht, also null setzt: Nun nimmt das System den alten Prognosewert auch als neue Vorhersage, d. h. die letzte Beobachtung M_{i-1} spielt überhaupt keine Rolle. Für kompliziertere Bedarfsverläufe (ausgeprägter Trend, Saisonabhängigkeiten, Überlagerung von Trend und Saison oder Bedarfsstöße durch Verkaufsaktionen) muss das Exponentielle Glätten erweitert werden (Mertens und Rässler 2012).

■ **Lagerbestandsführung**

Die *maschinelle Lagerbestandsführung* ist im Prinzip sehr einfach. Sie folgt der Formel

Neuer Lagerbestand = Alter Lagerbestand + Zugänge − Abgänge

Jedoch stellen sich leicht Komplikationen ein, z. B.:

▬ Neben den „bürokratisch", d. h. mithilfe von Entnahme- und Ablieferungsmeldungen, verwalteten Lagern gibt es Werkstattbestände, bei denen nicht jede Veränderung durch eine Buchung begleitet wird.

▬ Es sind Reservierungen zu berücksichtigen, also Teile, die zwar physisch noch am Lager sind, über die aber bereits verfügt wurde, sodass sie nur für einen bestimmten Zweck ausgelagert werden dürfen.

■ **Inventur**

Am Beispiel der *Inventur* lässt sich studieren, wie das AS von sich aus personelle Vorgänge veranlasst („triggert") und damit zur Ordnung im Betrieb (Übereinstimmung von „Buchbeständen" im IT-System und tatsächlichen Beständen) wesentlich beiträgt. Zu den Inventuranlässen, die das AS selbst feststellen kann, gehören (Mertens 2012a):

— Unterschreitung einer Bestandsgrenze (es empfiehlt sich, die Inventur vorzunehmen, wenn wenig Teile am Lager sind, weil dann der Zählaufwand gering ist)

— Entstehung von Buchbeständen unter null

— Bei einer Teileart fand eine bestimmte Anzahl von Bewegungen statt (damit ist eine gewisse Wahrscheinlichkeit gegeben, dass sich bei der Verbuchung ein Fehler eingeschlichen hat)

— Steuerung über vom Rechner generierte Zufallszahlen (bei Diebstahlgefahr wird so der Überraschungseffekt gewährleistet)

— Auslösung zu bestimmten Stichtagen

Die Inventur geschieht entweder durch vollständige Zählung oder durch Stichproben. Bei der *Stichprobeninventur* ist es Aufgabe des IT-Systems, mithilfe von Methoden der mathematischen Statistik einen geeigneten *Stichprobenumfang* zu ermitteln und die Zählergebnisse hochzurechnen.

■ **Unterstützung der Abläufe im Lager**

Durch Verbindungvonbetriebswirtschaftlicher mit technischer IT (Prozesssteuerung) ergeben sich viele Möglichkeiten einer effizienten Lagerverwaltung. Dazu gehören:

— IT-Systeme verwalten *Hochregallager*: Paletten werden in horizontaler und vertikaler Bewegung automatisch an freie Lagerpositionen transportiert. Physisch sind die einzelnen Paletten nicht nach einer bestimmten Ordnung sortiert (sog. Random- oder chaotische Lagerung). Dadurch, dass im System ein Abbild des Lagers gespeichert ist, kann das System aber jederzeit auszulagernde Positionen auffinden.

— Bei der Lagerentnahme werden die zu einer *Kommission* (Bestell- bzw. Versandvorgang) gehörenden Positionen (teil-)automatisch von ihrem Lagerplatz geholt, sortiert und an den Packplatz transportiert.

— Bei personellen Auslager- und Kommissioniertätigkeiten scannt man die entnommenen Artikel mit Barcodelesern. Als Variante kann man auch die Lageristen mit *Datenbrillen* ausstatten, über die sie Kommissionierinformationen erhalten und die Produktidentifikation vornehmen (Scharrenbrock 2016).

Praktisches Beispiel

Bei der polnischen Tochtergesellschaft der AVON Cosmetics GmbH, die auch die Aufträge aus Deutschland und Frankreich verpackt, werden die flach liegenden Kartonzuschnitte in Karton-Aufstellmaschinen automatisch geformt und mit Heißleim verklebt. Der ebenfalls automatisch am Karton aufgebrachte Balkencode wird am „Orderstart" gescannt und automatisch mit dem Balkencode der Kunden-Auftragspapiere „verheiratet". Mithilfe von Laser-Scannern und der entsprechenden Steuerung fördert das System jeden Auftragskarton individuell in die benötigten

Kommissionier-Bereiche. Die Kommissioniererinnen erhalten an ihrem Computer-Bildschirm eine grafische Darstellung, die ihnen zeigt, zu welchem Regalfach sie sich wenden müssen. Diejenigen Fächer, aus denen für den Auftrag Ware zu entnehmen ist, werden innen beleuchtet, und an einer Digitalanzeige sieht das Einsammelpersonal, wie viele Einheiten (z. B. Lippenstifte, Tuben) zu „picken" und in den Karton zu legen sind. Nach der Entnahme aller benötigten Artikel in einer Einsammelstation genügt ein Tastendruck, um den Arbeitsgang als beendet zu melden. Der Karton wird dann automatisch zum nächsten benötigten Platz transportiert. Während des Kartontransports wird bereits der Bedarf für den nächsten Karton angezeigt und von der Pickerin eingesammelt. Die Auftragsdaten überträgt das System an den Zentral-Computer für die einzelnen AVON-Niederlassungen und an die Paketdienste und Spediteure. Diese können so den Versand disponieren und andererseits die Sendungen über das Internet verfolgen (Haberl 1996, Guist 2011).

4.4.2 Besonderheiten von Anwendungssystemen in Dienstleistungsunternehmen

Im Dienstleistungsbereich, oft auch als tertiärer Wirtschaftssektor bezeichnet, sind mehr als zwei Drittel aller Erwerbstätigen in Deutschland beschäftigt – mit wachsender Bedeutung für das Sozialprodukt. Typische Unternehmen sind Banken, Versicherungen, Handels-, Transport-, Verkehrs-, Touristik-, Medien- und Beratungsunternehmen. Weiterhin rechnet man das Gaststätten- und Beherbergungsgewerbe, die freien Berufe, die Unterhaltungs- und Freizeitbranche, das Bildungs- und Gesundheitswesen, die öffentliche Verwaltung sowie bestimmte Formen des Handwerks zu diesem Sektor.

Zur allgemeinen Charakterisierung von Dienstleistungsunternehmen und zur Abgrenzung gegenüber Industrieunternehmen sind zwei zentrale Merkmale zu nennen:

1. Der Hauptbestandteil des Outputs, d. h. der für den Absatz erzeugten Leistung, ist *immateriell.* Die Wertschöpfung wird überwiegend durch immaterielle Produktionsergebnisse bestimmt.
2. Beim Produktionsprozess muss ein sog. *externer* Faktor mitwirken. Dies ist meist der Kunde selbst oder ein Objekt aus seinem Besitz, d. h. es besteht ein enger Kontakt zwischen Dienstleister und Kunde.

Bedingt durch die Immaterialität der eigentlichen Dienstleistung treten Fragen, wie der Kunde Zugang zum Angebot erhält und es direkt nutzen kann, an die Stelle von Lagerhaltungs- und Transportproblemen. Als Produktionsfaktoren stehen neben menschlicher Arbeitsleistung und Betriebsmitteln, wie z. B. Gebäude und Computer, Daten und Informationen als immaterieller „Werkstoff" im Vordergrund. Während es bei der industriellen Fertigung um die Planung und Steuerung von Materialflüssen geht, besteht die Erzeugung von Dienstleistungsprodukten oft aus der Beschaffung, Verknüpfung, Bearbeitung und Weiterleitung von Information und Dokumenten, die als Informationsträger dienen. Die primär wertschöpfenden Prozesse finden somit im Büro oder im Homeoffice statt, d. h. „am Schreibtisch" der Mitarbeiter. Man spricht hier auch vom „Back Office". Zum anderen geschieht die Wertschöpfung direkt „an der Kundenschnittstelle", d. h. in Interaktion mit den Kunden oder bei der Behandlung eines Kundenobjekts. Entsprechend findet man an dieser Stelle die Bezeichnung „Front Office".

Der immaterielle Charakter von Dienstleistungen sowie die notwendige Integration eines externen Faktors beeinflussen ganz wesentlich die Gestaltung der IT-Architekturen zur Unterstützung der Dienstleistungserbringung. Diese erfolgt durch eine Kombination von Aktivitäten im *Back Office* und *Front Office*. Während im Back Office ohne direkten Kundenkontakt Dienstleistungsprozesse entweder automatisiert oder von Mitarbeitern durchgeführt werden, erfolgt im Front Office die Integration des Kunden, der die Dienstleistung im Rahmen einer wirtschaftlichen Transaktion bezieht (s. ▶ Abschn. 4.2 und 4.3). Ist die immaterielle Leistung digitalisierbar, z. B. bei Finanzdienstleistungen (s. ▶ Abschn. 4.4.3) oder in der Medienbranche (s. ▶ Abschn. 4.4.5), so lassen sich wesentliche Prozesse im Back Office automatisieren.

Eine entsprechende Automatisierung der Abläufe im Front Office geschieht durch die Einführung von sog. Selbstbedienungs(„*Self-Service*")-*Systemen*. Hier interagiert der Kunde mit einem IT-System des Dienstleistungsunternehmens. Dies unterscheidet Self-Service-Systeme von einer bloßen Selbstbedienung im Handel oder von do-it-yourself-tätigkeiten. Mithilfe von IT-Systemen übernimmt der Kunde aktiv Aufgaben im Dienstleistungsprozess, die möglicherweise auch vom Dienstleister selbst durchgeführt werden könnten. Hierzu muss er eine gewisse Steuerungskompetenz besitzen, da der Anbieter ihm keine Weisung, z. B. bezüglich des Zeitpunkts für seine Aktivität, geben kann. Beim Dienstleister verbleiben die grundsätzliche Prozessorganisation, der Aufbau der Leistungsbereitschaft und die Bereitstellung (teil-)automatisierter Leistungsdurchführungsmodule.

◙ Abb. 4.26 zeigt die grobe Architektur eines *Self-Service-Systems*. Der Kunde verschafft sich zunächst einen Zugang zum IT-System des Leistungsanbieters, indem er z. B. mit seinem Arbeitsplatzrechner oder heimischen PC über das Internet eine

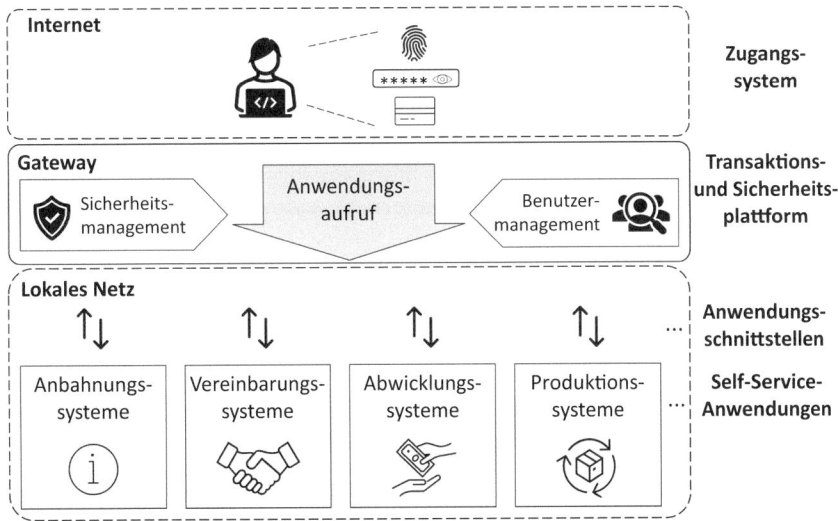

◙ **Abb. 4.26** Architektur eines Self-Service-Systems

Verbindung herstellt. Eine wichtige Aufgabe des Zugangssystems ist die Überprüfung der Authentizität des Kunden. Dies kann durch Kennnummern und Passwörter, mittels Chipkarten oder mithilfe biometrischer Erkennungssysteme ge-
schehen.

Eine *Transaktions- und Sicherheitsplattform* fungiert als Gateway zu den Self-
Service-Anwendungen, um eine sichere, schnelle und ordnungsgemäße Abwicklung
zu gewährleisten. Sie stellt die Verbindung zwischen dem unternehmensinternen
Netzwerk, in das die AS eingebunden sind, und dem Internet, über das die Anwender
zugreifen, dar. Sie übernimmt die Zugangs- und Zugriffskontrolle für verschiedene
Benutzer bzw. Benutzergruppen.

Neben dem *Zugangssystem* und der Sicherheitsplattform sind Anwendungssysteme der Kern einer Selbstbedienungs-Architektur. Sie ermöglichen einen vom
Kunden gesteuerten Abruf von Dienstleistungsfunktionen. Es lassen sich verschiedene Grade einer Self-Service-Unterstützung unterscheiden. So kann der
Funktionsaufruf z. B. dazu führen, dass ein Mitarbeiter einen Arbeitsauftrag erhält
und diesen elektronisch erledigt, indem er über E-Mail mit dem Kunden kommuni-
ziert. Hier würde die Transaktions- und Sicherheitsplattform evtl. die Verbindung zu
einem WMS (s. ▶ Abschn. 4.2.2) herstellen. Bei einer hoch automatisierten Lösung
wird die Dienstleistung von einem Computersystem erbracht, das über eine An-
wendungsschnittstelle (z. B. Durchführung einer Überweisung im Homebanking)
angesprochen wird und direkt mit dem Kunden interagiert.

Die verschiedenen *Self-Service-Anwendungen*, die vom Kunden genutzt werden,
lassen sich u. a. danach einteilen, in welcher Transaktionsphase der Kunde gewünschte Dienste abruft. So unterscheidet man Anbahnungs-, Vereinbarungs- und
Abwicklungssysteme (s. ▶ Abschn. 4.3.2). Bei IT-Anwendungen, die im Back Office
ohne direkte Interaktion mit dem Kunden Dienstleistungsfunktionen erbringen,
wird auch von *Produktionssystemen* gesprochen. In den folgenden Abschnitten werden derartige Systeme an Beispielen aus dem Finanz-, Gesundheits- und Medienbereich vorgestellt.

4.4.3 Anwendungssysteme in der Finanzwirtschaft

In der Finanzwirtschaft kommen verschiedene Anwendungssysteme zum Einsatz,
welche das Angebot und die Abwicklung unterschiedlicher Dienstleistungen technisch abbilden. Dabei werden bei den verschiedenen Akteuren (z. B. Banken, Börsen,
Versicherungen und andere Finanzdienstleister) auf ihre Geschäftätigkeit zugeschnittene Systeme herangezogen. Diese umfassen insbesondere Kernbankensysteme (s. ▶ Abschn. 4.4.3.1), Zahlungsverkehrssysteme (s. ▶ Abschn. 4.4.3.2),
Elektronische Handelssysteme (s. ▶ Abschn. 4.4.3.3) und Marktdatensysteme (s.
▶ Abschn. 4.4.3.4).

4.4.3.1 Kernbankensysteme

Kernbankensysteme stellen Anwendungssysteme dar, die eine Integration von Daten,
Funktionen und Prozessen zur Unterstützung der Geschäftätigkeit von Banken
unterstützen. Im Zentrum stehen dabei insbesondere das Anlage- und Finanzierungsgeschäft und der Zahlungsverkehr. Im Drei-Säulen-Modell des deutschen Bank-

wesens, das Privatbanken, die öffentlich-rechtlichen Kreditinstitute und die Genossenschaftsbanken umfasst, hat sich eine Vielfalt unterschiedlicher Standard- oder Individual-Softwaresysteme entwickelt. Während große und international tätige Privatbanken aufgrund ihrer komplexen Tätigkeitsfelder und historisch gewachsenen IT-Infrastrukturen bis heute selbst entwickelte Kernbankensysteme betreiben, kaufen kleinere und mittelgroße Privatbanken ihre Kernbanksysteme zumeist von externen IT-Dienstleistern zu. Die öffentlich-rechtlichen Kreditinstitute (z. B. Sparkassen) und die Genossenschaftsbanken (z. B. Volksbanken) nutzen überwiegend Kernbankensysteme, die von einem verbundinternen IT-Dienstleister (Finanz Informatik bzw. Atruvia) entwickelt werden. Dabei bieten neuere Systeme, die auch als Cloud-basierte Kernbankensysteme betrieben werden, bessere Skalierbarkeit, Echtzeitverarbeitung von Transaktionen sowie einen vereinfachten Zugriff über standardisierte Schnittstellen.

Kernbankensysteme leisten einen durchgängigen Informationsfluss entlang der zu unterstützenden Prozesse und übergreifend über verschiedene integrierte Funktionen. So bilden sie die zentralen Prozesse des Zahlungsverkehrs, des Finanzierungsgeschäfts sowie des Anlagegeschäfts ab. Prozessintegration wird darüber hinaus zwischen der Bank und ihren Privat- und Geschäftskunden über unterschiedliche Kanäle per Anbindung mittels Schnittstellen realisiert. Ebenso sind zentrale Funktionen wie das CRM oder das Risikomanagement integriert. Neben der Vermeidung von Redundanz eröffnet die zentralisierte Datenhaltung neue Möglichkeiten der Datenanalyse. Externe Systeme wie die beispielsweise von Börsen betriebenen elektronischen Handelssysteme sind zur Weiterleitung von Handelsaufträgen mittels Schnittstellen an das System angebunden. ◖ Abb. 4.27 illustriert den typischen Aufbau von Kernbankensystemen.

- **Bargeldloser Zahlungsverkehr**

Das von Banken oder anderen Zahlungsdienstleistern angebotene Produkt *bargeldloser Zahlungsverkehr* wird in der Abwicklungsphase nahezu aller Dienstleistungen und Warenkäufe sowohl von Privatkunden wie auch von Unternehmen in Anspruch genommen.

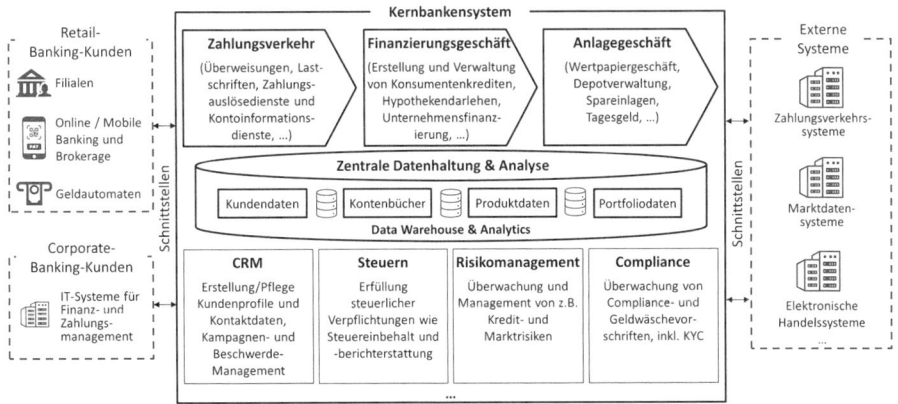

◖ **Abb. 4.27**   Aufbau von Kernbankensystemen

4

Im Privatkundensegment erfordert die bargeldlose Zahlung von Waren und Dienstleistungen in Geschäften das Vorhandensein einer, einem Girokonto zugeordneten Girocard, beziehungsweise einer Kreditkarte mit oder ohne (Debitkarte) Kreditrahmen. Alternativ kann z. B. bei Kauf auf Rechnung per Überweisung eine festzulegende Geldsumme von einem Girokonto auf ein anderes übertragen werden. Beleggebundene Zahlungsaufträge, die per Überweisungsformular von Kunden bei der Bank eingereicht und per OCR-Belegleser digitalisiert werden müssen, haben in den letzten Jahren an Bedeutung verloren. In einigen Filialen stehen noch Serviceterminals zur Verfügung. Ein Großteil der Kunden verwendet heute hingegen die *Online- oder Mobile-Banking-Angebote* ihrer Bank, um Online-Überweisungen durchzuführen oder Daueraufträge einzurichten. Die im Jahr 2019 in Kraft getretene europäische *Zahlungsdiensterichtlinie PSD2* (Payment Services Directive2) brachte im Bereich des Online-Zahlungsverkehrs eine Reihe von Änderungen mit sich. So ist seitdem für das Online-Banking-Login und die Autorisierung von Zahlungen eine starke Kundenauthentifizierung gefordert. Hierbei sind im Rahmen der sogenannten *Zwei-Faktor-Authentifizierung* jeweils zwei von drei unabhängigen Merkmalen aus den Kategorien Wissen (z. B. Passwort), Besitz (z. B. registriertes Smartphone) und Inhärenz (z. B. Fingerabdruck) zu prüfen. Für die Autorisierung einzelner Transaktionen ist zusätzlich eine Transaktionsnummer (TAN) durch den Nutzer einzugeben. Diese kann z. B. per auf dem Smartphone installierter App generiert werden. Über sogenannte *Kontoinformationsdienste* werden Bankkunden in die Lage versetzt, Kontostände und Umsätze konsolidiert über mehrere Banken hinweg per einmaliger Authentifizierung abzufragen. Die Anbindung der unterschiedlichen Kernbankensysteme mit dem Kontoinformationsdienst wird hierbei durch standardisierte Kontoschnittstellen realisiert. Ebenso über standardisierte Schnittstellen bewirkt die PSD2-Einführung mit dem sogenannten *Zahlungsauslösedienst* eine Innovation für die Abwicklung von Einkäufen im Internet. Im Rahmen der Zahlungsabwicklung können Online-Händler so eine weitere überweisungsbasierte Zahlungsoption anbieten, bei der der Kunde mittels Authentifizierung gegenüber dem Zahlungsauslösedienst die Zahlung per Überweisung veranlasst. Dies geschieht integriert, d. h. der Zahlungsauslösedienst ergänzt als Teilprozess den Abwicklungsprozess auf der Seite des Online-Händlers.

Auch Firmenkunden nutzen vorhandene Schnittstellen für den Datenaustausch zwischen ihren Cash-Management-Systemen und dem Kernbankensystem ihrer Hausbank für das Auslösen von Zahlungen. Diese Systeme unterstützen Unternehmen bei der Planung, Disposition und Kontrolle der Zahlungsmittel und verfügen neben der Informationsbereitstellung auch über Transaktions- und Entscheidungsunterstützungs-Komponenten. Dies umfasst beispielsweise den Weg, den eine Zahlung über verschiedene Zahlungsverkehrssysteme nehmen soll (s. ► Abschn. 4.4.3.2). Über eine Schnittstelle zum Kernbankensystem lassen sich so Überweisungen direkt beauftragen. Hierzu werden unterschiedliche Standards wie EBICS (Electronic Banking Internet Communication Standard) oder FinTS (Financial Transaction Services) genutzt, um beispielsweise eine Vielzahl von Zahlungen zeitgleich zu initiieren. Im Rahmen der Vereinheitlichung der europäischen Zahlungsverkehrssysteme innerhalb des SEPA (*Single Euro Payments Area*)-*Raumes* wurde 2014 ein europaweit gültiges Datenträgeraustauschverfahren SEPA mit dem Standard ISO20022 eingeführt, das auf einem XML-Format basiert (s. ► Abschn. 2.2.4) und EBICS und FinTS zugrunde liegt. Ebenfalls auf SEPA basieren die sogenannten *Echtzeitüberweisungen* (Instant Payments), die Überweisungen innerhalb von Sekunden durchführen.

■ **Finanzierungsgeschäft**

Das *Finanzierungsgeschäft* umfasst unterschiedliche Bankprodukte wie Baufinanzierungen, Konsumkredite, Leasing oder Ratenkredite. Dabei stellt die Bearbeitung von Kreditanträgen in Banken meist ein gut strukturierter und nach definierten Regeln ablaufender Prozess dar. Sofern dieser nicht direkt durch das Kernbankensystem per Workflow-Unterstützung abgebildet ist, werden zur Durchführung dieser Finanzierungsgeschäfte per Schnittstelle angebundene WMS eingesetzt (s. ► Abschn. 4.2.2).

Reicht der Kunde einen schriftlichen Antrag ein, so wird dieser im Dokumenten-Management (DMS, s. ► Abschn. 4.2.3) erfasst, welches oft in der Datenhaltung des Kernbankensystems angesiedelt ist. Ausgehend von dem Antrag beginnt die Kreditwürdigkeitsprüfung. Dazu wird zunächst eine Vorgangsmappe eröffnet. Mittels des Zugriffs auf die zentrale Datenhaltung werden Daten aus der *Kreditnehmerdatenbank* über bestehende Kredite und Sicherheiten ergänzt. Im nächsten Schritt wird ein Kreditprotokoll erzeugt, das zusammenfassend und unter Einbezug des beantragten Kredites die Situation des Kunden enthält. Zur weiteren Verarbeitung erfolgen parallel eine interne Bonitätsprüfung sowie eine Anfrage bei einer *Auskunftei*, z. B. bei der Schufa. Ist der Kredit bewilligt, so kommt es zum Vertragsabschluss. Dazu wird der Kreditvertrag an den Kunden gesandt, anschließend unterschrieben, abgelegt und der bewilligte Kreditbetrag auf das Kundenkonto überwiesen. Bei Ablehnung des Kreditantrags schickt die Bank eine entsprechende Mitteilung an den Kunden. Die gesamte Vorgangsmappe wird archiviert. Bei Firmenkundengeschäften unterstützen Banken, teilweise im Zusammenschluss zu einem Bankkonsortium, Unternehmen auch bei der Emission von Anleihen, wodurch sich Unternehmen eine weitere Möglichkeit der Fremdfinanzierung eröffnet. Hierbei weist der Emissionsprozess jedoch wesentliche Unterschiede im Vergleich zur klassischen Kreditfinanzierung auf.

■ **Anlagegeschäft**

Neben den klassischen Anlageprodukten wie Sparkonten und Tages-Termingelder umfasst das *Anlagegeschäft* auch das Wertpapiergeschäft und die Depotverwaltung, d. h. die kapitalmarktbasierte Geldanlage und Altersvorsorge. Auch das Anlagegeschäft folgt einem gut strukturierten und nach definierten Regeln ablaufendem Prozess, der vom Anlageberater zu dokumentieren ist. Auf Basis einer Workflow-Unterstützung erfolgt zunächst eine Profilerstellung, die wesentliche Anlageziele sowie Finanzmarktkenntnisse des Kunden abbildet. Die auf dieser Basis erstellte Geeignetheitserklärung stellt dar, welche Finanzprodukte aus Sicht des Anlageberaters für den Kunden geeignet sind. Dabei sind Anlageziele und Kenntnisse des Kunden mit den Produkteigenschaften in Einklang zu bringen. Es folgen Anlageempfehlung und Implementierung, wie beispielsweise der Kauf empfohlener Wertpapiere. Die so erworbenen Wertpapiere werden schließlich als Kundendepots durch die Bank verwaltet.

In den letzten Jahren erfreute sich das kapitalmarktbasierte Anlagegeschäft zunehmender Nachfrage. Im klassischen Fondsvertrieb bieten die Banken ihren Kunden üblicherweise die Fondsprodukte (d. h. Bündelung verschiedener Wertpapiere zu einem Finanzprodukt) der hauseigenen Kapitalverwaltungsgesellschaften zum Kauf an. Neben diesen meist von Fondsmanagern aktiv gemanagten Fondsprodukten haben sich in den letzten Jahren sogenannte *Exchange Traded Funds*

4

(ETFs) im Privatkundengeschäft etabliert. Diese zeichnen sich einerseits dadurch aus, dass sie zumeist die Zusammensetzung eines Börsenindex abbilden und damit passiv gemanagt sind. Andererseits erfolgt der Kauf und Verkauf über eine Börse, wodurch Handelsgebühren, aber keine Ausgabeaufschläge anfallen. Daher sind ETFs auch untertägig, d. h. während der Handelszeiten des genutzten Elektronischen Handelssystems (s. ▶ Abschn. 4.4.3.3) handelbar. Beides führt insgesamt zu überlegenen Kostenstrukturen im Vergleich zu den klassischen Fondsprodukten. ETFs liefern auch die Grundlage für die mit der Einführung sogenannter *Robo-Advisor* einhergehende Automatisierung des Finanzberatungsprozesses. Diese bieten per Algorithmen erstellte Empfehlungen von primär ETF-basierten Portfoliozusammenstellungen, die auf Basis des Kundenprofils personalisiert werden. Auch können hier die Überwachung und die mögliche Portfolioumschichtung automatisiert erfolgen. So werden personalisierte Anlageempfehlungen bei niedrigeren Prozesskosten realisiert.

4.4.3.2 Zahlungsverkehrssysteme

Bargeldlose Zahlungen lassen sich anhand ihrer individuellen Eigenschaften unterscheiden. So kann eine Zahlung beispielsweise innerhalb eines Gironetzes (z. B. das der Sparkassen), grenzüberschreitend im Euroraum oder gar mit Zielkonto außerhalb des Euroraums und in Fremdwährung erfolgen. Zusätzlich kann zwischen (ggf. zeitunkritischen und der Höhe nach begrenzten) Massenzahlungen und Individualzahlungen unterschieden werden. Diese Variantenvielfalt spiegelt sich in der Komplexität und Vielzahl unterschiedlicher Zahlungsverkehrssysteme wider. Neben den privatwirtschaftlich betriebenen Gironetzen hat sich im Rahmen von SEPA ein einheitliches Verfahren für den bargeldlosen Zahlungsverkehr in Europa entwickelt. Der von der Deutschen Bundesbank betriebene *SEPA-Clearer* kann beispielsweise als Zahlungsverkehrssystem von den angebundenen Banken genutzt werden, um kostengünstig grenzüberschreitende (nicht eilige) Zahlungen innerhalb des SEPA-Gebiets abzuwickeln. Für Individualzahlungen stehen innerhalb des Eurosystems das *TARGET2-System* (Trans-European Automated Real-time Gross settlement Express Transfer) zur Verfügung, das auf einer Plattform unter der Koordination der Europäischen Zentralbank von den nationalen Zentralbanken betrieben wird. So betreibt die Deutsche Bundesbank das System TARGET2-Bundesbank, über das beispielsweise eine Zahlung nach Spanien gemeinsam mit dem TARGET2-System der Banco de España im Auftrag abwickelt werden kann. Bei Banken, die nicht direkt an die für die Abwicklung einer bestimmten Zahlung erforderlichen Zahlungsverkehrssysteme angebunden sind, kann eine Vermittlung über sogenannte Korrespondenzbanken (ggf. auch mit Sitz im Ausland) erfolgen, welche über entsprechende Anbindungen (z. B. an das Fedwire-System in den USA) verfügen. Den Korrespondenzbanken kommt so eine Vermittlerrolle zu. Die Kommunikation zwischen den beteiligten Akteuren wird dabei insbesondere bei grenzüberschreitenden Zahlungen oftmals über das sog. *SWIFT (Society for Worldwide Interbank Financial Telecommunication)-System* abgebildet.

4.4.3.3 **Elektronische Handelssysteme**

Neben dem traditionellen Parketthandel haben sich seit den 1970er-Jahren *elektronische Handelssysteme* etabliert, auf denen heute ein Großteil des Wertpapierhandels abgewickelt wird. Diese Handelssysteme führen Kauf- und Verkauf-Interessenten von Wertpapieren zusammen, um marktliche Transaktionen zwischen ihnen zu erlauben. Hierzu werden Handelsintentionen in Form von Handelsaufträgen (Orders) spezifiziert, welche an ein elektronisches Handelssystem zur Ausführung übermittelt werden.

Das in elektronischen Handelssystemen implementierte *Marktmodell* spezifiziert dabei den Prozess der Preisfindung, welcher insbesondere Auktionen und den fortlaufenden Handel umfasst (vgl. Gomber 2000). Die Kernfunktion besteht damit in der Unterstützung der Abschlussphase im Wertpapierhandel. Hierzu führt das System ein *Orderbuch*, in dem die eingehenden Kauf- und Verkauf-Orders gegenübergestellt werden. Im Rahmen von Auktionen werden die Orders in einem für die Marktteilnehmer nicht einsehbaren (geschlossenem) Orderbuch gesammelt und mittels Einheitskursfeststellung der Preis ermittelt, zu dem das größte Transaktionsvolumen erzielt wird (Meistausführungsprinzip). Im fortlaufenden Handel führt das System ein einsehbares (offenes) Orderbuch, in dem eingehende Kauf- und Verkauf-Orders kontinuierlich abgeglichen und gegeneinander ausgeführt werden, wodurch für die so zustande kommenden Transaktionen eine individuelle Preisermittlung realisiert wird. Die *Handelsüberwachung* ist hierbei für die Sicherstellung der Integrität dieser Preisbildungsprozesse sowie für die Verhinderung von Marktmanipulation verantwortlich.

Durch offen einsehbare Orderbücher wird Vorhandelstransparenz realisiert. Nachhandelstransparenz wird hingegen im Anschluss an die zustande gekommenen Transaktionen durch ihre Veröffentlichung der Marktdaten über Datenfeeds gewährleistet. Die generierten Daten werden zudem in einem *Data Warehouse* gespeichert und die zustande gekommenen Transaktionen an das Clearing und Settlement übergeben. ◻ Abb. 4.28 veranschaulicht den Aufbau elektronischer Handelssysteme.

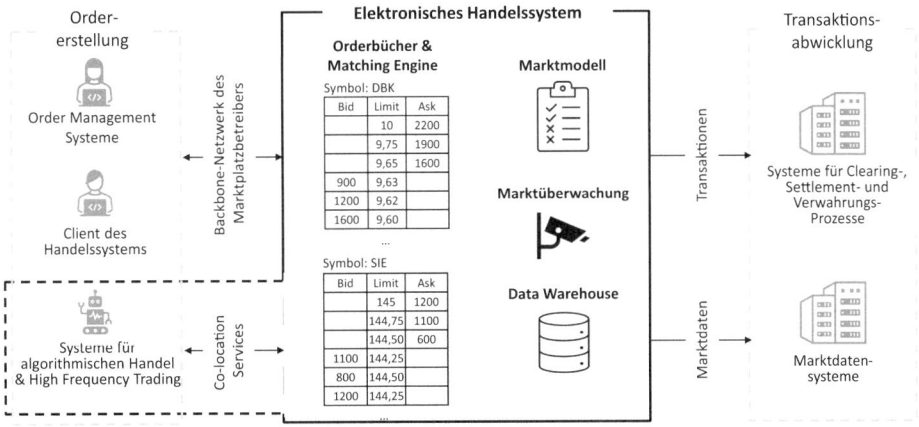

◻ **Abb. 4.28** Aufbau elektronischer Handelssysteme

4

Ein Beispiel für ein elektronisches *Handelssystem* ist *Xetra* der Deutsche Börse AG. *Xetra* basiert auf einer Client-Server-Architektur (s. ▶ Abschn. 2.2.2). Xetra-Teilnehmer können über das Xetra-Frontend oder eigene Order-Management Systeme ihre Orders erstellen und über das Orderbuch den aktuellen Stand der Angebots- und Nachfrageseite verfolgen bzw. Rückmeldungen zur Ausführung ihrer Orders erhalten. Infolge der europäischen Finanzmarktrichtlinie (*M*arkets *i*n *F*inancial *I*nstruments *D*irective, MiFID) sind neben den klassischen Börsen alternative Handelsplattformen entstanden, die jedoch keine Erstemission von Aktien erlauben. Zuletzt haben sich auch elektronische Systeme für den Handel von Krypto-Werten etabliert.

4.4.3.4 **Marktdatensysteme**

Entscheidungsträger sind in der Finanzwirtschaft auf eine zeitnahe Informationsversorgung angewiesen, welche sich aus einer Vielzahl unterschiedlicher Datenquellen wie beispielsweise Börsen, Nachrichten- und Rating-Agenturen oder Finanzdienstleistern speist. Dies geht mit einer Vielzahl unterschiedlicher Schnittstellen und Datenformate einher, was bei der Anbindung dieser Datenquellen über sogenannte Datenfeeds an interne Systeme wie dem Kernbankensystem zu großen Entwicklungsaufwänden führt. Vor diesem Hintergrund haben sich in der Finanzwirtschaft *Marktdatensysteme* etabliert, die unterschiedliche Daten (z. B. Kapitalmarktdaten, Nachrichten, Unternehmensdaten und -kennzahlen) aus einer Vielzahl von Quellen sammeln, aggregieren, harmonisieren, speichern und diese über Finanz-Terminals und -Apps, Web-Portale oder standardisierte Schnittstellen zum Abruf verfügbar machen. Marktdatensysteme werden einerseits als interne Anwendungssysteme oder von unterschiedlichen *Daten-Vendoren* wie Bloomberg, FactSet, FIS oder Refinitiv betrieben.

Mittels den von den Datenquellen bereitgestellten Datenfeeds werden Daten automatisch an das Marktdatensystem übertragen. Dabei werden oftmals proprietäre Dateiformate genutzt. Die so formatierten Datenströme werden daher mittels sogenannter *Feed-Handler* empfangen, dekodiert und hinsichtlich möglicher Fehler überprüft. Im Anschluss werden die empfangenen Daten an die unterschiedlichen Datenbank-Server des Marktdatensystems in vereinheitlichten Datenformaten zur Speicherung übertragen. Die im Marktdatensystem gespeicherten Daten sind danach über einen Anwendungs-Server über standardisierte Schnittstellen abrufbar. Teilweise bieten Daten-Vendoren auch den Betrieb von Finanzportalen im Internet und das Hosting der zugrunde liegende Web-Server als ergänzende Dienstleistung an, was von vielen Online Brokern und Banken genutzt wird. In jedem Fall haben die Nutzer nachzuweisen, dass sie über einen ausreichenden Umfang an Lizenzen verfügen, die eine entsprechende Freischaltung (dem sog. Entitlement) der ausgewählten Datenquellen gestattet. ◨ Abb. 4.29 veranschaulicht den Aufbau von durch Daten-Vendoren betriebenen Marktdatensystemen.

Datenlizenzen beziehen sich dabei nicht nur auf unterschiedliche Datenquellen, sondern oftmals zusätzlich auf die nutzbare Datenqualität (vgl. Alvarez 2007). So unterscheidet man beispielsweise bei der Lizenzierung von durch Handelsplätze angebotenen Handelsdaten zwischen zugreifbarem Datenumfang (z. B. Level-1: beste Geld- und Briefkurse vs. Level-2: Orderbuch-Daten) und zeitlicher Verzögerung (z. B. realtime vs. 15 Minuten verzögert).

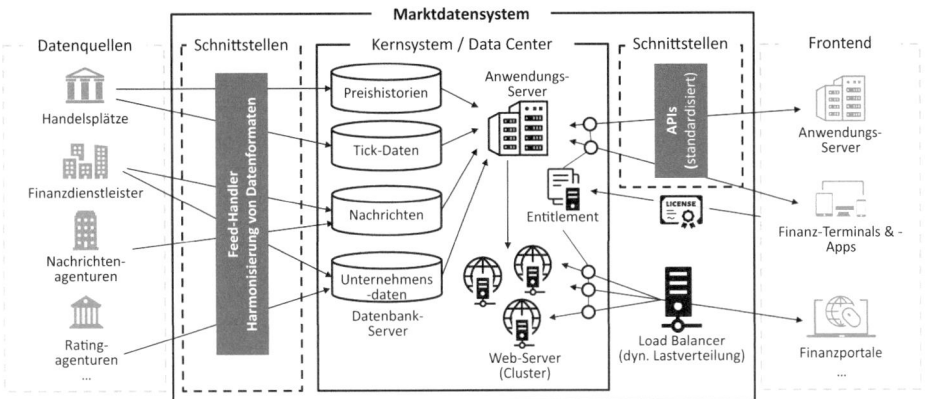

◘ Abb. 4.29   Aufbau von durch Daten-Vendoren betriebene Marktdatensystemen

4.4.4   Anwendungssysteme im Gesundheitswesen

4.4.4.1   Bedeutung

Nicht nur in Deutschland ist das Gesundheitswesen mit einem Anteil von ca. 12 % am Bruttosozialprodukt einer der bedeutendsten Wirtschaftsbereiche. Es steht unter beträchtlichem Reformdruck, bedingt u. a. durch den demografischen Wandel in der Bevölkerung und erheblichen Kostensteigerungen. Mit Konzepten wie der sog. „Integrierten Versorgung" versucht man, die schwierige Aufgabe der Effizienzsteigerung bei gleichzeitiger Qualitätssicherung bzw. -erhöhung zu lösen. Bei der Verbesserung des Gesundheitssystems wird dem Einsatz von Informations- und Kommunikationstechnologien eine zentrale Rolle zugeschrieben. Man sieht integrierte IT-Systeme einerseits als Notwendigkeit für die Verbesserung von Prozessen und Informationsflüssen sowie andererseits als „Enabler" der Transformation des Gesundheitswesens i. Allg.

Ein wichtiger Teilbereich von IT-Anwendungen im Gesundheitswesen sind Systeme, die der Bereitstellung medizinischer Informationen dienen. Diese richten sich entweder an den Patienten selbst, wie z. B. bei Gesundheitsportalen im Internet, oder an die medizinischen Fachkräfte. Diese können z. B. durch *Fachdatenbanken* oder Entscheidungs-Unterstützungs-Systeme (s. ▶ Kap. 3) mit Spezialwissen versorgt werden. Im Rahmen von Behandlungsprozessen dienen AS der Verwaltung und Übermittlung von Patienten-, Diagnose- und Therapiedaten. Integrierte Systeme steuern und unterstützen Versorgungsprozesse, an denen zahlreiche medizinische und auch nicht-medizinische Leistungserbringer beteiligt sind.

Den meisten medizinischen Dienstleistungen ist gemeinsam, dass sie verrichtungsorientiert auf den Patienten bzw. den gesundheitsbewussten Menschen bezogen sind. Das heißt, der externe Faktor beim Erbringen dieser Dienstleistungen ist eine Person (s. ▶ Abschn. 4.4.2). Für die AS im Gesundheitswesen ergeben sich aus der Einbeziehung des externen Faktors „Patient" ganz besondere Anforderungen, nicht zuletzt auch bezüglich Datenschutz und Datensicherheit (s. ▶ Abschn. 6.5). Neben den zentralen IT-Systemen zur Steuerung von Informationsflüssen und Dienstleistungsprozessen entstehen auch immer mehr E-Commerce-Anwendungen, die Geschäftstransaktionen im Gesundheitsbereich abwickeln. Hier finden sich z. B. Online-Shop-Systeme für Pharma- und sog. Wellnessprodukte.

4.4.4.2 Dokumentations- und Kommunikationsdienste

Für eine effiziente Leistungserbringung im Gesundheitswesen sind die Verfügbarkeit und der Austausch von benötigten Informationen von ganz zentraler Bedeutung. Im Folgenden werden einige ausgewählte Technologien vorgestellt, die in integrierten AS des Gesundheitswesens wichtige Bindeglieder bei dem Informationsaustausch zwischen Leistungserbringern, Verwaltungseinheiten (z. B. Versicherungen) und natürlich auch zum Patienten selbst darstellen:

Elektronische Gesundheitskarte (eGK): Die sog. *elektronische Gesundheitskarte* ist zwar in Deutschland ausgegeben, sie wird aber bislang nur eingesetzt, um die Krankenversicherung nachzuweisen. Sie soll zukünftig insbesondere die Datenübermittlung zwischen Ärzten, Apotheken, Krankenkassen und Patienten vereinfachen und beschleunigen. Sie erlaubt den standardisierten Zugang zu patientenbezogenen medizinischen Daten, in Anspruch genommenen Leistungen und ärztlichen Befunden. Diese Daten gestatten u. a. auch Prüfungen auf Arzneimittelverträglichkeit oder Schätzungen von Behandlungskosten.

Elektronisches Rezept (eRezept): Das *elektronische Rezept* gehört zu den Anwendungsideen der elektronischen Gesundheitskarte. Die Verschreibung von Arzneimitteln wird in elektronischer Form entweder direkt auf der eGK gespeichert oder über eine gesicherte Netzwerkverbindung auf einen „eRezept-Server" übertragen. Über die eGK sind diese eRezepte in den Apotheken automatisch lesbar und weiterverarbeitbar.

Elektronische Patientenakte (ePA): Die *elektronische Patientenakte* ist eine in einem oder mehreren Computern gespeicherte Sammlung von Gesundheitsinformationen zu einem Patienten. Zu einer ePA gehören Softwarefunktionen zur Erfassung, Eingabe, Ausgabe und Übertragung der Daten. Ein wichtiges Element ist die Sicherung und Kontrolle des Zugriffs. Den wesentlichen Vorteil sieht man insbesondere in der schnellen und umfassenden Verfügbarkeit der Daten (z. B. der Blutgruppe). Dadurch können der Verwaltungsaufwand erheblich reduziert sowie Doppeluntersuchungen und Fehlmedikationen vermieden werden. Es besteht eine enge Verbindung zur eGK. Welche Daten auf der eGK, welche in der ePA gehalten werden und wie das Zusammenspiel der eGK- und ePA-Funktionalität gestaltet wird, ist noch nicht abschließend geklärt.

Elektronische Gesundheitsakte (eGA): Während bei einer ePA der Arzt die Verfügungsgewalt über die medizinischen Patientendaten hat, wird eine *elektronische Gesundheitsakte* vornehmlich eigenverantwortlich von dem Patienten gepflegt und kontrolliert. Es können umfangreiche Informationen z. B. über Gesundheitszustand, Fitness, Allergien, aber auch Laborergebnisse, Diagnosen, Medikationen usw. gespeichert werden. Dies kann auf dem privaten Computer des Patienten erfolgen. Eine andere Möglichkeit ist, diese Daten eines „Personal Health Records" auf einer Plattform im World Wide Web passwortgeschützt abzulegen. Der Patient entscheidet selbst, wer welchen Zugriff auf diese Informationen erhalten soll.

Telematikanwendungen: *Telematikanwendungen* im Gesundheitswesen nutzen IT-Lösungen, um Daten zwischen Patient und Arzt oder zwischen Ärzten auszutauschen. Ein Beispiel für den ersten Fall ist das Telemonitoring, bei dem Vitalparameter des Patienten durch Sensoren am Körper erfasst und zur Arztpraxis oder zum Krankenhaus übertragen werden. Im zweiten Fall werden z. B. Arztbriefe und Befunde zwischen behandelnden Stellen ausgetauscht oder per Videokonferenz Telekonsultationen durchgeführt.

Zwischen Arztpraxen und gesetzlichen Krankenkassen werden Krankschreibungen inzwischen digital ausgetauscht, der Arbeitgeber muss die Daten bei der Krankenkasse abrufen.

4.4.4.3 Anwendungssysteme für Leistungserbringer

Bei der Behandlung von Erkrankungen, aber auch in der Gesundheitsvorsorge und -nachsorge, wirken in der Regel mehrere Leistungserbringer zusammen. Integrierte AS haben die Aufgabe, zum einen Aktivitäten und Prozessabläufe bei einem einzelnen „Service Provider" zu unterstützen und zum anderen das Zusammenwirken unterschiedlicher Akteure und Organisationseinheiten effizienter zu machen. Im Folgenden werden einige Beispiele derartiger integrierter Systeme aufgeführt.

Praxisinformationssysteme (PIS): Im Kern verwalten *Praxisinformationssysteme* bzw. *Praxisverwaltungssysteme* (PVS)patientenbezogeneadministrative und medizinische Daten. Hierzu gehören u. a. Krankengeschichten, Diagnosen, Laboranalysen, Arztbriefe und Therapienotizen. Die Funktionalität von PIS bzw. PVS umfasst neben der Datenverwaltung auch Organisationshilfsmittel, wie z. B. zur Terminvereinbarung oder Abrechnung mit Kostenträgern, sowie Kommunikationsschnittstellen zu anderen Leistungserbringern. Letzteres gewinnt zunehmend an Bedeutung, da sich immer mehr Arztpraxen in Praxisgemeinschaften, Praxisnetzen, medizinischen Versorgungszentren oder anderen Kooperationsstrukturen zusammenfinden.

Patientendatenmanagementsysteme (PDMS): Ähnlich wie PIS bzw. PVS im ambulanten Bereich dienen sog. *Patientendatenmanagementsysteme* im stationären Bereich, d. h. in Krankenhäusern und Kliniken, der zentralen Erfassung, Verwaltung und Verarbeitung von Patienten- und Behandlungsfalldaten. Wesentliche Funktionen sind die Aufnahme, Verlegung und Entlassung von Patienten, die ärztliche und pflegerische Basisdokumentation, die Erfassung von abrechnungsrelevanten Daten sowie die Generierung von Statistiken.

Laborinformationssysteme (LIS): LIS dienen der Erfassung, Verwaltung und Analyse von im Laborbetrieb anfallenden Messwerten und Analyseergebnissen. Diese werden heute weitgehend durch automatische *Laborsysteme* mit angekoppelten Analysegeräten erzeugt. Die Laborergebnisse können automatisiert mit den Praxen ausgetauscht werden.

Radiologieinformationssysteme (RIS): RIS werden zur Verwaltung und Dokumentation administrativer und medizinischer Daten in einer radiologischen bildgebenden Umgebung eingesetzt. Wichtig ist hier die Integration von Schnittstellen zu Untersuchungsgeräten, die ihrerseits komplexe Computersysteme mit technologisch hoch anspruchsvoller Peripherie sind. Man denke z. B. an *Computer*- bzw. *Kernspin-Tomografen*.

Bildarchivierungs- und Kommunikationssysteme (Picture Archiving and Communication System, PACS): Die Aufgabe von *Bildarchivierungs- und Kommunikationssystemen* ist das Management großer Mengen von Bilddaten. Wichtige Teilaufgaben sind die Bildarchivierung und die Bildkommunikation, d. h. die zeitnahe Bereitstellung von benötigten Bildern an verschiedenen Orten. Beispielsweise wird so das Bild eines Patienten, der bei einem Unfall schwere Verletzungen des Fußgelenks erlitten hat, noch während der Operation zur Begutachtung an einen Hersteller von Prothesen übermittelt PACS sind komplexe Computersysteme mit Multimedia-Verarbeitungsfähigkeiten, die mit anderen Systemen an verschiedenen medizinischen Leistungsstellen vernetzt sind. Dabei werden auch besondere Anforderungen an das Kommunikationsnetzwerk, z. B. bezüglich Übertragungskapazität und -sicherheit, gestellt.

4.4.4.4 Integrierte Anwendungssysteme im Krankenhaus

Geschäftsprozesse in Krankenhäusern und Kliniken bestehen aus einer großen Menge aufeinander abgestimmter Einzelaufgaben, die wiederum mithilfe einer Vielzahl von IT-Systemen bearbeitet werden. Neben medizinischen sind auch betriebswirtschaftliche AS, z. B. zur Materialwirtschaft, Finanzbuchhaltung oder Kostenrechnung, im Einsatz. ◘ Abb. 4.30 zeigt eine Grobübersicht.

Ein *Krankenhausinformationssystem* (KIS) unterstützt und integriert die Informationsverarbeitung in allen Bereichen eines Krankenhauses, einer Klinik oder eines gesamten Klinikums. Es verknüpft eine große Zahl von IT-Systemen zur Bearbeitung administrativer und medizinischer Daten. Darüber hinaus dient es zur Koordination und Verbesserung der Arbeitsabläufe bei den Leistungserbringern sowie zur Verbesserung der „Prozesslandschaft" generell.

Die in den vorhergehenden Abschnitten genannten elektronischen Systeme und Dienste werden so in einen Prozesskontext gestellt und zeitlich-logisch miteinander verknüpft (*Klinischer Workflow*, Ausführungsebene). Die Aufgaben des WMS auf der Koordinationsebene umfassen die Steuerung des Aufgabenflusses (Triggern von Aufgaben und Aufgabenträgern), des Informations- und Dokumentenflusses (z. B. Patienten- und Befunddaten) sowie des Patientenstromes (Leitung von Einzelpatienten sowie von Patientenkohorten).

◘ Abb. 4.31 zeigt einen derartigen Aufgaben- und Informationsfluss am Beispiel einer Befundung mithilfe von PACS, LIS und RIS.

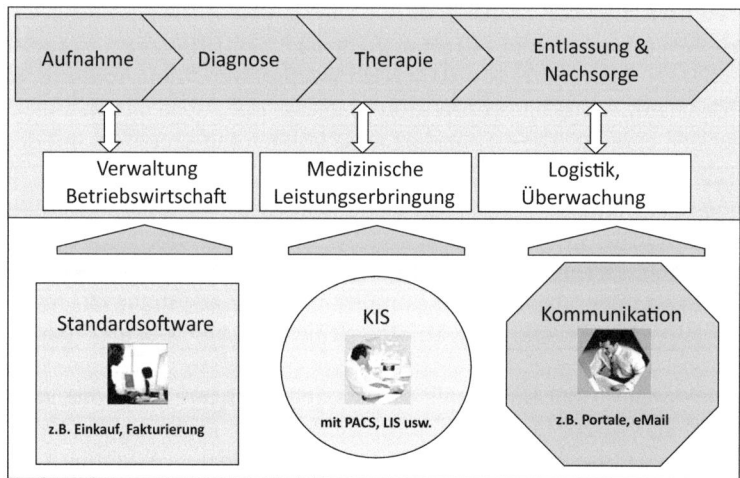

◘ **Abb. 4.30** Prozesse und Unterstützungssysteme im Krankenhaus

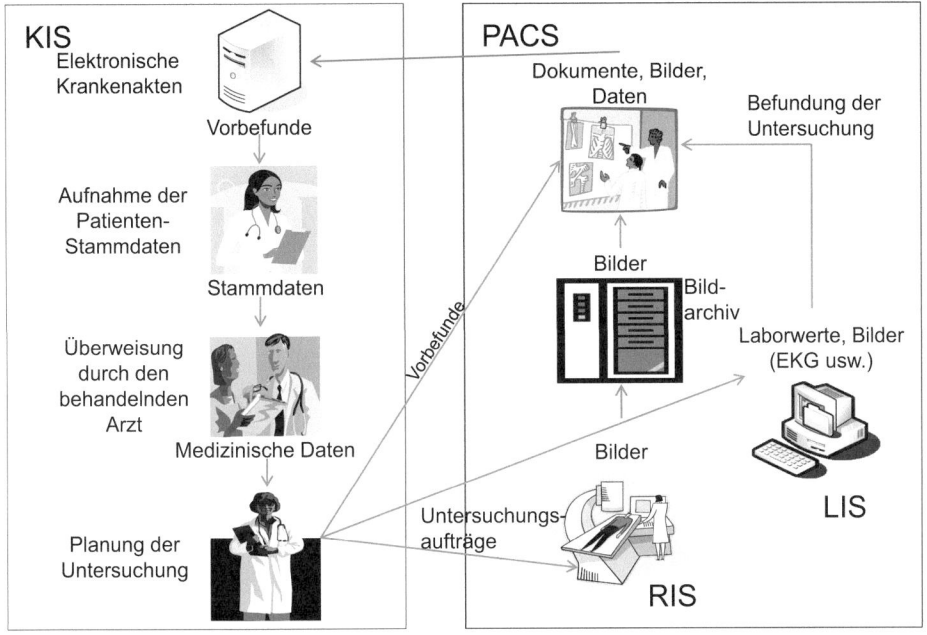

◻ **Abb. 4.31**   Workflow-Beispiel in der Befundung

4.4.5   Anwendungssysteme in der Medienbranche

4.4.5.1   Anwendungssysteme für klassische Medienunternehmen

Medienunternehmen organisieren öffentliche Kommunikation. Im klassischen Ansatz produzieren Medienunternehmen einzelne Inhaltsbausteine (z. B. einen Text oder ein Musikstück) und bündeln diese zu einem marktfähigen Produkt (der sogenannten Urkopie, z. B. ein Buch oder eine Seite in einem Web-Angebot). Das Medienunternehmen stellt diese gebündelten Bausteine anschließend zum Abruf bzw. zur Vervielfältigung bereit (Schumann et al. 2014, S. 8). Die Wertschöpfung in Medienunternehmen vollzieht sich in vier Wertschöpfungsstufen: dem Erstellen, dem Bündeln, dem Distribuieren und dem Nutzen.

Drei Arten von Anwendungssystemen werden unterschieden: Content-Management-Systeme (CMS; siehe auch ▶ Abschn. 3.1.3), Transportsysteme und Zugriffssysteme. Ein CMS ist eine Software, die digitale Medieninhalte gestalten, verändern und sortieren kann. Das CMS unterstützt die Produktion der Urkopie und in manchen Fällen auch die Produktion einzelner Inhalte-Fragmente. Somit lassen sich CMS den Wertschöpfungsstufen „Erstellen" und „Bündeln" zuordnen. Transportsysteme wiederum machen die Inhalte anschließend für die Empfänger verfügbar. Die Schwerpunkte dieser Systeme liegen daher in der Distribution, sie können sich aber auch auf Teilbereiche der vor- bzw. nachgelagerten Stufen „Bündeln" und „Nutzen" erstrecken. Zugriffssysteme ermöglichen auf Seiten der Rezipienten den Zugang zu den gewünschten Inhalten und finden dementsprechend vornehmlich in der Wertschöpfungsstufe „Nutzen" Anwendung. ◻ Abb. 4.32 stellt diese Zuordnung im Überblick dar. Nachfolgend beschreiben wir die drei genannten Systeme detaillierter.

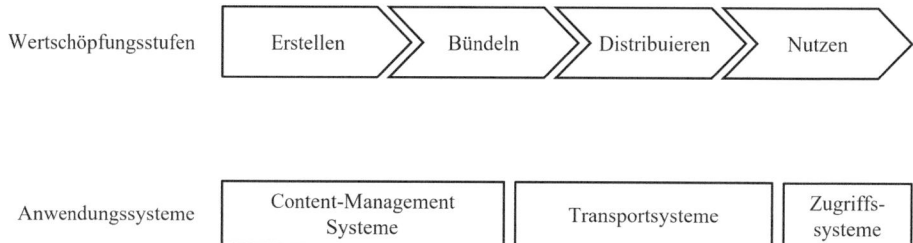

◘ **Abb. 4.32**   Anwendungssystem für klassische Medienunternehmen im Überblick

In der Erprobung sind aktuell Systeme, die das Erstellen von Inhalten mit Hilfe von Verfahren des maschinellen Lernens unterstützen. Für das Erstellen von Texten wird das System ChatGPT besonders stark diskutiert. Genauso gibt es aber auch Systeme, die Künstliche Intelligenz (KI) nutzen, um Menschen in Videosequenzen zu modellieren. So setzt eine chinesische Nachrichtenagentur einen KI-basierten, englischsprachigen Nachrichtensprecher ein, welcher 24 h am Tag Nachrichten in natürlicher Sprache präsentiert.

- **Content-Management-Systeme**

Redaktionssysteme, eine spezielle Form von Content-Management-Systemen, unterstützten das Erstellen und Bündeln von Inhalten sowie deren Ausgabe in einem für das Zielmedium passenden Format. Medienzentrierte Redaktionssysteme werden im Zeitungs- und Zeitschriftensektor, aber auch dem Social-Media-Bereich eingesetzt. Charakteristisch für medienzentrierte Redaktionssysteme ist die Fokussierung auf ein Zielmedium: der Inhalt ist bereits bei der Erstellung in einem für das Zielmedium passenden Format und entsprechend in geeigneter Form gespeichert.

Die Begrenzung auf ein Zielmedium ist aber heute die Ausnahme. Die Anforderungen an Medienunternehmen sind heute in der Regel komplexer, da Medienunternehmen ihre einmal produzierten Inhalte über verschiedene Kanäle ihren Kunden zur Verfügung stellen. Die Bereitstellung auf mehreren Kanälen benötigt medienneutrale CMS. Diese unterscheiden sich deutlich von medienzentrierten CMS. Insbesondere nehmen medienneutrale CMS die Speicherung von Inhalten unabhängig von der späteren Verwendung sowie in Fragmenten (den sogenannten Modulen, z. B. ein Artikel, ein Buchkapitel oder eine Filmszene) vor. Typischerweise umfasst ein medienneutrales CMS ein Input-Modul, ein Output-Modul, ein Inhalte-Modul sowie ein Steuerungsmodul. ◘ Abb. 4.33 zeigt die vier Funktionen eines derartigen CMS im Überblick. Im Inhalte-Modul erfolgt die medienneutrale und modularisierte Speicherung der Inhalte mithilfe einer Datenbank (gelegentlich auch als Media Asset Database bezeichnet). In textzentrierten Inhalten erfolgt dies meist auf Basis der *Auszeichnungssprache XML*. Das Input-Modul ermöglicht mindestens den Upload fertig erstellter Inhalte, wie z. B. Filmsequenzen, ggf. unterstützt es aber auch deren Entstehung. Mithilfe des Output-Moduls lassen sich die in der Datenbank vorhandenen Inhalte zu einem fertigen Produkt zusammenziehen.

Templates (Formatvorlagen), die das Ausgabeformat (z. B. die Druckseite einer Zeitung) bereits vorstrukturieren, vereinfachen diesen Vorgang. Das Zusammenwirken des Input-Moduls, der Datenbank und des Output-Moduls sowie ggf. auch die Anbindung spezifischer Endgeräte – Kameras oder auch spezielle Datenbanken –

◘ Abb. 4.33 Aufbau und Ein-
bindung eines medienneutralen
Content-Management-Systems.
(In Anlehnung an Rawolle 2002,
S. 106)

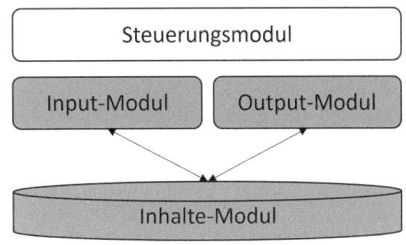

zur Unterstützung der Recherche, koordiniert das Steuerungsmodul. Das vierte
Modul legt den Produktionsablauf im Detail fest. Dazu gehören etwa der Freigabe-
prozess in einem Verlag oder der Bewertungsprozess für eine wissenschaftliche Konferenz (Hess und Dörr 2012).

■ **Transportsysteme**

Transportsysteme sorgen für den Transport der fertigen Inhalte zum Empfänger bzw.
Nutzer. Sie stellen Inhalte entweder komplett (z. B. als Datei) oder schrittweise (in
Form des sogenannten *Streamings*) zur Verfügung. Innerhalb der Transportsysteme
unterscheidet man Produktions- und Distributionssysteme. Produktionssysteme
stellen die Inhalte im Sinne des *Push-Ansatzes* für die weitere Verteilung unabhängig
vom einzelnen Nutzer bereit, so etwa für die Druckerei im Print-Segment oder für
das Verteilnetz im Rundfunk.

    Distributionssysteme agieren dagegen nach dem *Pull-Ansatz*, d. h. der Interessent
ruft Inhalte gezielt ab. Ein einfaches Beispiel sind Webdienste, bei denen ein Nutzer
mittels eines Browsers Dokumente sowie Video- und Musikdateien abrufen kann.
Anspruchsvolle Distributionssysteme stellen elaborierte Funktionen etwa für die
komfortable Suche nach Inhalten (z. B. eine Mediathek) oder zur Personalisierung
zur Verfügung (z. B. Netflix-Algorithmus für Filmvorschläge). Personalisierung
kann entweder auf Basis explizit formulierter Präferenzen von Nutzern (z. B. durch
Beschreiben ihrer Interessengebiete) oder auch implizit gewonnener Daten (etwa
zum Standort, durch Vergleich mit Präferenzen anderer Personen, ggf. sozial nahe-
stehender Nutzer) geschieht. Die *Personalisierung* erfolgt entweder auf der Nutzer-
seite (z. B. mithilfe von dynamischen Programmiersprachen wie JavaScript im Browser) oder auf Anbieterseite – letzteres entweder als Erweiterung des Output-Moduls
des CMS oder mittels eines eigenständigen Systems.

    Basis von Distributionssystemen können sowohl Client-Server-Architekturen als
auch Peer-to-Peer-Architekturen (P2P) sein (zu den technischen Grundlagen s.
▶ Abschn. 2.2.2.). Etablierte *Musik-Download*-Stores (wie z. B. der iTunes Store) oder
Musik-Streamingdienste (wie z. B. Spotify oder Deezer) basieren auf einer *Client-
Server-Architektur*. Die Kommunikation der Nutzer (Clients) erfolgt bei dieser Lösung
ausschließlich mit dem Server des Anbieters. *P2P-Architekturen* sind eine technisch in-
teressante Alternative, da insbesondere dieser zentrale Server der Engpass des Dis-
tributionssystems ist. Sie ermöglichen es, auch große Datenmengen, wie bspw. qualita-
tiv hochwertige Audio- und Videoinhalte, mit geringer Bandbreitenauslastung des Dis-
tribuierenden zu übertragen. P2P-Systeme können jedoch kaum kontrollieren, ob der
Anbieter oder Nutzer einer Datei über die dafür erforderlichen Rechte verfügt – in manchen Fällen ist aber auch genau dies damit beabsichtigt. ◘ Abb. 4.34 zeigt die beiden
Architekturvarianten am Beispiel von Musik, die im Format MP3 gespeichert ist.

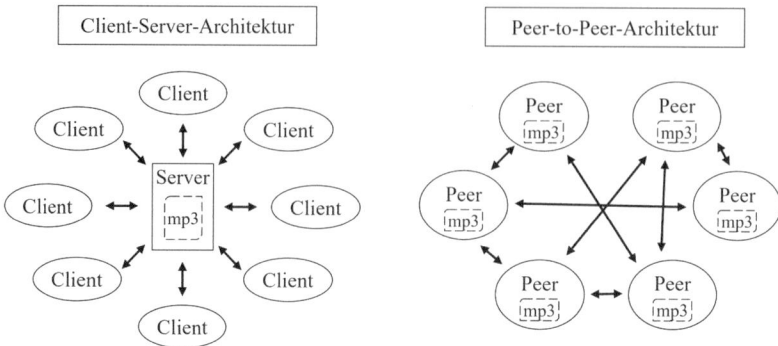

◨ Abb. 4.34 Zwei Architekturvarianten für Distributionssysteme am Beispiel von Musikdateien. (Schumann et al. 2014, S. 89)

■ **Zugriffssysteme**

Letztes Element in der Kette sind – mit Ausnahme im Fall des Mediums Print – die *Zugriffssysteme*. Beim klassischen Medium TV ist das der Fernseher selbst. Für internetfähige Endgeräte übernimmt diese Aufgabe i. d. R. eine entsprechende (Desktop-)App. Die Inhalte müssen entsprechend in standardisierter Form bereitgehalten werden. Bei Textinhalten im Web ist HTML vorherrschend. Toninhalte sind meist über MP3 oder WAV verfügbar, wobei führende Anbieter (z. B. Spotify) auch neuere Formate wie das open-source Ogg/Vorbis- oder AAC-Format – dem Nachfolger von MP3 – verwenden. Anbieter nutzen aus technischen Gründen (so z. B. bei Spielen, bei E-Learning-Komponenten oder in Apps) oder aus wettbewerbsstrategischen Gründen (wie z. B. durch Apple zur Förderung des Absatzes seines Smartphones) häufig proprietäre (d. h. auf genau eine Anwendung zugeschnittene) Apps.

4.4.5.2 Medienunternehmen als Betreiber von Inhalte-Plattformen

Klassische Medienunternehmen, wie sie im vorangehenden Abschnitt vorgestellt wurden, folgen dem sogenannten Publishing-Broadcasting-Ansatz (Hess 2014). Dieser lässt sich bis auf Gutenberg zurückführen. Bei diesem Ansatz nimmt der Nutzer eine eher passive Rolle ein. Die Hauptaufgaben des Medienunternehmens liegen in diesem Ansatz im journalistischen und künstlerischen Bereich. Das Erstellen und das Bündeln der Inhalte erfolgt letztendlich durch Menschen mit entsprechender journalistischer oder künstlerischer Qualifikation. Der Nutzer ist auf eine passive Rolle beschränkt, schließt man Randthemen wie Leserbriefe einmal aus.

Mit der breiten Verfügbarkeit des Internets um das Jahr 2000 herum ergab sich erstmals die Möglichkeit, den Nutzer in den Prozess der Produktion der Inhalte umfassend einzubinden. Daraus entstand eine neue, zweite Generation von Medienunternehmen, welche den Austausch von Inhalten und nicht mehr deren Erstellung in den Fokus stellt.

■ **Architektur eines sozialen Netzwerks**

Ein soziales Netzwerk ist eine Plattform, die die sozialen Beziehungen zwischen den Beteiligten beschreibt und den Austausch von Inhalten zwischen diesen Akteuren unterstützt. Bekannte Beispiele sind Instagram oder LinkedIn. ◨ Abb. 4.35 zeigt die typischen Komponenten eines sozialen Netzwerks (nach Mao et al. 2017).

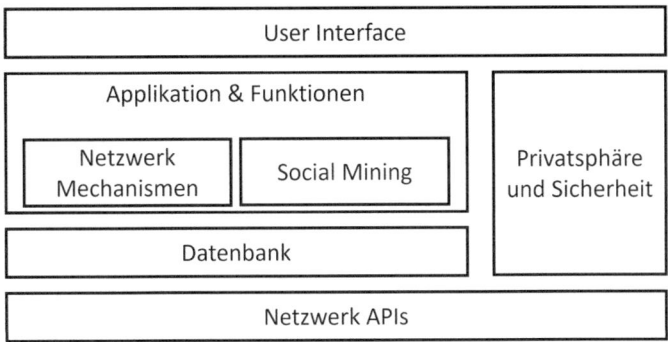

◘ Abb. 4.35 Architektur einer Social-Media-Plattform. (Nach Mao et al. 2017)

Im Zentrum dieses Systems steht die Datenbank, welche die sozialen Beziehungen der Nutzer abbildet. Deren wesentliches Strukturierungsmittel ist ein sozialer Graph. Dieser ist eine Abbildung von sozialen Beziehungen, in der die Knoten die Individuen und die Kanten die Beziehungen zwischen ihnen darstellen. In sozialen Netzwerken können diese Beziehungen Freundschaften oder Follower-Beziehungen sein. So sieht man anhand des Netzwerks, wer mit wem befreundet ist – die Analyse dieser Beziehungen ist die Social-Network-Analyse. Diese analysiert anhand verschiedener Eigenschaften, wie der Dichte und der Zentralität der Knoten, das Verhalten und die Interaktionen der Nutzer, um sie zu verstehen.

Basierend auf den sozialen Beziehungen stellt die Plattform ihren Nutzern eine Menge an Grundfunktionalitäten zur Verfügung. Beispiele für solche Funktionen sind etwa das Verwalten des eigenen Profils, das Hochladen oder Erstellen von Inhalten oder die Kommunikation zwischen zwei oder mehreren Nutzern. Vorrangig dienen alle diese Funktionalitäten dazu, nutzergenerierte Inhalte zu aggregieren, um sie anschließend für andere Nutzer bereitzustellen. Um noch mehr Content anzuziehen, ergänzen Services von Drittanbietern die auf der Plattform verfügbaren Funktionen. Hierzu steht externen Entwicklern eine Programmierschnittstelle („Application Programming Interface" – API) zur Verfügung, um weitere Applikationen (z. B. Online-Spiele oder Webshops) in das System zu integrieren.

■ **Upload Filter**

Eine spezifische Funktion einer Content-Plattform, die ein Nutzer nur indirekt sieht, ist das *Upload-Filtering*. Upload-Filter untersuchen die hochgeladenen Inhalte. Dabei wird geprüft, ob es bei dem Inhalt persönlichkeits- oder urheberrechtliche Probleme gibt oder ob die Inhalte gegen Gesetze verstoßen (z. B. Gewaltvideos oder Texte mit verfassungswidrigen Inhalten). Gleichzeitig birgt die automatisierte Überprüfung aber auch immer die Gefahr der Zensur. Notwendig ist die maschinelle Lösung allerdings aufgrund der schieren Menge der Inhalte: 2018 wurden auf YouTube pro Minute durchschnittlich 400 h Videomaterial hochgeladen.

Wenn ein Nutzer einen Inhalt auf der Plattform veröffentlichen möchte, durchläuft sein Inhalt ein definiertes Verfahren, bis er für die Plattform freigegeben wird. In ◘ Abb. 4.36 ist dieses Verfahren skizziert. Es beginnt meist damit, dass der Nutzer den Inhalt produziert und anschließend über die bereitgestellte Upload-Funktion der Plattform zur Verfügung stellt. Dieser Inhalt wird in einen Zwischenspeicher ge-

4

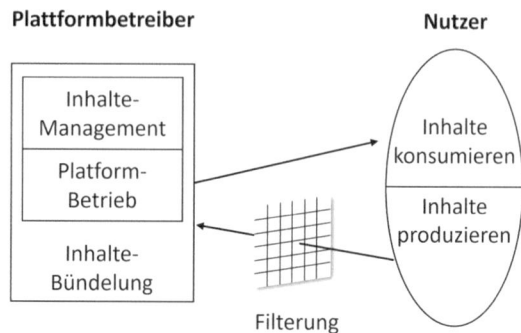

☐ **Abb. 4.36** Upload-Filte-
ring-Verfahren. (In Anlehnung an
Waltermann und Hess 2019)

laden und dort in einen *Hash* umgewandelt. Ein Hash ist eine Zahlen-Buchstaben-
Folge definierter Länge: Das Wort „Upload" ergibt nach dem SHA-1-Algorithmus
beispielsweise den Hash „8bdf057f91e76ae328b2a21d35f682daa08a0ec0" – dies ist
eine einmalige Abfolge, welche es ermöglicht, den Inhalt zweifelsfrei zu identifizieren.
In einer Datenbank der Plattform sind außerdem die Hashes aller anderen bisherigen
Uploads hinterlegt, sodass zunächst geprüft wird, ob der Hash-Wert des hochgeladenen Inhalts ein Duplikat zu einem anderen Hash darstellt. Damit können bereits bekannte Gewaltvideos oder urheberrechtlich geschützte Inhalte erkannt werden. Für Inhalte, die aber neu sind, wird mittlerweile Machine Learning herangezogen. Machine Learning identifiziert Gemeinsamkeiten mit bisher als „verboten"
gekennzeichneten Inhalten und leitet daraus Regeln ab. Verstößt ein bereitgestellter
Inhalt gegen eine solche Regel, wird er vorsorglich blockiert und nicht hochgeladen.
Dennoch sind die Regeln nicht trennscharf, sodass satirische, ironische oder sarkas-
tische Inhalte von dem Machine-Learning-Modell fälschlicherweise blockiert werden können.

Ein weiterführender Ansatz ist die Filterlösung Content-ID von Google: Der Filter erstellt sogenannte *Fingerprints* für Audio- und Filmdateien. Diese Fingerprints
werden anschließend mit den bisherigen Fingerprints in der Datenbank abgeglichen.
Sobald ein Grenzwert der Ähnlichkeit überschritten ist, wird der Inhalt gesperrt.
Aber auch dieses System hat seine Schwächen: Es kann beispielsweise vorkommen,
dass die privat gefilmte Aufnahme eines Stücks von Johann Sebastian Bach fälschlicherweise als Kopie identifiziert und daher gesperrt wird.

4.5   Ausgewählte Anwendungssysteme für Querschnittsfunktionen

Die Anwendungssysteme für Querschnittsfunktionen sind für Industrie- und Dienst-
leistungsbetriebe recht ähnlich und werden daher in diesem Teilkapitel zusammengefasst. Andere Querschnittsfunktionen, so das Anlagenmanagement, spielen in der
Regel nur im Industrieunternehmen eine bedeutende Rolle (vgl. den Bezugsrahmen
in ☐ Abb. 4.18).

4.5.1 Finanzen

Im Vergleich zu anderen Sektoren gibt es im eigentlichen Finanzierungssektor (ohne Rechnungswesen) nur wenige AS. Die Besonderheiten in Banken und zur Zusammenarbeit der Bankkunden-Betriebe mit Banken beim Zahlungsverkehr sind im ▶ Abschn. 4.4.3.1 dargestellt.

Eine wichtige, wenn auch schwierige Aufgabe in „Nicht-Banken", vor allem Industrie- und Handelsbetrieben, ist die Finanz- und Liquiditätsdisposition. Es geht darum, die voraussichtlichen Einnahmen- und Ausgabenströme vorherzusagen und, abhängig vom Saldo, über die Anlage freier Mittel oder die Aufnahme von kurzfristigen Krediten zu entscheiden. Vor allem in internationalen Unternehmen mit Bankverbindungen in vielen Ländern bedient man sich hierzu eines *Cash-Management-Systems* (s. ▶ Abschn. 4.4.3.1).

Aufgabe dieses AS ist es vor allem, die Massenzahlungen zu prognostizieren. In der integrierten IT stehen hierzu z. B. die folgenden Daten bereit: Absatzplan, Auftragsbestand, Forderungsbestand, Bestand an Verbindlichkeiten, Bestellobligo, Kostenplan, regelmäßig wiederkehrende Zahlungen (z. B. Lohn- und Gehaltszahlungen oder Mieten) und Investitionsplan.

4.5.2 Rechnungswesen

4.5.2.1 Vorkalkulation

Zur Vorkalkulationkann im Rahmen einer integrierten Konzeption auf drei Datengruppen zurückgegriffen werden:
1. Materialstammdaten
2. Stücklisten (s. ▶ Abschn. 4.4.1.3).
3. Arbeitspläne mit den Arbeitsgängen, den zu benutzenden Betriebsmitteln und den zugehörigen Zeiten (s. ▶ Abschn. 4.4.1.3).

Das *Vorkalkulationsprogramm* durchwandert unter Verwendung der im Kostenstellenrechnungsprogramm ermittelten und im Betriebsabrechnungsbogen (BAB) dokumentierten, neuesten Ist-Kosten pro Leistungseinheit (z. B. pro Fertigungsminute) die Stückliste „von unten nach oben", vom Einzelteil zum Fertigerzeugnis, und fügt Bauteil für Bauteil zusammen. ◘ Abb. 4.37 zeigt diese Prozedur schematisch.

4.5.2.2 Hauptbuchhaltung

Die Struktur der *Hauptbuchhaltungsprogramme* ist durch die Methodik der doppelten Buchführung vorbestimmt. Ein großer Teil der Eingabedaten wird von anderen Programmen angeliefert, so u. a. verdichtete Buchungssätze vom Debitoren- und vom *Kreditorenbuchhaltungsprogramm* (s. ▶ Abschn. 4.5.2.3), Materialbuchungen durch das Materialbewertungsprogramm.

4

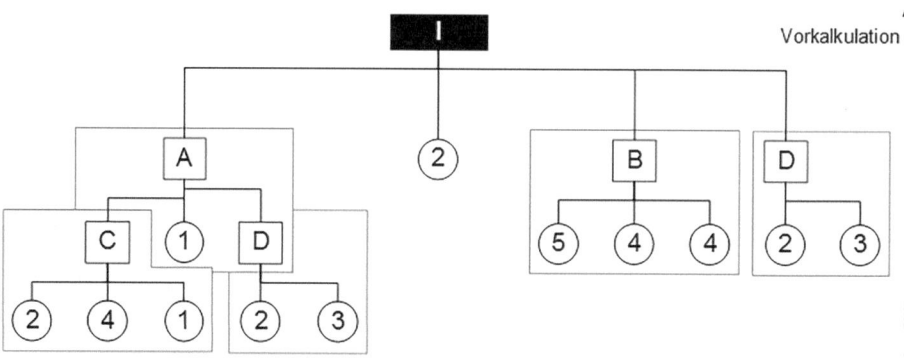

Kalkulationsschema:

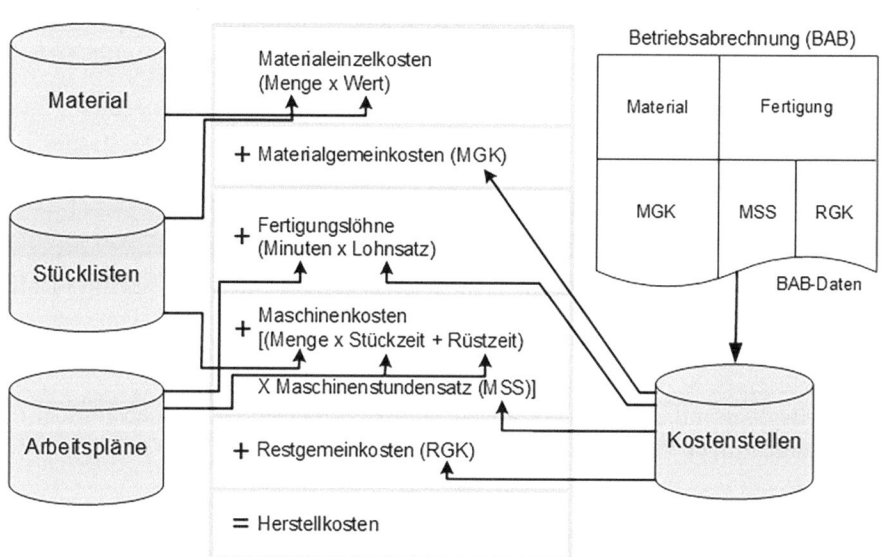

◘ **Abb. 4.37**   Vorkalkulation

Charakteristisch für eine integrierte IT sind die sehr guten Abstimmungsmöglichkeiten, welche die Sicherheit der Buchhaltung erhöhen (z. B. zwischen den Haupt- und Nebenbuchhaltungen oder zwischen der Fakturierung und der Summe der Debitoren).

Auch die Eingabe der noch personell zuzuführenden Buchungsvorgänge ist rationalisiert. Beispiele: Eingangsrechnungen werden eingescannt und automatisch verbucht oder der Buchhalter wird am Bildschirm von Position zu Position geleitet und sofort auf fehlerhafte Eingaben aufmerksam gemacht oder das System unterbreitet mithilfe von Methoden der Statistik und der Künstlichen Intelligenz (etwa Schluss darauf, welche Buchung aus der Erfahrung heraus für einen bestimmten Geschäftsvorfall infrage kommt) auf dem Bildschirm einen Vorschlag. Ein solches System bietet die DATEV eG, ein IT-Dienstleister vor allem für Steuerberater, an.

4.5.2.3 Nebenbuchhaltung

■ **Debitorenbuchhaltung**

Die *Debitorenbuchhaltung* führt offene Forderungen. Vom Fakturierprogramms als Transferdaten übermittelte Geschäftsvorfälle verbucht das AS auf den Debitorenkonten. Bei Überschreitung von Fälligkeitsterminen werden mithilfe gespeicherter Textbausteine versandfertige Mahnungen ausgegeben. Entsprechend der jeweiligen Mahnstufe (erste, zweite, … Mahnung) benutzt das Programm unterschiedlich „strenge" Formulierungen. Eingehende Kundenzahlungen werden registriert und die zugehörigen offenen Posten gelöscht.

■ **Kreditorenbuchhaltung**

Das *Kreditorenbuchhaltungsprogramm* ist dem für die Debitorenbuchhaltung sehr ähnlich. Jedoch ist ein Modul vorzusehen, mit dem die Zahlungen zum optimalen Zeitpunkt vorgenommen werden (Abwägen zwischen Liquiditätsgewinn bei späterer und Skontoertrag bei früherer Zahlung).

4.5.3 Personal

4.5.3.1 Anwerbung von Mitarbeitenden

Unternehmen, die jedes Jahr eine große Zahl neuer Mitarbeiter einstellen (für die SAP SE wurden 2022 150.000 Bewerbungen pro Jahr angegeben (Bös 2022)) platzieren auf einem Bewerbungsportal die Ausschreibungen für freie Positionen. Interessierte müssen über diese Portale in strukturierter Form Bewerbungsdaten hinterlegen und weitere Dokumente, z. B. Zeugnisse, anhängen. Ein Anwendungssystem trifft aufgrund der Informationen in den Standardfeldern eine Vorauswahl. In Zukunft können möglicherweise neuere Algorithmen der Datenanalyse und von automatischer Textverarbeitung bis hin zu Künstlicher Intelligenz eingesetzt werden, um die Kriterien im Stellenangebot mit den Angaben im Bewerbungstext zu vergleichen und eventuell sogar Reihenfolgen zu bilden. Oder es werden per Video aufgezeichnete Interviews ausgewertet, um Persönlichkeitsmuster und Verhaltensmerkmale zu identifizieren, diese mit der Unternehmenskultur zu vergleichen und dann als zusätzliche Beurteilungsmerkmale einzubringen. Insbesondere bei stark umworbenen Personalkategorien, etwa von Spezialisten für die Abwehr von Angriffen auf die IT-Systeme der Unternehmen (Cybercrime) gehen in Personalabteilungen sog. „Talent Sourcers" dazu über, in sozialen Netzwerken wie LinkedIn oder Facebook zu suchen, potenzielle Interessenten per E-Mail zu kontaktieren und zu einer Bewerbung zu ermuntern.

4.5.3.2 Arbeitszeitverwaltung

Mithilfe der IT lassen sich die Anwesenheitszeiten rationell und sehr genau erfassen. Insbesondere können die beiden Hauptanforderungen an moderne Arbeitszeitmodelle „Ausreichende Information des Mitarbeiters über den Stand seines Zeitkontos" und „Übernahme der Arbeitszeiten in die *Entgeltabrechnung*" leichter erfüllen. Derartige Module gewinnen an Bedeutung, wenn die Unternehmen immer vielfältigere Arbeitszeitmodelle einführen oder wenn Tarifverträge oder Gesetze verlangen, dass nicht nur die *Dauer* der Anwesenheit dokumentiert wird, sondern auch die *Uhrzeit* des Beginns und des Endes. Andererseits können rechtliche Probleme entstehen, wenn der Arbeitgeber die Arbeitnehmenden genauer kontrollieren will, etwa bei *gemischter Präsenz- und Heimarbeit* (Unverletzlichkeit der Wohnung). (Rudolph und Meisener 2022).

Ein typischer Ablauf: Der Arbeiter führt einen mit einem Magnetstreifen versehenen oder als *Chipkarte* gestalteten, maschinenlesbaren Werksausweis oder einen QR-Code auf dem Mobiltelefon mit. Dieser wird beim Kommen und Gehen von einem Zeiterfassungsterminal identifiziert. Das elektronische System entnimmt die Personalnummer und speichert sie zusammen mit der Uhrzeit. Dabei überprüft das AS den Kommt-Geht-Rhythmus und macht den Arbeitnehmer ggf. auf Unstimmigkeiten aufmerksam, beispielsweise wenn er am Vorabend vergessen hat, sein „Geht" dem IT-System zu melden. Gleichzeitig können dem Mitarbeiter die aufgelaufene Anwesenheitszeitsumme im Monat und der Soll-Ist-Saldo angezeigt werden.

Mit vermehrtem Aufkommen der Heimarbeit am Computer („Homeoffice") wird die Arbeitszeitverwaltung betrugsanfälliger, weil die Arbeitszeit nicht so leicht registriert werden kann wie bei Präsenz im Unternehmen. In manchen Branchen wird deshalb nicht die Arbeitszeit überwacht, sondern das abgelieferte Ergebnis, z. B. die Zahl der per E-Mail beantworteten Kundenanfragen.

4.5.3.3 Entgeltabrechnung

Unter der Bezeichnung *Entgeltabrechnung* kann man die Programme zur Lohn-, Gehalts-, Ausbildungsbeihilfe- und Provisionsabrechnung zusammenfassen. Ihre Struktur ist weitgehend durch gesetzliche und tarifliche Vorschriften determiniert.

Aufgaben der Entgeltabrechnungsprogramme sind u. a. die Ermittlung der *Bruttoentgelte* aufgrund von Leistungs- und Anwesenheitszeiten oder Mengen- bzw. Deckungsbeitrags- bzw. Umsatzleistungen (bei der *Provisionsabrechnung*), die Bestimmung von *Zuschlägen*, wie z. B. Feiertagszuschlägen, die Berechnung von *Nettolöhnen* und *-gehältern* unter Berücksichtigung der *Steuern*, *Sozialabgaben* und sonstigen Abzüge, z. B. bei der Tilgung von Arbeitgeberdarlehen. Die Problematik der Entgeltabrechnungsprogramme liegt weniger darin, sie zu entwickeln; vielmehr ist wegen laufender Änderungen, die der Gesetzgeber oft erst sehr spät beschließt und im Detail bekannt gibt, die Pflege außerordentlich aufwändig.

4.5.3.4 Meldeprogramme

Im Personalsektor fallen, zum Teil aus gesetzlichen Gründen, zahlreiche Meldungen an, die oft nur Ausdrucke bestimmter Felder der Personaldatenbasis darstellen. Beispiele sind die Beschäftigungsstatistik gemäß Gewerbeordnung, *Mitteilungen über Lohn- und Gehaltsänderungen* an die Mitarbeiter oder Angaben für Finanzämter und Versicherungen.

4.5.3.5 Veranlassungsprogramme

Kurz vor der Fälligkeit von Maßnahmen (z. B. medizinische Routineuntersuchung) gibt der Computer aufgrund in der Personaldatenbank festgehaltener Informationen Veranlassungen aus. Beispielsweise stellt er sie in die elektronischen Briefkästen der Betroffenen. Die Rechtsprechung verlangt zum Teil auch Warnungen, z. B. wenn eine Arbeitnehmerin Gefahr läuft, nicht in Anspruch genommenen Urlaub verfallen zu lassen.

4.5.3.6 Personen-Aufgaben-Zuordnung

Diese Dispositionssysteme erstellen Pläne, die festlegen, welche Arbeitsplätze wann von welchen Fachkräften besetzt werden. Charakteristisch ist, dass neben den manchmal schwer messbaren Anforderungen der Aufgaben und den ebenso schwer zu quantifizierenden menschlichen Qualifikationen viele Bedingungen einzuhalten sind; diese folgen u. a. aus dem Arbeitsrecht und Betriebsvereinbarungen (z. B. Anordnung und Dauer von Pausen).

Die leistungsfähigsten AS verwenden wissensbasierte Methoden (s. ▶ Abschn. 3.5) und greifen auf die Personal- und Betriebsmittelstammsätze ebenso zu wie auf gespeicherte Arbeitszeitmodelle (Feldmann et al. 1998).

4.5.3.7 Mitarbeiterportale

Mitarbeiterportale, die aus dem Internet bzw. aus einem Intranet (s. ▶ Abschn. 2.2.3.4) aufgerufen werden, erlauben den Angestellten und Arbeitern den Zugang zu Methoden und Informationen, die sie für ihre Tätigkeit im Unternehmen benötigen (z. B. für die Reisekostenabrechnung). Diese werden als Employee Self Services (ESS) bezeichnet. Hierzu gehört auch die Möglichkeit, Änderungen an Stammdaten selbst durchzuführen und Dokumente einzuspeichern, etwa nach der Änderung des Familienstandes. Darüber hinaus werden sie auch als Instrument der Personalbindung genutzt, da das Unternehmen darüber informiert, welche Perspektiven sich für die Sicherheit der Arbeitsplätze in einem Werk ergeben, welche Sozialleistungen bei familiären Ereignissen, wie etwa der Geburt eines Kindes oder bei einem Trauerfall, in Anspruch genommen werden können, welchen Stand ein Konto des Mitarbeiters im Rahmen eines Erfolgsbeteiligungsmodells erreicht hat oder welche Möglichkeiten bestehen, von einem Vollzeit- in ein Teilzeit-Arbeitsverhältnis zu wechseln. Sind Führungskräfte die Benutzergruppe, wird von *Manager Self Service* (MSS) gesprochen (Klein 2012, S. 43).

4.6 Ausgewählte Planungs- und Kontrollsysteme

4.6.1 Integrierte Vertriebs- und Produktionsplanung

Das folgende AS ist ein Beispiel für eine ressourcenorientierte Sicht in der WI. Gleichzeitig kann man daran demonstrieren, wie ein Planungssystem in die integrierte Informationsverarbeitung einzubetten ist.

Es gilt u. a. herauszufinden, wo auf höheren Verdichtungsebenen gefährliche Überkapazitäten oder Engpässe drohen. So mag z. B. ein Hersteller von besonders hochwertiger Kleidung oder von Luxus-Fahrzeugen maschinell oder im Mensch-Maschine-Dialog die Folgen eines Absatzeinbruchs abschätzen, die wiederum die Konsequenzen einer Finanzkrise sind, in der die Kundschaft massiv zu preiswerten Produkten wechselt.

Als erstes Beispiel eines computergestützten Planungssystems wählen wir die integrierte Vertriebs- und Produktionsplanung und skizzieren vor allem ihre Position in einem integrierten System. Wir gehen davon aus, dass ein vorläufiger Absatzplan bereits erarbeitet wurde (evtl. mit Rechnerunterstützung, Mertens und Meier 2009).

4

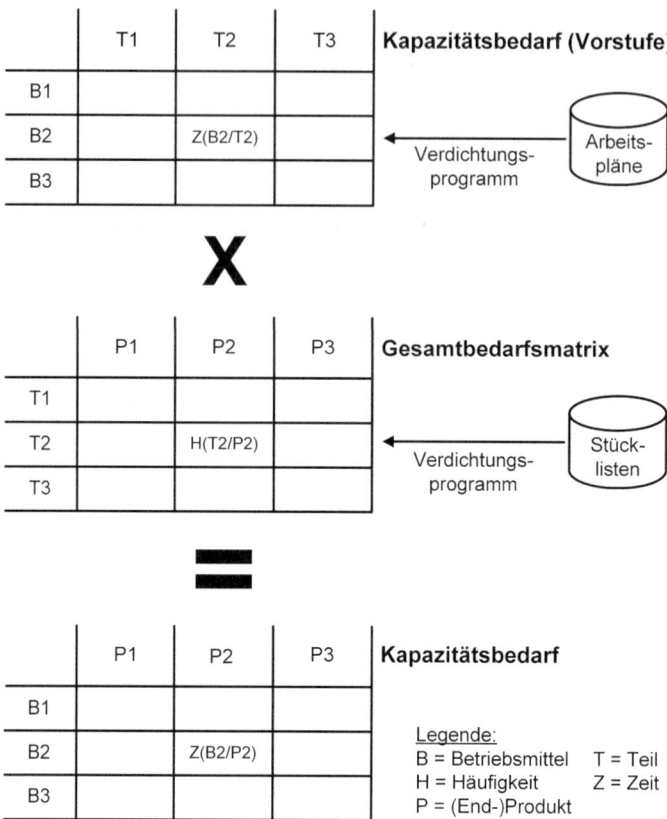

● **Abb. 4.38**   Ermittlung der Kapazitätsbedarfsmatrix

In der nächsten Phase sind die bis dahin geplanten Absatzmengen den Produktionskapazitäten gegenüberzustellen (s. dazu auch die Ausführungen über Primärbedarfsplanung in ▶ Abschn. 4.4.1.3).

Hierzu entnimmt das rechnergestützte Planungssystem der Arbeitsplandatei die
Produktionsvorschriften für alle eigengefertigten Teile T und wandelt sie in die
Kapazitätsbedarfsmatrix (Vorstufe) um (vgl. ● Abb. 4.38). In ihr sind in den Spalten
die Einzelteile und in den Zeilen die Betriebsmittel B sowie die manuellen Arbeitsplätze
eingetragen. Die Matrixelemente enthalten die zur Herstellung einer Einheit des Teils
mit dem jeweiligen Betriebsmittel (bzw. an dem manuellen Arbeitsplatz) erforderlichen Zeiten Z.

Mithilfe der *Stücklisten* kann ein ähnliches *Brücken- bzw. Verdichtungsprogramm*
aus der Zusammensetzung der Enderzeugnisse die Gesamtbedarfsmatrix generieren.
Da auch Montageprozesse Kapazität beanspruchen, müssen sie als fiktive Teile definiert werden. Durch Multiplikation der beiden Matrizen gewinnt man eine weitere
Kapazitätsbedarfsmatrix, die in den Spalten die Fertigerzeugnisse, in den Zeilen jedoch die Betriebsmittel und Arbeitsplätze enthält. Die Elemente sind jetzt die
Kapazitätsbelastungen der Betriebsmittel und Arbeitsplätze durch die Herstellung
einer Einheit des Endproduktes. Man beachte, dass die Einzelteile durch die
Matrizenmultiplikation „herausgekürzt" worden sind.

Durch Multiplikation der letzten Matrix mit dem Vektor des Absatzprogramms geht man von der auf eine Einheit des Enderzeugnisses bezogenen Betrachtung zum gesamten Absatzplan über und erhält die Kapazitäten, die bei den einzelnen Betriebsmitteln oder manuellen Arbeitsplätzen zur Realisierung des bisherigen Absatzplanes erforderlich sind.

Ergeben sich nun beträchtliche Über- oder Unterschreitungen, so sind Alternativrechnungen und -planungen anzustellen, wobei sowohl Absatzzahlen als auch Produktionskapazitäten verändert werden. Produktionskapazitäten kann man beispielsweise durch Investitionen oder Desinvestitionen bei einzelnen Betriebsmitteln, zusätzliche Schichten und Überstunden oder auch Einschaltung von Auftragsfertigern („Verlängerte Werkbank") an den Absatzplan anpassen.

Nach einer Reihe von Schritten, bei denen Rechner und menschliche Planer zusammenarbeiten, sei ein Absatzplan gefunden worden, der von den Fertigungskapazitäten her realisierbar ist. Aufgabe der IT-Systeme ist es nun, Vorschläge zu unterbreiten, wie die auf Unternehmensebene gefundenen Absatzzahlen für die einzelnen Produkte auf die unteren Ebenen (z. B. Verkaufsgebiet/Ressort und dann Bezirke) heruntergebrochen werden. Dabei kann die Maschine beispielsweise die gleichen Proportionen verwenden, die in der Vorperiode beobachtet wurden. Das Resultat sind Absatzpläne für einzelne Produkte in den Bezirken und damit Planvorgaben für die Außendienstmitarbeitenden. Diese werden bei den Stammdaten der Angestellten gespeichert und sind dort die Grundlage für *Soll-Ist-Vergleiche* oder auch für die Berechnung von erfolgsabhängigen Entgelten.

4.6.2 Produkt-Lebenszyklus-Planung

In diesem Abschnitt wollen wir andeuten, wie die IT die besonders wichtige Produktsicht erleichtert.

Bei Erzeugnissen mit sehr kurzer Lebensdauer (von z. B. 18 Monaten), wie sie etwa in der Elektronikindustrie oder in der Telekommunikation vorkommen, ist es nicht sinnvoll, sich im Rechnungswesen streng an Kalenderperioden zu orientieren. Die Aussagekraft eines Abschlusses zum 31.12. eines Jahres ist gering, wenn das Produkt zuvor zehn Monate „gelebt" hat und im neuen Jahr nur noch acht Monate „leben" wird. Daher ist ein Planungsinstrument bereitzustellen, das von einer ganzheitlichen Sichtweise für das Produktmanagement ausgeht. Die Planung von Kosten und Erlösen bzw. Erfolgen soll über alle Phasen des Produktlebens, von der Produktentwicklung bis zu den Nachsorgeverpflichtungen durch Garantie- und Serviceleistungen, unterstützt werden. Beispielsweise wünscht man sich Hilfe bei folgenden Fragestellungen bzw. Entscheidungen (vgl. auch Götze 2000):

— Wird ein Fabrikat seine (voraussichtlichen) direkten Entwicklungskosten erwirtschaften?

— Reichen die aufgelaufenen Deckungsbeiträge eines Produkts aus, um die Entwicklungskosten für ein Nachfolgeerzeugnis zu finanzieren?

— Wie sollen Wartungspreispolitik, Ersatzteilpolitik oder Inzahlungnahme den Ersatz eines alten Erzeugnisses durch die Nachfolgegeneration steuern?

— Welche Kosten sind abbaubar bzw. entfallen, wenn ein Produkt aus dem Programm genommen wird, und in welchem Maße ist mit „Überläufern" der betreffenden Kunden-Zielgruppe auf ein anderes eigenes Produkt zu rechnen?

4

Zu Beginn des Lebenszyklus, also bei der Entwicklung und Markteinführung, sind die typischen Informationen des Projektcontrolling (zeitlicher Fortschritt, kritische Pfade auf dem Netzplan, Kapazitätsauslastung und Projektkosten) besonders wichtig.

In den weiteren Stadien empfehlen sich Produkterfolgsrechnungen. Hierzu zählen die aufgelaufenen Erlöse aus dem Verkauf des Erzeugnisses und die in Zeiten, Absatzmengen oder Umsätzen gemessenen Entfernungen zu zwei wichtigen Ereignissen im Produktleben, und zwar der *Gewinnschwelle* (Break-even-Punkt) und dem Erreichen des von der Unternehmensleitung vorgegebenen Kapitalrendite-Ziels. Die Entfernungen zu den „Meilensteinen" ergeben sich aus einer Hochrechnung, die in erster Näherung von einem linearen Wachstum ausgehen mag, in eleganteren Versionen aber eine für die Produktgruppe typische Lebenskurve zugrunde legt, wobei vor allem an die Logistische Funktion zu denken ist (Mertens 2012b; Back-Hock 1988).

Als Beispiel einer für die *Produkt-Lebenszyklus-Planung* typischen Methode soll hier die Planung von Erlösverläufen skizziert werden: Man geht davon aus, dass der Planer aufgrund seiner Erfahrung bzw. seines Fachwissens eine Vorstellung von der Entwicklung der Erlösdaten im Zeitablauf hat. Ein Dialogprogramm bietet dem Anwender eine Reihe von Verlaufsmustern in Form mathematischer Funktionen zur Auswahl an.

In ◘ Abb. 4.39 sind ausgewählte Funktionstypen dargestellt. Diese einzelnen Verläufe können unter Annahme von pessimistischen, optimistischen oder wahrscheinlichen Entwicklungen in Zahlen oder grafisch (◘ Abb. 4.40) verdichtet werden, z. B. zu Produktgruppen, Tochtergesellschaften im Konzern oder zum Konzern als Ganzes.

Für die schwierige Einschätzung des Produkterfolgs über der Lebensdauer kommen vor allem auch die Zeitreihen ähnlicher Erzeugnisse in der Vergangenheit („Like Modeling") infrage. Interessant sind die Auswirkungen besonderer Ereignisse. So lässt der Verlauf des Absatzes eines Fabrikats nach Einführung einer zusätzlichen Variante Schlüsse auf Kannibalisierungseffekte zu.

In einer Reihe von Branchen kennt man Erfahrungskurven und operiert beispielsweise mit der Faustregel: „Nach Verdopplung der Produktionsmenge verringern sich die direkten Herstellungskosten auf 80 % des Ausgangswerts, nach Vervierfachung der Produktionsmenge auf 80 % des vorigen Werts, also insgesamt auf 64 % des Ausgangswerts usw.". In solchen Branchen kann überwacht werden, ob man sich in gewissen Toleranzgrenzen auf der Erfahrungskurve bewegt oder diese an neue Beobachtungen angepasst werden muss.

Eine andersartige Unterstützung der strategischen Planung bieten Systeme, bei denen der Computer mithilfe von Prognosemodellen, insbesondere Sättigungsmodellen (Mertens 2012b), die Absatzkurven aller Produkte oder Modellreihen des Unternehmens vorhersagt und diese überlagert. Die so entstehende Funktion des Gesamtabsatzes (Sättigung des eigenen Marktes) über der Zeit ist der Ausgangspunkt einer Erfolgsrechnung, bei der unter Berücksichtigung von gespeicherten oder errechneten Kostenverläufen die Erträge, die Deckungsbeiträge und die Liquiditätssituation prognostiziert werden. Dieses Planungsverfahren kommt in Betracht, wenn das Unternehmen nur wenige Produkte oder Modellreihen herstellt, wie es etwa in der Fahrzeug- oder in der Flugzeugindustrie die Regel ist.

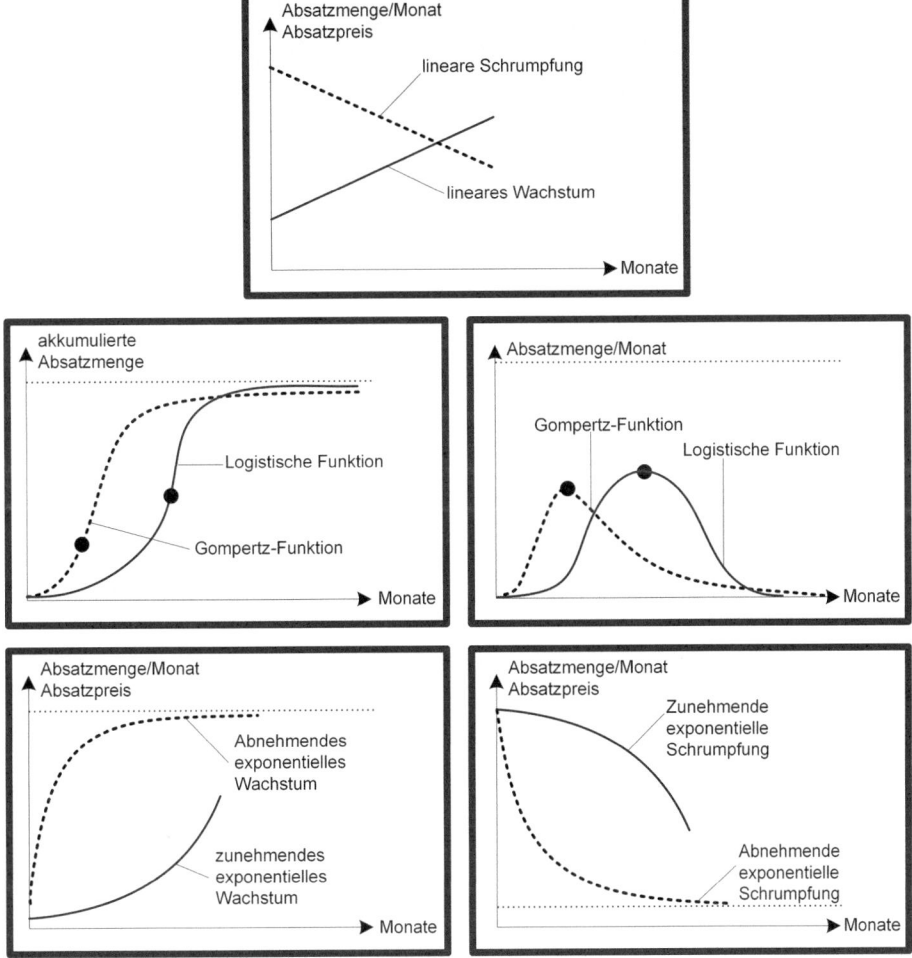

◨ Abb. 4.39 Funktionstypen als Verlaufsmuster für die Erlösentwicklung

Hauptziel derartiger Modelle ist es, mögliche Krisensituationen vorherzusehen, wenn z. B. ein Hauptprodukt früher als geplant in die Degenerationsphase gerät und das Nachfolgeerzeugnis zu spät marktreif wird. Hierfür gibt es Beispiele aus der Automobil- und aus der Pharma-Industrie, wobei die Unternehmen in gefährliche Lagen gerieten. ◨ Abb. 4.40 zeigt schematisch das Prinzip solcher Planungsmodelle für die Umsatzverläufe (Kosten und Gewinne sind aus Gründen der Übersicht nicht eingezeichnet).

Gegen Ende des Produktlebenszyklus bricht oft die statistische Basis für Vorhersageverfahren weg, die wiederum die Grundlage für die Produktionsplanung ist. Daher sollte das System Frühwarnsignale geben, wenn signifikant weniger Verkäufe oder Auftragseingänge als bislang gemeldet werden, damit von maschineller auf personelle Vorhersage und Planung umgeschaltet wird. Die Planer können dann z. B.

4

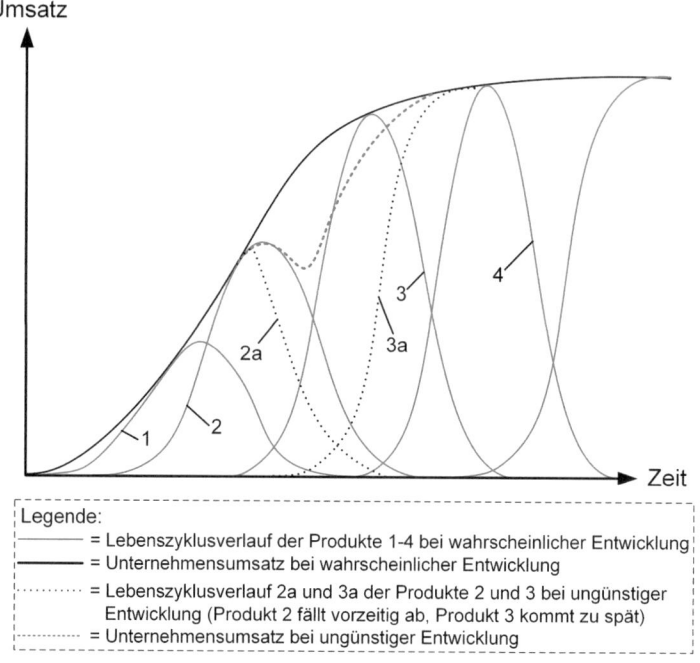

Legende:
———— = Lebenszyklusverlauf der Produkte 1–4 bei wahrscheinlicher Entwicklung
▬▬▬ = Unternehmensumsatz bei wahrscheinlicher Entwicklung
·········· = Lebenszyklusverlauf 2a und 3a der Produkte 2 und 3 bei ungünstiger
              Entwicklung (Produkt 2 fällt vorzeitig ab, Produkt 3 kommt zu spät)
·········· = Unternehmensumsatz bei ungünstiger Entwicklung

◘ **Abb. 4.40**   Überlagerung von Produktlebenszyklen

auch rechtzeitig Sorge tragen, dass keine Überbestände auf den Lagern für die fremdbezogenen Teile und für die Fertigerzeugnisse entstehen und dass keine Produktionskapazitäten vergeudet werden.

Wo Fehlprognosen besonders weitreichende Konsequenzen haben, mag sich die Verwendung von Mehrfachprognosen lohnen. Man setzt mehrere Verfahren ein und kombiniert diese mit personellen Einschätzungen.

> **Praktisches Beispiel**
>
> Die deutsche Telekom investiert pro Jahr Milliarden Euro in den Ausbau der deutschen Netzinfrastruktur. Hierzu gehören u. a. gute Vorhersagen zum Kapazitätsbedarf bei der Datenübertragung. Man rechnet mit mehreren mathematisch-statistischen Methoden und holt auch die personellen Schätzungen von mehreren Abteilungen ein. Aus den übereinstimmenden ebenso wie aus den divergierenden Werten werden Schlüsse gezogen, um zu allmählichen Verbesserungen der Vorhersageansätze zu gelangen. (Werner und Samland 2022)

Es ist denkbar, dass Methoden der Künstlichen Intelligenz, in denen die Gewichte der verschiedenen Einzelverfahren systematisch verändert und die Prognosegenauigkeiten dieser Varianten verglichen werden, auf mittlere oder längere Sicht zu verbesserten Vorhersagen führen.

4.6.3   Beispiele von computergestützten Kontrollsystemen

In vielen Handelsbetrieben, z. B. im Sanitär-, Möbel- oder Elektrogroßhandel bzw. in entsprechenden Ketten, ist es von äußerster Bedeutung, den Produkt- und Vertriebserfolg flexibel von der Ebene der Einzelverkäufe in den Filialen zu verdichten („bottom-up") und ihn dann zu kontrollieren sowie positive und negative Entwicklungen, die auf hoher Verdichtungsebene festgestellt wurden, hinsichtlich ihrer Detailursachen („top-down") zu analysieren.

◘ Abb. 4.41 vermittelt einen Eindruck von den Verdichtungs- und Analysepfaden. So mag man bei der Aggregation z. B. den Erfolg einer Produktgruppe und einer Vertriebsregion herausarbeiten. Komplizierter ist die Zerlegung von verdichteten Kennzahlen. So kann etwa ein Rückgang des Gewinns durch Rasenmäher vor allem durch eine 70 %-ige Einbuße bei Elektromähern in Bayern zu erklären sein, wobei dieser Verlust durch einen 10 %-igen Zuwachs bei Benzinmähern in Niedersachsen gemildert wird. Ein anderer Befund wäre, dass in cincr Handelskette der Textilbranche über alle Produktgruppen und Regionen hinweg Kleidungsstücke in der Farbe Gelb den „Geschmack der Saison" besonders treffen („Produktmerkmalsbasierte Analyse"). Liegt diese Erkenntnis rechtzeitig vor, so kann das Unternehmen sein Einkaufs- und Vertriebsprogramm noch in einer frühen Phase der Saison ent-

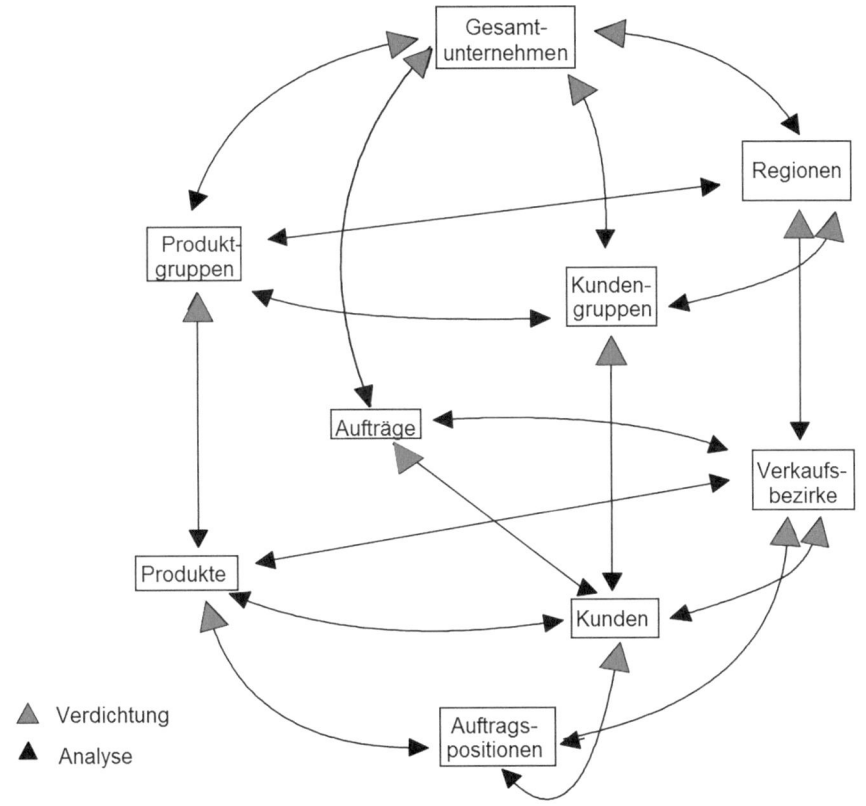

◘ **Abb. 4.41**   Ergebnishierarchien

4

sprechend modifizieren. Oft sind derartige Befunde nicht das Resultat der maschinellen Überprüfung von Vermutungen bzw. Hypothesen, die ein Mensch in das IT-System eingegeben hätte; vielmehr soll das System die Auffälligkeiten selbst finden bzw. Verdachtsmomente generieren. Methodisches Hilfsmittel ist das *Data Mining* in Verbindung mit „*Big Data*" (s. ▶ Abschn. 3.2.2 und 3.3.1).

Abhängig von den Wirtschaftszweigen und Branchen gibt es zahlreiche weitere Kontrollsysteme. Teilweise stehen sie nicht im Belieben der Unternehmensleitung, sondern sind z. B. von öffentlichen Auftraggebern (im Zusammenhang mit obligatorischen Berichtspflichten an die EU-Kommission, Vorhaben der *staatlichen Infrastruktur, des Umweltschutzes oder der Landesverteidigung*) vertraglich oder gesetzlich vorgeschrieben. Die Automation dieser Berichterstattung, insbesondere die Berechnung der notwendigen Daten (zum Umweltschutz etwa des „CO_2-Fußabdruckes" nach dem Produktionsprozess), ist eine große Herausforderung auch an die Wirtschaftsinformatik. Man mag von einer neuen Kategorie der Informationssysteme, z. B. „Externe Berichtssysteme", sprechen.

- Personalbereich: Entwicklung von Überstunden und Fehlzeiten (etwa wegen Erkrankungen)
- Bereich Forschung und Entwicklung: Verspätung von Aktivitäten auf kritischen Pfaden im Netzplan von Entwicklungsprojekten
- Bereich Beschaffung: Pünktlichkeit von Lieferanten, Entwicklung der Sicherheitsbestände (z. B. von Mikrochips) an Knoten eines Wertschöpfungsnetzes
- Bereich Produktion: Ausschussraten, Auslastung von Betriebsmitteln
- Bereich Verkauf/Versand: Reklamationen und Rücksendungen, z. B. im Versandhandel
- Bereich Rechnungswesen: Gemeinkosten in einzelnen Kostenstellen

Besonders häufig wünschen sich Informations-Adressaten im Unternehmen, dass vom IT-System *auffällige Abweichungen vom Durchschnitt* besonders hervorgehoben werden („Information by Exception"), damit Führungskräfte besonders rasch erkennen, wo vertiefende Analysen verlangt oder sofortige Eingriffe („Management Attention") geboten sind. (Mertens und Meier 2009)

Sobald die Informationsempfänger nicht genau wissen, nach welchen Daten sie suchen, können sie in bestimmten Fällen nur die *Fragen an das System* bzw. ein *Untersuchungsziel* eingeben. Das System probiert dann, sehr viele ihm bekannte Merkmale in unterschiedlicher Weise zu kombinieren und bestimmte Muster zu erkennen. Im Produktionsbereich mag z. B. eine bisher nicht erwartete und beobachtete Erhöhung der Ausschussrate oder der Kundenbeschwerden darauf zurückzuführen sein, dass bei der Wärmebehandlung eines Ausgangsprodukts in einem neuen Ofen Schadstellen entstehen, die erst Wochen später auffallen, wenn das Endprodukt beim Kunden Mängel zeigt. Im Vertrieb werde festgestellt, dass mehr als früher das Angebot von Online-Beratungen zu einem Produkt aufgerufen wird, was der Abnehmer aber bald abbricht, um doch die Beraterin beim Lieferanten anzutelefonieren. Ein Kontrollsystem könnte herausfinden, dass die Ursache nicht in Produktmerkmalen liegt, sondern die reklamierenden Kunden überdurchschnittliche Schwierigkeiten mit einer neu eingeführten, sichereren, aber komplizierteren Anmelde-Prozedur haben (beispielsweise fordern sie mehr als früher neue Passwörter an) (Davenport und Ronanki 2018).

Wenn sich jede(r) Angestellte seinen eigenen Weg durch die Analysepfade bzw. Äste und Zweige des Verdichtungsbaumes (gem. ◘ Abb. 4.41) bahnt, droht Wildwuchs, und die Befunde sind im Unternehmen nur mit Mühe vergleichbar. Daher wurden auch für Kontrollsysteme Self-Service-Systeme (s. ► Abschn. 4.4.2) mit der Bezeichnung *„Self-Service-Analytics"* entwickelt: Die Unternehmensleitung gibt bestimme Regeln oder Parameter vor, die *immer* einzuhalten sind. Im Beispiel der Erfolgsanalyse von Investitionen können das u. a. die anzuwendende Investitionsrechnungsmethode, z. B. der Kapitalwert bzw. der interne Zinsfuß, sein oder die Abschreibungsdauern. Die zugehörigen Algorithmen, also etwa die Berechnung des Kapitalwerts, kann man im Kontrollsystem als Unterprogramm vorhalten.

Mit der zunehmenden Vielfalt der Managementinformationen bzw. der Entscheidungsunterstützungssysteme (Gräf et al. 2017) und der Berichte an externe Empfänger wächst auch die Bedeutung der Data Warehouses (s. ► Abschn. 3.2).

4.7 Customer-Relationship-Management als Beispiel für funktionsbereich- und prozessübergreifende Integration

Customer-Relationship-Management (CRM) ist ein kundenorientierter Ansatz, bei dem versucht wird, mithilfe moderner IT auf lange Sicht profitable Kundenbeziehungen durch individuelle Marketing-, Vertriebs- und Servicekonzepte aufzubauen und zu festigen. CRM spielt sowohl in Industrie- als auch in Dienstleistungsunternehmen eine wichtige Rolle. Man versucht, mit einer Vernetzung verschiedener AS vielfältige Interessenten- und Kundeninformationen zu sammeln, zu speichern und zu verknüpfen, um so die Kundenbasis zu erweitern, die Kundenzufriedenheit zu erhöhen und einen Stamm loyaler Kunden aufzubauen. Die Herausforderung an die IT liegt darin, Teilsysteme zur Vorverkaufs-, Verkaufs- und Nachverkaufsphase (z. B. Garantie- und Reklamationsabwicklung) zu integrieren (*horizontale Integration*, s. ► Abschn. 4.1.1). Aber auch die *vertikale Integration* (s. ► Abschn. 4.1.1) hilft, weil die festgehaltenen Informationen (z. B. in *Data Warehouses*, s. ► Abschn. 3.2.1) dazu dienen, die für Marketing und Vertrieb Verantwortlichen mit wertvollen Informationen über Vorlieben und Verhalten von Kunden zu versorgen. Einige Beispiele von Funktionen eines CRM-Systems sind:

- Speicherung von Merkmalen des Kundenbetriebes und der dortigen Ansprechpartner, sodass das Wissen auch erhalten bleibt, wenn die Außendienstmitarbeiterin wechseln
- Fortschreiben der Kundenbeziehung (Wann wurde der Kunde wie von uns kontaktiert? Was hat der Kunde wann von uns gekauft?)
- Analyse der Kundendaten, z. B. mithilfe von Database-Marketing oder Data Mining (s. ► Abschn. 3.2.2), um eine Segmentierung der Kunden zur zielgerechten Ansprache vorzunehmen
- Hinweise an den Verkauf, dass bestimmte Aktionen angezeigt sind, z. B. Unterstützung dann, wenn eine Branchen-Schau ansteht oder wenn für eine Anlage fünf Jahre nach der Installation eine Generalüberholung empfohlen werden soll

4

Aufgabe *kommunikativer CRM-Komponenten* ist es, die verschiedenen Kunden-kontaktpunkte untereinander abzustimmen, unabhängig davon, ob als Kommunikationskanal das Telefon, das Internet, postalisch versandte Werbebriefe (Direct Mailing), Ladengeschäfte oder der Außendienst eingesetzt werden. Es gilt dabei, Transparenz bzgl. der kundenbezogenen Aktivitäten zu schaffen. *Operative CRM-Komponenten* unterstützen und automatisieren Marketingaktivitäten, wie das gezielte Kampagnenmanagement, bei dem man versucht, vorhandene und poten-zielle Interessenten und Kunden zu voraussichtlich interessierenden Themen-stellungen anzusprechen (Riemer 2008). Oft baut das operative CRM auf dem kom-munikativen CRM auf, z. B. um die Art (den „Kanal") der Ansprache auszuwählen. Ein Ziel des *analytischen CRM* ist es, für potenzielle und vorhandene Kunden die Be-dürfnisse zu untersuchen, um sie möglichst gezielt zu adressieren und auf diese Be-dürfnisse abgestimmte Produkte anzubieten oder zu entwerfen.

> **Praktisches Beispiel**
> Ein Hersteller in der Sportartikelbranche habe drei Geschäftsbereiche eingerichtet: Sporttextilien, -schuhe und -geräte. Im unglücklichsten Fall wird ein großes Sport-artikelgeschäft in Stuttgart am gleichen Tag von je einem Außendienstmitarbeiter der drei Geschäftsbereiche besucht. Das IT-System überprüft die Besuchspläne und macht auf den Konflikt aufmerksam.
> Besonders ausgeprägt sind diese Bemühungen im *One-to-one-Marketing*, bei dem auf jeden einzelnen Kunden speziell eingegangen wird, um eine besondere Bindung zu erreichen. Vor allem Unternehmen wie Banken, Versicherungen und Versandhäuser versuchen so, die Kundenbindung zu erhöhen und langfristig zu sichern. Schließlich können auch Maßnahmen initiiert werden, um eine Abwanderung von Kunden zu ver-hindern oder ehemalige Kunden zurückzugewinnen.

4.8 Supply-Chain-Management als Beispiel für zwischenbetriebliche Integration

Ziel des *Supply-Chain-Managements* (SCM) ist die für alle Beteiligten vorteilhafte Verbesserung der Funktionen und Prozesse in einer Lieferkette bzw. in einem Liefer-netz, öfter auch treffend als Wertschöpfungsnetz bezeichnet (vgl. ◘ Abb. 4.42). Ein wichtiges Element des SCM-Konzepts ist, dass Absatzvorhersagen einzelner Mit-glieder des Verbunds durch exakte, zentral gewonnene bzw. verdichtete Informatio-nen über Verkäufe, Lagerbestände und Bestellzeitpunkte sowie -mengen der Händler ersetzt werden. Idealerweise erhalten alle Partner (Produzenten, deren Lieferanten, Zulieferer der Lieferanten, Lagerhäuser, Großhändler, Spediteure usw.) die Daten übermittelt, die das Kassensystem am „Point of Sale" (POS-System) des Einzel-händlers registriert.

Ausgangspunkt des SCMkann das „*Cooperative Planning, Forecasting and Reple-nishment*" (CPFR) sein (Knolmayer et al. 2009). Dabei bringen die Partner eigene Vorhersagen der Nachfrage ein. Diese Prognosen werden mit rechnergestützten Ver-fahren, etwa dem Exponentiellen Glätten (s. Abschn. 4.4.1.6) gewonnen. Ein IT-System errechnet daraus eine Gemeinschaftsprognose, im einfachsten Fall durch

| Lieferant | Logistik-dienstleister | Lieferant | Logistik-dienstleister | Produzent | Händler | Endkunde |

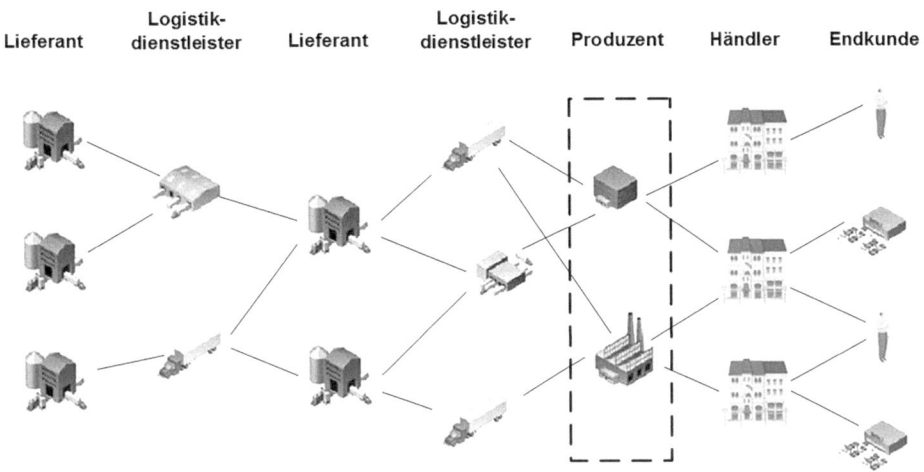

⬡ Abb. 4.42   Partner in einem Liefernetz. (Modifiziert nach Mertens 2012a, S. 269)

Mittelwertbildung. Aus dem so geschätzten Bedarf werden unter Zuhilfenahme von Stücklistenauflösung (s. ▶ Abschn. 4.4.1.3) Vorhersagen für Baugruppen, Einzelteile und spezielle Fertigungs- und Transportkapazitäten, Losbildung (s. „Bestelldisposition" in Abschn. 4.4.1.7) und „Primärbedarfsplanung/MRP II" (s. ▶ Abschn. 4.4.1.3) abgeleitet.

Mithilfe von mitunter komplizierten Regeln prüft das System Alternativen, um den Bedarf pünktlich zu decken (*Available-to-Promise*, ATP). Solche Alternativen sind Montage aus vor Ort bereitliegenden Hauptbaugruppen, Ersatz nicht verfügbarer Erzeugnisse durch andere, Beschaffung von einem möglicherweise weit entfernten Lager, z. B. aus einem Distributionszentrum in Singapur. In letztgenanntem Fall könnte eine geeignete SCM-Software auch abfragen, ob rechtzeitig ein Frachtflugzeug mit freier Ladekapazität von Singapur abfliegt. ATP mag man als Fortsetzung der Verfügbarkeitsprüfung (s. ▶ Abschn. 4.4.1.3) im zwischenbetrieblichen Bereich sehen.

Aufgabe eines sog. *Deploymentmoduls* ist es, unter Berücksichtigung von Engpässen bei Produktions- und Versandressourcen in dem Liefernetz faire Lösungen zu finden. Beispielsweise zieht das System vordefinierte Allokationsregeln (sog. Fair-Share-Methoden) heran. So kann z. B. bei Fehlmengen der Bedarf einzelner Regionallager und Endkunden im Netz zu gleichen Prozentsätzen bedient werden („Gleichmäßige Verteilung des Mangels"), während man kurzfristige Leerkapazitäten nutzt, um zusätzliche Pufferbestände („Halden") anzulegen. Verfügt ein Unternehmen über eine systematische Kundenbewertung in A-, B- und C-Kunden, wobei A-Kunden besonders hohe Deckungsbeiträge bringen, während C-Kunden häufig Waren mit Mängelrügen zurücksenden, so wird man das Deployment so parametrieren, dass in Engpasssituationen die A-Kunden bevorzugt werden.

Vor allem wenn ein Liefernetz sehr eng vermascht ist, besteht die Gefahr, dass Störungen an einer Stelle Kettenreaktionen auslösen. Vor diesem Hintergrund hat sich das SCEM (*Supply-Chain-Event-Management*) entwickelt. Ein sog. Monitor liefert fortlaufend Informationen über Zwischenfälle bzw. Störungen bei Produktions- und Transportprozessen. Das System verständigt automatisch die Verantwortungs-

4

träger und versucht, die Kettenreaktionen vorherzusagen. In fortgeschrittenen Versionen schlägt es auch Abhilfemaßnahmen vor, z. B. Abbau von Sicherheitsbeständen. So drohten in der guten Konjunkturphase 2011/2012 mehreren Automobilherstellern Produktionsausfälle, weil Benzinleitungen und Bremsschläuche nicht geliefert werden konnten. Ursache war ein Brand in einer Fabrik, in der das Vormaterial CDT (Cyclododecatrien) hergestellt wird.

In Konzepten des *Vendor Managed Inventory* (VMI) disponiert der Lieferant das Lager seines jeweiligen Abnehmers. Alle Zugänge und Entnahmen werden vom Lagerbestandsprüfsystem des Kundenbetriebes an das Verkaufssystem der Lieferanten übertragen. Letzteres überwacht die Bestellpunkte (s. Abschn. 4.4.1.7) und bringt rechtzeitig Nachlieferungen auf den Weg.

Eine besondere Herausforderung ergibt sich durch das deutsche Lieferkettensorgfaltspflichtengesetz (s. ▶ Abschn. 4.2). Vor allem genauere Kenntnisse zur Geschäftsgebarung von Partnern außerhalb Europas sind für deutsche, österreichische und schweizerische Unternehmen, namentlich auch mittelständische Betriebe, schwer zu erhalten und fortzuschreiben. Auskunfteien haben daher damit begonnen, notwendige Informationen zu recherchieren und zu erfassen, um diese den Unternehmen für ihre Prüfprozesse anzubieten.

Literatur

Alvarez M (2007) Market data explained – a practical guide to global capital markets information. Butterworth-Heinemann, Oxford

Back-Hock A (1988) Lebenszyklusorientiertes Produktcontrolling. Springer, Berlin

Bös N (2022) Teilzeit ist nicht per se geil. Frankfurter Allgemeine Zeitung vom 19.11.2022: S 34

Davenport TH, Ronanki R (2018) Artificial intelligence for the real world. Harv Bus Rev 96(1):108–116

Dhiman H, Wächter C, Fellmann M et al (2022) Intelligent assistants. Bus Inf Syst Eng 64:645–665

Dittrich J, Mertens P, Hau M, Hufgard A (2009) Dispositionsparameter in der Produktionsplanung mit SAP, 5. Aufl. Vieweg, Wiesbaden

Feldmann HW, Droth D, Nachtrab R (1998) Personal- und Arbeitszeitplanung mit SP-EXPERT. WIRTSCHAFTSINFORMATIK 40(2):142–149

Gomber P (2000) Elektronische Handelssysteme: Innovative Konzepte und Technologien im Wertpapierhandel. Springer, Berlin

Götze U (2000) Lebenszykluskosten. In: Fischer TM (Hrsg) Kostencontrolling: Neue Methoden und Inhalte. Schäffer-Poeschel, Stuttgart, S 265–289

Gräf J, Isensee J, Schulmeister A (2017) Reporting 4.0. Management Reporting im digitalen Kontext. Controller Magazin 42(3):60–62

Haberl D (1996), Guist (2011) Hochleistungs-Kommissionierung im Kosmetikunternehmen. VDI Berichte 1263, S 93–138; pers. Auskunft von Herrn H. Guist, AVON Cosmetics GmbH

Hess T (2014) What is a media company? A reconceptualization for the online world. Int J Media Manag 16(1):3–8

Hess T, Dörr J (2012) Softwareunterstützung für die Bereitstellung klassischer Medienprodukte und -dienstleistungen. Arbeitsbericht des Instituts für Wirtschaftsinformatik und Neue Medien (3), München

Hill R, Berry S (2021) Guide to industrial analytics. Springer, Cham

Hubik F, Menzel S, Tyborski R (2022) So überfordert die Software-Entwicklung Deutschlands Autohersteller. Handelsblatt vom 13.06.2022: S 22

Klein M (2012) HR social software. Cuvillier, Göttingen

Knolmayer G, Mertens P, Zeier A, Dickersbach JT (2009) Supply chain management based on SAP systems. Springer, Berlin

Kröner A (2022) Partnerschaft für bessere Lieferketten. Handelsblatt vom 22.07.2022: S 30

Mao Z, Jiang Y, Min G, Leng S, Jin X, Yang K (2017) Mobile social networks: design requirements, architecture, and state-of-the-art technology. Comput Commun 100:1–19

Menzel S, Tyborski R (2022) Digitalisierung beschleunigt Autoproduktion, Handelsblatt vom 9.12.2022: S 26–27

Mertens P (2012a) Integrierte Informationsverarbeitung 1, Operative Systeme in der Industrie. 18. Aufl. Gabler, Wiesbaden

Mertens P (2012b) Mittel- und langfristige Absatzprognose auf der Basis von Sättigungsmodellen. In: Mertens P, Rässler S (Hrsg) Prognoserechnung, 7. Aufl. Physica, Heidelberg, S 183–224

Mertens P, Meier M (2009) Integrierte Informationsverarbeitung 2, Planungs- und Kontrollsysteme in der Industrie. 10. Aufl. Gabler, Wiesbaden

Mertens P, Rässler S (Hrsg) (2012) Prognoserechnung, 7. Aufl. Physica, Heidelberg

Mertens P, Barbian D (2023) Industrie 4.0 und integrierte Informationsverarbeitung. In: Obermaier R (Hrsg) Handbuch Industrie 4.0 und digitale Transformation, 2. Aufl. Gabler, Wiesbaden

O.V. (2007) Computergestützte Automobil-Entwicklung. HEITEC Kundeninformation, Januar, S 9

O.V (2022) Digitalisierungsrisiken in Supply Chains aus der Perspektive von KMU. Betriebswirtschaftliche Forschung und Praxis 74(6):727–743

Rawolle J (2002) Content Management integrierter Medienprodukte. Ein XML-basierter Ansatz. Deutscher Universitätsverlag, Wiesbaden

Riemer K (2008) Konzepte des Beziehungsmanagements am Beispiel von Supplier und Customer Relationship, HMD – Praxis der. Wirtschaftsinformatik 45(259):7–20

Rudolph J, Meisener T (2022) Den Spagat schaffen, DATEV magazin 29(11): S 8–10

Schambach A (2023) Büromöbelhersteller realisiert Industrie-4.0-Projekt mit VlexPlus. isreport 27(1):22–23

Scharrenbrock C (2016) Mit der Datenbrille durch das Lager. Frankfurter Allgemeine Zeitung 07.03.2016, S 24

Scheer A-W (2020) Unternehmung 4.0. Springer, Berlin, S 34–50

Schröder M (2012) Einführung in die kurzfristige Zeitreihenprognose und Vergleich der einzelnen Verfahren. In: Mertens P, Rässler S (Hrsg) Prognoserechnung, 7. Aufl. Physica, Heidelberg, S 11–45

Schumann M, Hess T, Hagenhoff S (2014) Grundfragen der Medienwirtschaft, 5. Aufl. Springer, Berlin

Sendler U (2009) Das PLM-Kompendium: Referenzbuch des Produkt-Lebenszyklus-Managements. Springer, Berlin/Heidelberg

Terliesner S (2023) Die digitale Baustelle ist noch eine Seltenheit. Handelsblatt vom 24.03.2023: S 37

Unger S (2005) DaimlerChrysler – der Weg zum Echtzeitunternehmen. In: Kuhlin B, Thielmann H (Hrsg) Real-Time Enterprise in der Praxis. Springer, Berlin, S 81–89

Wahlster W (2015) Industrie 4.0, Das Internet der Dinge kommt in die Fabriken. Vortrag und Arbeitspapier „Zukunft der Industrie" der Industrie- und Handelskammer Darmstadt am 22.01.2015

Waltermann HM, Hess T (2019) Upload-Filter für Content. MedienWirtschaft 16(2):16–21

Weigelt M (1994) Dezentrale Produktionssteuerung mit Agenten-Systemen. Deutscher Universitätsverlag, Wiesbaden

Werner K, Samland D (2022) Digitalisierung im Investitionscontrolling. Controlling und Management Review 66(3):22–29

Planung, Realisierung und Einführung von Anwendungssystemen

Inhaltsverzeichnis

5.1   Angebotsformen von Software

Betriebliche AS sollen die Nutzer effektiv unterstützen, ihre Geschäftsprozesse abzuwickeln oder Informationen zur Entscheidungsunterstützung für sie bereitstellen (vgl. ▶ Abschn. 3.2.2). Dazu wird in den meisten Unternehmen Standardsoftware eingesetzt, die eine gewisse Konfigurierbarkeit erlaubt, um sie an betriebliche Anforderungen anzupassen. Zum Teil gibt es auch für bestimmte Aufgaben in Unternehmen grundsätzlich die Regel, Standardsoftware zu verwenden, mit der die meisten fachlichen Anforderungen abgedeckt werden. Sind in seltenen Fällen die Anforderungen dagegen sehr speziell oder soll sich die Lösung von den AS der Wettbewerbsunternehmen grundlegend unterscheiden, so kommt Individualsoftware in Betracht. Fehlen jedoch nur einzelne Funktionen in der Standardsoftware, so können diese individuell ergänzt werden. Dazu verfügen AS über Programmierschnittstellen, sog. Application Programming Interfaces (API), um individuelle Erweiterungen anzubinden.

Die grundlegende Entscheidung für eine Wahl der Softwarevariante kann im Allgemeinen nach der Analyse des Anwendungsbereichs und evtl. der geplanten IT-technischen Umgebung getroffen werden. Damit lässt sich hinterfragen, ob Lösungen potenzieller Standardsoftwareanbieter grundsätzlich geeignet sind. Dies wird besonders dort der Fall sein, wo es um Nicht-Kernprozesse eines Unternehmens geht, die nicht direkt zur eigentlichen Wertschöpfung dienen. Legt die Standardsoftware bestimmte Abläufe fest oder gibt Methoden zur Aufgabenabwicklung vor, so kann die Einführung dieser Lösung zu organisatorischen Veränderungen in den betroffenen Unternehmensbereichen führen. Die Ablauforganisation wird damit der Software angepasst. Die Kombination aus betrieblicher Organisation, unternehmensspezifischer Konfiguration der Standardsoftware und dem Know-how der Mitarbeiter unterstützt damit in vielen Fällen die individuellen Wertangebote des jeweiligen Unternehmens, ohne dass es einer individuellen Softwarelösung bedarf.

5.1.1   Standardsoftware

Standardsoftware kann man zunächst danach unterscheiden, wer die Rechte an der Software besitzt. Dazu lässt sich zwischen traditioneller Standardsoftware und *Open-Source-Software* differenzieren. Darüber hinaus ist zu trennen, ob im anwendenden Unternehmen installierte Softwareprodukte zum Einsatz kommen oder solche, die von einem Anbieter betrieben und über Netze zugreifbar sind. Standardsoftware kann für herkömmliche Rechnerumgebungen oder auch als App für mobile Endgeräte zur Verfügung gestellt werden. Für eine Untergliederung der Standardsoftware sei auf ▶ Abschn. 2.1.3 verwiesen.

5.1.1.1   Traditionelle Standardsoftware

Unter *traditioneller Standardsoftware* werden Programme zusammengefasst, die nicht für einen einzelnen Kunden des Softwareherstellers, sondern für eine Gruppe von Kunden mit ähnlichen Problemstellungen geschrieben worden sind. Für AS kann das nutzende Unternehmen zumeist individuelle Konfigurationen vornehmen

(Customizing), damit die Diskrepanzen zwischen den betrieblichen Anforderungen und dem Funktionsumfang der Standardsoftware nicht zu groß werden. Dies geschieht beispielsweise durch eine Auswahl aus verschiedenen Alternativen oder Einstellungen für einzelne Funktionen oder Module.

Betrachtet man die hier zugrunde liegenden *Lizenzmodelle*, so gibt es vielfältige Varianten. Das Unternehmen kann eine Lizenz zum Betrieb der Software erwerben. Dabei sind Modelle denkbar, deren Lizenzkosten auf Basis vielfältiger Kriterien bestimmt werden können, wie z. B. Leistungsumfang der Software, Anzahl der Arbeitsplätze, Leistungsfähigkeit des genutzten Servers, Nutzungszeiten oder verarbeitetes Datenvolumen. Auch gibt es pauschalierte Lösungen für Organisationseinheiten. Üblicherweise werden solche Verträge, bei denen der Kunde die Softwarelizenz erwirbt, durch laufende Wartungsverträge ergänzt, in deren Rahmen der Softwarehersteller identifizierte Fehler beseitigt, oder auch bei Weiterentwicklung der Software z. B. Funktionsergänzungen vornimmt. Eine andere Variante sind Mietlösungen, bei denen das nutzende Unternehmen, abhängig von bestimmten Leistungskriterien, monatlich oder quartalsweise Zahlungen leisten muss, die auch die Wartung einschließen.

5.1.1.2 Open-Source-Software

Unter dem Begriff *Open-Source-Software* werden ebenfalls Programme verstanden, die wie bei traditioneller Standardsoftware für eine Gruppe von Nutzern mit einer ähnlichen Problemstellung entwickelt werden. Jedoch zeichnen sich Open-Source-Lösungen durch einen extrem verteilten Entwicklungsprozess aus, da oft nicht nur Entwickler eines Unternehmens, sondern auch Programmierer weiterer Unternehmen und interessierte Einzelpersonen freiwillig mitwirken. Jeder Programmierer leistet kleine Beiträge. Die Entwicklergruppe organisiert sich informell. Hierzu wird der Quellcode des AS öffentlich zugänglich gemacht. Um bei diesem Vorgehen Doppelentwicklungen zu vermeiden, folgen neue Versionen (Releases) rasch aufeinander. Damit werden zügige Verbesserungen und Erweiterungen von Open-Source-Programmen möglich und auch das Entwickeln und Testen der Software wird stark parallelisiert. Auch können Fehler in der Software, im Vergleich zu traditioneller Standardsoftware, schneller behoben werden. Die häufige Auslieferung neuer Softwareversionen kann aber auch neue Softwarefehler nach sich ziehen.

Die Entwicklung selbst entspricht dabei einem *evolutionären Prozess*. Im Gegensatz zu traditioneller Standardsoftware fallen bei *Open-Source-Software* keine Lizenzkosten an, da die Produkte frei verfügbar sind. Open-Source-Entwicklungen bieten den Unternehmen die Möglichkeit, die Systeme über das bei traditioneller Standardsoftware mögliche Customizing hinaus auf Quellcodeebene unternehmensspezifisch anzupassen und somit eventuell an der Weiterentwicklung mitzuwirken. Abhängig von dem Lizenzmodell der Open-Source-Software kann es notwendig sein, dass die Anpassungen dann auch wieder veröffentlicht werden müssen. Softwarehäuser haben sich darauf spezialisiert, Open-Source-Software in Unternehmen einzuführen, zu warten und auch kostenpflichtige Ergänzungsmodule anzubieten. Bei der Standardsoftware-Entwicklung werden häufig Open-Source-Komponenten integriert, um den Entwicklungsaufwand zu reduzieren.

5

5.1.1.3 Cloud-basierte Softwareangebote

Unter *Cloud-basierten AS-Angeboten* versteht man ein Dienstleistungskonzept, bei dem AS in einem Rechenzentrum des Softwareherstellers oder eines Dienstleisters angeboten werden. Es ist damit eine spezielle Form des Outsourcings (s. ▶ Abschn. 2.2.5.2 und 6.3). Lediglich die Präsentations- und Nutzdaten werden aus der Cloud zum Client übertragen, die Verarbeitung dieser Daten erfolgt auf dem Server in Rechenzentren selbst. Für den Zugang zu den bereitgestellten AS nutzt man einen Webbrowser. Der Anbieter übernimmt darüber hinaus eine Vielzahl von Aufgaben, beispielsweise die Wartung und Installation neuer Versionen der AS, die Benutzungsverwaltung, den Virenschutz und die Datensicherung.

Der Lösungsanbieter vermarktet dieses Dienstleistungsbündel an Kunden in der Regel gegen eine nutzungsabhängige Gebühr und verfolgt damit eine sog. „One-to-many"-Strategie. Für den Kunden entfallen die beim Kauf traditioneller Standardsoftware notwendige Investition sowie die Kosten für Installation, Betrieb und Wartung des Anwendungssystems. Aufgrund der verwendeten Cloud-Umgebung besteht bei unterschiedlichen Nutzungs-Anforderungen auch die Möglichkeit, dass sich die Ressourcen dynamisch an das benötigte Leistungsspektrum anpassen. Ressourcen und Kompetenzen zum IT-Betrieb werden so von spezialisierten Cloud-Anbietern bereitgestellt.

Die relevanten Eckdaten bei der Nutzung des Angebots, wie z. B. die Verarbeitungsgeschwindigkeit sowie die Nutzungszeiten und die Entgelte für die Leistung zwischen dem Anbieter und dem Kunden, werden in sog. *Service Level Agreements* (SLAs) festgelegt. Der Kunde zahlt dann monatliche Mietgebühren und bei speziellen Konfigurationen evtl. eine einmalige Einrichtungsgebühr. Gegenüber dem Lizenzkauf reduziert dieses für das die Software nutzende Unternehmen auch die Kapitalbindung.

Von internen Cloud-Lösungen wird gesprochen, wenn die IT-Abteilung des Unternehmens, z. B. die Konzern-IT, als Anbieter auftritt und die Clients von zentraler Stelle aus mit AS versorgt. Ziele bei dieser internen Variante sind unter anderem das einfache Warten und Administrieren sowie das schnelle Verteilen der AS innerhalb des Unternehmens. Auch kann hierdurch eine Standardisierung hinsichtlich der im Unternehmen genutzten Software erreicht werden.

Cloud-Beispiele sind Angebote von CRM-Systemen wie Salesforce (s. ▶ Abschn. 4.7), die diese Form der Distribution wählen, ebenso Microsoft Office 365 oder SAP HANA.

5.1.1.4 Bewertung der Arten von Standardsoftware

Für die meisten Aufgabenstellungen gibt es ein breites Angebot an Standardsoftware. Die Auswahl der Produkte unterstützen häufig Beraterinnen, die sich auf dieses Feld spezialisiert haben. Unternehmen, die ein neues AS in der Form von Standardsoftware einführen wollen, werden bei ihrem Auswahlprozess verschiedene Faktoren berücksichtigen.

Aus fachlicher Sicht haben die zu erfüllenden Anforderungen in Bezug auf die unterstützten Funktionalitäten und Prozesse die höchste Bedeutung. Auf Basis eines

	Trad. Standard-software	Open-Source-Software	Cloud-basierte Anwendungs-software
Lizenzkosten	ja	nein	nein
Schulungskosten	ja	ja	ja
Kosten der Infrastruktur	ja	ja	nein
Einführungs- und Customizingkosten	ja	ja	nein
Entwicklungskosten	nein	Weiterentwicklung	nein
Nutzungsentgelte	nein	nein	ja
Wartungs- und Updatekosten	ja	ja	nein

▢ **Abb. 5.1**   Kosten bei verschiedenen Arten der Standardsoftware

Anforderungskatalogs oder eines Lastenheftes wird mit Hilfe von Checklisten der Leistungsumfang beurteilt. Dabei kann zwischen Muss-, Soll- und Kann-Funktionalitäten differenziert werden. Daneben werden die Benutzungsfreundlichkeit und die effiziente Nutzung, z. B. aufgrund der unterstützten Prozesse (s. ► Abschn. 4.1.3.1), beurteilt.

Aus Sicht der IT-Abteilung ist die Zukunftsfähigkeit der Softwarearchitektur relevant, da AS üblicherweise mit Modifikationen während der Nutzungsdauer über viele Jahre im Unternehmen eingesetzt werden. Ebenso relevant ist die Integrationsfähigkeit des AS in die Softwarelandschaft des Unternehmens. Dabei geht es z. B. um die Schnittstellen zum Datenaustausch mit anderen AS oder auch den Single Sign-on (einmalige Authentifizierung, um auf sämtliche AS zugreifen zu können für die die Benutzerin die Berechtigung besitzt), über den eine zentrale Benutzerauthentifizierung erfolgt. Evtl. müssen sich auch die Benutzungsoberflächen an die Gestaltungsrichtlinien des die Software nutzenden Unternehmens anpassen lassen. Technisch besonders relevant ist die Frage der Softwaresicherheit.

Das Betriebsmodell für die Software ist zu entscheiden. Soll das AS selber betrieben werden oder wird eine Cloud-Lösung bevorzugt? Der Lebenszyklus der Software wird betrachtet. Dabei geht es darum, für welchen Zeitraum der Anbieter eine Weiterentwicklung und Pflege der Software garantiert, und daneben muss auch abgeschätzt werden, ob das Softwareunternehmen denn auch selber am Markt bestehen wird.

Schließlich gilt es die finanziellen Belastungen, die mit der Einführung einer neuen Software verbunden sind, zu berücksichtigen. Beachten muss man, dass die Einführung eines neuen AS aufgrund des Customizings (s. ► Abschn. 5.2.3.2), der weiteren Anpassungen (z. B. individuelle Erweiterungen), des Tests der Lösung, der Schulung der Nutzenden usw. zumeist ein Vielfaches im Vergleich zum Kauf einer Software-Lizenz ausmacht. In ▢ Abb. 5.1 werden die Kosten für die verschiedenen Arten der Standardsoftware systematisiert.

5.1.2 Individualsoftware

Unter *Individualsoftware* versteht man AS, die durch die eigene IT-Abteilung bzw. durch Softwarehäuser oder beauftragte freiberufliche Programmierer für eine spezielle betriebliche Aufgabenstellung im Unternehmen entwickelt werden. Hierbei können dann Spezifika des Unternehmens, wie beispielsweise besondere fachliche Anforderungen, mitberücksichtigt werden. Für weitere Ausführungen sei an dieser Stelle auf ▶ Abschn. 2.1.3.2 verwiesen.

5.1.3 Low-Code-Plattformen

Low-Code-Plattformen sind Softwareentwicklungsumgebungen, bei denen keine klassischen textuellen Programmiersprachen eingesetzt werden, sondern einfache AS mit visuellen Bausteinen erzeugt werden (Bock und Frank 2021). Dazu gibt es unterschiedliche visuelle Objekte, die Funktionen abbilden, die über Workflows kombiniert werden können oder Berichte erzeugen. Dabei lassen sich über grafische Oberflächen auch Datenbanken einbinden. Es lassen sich mit den grafischen Hilfsmitteln Benutzungsoberflächen und Portale generieren sowie auf Datenbanken zugreifen. Dazu werden in der Entwicklungsumgebung bereitgestellte Elemente ausgewählt und miteinander verbunden. Die Low-Code-Plattformen können damit als eine Form des Montierens von wiederverwendbaren kleinen Softwarekomponenten verstanden werden.

Ziel dieser Plattformenanbieter ist es, dass einerseits AS sehr schnell entwickelt und einfach sowie schnell an veränderte Anforderungen angepasst werden können. Andererseits sollen Personen aus Fachabteilungen in die Lage versetzt werden, Lösungen unabhängig von IT-Spezialisten zu gestalten. Allerdings wird mit zunehmendem Leistungsumfang der Plattformen und Angebot visueller Anwendungsobjekte auch die Nutzung der Plattform komplexer, teilweise können auch Programmierbefehle eingebaut werden. Ebenso ist zu berücksichtigen, dass aufgrund der geringeren Komplexität und Sicherheitsstandards der Lösungen diese für unternehmenswesentliche Funktionalitäten und Prozesse nicht geeignet sind. Einfache Auskunftssysteme, z. B. zu Lagerbeständen oder Kundenaufträgen lassen sich so realisieren. Insbesondere für mobile Apps bietet sich ein breites Einsatzgebiet. Ein Beispiel für eine spezialisierte Low-Code-Plattform ist das Content Management-System Wordpress.

5.1.4 Bewertung von Standard- und Individualsoftware

Die nachfolgende Bewertung wird beispielhaft für Standardsoftware vorgenommen, da deren Vorteile gleichzeitig als Nachteile einer Individuallösung aufgefasst werden können und umgekehrt.

Vorteilhaft bei der Standardsoftware ist, dass die *Kosten des Erwerbs* oder Betriebs und der Anpassung dieser Software meistens geringer sind als die Kosten für das Erstellen einer Individuallösung. Hinzu kommt, dass die Standardpakete sofort verfügbar sind. Hierdurch ist die *Einführungsdauer* i. d. R. viel kürzer als bei Individualsoftware, da man diese erst noch entwickeln muss. Standardsoftware ist zumeist durch die größere Zahl an Nutzern auch ausgereifter als Individualsoftware, sodass hier weniger Fehler auftreten. Auch kann mit der Standardsoftware möglicherweise *betriebswirtschaftliches und organisatorisches* Know-how, das im Unternehmen nicht verfügbar ist, erworben werden. Ein Beispiel dafür ist ein neues Produktionsplanungs- und -steuerungssystem, welches eine bessere Kapazitätsumplanung für die Fertigung erlaubt (s. ► Abschn. 4.4.1.3), da es mit einem cyber-physischen Fertigungssystem verbunden ist, und es dem Vertrieb so ermöglicht, die Kunden schneller über geplante Liefertermine für ihre individuellen Aufträge zu informieren. Handelt es sich bei der Standardsoftware um eine integrierte Software, so können die unterschiedlichen betrieblichen Leistungsbereiche einfach miteinander verknüpft werden. Diese Integration wird auf zwischenbetrieblicher Ebene insbesondere durch weit verbreitete Standardsoftware unterstützt, die allgemein anerkannte Normen verwendet (EDI oder APIs). Oftmals ist auch zu beobachten, dass die Schulung, die ein Softwarehersteller für die Anwendung anbietet, professioneller ist als eine Anwenderschulung, die von Abteilungen im eigenen Haus durchgeführt wird. Schließlich werden bei der Verwendung von Standardsoftware die eigenen IT-Ressourcen geschont, um sie für andere wichtige Aufgaben einzusetzen (s. ► Abschn. 6.3).

Neben den genannten Vorteilen der Standardsoftware existieren auch einige Nachteile. Oftmals bestehen Diskrepanzen zwischen den funktionalen und organisatorischen betrieblichen Anforderungen und dem Programmaufbau. Verfügt die Software über APIs, so können damit individuelle Ergänzungen einfach integriert werden. Gibt es eine neue Standardsoftwareversion, können diese Ergänzungen zumeist einfach weiterverwendet werden. Es mag aber notwendig sein, die betriebliche Aufbau- und Ablauforganisation anzupassen. Die Anpassung der Software an die Gegebenheiten des Anwenderunternehmens erfolgt i. d. R. über Parametereinstellungen, bei denen die Wirkungen auf Planungs- und Dispositionsprozesse oft nur schwer zu überblicken sind (Dittrich et al. 2009). Auch auf technischer Ebene kann es sich auswirken, dass Standardsoftware nicht auf das einzelne Unternehmen zugeschnitten ist. In solchen Fällen können Cloud-Lösungen vorteilhaft sein. Die Nutzung von Standardsoftware führt zudem dazu, dass nur wenig eigenes IT-Know-how im Unternehmen aufgebaut wird. Das Unternehmen begibt sich evtl. in eine ungewollte Abhängigkeit vom Softwarelieferanten, evtl. auch, was den Gesamtbetrieb der Software (z. B. Cloud-Lösung) angeht. Durch die Nutzung von Standardsoftware können dem Betrieb Differenzierungsmöglichkeiten gegenüber den Wettbewerbern verloren gehen. Beim Einsatz von Standardsoftware für erfolgskritische Bereiche muss man daher genau analysieren, wie man die unternehmensspezifischen Leistungsmerkmale erhalten oder ausbauen kann.

5.2 Strukturierung von Projekten

Die Neu- und Weiterentwicklung von AS sowie die Einführung von Standardsoftware werden im Rahmen von Projekten durchgeführt. Ein Projekt ist ein „Vorhaben, das im Wesentlichen durch Einmaligkeit der Bedingungen in seiner Gesamtheit gekennzeichnet ist, z. B. Zielvorgaben, zeitliche, finanzielle, personelle und andere Begrenzungen; Abgrenzung gegenüber anderen Vorhaben; projektspezifische Organisation" (DIN 69901).

Umfangreichere Projekte werden zumeist in Phasen eingeteilt (Timinger 2017). Dies erfolgt, um die Komplexität des Vorhabens zu reduzieren und für jede Phase die zu bewältigenden Aufgaben genau zu spezifizieren. An jedem Phasenende können in der Form von Meilensteinen die Ergebnisse überprüft, ggf. Nacharbeiten durchgeführt oder es kann sogar das Projekt abgebrochen werden. Da in den verschiedenen Phasen unterschiedliche Inhalte zu bewältigen sind, ist so auch eine differenzierte Ressourcenplanung möglich.

Sowohl um Standardsoftware einzuführen als auch um Individualsoftware zu entwickeln werden *Phasenkonzepte* eingesetzt. Die Inhalte zur Standardsoftwareeinführung und zur Softwareentwicklung sind bis auf das Erheben der fachlichen Anforderungen sowie gewisse Tests unterschiedlich. Übergreifend werden die Methoden für das klassische Projektmanagement verwendet (s. ▶ Abschn. 5.3). Diesem ingenieurmäßigen Vorgehen, bei dem eine lauffähige Software erst in einer späten Entwicklungsphase erzeugt wird, steht als alternative Vorgehensweise die schnellere Entwicklung eines ersten *lauffähigen Prototyps* gegenüber, der einen rudimentären Funktionsumfang besitzt und für den die genaue Spezifikation keine herausragende Rolle spielt. Dieses Vorgehen wird insbesondere für Machbarkeitsstudien verwendet, bei denen man erst nach Abstimmung mit den Anwendern entscheidet, ob überhaupt und in welcher Form der Prototyp verfeinert und in den Praxisbetrieb überführt wird.

Als Alternative zu klassischen Phasenkonzepten werden *agile Methoden* eingesetzt, bei denen iterativ Anforderungspakete umgesetzt werden und auch die Kommunikation mit den Nutzern enger verzahnt wird. Durch das iterative Vorgehen lassen sich veränderte Anforderungen, die während des Projekts auftreten, oder veränderte Priorisierungen bei der Reihenfolge zur Implementierung leichter berücksichtigen.

5.2.1 Phasenmodell für die Softwareentwicklung

Im Phasenkonzept wird der Entwicklungsprozess für ein AS in aufeinanderfolgende Spezifikationsschritte zerlegt. Die einzelnen Teilschritte schließen jeweils mit einem nachzuweisenden Ergebnis ab, das den Input für die nächste Phase bildet. Falls sich in einer Phase herausstellt, dass Aufgaben aufgrund von Entscheidungen in vorgelagerten Phasen nicht zufriedenstellend gelöst werden können, muss man in die Phase zurückspringen, in der die problemverursachenden Entscheidungen getroffen wurden. Die Fehlerbeseitigung kann dann sehr aufwändig sein.

In der Literatur findet man viele Phasenkonzepte, die sich hauptsächlich durch die Bezeichnung der Teilschritte und die Abgrenzung der Phaseninhalte voneinander unterscheiden. Beispielhaft wird ein sechsstufiges Vorgehen skizziert (Balzert 2000, S. 51 ff.), in dem die Teilschritte *Planungsphase, Definitionsphase, Entwurfsphase, Implementierungsphase, Abnahme- und Einführungsphase* sowie *Wartungsphase* unterschieden werden. Parallel zu diesen sechs Schritten sollte eine permanente Dokumentation stattfinden, in der die Ergebnisse der einzelnen Entwicklungsphasen festgehalten werden.

5.2.1.1 **Beschreibung der Phasen**

In der *Planungsphase* beschreibt man die Projektidee, skizziert auf einem hohen Abstraktionsgrad die Inhalte, legt die Ziele des AS dar und beurteilt ggf. dessen Rentabilität und/oder dessen Wirtschaftlichkeit. Hierbei werden die Entwicklungskosten ermittelt (s. ▶ Abschn. 5.3.2) sowie die Nutzeffekte abgeschätzt (s. ▶ Abschn. 6.1.4.2). Um zu beurteilen, ob das Projekt technisch durchführbar ist, wird analysiert, wie die Lösung technisch umgesetzt werden kann. Ergebnis dieser Phase sind potenzielle IT-Projekte.

In der *Definitionsphase* werden vor allem die fachlichen Anforderungen an das AS spezifiziert, d. h. es wird analysiert, welche Aufgaben und Prozesse wie zu unterstützen sind (*Requirements Engineering*). Auf der Grundlage einer Untersuchung des Ist-Zustandes mit anschließender Schwachstellenanalyse leitet man das Soll-Konzept des AS ab. Hierbei sind funktionale Aspekte, Qualitätsaspekte sowie ökonomische Aspekte zu differenzieren. Ergebnis ist ein sog. Pflichtenheft, in dem die Anforderungen an die Software für den praktischen Einsatz beschrieben werden. Werden die Anforderungen ausschließlich vom Auftraggeber spezifiziert, dann verwendet man auch den Begriff Lastenheft. Der Auftragnehmer erstellt dann daraus das Pflichtenheft.

Das *Pflichtenheft* dient als Grundlage für die *Entwurfsphase*. Dabei lassen sich der Fachentwurf und der technische Entwurf unterscheiden. Ersterer beschreibt die fachlichen Elemente eines AS unabhängig von informationstechnischen Aspekten. Die wesentliche Zielsetzung beim fachlichen Entwurf von AS ist es, die relevanten Objekte, Funktionen, Workflows sowie ihre Zusammenhänge und die zu verarbeitenden Daten zu beschreiben. Ergebnisse des fachlichen Entwurfs sind Daten-, Funktions- und Prozessmodelle (s. ▶ Abschn. 3.1.2.3 und 4.1.2) oder Objektmodelle (s. ▶ Abschn. 5.4.2.2) Darüber hinaus werden die Benutzungsoberflächen für das System entworfen. Im Zusammenhang mit Webapplikationen oder Apps für mobile Endgeräte werden häufig spezialisierte Dienstleister (sog. Designagenturen) damit beauftragt. Layoutorientierten Aspekten (z. B. Typografie, grafische Elemente) wird dabei eine hohe Bedeutung beigemessen. Daneben werden erste fachliche Testfälle spezifiziert. Der technische Entwurf baut auf den fachlichen Spezifikationen auf und berücksichtigt die Umgebungsbedingungen der Hardware, Systemsoftware oder auch die einzusetzende Programmiersprache. Von den Verantwortlichen ist zu berücksichtigen, ob es sich um eine Client-Server-, eine Cloud-Anwendung oder eine App-basierte Lösung handelt. Üblich sind mehrschichtige Architekturen, bei denen man z. B. zwischen Präsentations-, Applikationslogik- und Datenverwaltungsschicht unterscheidet (s. ▶ Kap. 2). Diese Ebenen sind logisch und/oder physisch voneinander getrennt und kommunizieren lediglich über definierte, zumeist netzwerkbasierte Schnittstellen (Web-Services). Für umfangreiche Systeme ist es daher notwendig, ein Konzept zur Verteilung der funktionalen Elemente auf die vorhandenen oder geplanten Hardwareressourcen sowie die notwendigen Kommunikationsmöglichkeiten zu erstellen. Als Ergebnis dieser Phase erhält man die Gesamtstruktur (Komponenten) des AS und deren Verteilung (z. B. auf Client, auch mobile Endgeräte und Server). Es ist zu spezifizieren, welche Hilfsmittel, z. B. in der Form von Software-Bibliotheken, ergänzt werden. Darüber hinaus entstehen technisch

Programmmodule, mit denen die betriebswirtschaftlichen Funktionen und Prozesse realisiert werden. Zudem wird die Reihenfolge festgelegt, in der die einzelnen Module im Programm abzuarbeiten sind. Neben der logischen Datenstruktur des Anwendungsprogramms entsteht in der Entwurfsphase auch die physische Daten- und Dateistruktur. Des Weiteren werden die Testfälle verfeinert.

Die *Implementierungsphase* dient dazu, den Systementwurf bis auf die Ebene einzelner Befehle zu detaillieren und in die gewählte Programmiersprache umzusetzen. Mit einem Feinkonzept werden die Datenschemata (Datenstruktur-, Datei- oder Datenbankbeschreibung, s. ▶ Abschn. 3.1) bzw. Klassen, Attribute und Methoden im Fall der Objektorientierung festgelegt. Darüber hinaus werden Programmabläufe oder Funktionen bzw. der Nachrichtenfluss spezifiziert oder relevante Workflow-Komponenten eingebunden. Die einzelnen Befehle sind anschließend zu kodieren. Man versucht, IT-gestützte Beschreibungsmittel einzusetzen, um danach mit sog. *Programmgeneratoren*, d. h. mit möglichst wenig personellem Eingriff, einen ablauffähigen Code in der gewählten Programmiersprache zu erhalten. Damit wird die Produktivität der Programmierer gesteigert. Webapplikationen müssen auf unterschiedlichen Endgeräten lauffähig sein. Ebenso gilt es die Sicherheit des Programms zu beachten.

Auch der *Systemtest* ist Bestandteil der Implementierungsphase. Das gesamte AS und darauf aufbauende, einzelne Teilprogramme werden ausführlich überprüft. Gerade bei Webapplikationen erweisen sich die Tests aufgrund der Zielrechnerunabhängigkeit als sehr aufwändig.

In der *Abnahme- und Einführungsphase* wird geprüft, ob das Programm die Anforderungen des Pflichtenhefts erfüllt. Auftraggeber schreiben teilweise Entwurfsmethoden und Vorgehensweisen bei der Softwareentwicklung vor (etwa Testverfahren), sodass ähnlich wie bei komplexen Erzeugnissen (z. B. im Maschinenbau) nicht nur das fertige Softwareprodukt, sondern auch die protokollierten Produktionsschritte Gegenstand der Überprüfung sind. Dies ist z. B. dann wichtig, wenn durch Softwarefehler später Haftungsfragen geklärt werden müssen. Tests haben einen großen Anteil am Softwareentwicklungsaufwand. Anschließend wird die Software in Betrieb genommen. Dafür ist zu entscheiden, ob man entweder zu einem Zeitpunkt, z. B. zum 01. Januar, vollständig auf die neue Lösung übergeht („Big Bang") oder ob man die Software sukzessive (z. B. modulweise) in Betrieb nimmt. Beim schlagartigen Austausch der Software sind umfangreiche Personalressourcen erforderlich, damit die notwendigen Umstellungen in sämtlichen Bereichen parallel erfolgen können. Das Risiko eines Fehlschlags solcher Projekte ist aufgrund ihrer Komplexität und Größe besonders hoch. Wird die Software dagegen schrittweise eingeführt, so entstehen gegenüber der einmaligen Komplettumstellung zusätzliche Kosten, z. B. durch Schnittstellen, die zu den später erst abzulösenden Altsystemen geschaffen werden müssen. Da die Änderungen sich auf einzelne Bereiche beschränken, ist das Projektrisiko allerdings geringer.

In der *Wartungsphase* werden schließlich notwendige Programmänderungen und -anpassungen durchgeführt. Man beseitigt Fehler, die trotz des Systemtests nicht erkannt wurden oder die erst nach längerer Nutzung des Programms auftreten. Oft ändern sich auch die Benutzerwünsche, wodurch Anpassungsmaßnahmen erforderlich werden. Hinzu kommen z. B. gesetzliche Neuerungen wie ein verändertes Steuerrecht, das in der Gehaltsabrechnung berücksichtigt werden muss. Darüber hinaus wird eine Wartung der Programme durch Änderungen der Systemumgebung (z. B. neue Rechner, Systemsoftware oder Netzkomponenten) notwendig. Untersuchungen haben gezeigt, dass die Wartungsphase, die über Jahre hinweg bis zum Ausmustern der Software andauert, mehr als 50 % des Gesamtaufwandes aller Software-Lebenszyklusphasen (von der Anwendungsidee bis zur Ausmusterung) verursachen kann (Balzert 2000).

5.2.1.2 Phasenübergreifende Merkmale

Qualitätsanforderungen bei der Entwicklung von Software sollen dazu beitragen, dass sowohl der Entwicklungsprozess als auch das Softwareprodukt bestimmte Eigenschaften erfüllen. Maßnahmen sind dazu bereits beim Fachentwurf zu ergreifen. Für die Produktivität des AS sind Merkmale von Bedeutung wie z. B. *Bedienungsfreundlichkeit*, ein angemessener Funktionsumfang, die *Wartbarkeit* des AS oder die Mindestausstattung der Hardware. Dies sind zumeist subjektive Faktoren.

Die ISO-Norm 9000:2015 gibt einen speziellen Leitfaden zur Softwareentwicklung vor (Mai 2020). Darin werden z. B. Anforderungen an die organisatorische Einordnung von *Qualitätssicherungssystemen* definiert, entwicklungsphasenabhängige *Qualitätsziele* und Maßnahmen zur Zielerreichung, wie z. B. Dokumentationspflichten, festgelegt sowie phasenübergreifende, qualitätsbezogene Tätigkeiten in einem Qualitätssicherungsplan spezifiziert. Unternehmen, die den Entwicklungsprozess normenkonform gestalten, können ihr *Qualitätsmanagementsystem* von unabhängigen Gutachtern (z. B. dem TÜV) zertifizieren lassen, um so gegenüber ihren Kunden nachzuweisen, dass die mit der Norm festgelegten Qualitätsrichtlinien erfüllt werden. Ein ebenfalls weit verbreiteter Ansatz zur Standardisierung und Bewertung des Softwareentwicklungsprozesses istdas *Capability Maturity Model Integration* (CMMI) (Kneuper 2007). Im Mittelpunkt dieses Ansatzes stehen sog. *Reifegrade*, mit denen die Prozessqualität der Softwareentwicklung gemessen wird. Abhängig vom Erfüllen verschiedener Kriterien aus Bereichen wie z. B. Prozessstandardisierung, Projektcontrolling und Risikomanagement wird eine Organisation im Rahmen eines sog. Assessments in eine von fünf Reifegradstufen eingeteilt. Dabei wird angenommen, dass gut strukturierte *Qualitätsmanagementprozesse*, dieselber auch wieder auf Verbesserungspotenziale hinterfragt werden, eine positive Wirkung auf die Software-Produktqualität haben.

Auch wenn sich Phasenkonzepte in Softwareprojekten bewährt haben, weisen sie verschiedene Nachteile auf. In der Empirie zeigt sich, dass zu Beginn des Zyklus eine *vollständige* und *widerspruchsfreie Systemspezifikation* häufig nicht gelingt. Begangene Fehler werden dann erst in späteren Phasen identifiziert, was die Entwicklung stark verzögert. Auch ist die Projektdauer bis zur ersten nutzbaren Software oft zu lang. Häufig funktioniert die Kommunikation zwischen der IT- und der Fachabteilung nicht zufriedenstellend, da z. B. nur während der Definitionsphase die späteren Anwender in den Entwicklungsprozess eingeschaltet werden. Bei der Abnahme des Produktes stellt man manchmal fest, dass nicht sämtliche Benutzungswünsche erfüllt worden sind oder sich die Anwenderanforderungen inzwischen wieder verändert haben. Daher versucht man auch, in Teilprojekten phasenübergreifend zu arbeiten, um mögliche Fehler früh zu erkennen. Benutzungsoberflächen werden z. B. oft bereits als Bestandteil des Pflichtenheftes definiert. Ebenso findet man Projekte, bei denen die Realisierung und Einführung in mehreren Teilprojekten, beginnend mit den wichtigsten oder wirkungsvollsten Funktionen, erfolgt.

5

5.2.2 Agile Softwareentwicklung

Mit der agilen Softwareentwicklung versucht man, die Fachabteilungen besser einzubinden, die Zeit zum Ausliefern erster Ergebnisse zu verkürzen und während eines Projektes in bestimmten Umfang auch noch Veränderungen an der zu implementierenden Fachlichkeit zuzulassen, um so die Schwächen der klassischen phasenorientierten Vorgehensweisen zu reduzieren (vgl. Oestereich 2008). Dazu verwendet man ein adaptives Vorgehen, bei dem sich ändernde fachliche Anforderungen berücksichtigt werden. Diese werden z. B im *SCRUM-Vorgehensmodell* (SCRUM steht für „Gedränge" und die enge Zusammenarbeit im Entwicklerteam) in einem sogenannten „Backlog" – der fachlichen Anforderungsdefinition des Projektes – spezifiziert. Dazu wird der Product-Backlog in einzelne Aufgaben unterteilt, die durch sogenannte User Stories repräsentiert werden. Ein Team, das eine Aufgabe bearbeitet, soll dabei weitgehend eigenverantwortlich operieren. Der Product Owner legt fest, in welcher Reihenfolge welche Aufgaben aus dem Backlog bearbeitet oder modifiziert werden. Die gewählten Arbeitspakete sollen üblicherweise nach zwei bis vier Wochen (einem Sprint), bei einer durchschnittlich sieben Personen umfassenden Entwicklergruppe, programmiert sein. Ein sogenannter Scrum-Master organisiert die zu verrichtenden Aufgaben und unterstützt organisatorisch die Entwickler. Täglich finden sogenannte „Standups", kurze Meetings statt, in denen Fragen zu den zu lösenden Aufgaben behandelt werden und Arbeit verteilt wird. Erste Tests der Lösung nimmt die Gruppe selber vor. Nach dem Sprint findet ein entsprechendes Review der geleisteten Arbeit statt. Mit einer Retrospektive wird die Organisation der Arbeit hinterfragt. Ein Arbeitspaket soll so gestaltet sein, dass es danach zum fachlichen Test und zur Nutzung an die Auftraggeber übergeben werden kann. Bei diesem Vorgehen darf das Testen insgesamt nicht vernachlässigt werden. Ebenso muss parallel die Dokumentation der Lösung erfolgen. Durch das arbeitspaketorientierte Vorgehen lassen sich in einem Projekt für neue Arbeitspakete flexibel Änderungen an den fachlichen Anforderungen vornehmen.

Auch bei einem phasenorientierten Vorgehen können insbesondere die Implementierungs- und Testphase agil und nach der Scrum-Methode durchgeführt werden. Wichtig ist es, dass die fachlichen Tests und die Übergabe an die nutzenden Fachbereiche so vorgenommen werden, dass die bereitgestellten Softwarepakete auch sinnvoll einsetzbar und qualitätsgeprüft sind, ansonsten geht die Akzeptanz der Fachabteilungen bei diesem Vorgehen aufgrund von permanenten Belastungen verloren. Grenzen hat das Verändern fachlicher Anforderungen im laufenden Entwicklungsprozess immer dann, wenn der Auftragnehmer für das Projekt an einen Festpreis gebunden ist und sich durch die Änderungen der Projektaufwand erhöht.

5.2.3 Vorgehensweise zur Einführung von Standardsoftware

Projekte zum Einführen von Standardsoftware dauern zumeist mehrere Monate. Die Einführungskosten, insbesondere für das beteiligte Personal, übersteigen meistens deutlich den Einkaufspreis der Software. In Einführungsprojekten arbeiten externe Berater, Mitarbeiter der IT-Abteilung, die das AS betreiben sollen, sowie sog. *Key-User* aus den Fachabteilungen, die für die fachlichen Vorgaben verantwortlich sind, eng zusammen.

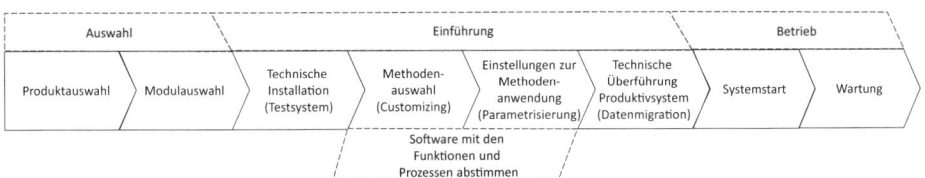

Abb. 5.2 Phasen zur Einführung von Standardsoftware

Komplexe Programmpakete, wie z. B. von SAP oder Microsoft Dynamics, können es erfordern, die betrieblichen Abläufe den in der Software vorgegebenen Standardabläufen anzupassen. Hierfür stehen von Seiten der Softwareanbieter sog. Referenzmodelle zur Verfügung, die die Standardabläufe mithilfe etablierter Notationen abbilden (z. B. Ereignisgesteuerte Prozessketten, s. ▶ Abschn. 4.1.3.2). Somit ist auch bei der Einführung von Standardsoftware ebenso wie bei der Entwicklung von Individualsoftware ein erhebliches fachliches Verständnis für die zu unterstützenden betrieblichen Funktionen und Prozesse von Nöten.

Zur Einführung der weit verbreiteten betriebswirtschaftlichen AS von z. B. SAP, Oracle, Salesforce oder Microsoft hat sich eine ganze Branche von Beratern etabliert, die auf einzelne Module des Systems spezialisiert sind und im Ablauf unterschiedliche Vorgehensweisen und Methoden propagieren. Alternativ hierzu ist es auch möglich, die Lösungen von vornherein beim Hersteller genormt einzurichten und zu implementieren, ohne dass im Anwenderbetrieb noch Anpassungen erfolgen.

Projekte zum Einführen von Standardsoftware laufen vergleichbar der Individualentwicklung in Phasen ab. Unterschiedliche Vorgehensmodelle verfügen immer über die drei Grundphasen der Auswahl, Einführung sowie des Betriebs der Software (vgl. ◘ Abb. 5.2). Derartige Projekte können auch erforderlich sein, wenn Versionswechsel mit großen Leistungsveränderungen der Programme anstehen. Die Übernahme vorhandener Datenbestände in die neuen Systeme ist dabei ebenfalls zu berücksichtigen.

Im Folgenden werden die einzelnen Bestandteile der drei Grundphasen näher erläutert.

5.2.3.1 Auswahlphase

In diese Phase fällt die Auswahl des AS sowie der zu implementierenden Module.

Die *Auswahl* eines geeigneten Softwareproduktes kann wiederum ein mehrstufiger Prozess sein. Dazu gilt es, die entsprechenden Anforderungen für die zur Auswahl stehenden Lösungen zu beurteilen (vgl. ▶ Abschn. 5.1.1.4). Auf Basis der Funktionsdefinition kann eine Anbietermarktanalyse durchgeführt werden (Internet, Messen, spezialisierte Berater, Software-Kataloge). Die infrage kommenden und ausgewählten Anbieter müssen dann darlegen, inwieweit ihre Software die Spezifikationen erfüllt und welcher Preisrahmen zu erwarten ist. Mit Testinstallationen oder bei Referenzkunden kann ein Interessent die Leistungsfähigkeit ebenfalls überprüfen.

Anhaltspunkte für die Auswahl gewinnt man auch durch einen Abgleich der für den relevanten Bereich des Unternehmens definierten Funktionen und Geschäftsprozesse mit den oben erwähnten Funktions- und Prozessmodellen, die von den Standardsoftwareherstellern für ihre Produkte dokumentiert sind. Im Rahmen des Auswahlprozesses werden dann die in Frage kommenden Anbieter schrittweise eingegrenzt.

5

Zusätzlich zu der Auswahl eines geeigneten Softwareproduktes wird festgelegt, welche *Module* des Gesamtproduktes im Unternehmen eingeführt werden. Hierzu können im ersten Schritt wieder die im Pflichtenheft definierten Anforderungen herangezogen werden. Bausteine, die die identifizierten Muss-Kriterien umfassen, sind *zwingend* zu implementieren. Module, die Kann-Kriterien abbilden, können vernachlässigt oder zu einem späteren Zeitpunkt hinzugefügt werden. Häufig bestehen komplexe Softwaresysteme aus einer Grundkomponente, in der wesentliche Muss-Funktionalitäten standardmäßig hinterlegt sind, und sog. Ergänzungsmodulen, die häufig die Kann-Anforderungen abdecken. Prozesse, die für das Unternehmen z. B. wenig erfolgskritisch sind, können zunächst vernachlässigt werden, während wettbewerbsrelevante Aufgaben und Abläufe mit Priorität systemtechnisch unterstützt werden. Ebenfalls ist fachlich festzulegen, wie die Integration der neuen Software in die vorhandene AS-Landschaft vorgenommen werden soll. Für sämtliche anfallenden Aufgaben muss eine Projektplanung erfolgen.

5.2.3.2 Einführungsphase

In die *Einführungsphase* fallen die Unterphasen technische Installation, Methodenauswahl (*Customizing*), Methodeneinstellung (*Parametrisierung*) und schließlich die Installation des Produktionssystems (Dittrich et al. 2009). Daneben finden fachliche Tests statt.

Die *technische Installation* umfasst das reine Aufspielen der Software auf die Hardware des Unternehmens. Alternativ wird eine Cloud-Installation oder -Freischaltung vorgenommen.

Üblicherweise erfolgt dabei die Installation zuerst auf einem Testsystem, und erst wenn alle Aspekte geklärt sind, wird die dann getestete Lösung auf den Produktivsystemen eingespielt. Man findet auch dreistufige Lösungen, bei der vor Produktivsetzung auf einem Konfigurationssystem die neuen Standardsoftwarekomponenten in die Lösungslandschaft eingebunden werden. Sobald die Software aufgespielt ist, sind die Module an die geforderten Eigenschaften der Funktionen und Prozesse anzupassen (*Customizing*). Besitzt z. B. ein Karosseriewerk zwei räumlich getrennte Blechlager, so ist einzustellen, ob das AS diese als ein (virtuelles) Lager behandelt und u. a. nur einen Sicherheitsbestand vorgibt oder ob es die Lager vollständig getrennt führt. Dazu kommt die Verfahrenswahl. So müssen die Algorithmen zur Materialbevorratung (s. ▶ Abschn. 4.4.1.6) aus dem Angebot des Herstellers der Standardsoftware ausgewählt werden.

Parametereinstellungen beziehen sich dagegen darauf, wie die mit der Software abgebildeten betrieblichen Objekte behandelt werden sollen. Beispielsweise legt man durch entsprechende Einstellungen fest, wie hoch der Melde- und Sicherheitsbestand (vgl. ▶ Abschn. 4.4.1.6) für einzelne Artikel sein soll oder zu welchem Zeitpunkt (z. B. monatlich, vierteljährlich) automatische Berichte zu generieren sind. Darüber hinaus ist zu spezifizieren, welche der in der Software verfügbaren Datenfelder verwendet werden. Eine schlechte Wahl der Parameter kann den Unternehmenserfolg stark beeinträchtigen. So führen zu vorsichtig bemessene, d. h. zu hohe Sicherheitsbestände zu einer unnötig hohen Kapitalbindung. Andererseits sind die Parameterwirkungen ähnlich komplex wie die von Arzneimitteln, d. h. es treten Wechsel- und unerwünschte Nebenwirkungen auf. Dimensioniert ein Fertigungsunternehmen z. B. seinen Lagerbestand für häufig benötigte Standardbaugruppen zu gering, kann dieses die Auftragsdurchlaufzeiten verlängern und dazu führen, dass immer wieder

Kunden zu spät beliefert werden (Dittrich et al. 2009). Dabei ist auch die Stabilität der Wertschöpfungsnetze zu berücksichtigen.

Ebenso muss man die Benutzungsoberflächen einstellen. Schließlich sind die notwendigen Formulare für die unterstützten Bereiche festzulegen sowie das gewünschte Berichtswesen zu gestalten. Je nach Vorgehensweise ist das implementierte System zudem in die bestehende IT-Landschaft zu integrieren, indem Schnittstellen zu bereits vorhandenen Systemen, z. B. über APIs, geschaffen werden.

Anhand verschiedener Rollen, die von den Mitarbeitenden bzgl. der Software wahrzunehmen sind, müssen die Benutzungsrechte definiert werden. Nachdem die Software eingestellt ist, müssen Stammdatenbestände angelegt, über Schnittstellen importiert, bei einem Softwarewechsel vorhandene Daten eingespielt oder migriert sowie ergänzt und auf ihre Qualität überprüft werden. Darüber hinaus ist es möglich, individuelle und damit teilweise aufwändige Ergänzungen der Standardsoftware vorzunehmen. Oft erfolgt dies mit Entwicklungsumgebungen, mit denen auch das Softwareprodukt selbst erstellt wurde.

Vor der Übernahme der Software in den produktiven Betrieb werden außerdem umfangreiche Tests durchgeführt. Zum einen wird überprüft, ob die im Pflichtenheft festgelegten Anforderungen vollständig und korrekt umgesetzt sind, zum anderen wird im Rahmen von Belastungstests kontrolliert, ob die Software auch unter hoher Belastung (etwa bei einer außergewöhnlich hohen Zahl von Eingaben) korrekt funktioniert. Dieses alles findet in Testumgebungen oder auf separaten Testservern statt. Als Testpersonen werden zumeist Fachabteilungsmitarbeitende eingesetzt, da diese die korrekte Verwendung der Software am besten beurteilen können. Bei Apps oder auch E-Commerce-Anwendungen setzt man häufig potenzielle Endkunden zum Test der Benutzungsoberflächen ein.

5.2.3.3 Betriebsphase

In der Betriebsphase werden der Start sowie die Wartung des Systems unterschieden.

Mit dem Start wird das AS als produktives System bereitgestellt, so wie es das tägliche Geschäft unterstützt. Danach können weitere Tuningmaßnahmen erforderlich sein, um die technische „Performance" der Software (z. B. das Antwortzeitverhalten) und die fachlichen Ergebnisse der eingesetzten Methoden zu verbessern. Vor dem Systemstart sollten Schulungsmaßnahmen für die Mitarbeiter durchgeführt werden.

Auch Standardsoftware muss *gewartet* werden. Zum einen liefern die Softwarehersteller neue Versionen, um Fehler zu beseitigen. Zum anderen werden durch Releasewechsel Funktionserweiterungen für die Software angeboten, die u. a. auf neuen Forschungserkenntnissen der Betriebswirtschaft und Wirtschaftsinformatik beruhen, oder die Software ist an neue gesetzliche Regelungen anzupassen. Zudem werden Weiterentwicklungen an den Betriebssystemen sowie der Systemsoftware vorgenommen (*System-Upgrade*). Der Aufwand, den ein Unternehmen hat, eine neue Softwareversion einzuführen, hängt von den unternehmensspezifischen Modifikationen ab. Grundsätzlich ist eine effiziente Wartung der Software nur möglich, wenn sämtliche Aktivitäten während des Einführungsprojektes klar dokumentiert wurden und fortgeschrieben werden. Zu dieser Aufgabe wird scherzhaft angeführt, dass die wichtigsten Adressen des IT-Leiters die seiner ehemaligen Programmierer seien, die die individuellen Anpassungen ursprünglich durchgeführt haben. Teilweise sind die Unternehmen gezwungen, solche Versionswechsel durchzuführen, weil anderenfalls aufgrund der abgeschlossenen Verträge die Wartung und Fehlerbeseitigung der Software durch den Hersteller ausläuft. Oft werden einzelne Versionen aber auch übersprungen („Leapfrogging").

Modifikationen an der eingesetzten Lösung mögen notwendig sein, wenn sich herausstellt, dass weitere organisatorische Veränderungen im Unternehmen zweckmäßig sind. Außerdem machen z. B. neue Anforderungen bei den Produkten, Produktionsprozessen sowie Geschäftsprozessen auch veränderte Parametereinstellungen während des laufenden Systembetriebs erforderlich. In Zeiten der Hochkonjunktur regelt man die Produktion beispielsweise so, dass die knappen Kapazitäten nicht durch zu viele Umrüstungen geschmälert werden, wohingegen in einer Krise kurze Durchlaufzeiten mit pünktlicher Kundenbelieferung Vorrang haben (s. ▶ Abschn. 4.4.1.3). Besondere Herausforderungen stellen auch Fusionen oder Übernahmen von Unternehmen dar. Nach der Übernahme der Postbank durch die Deutsche Bank hat sich die Vereinheitlichung von IT-Systemen als besonders schwierig erwiesen. Projekte dahingehend waren mehrfach wenig erfolgreich und finden bis heute, nach mehr als zehn Jahren, statt.

5.2.4 Akzeptanz neuer Software

Ein nicht zu vernachlässigender Aspekt in der Planungs- und Implementierungsphase von Individualsoftware bzw. in der Auswahl- und Einführungsphase von Standardsoftware ist das aktive Einbeziehen von Nutzern und damit auch die *Akzeptanz* aus Nutzer- und aus Organisationssicht. Unter Akzeptanz versteht man in diesem Kontext die Bereitschaft und Absicht von Nutzern, ein AS zur Bearbeitung von Aufgaben regelmäßig einzusetzen.

Nutzerakzeptanz spielt grundsätzlich nicht nur bei der Einführung von klassischen Konsum- oder Gebrauchsgütern eine große Rolle, sondern ist auch bei der Einführung von (Anwendungs-) Systemen von entscheidender Bedeutung. Man nehme als Beispiel die misslungene Einführung des Apple Newton (offizieller Name „MessagePad") im Jahre 1993, das u. a. als Vertriebsunterstützungs-Werkzeug in vielen Unternehmen eingesetzt wurde. Konzipiert als revolutionäres mobiles Endgerät, sollte dieser PDA (Personal Digital Assistant) als mobile Kontakt- und Kommunikationszentrale fungieren. Als wesentliche Funktionalitäten wurden E-Mail-, Adress- und Terminverwaltungsprogramme angeboten. Insbesondere durch die unausgereifte Handschrifterkennungssoftware und Fehleranfälligkeit der Anwendungssoftware entwickelte Apple – wenn auch von den Funktionalitäten her seiner Zeit voraus – am Endnutzer vorbei. Daneben führte ein hoher Verkaufspreis zum „Flop" des Gerätes. Dieses Beispiel zeigt gleichzeitig, dass oftmals nicht ausgeklügelte Funktionalitäten über die Akzeptanz von AS und IT-Produkten entscheiden, sondern vielmehr die Benutzungsfreundlichkeit und Zuverlässigkeit des Systems eine wesentliche Rolle in der Entscheidungsfindung von Nutzern spielen.

Ein weiteres Beispiel für mangelnde Akzeptanz aus Organisationssicht ist die Microsoft-Betriebssystemversion Windows Vista. Als Allheilmittel gegen die Sicherheitslücken der Vorgänger-Version Windows XP angepriesen, löste die neue Windows-Version bei Einführung wenig Begeisterung aus. Viele Nutzer bemängelten die komplizierte Benutzungsführung sowie die unzureichende Kompatibilität mit anderen Computerprogrammen. Ferner wurde an Vista kritisiert, dass es eine hohe Rechenleistung voraussetzen würde. Nutzer älterer Rechner mussten feststellen, dass ihre Computer mit Vista viel langsamer liefen. Als Resultat dieser Kritik haben viele Unternehmen Vista ganz übersprungen und nutzten die nächste Generation von Windows, Windows 7.

Akzeptanzprobleme treten damit sowohl auf individueller Nutzerebene (Beispiel Apple Newton) als auch auf organisatorischer Ebene (Beispiel Windows Vista) auf. Individuelle Akzeptanzprobleme lassen sich auf funktionale, technische und design-basierte Ursachen zurückführen:

- *Funktionale Probleme* beziehen sich auf fehlende oder nicht ziel-, sondern irre-führende Funktionen eines AS. Löst die Aktivierung eines Buchungsbefehls in einem AS die Ausgabe von Berichten mit Statistiken aus, so liegt z. B. ein funktionaler Fehler vor.
- *Technische Schwächen* äußern sich etwa in Gestalt langer Ladezeiten von Online-Verbindungen oder regelmäßiger Abstürze von Systemen. Sie beziehen sich damit auf zugrunde liegende Defizite in Hard- und Software durch mangelhafte Programmierung oder Ressourcenengpässe (z. B. Speicherkapazität, Energieversorgung etc.).
- *Designbasierte Schwächen* betreffen insbesondere die Benutzungsfreundlichkeit sowie die Anmutung der Bedienungsoberfläche des AS. Beispielsweise können zu komplex visualisierte Navigationskonzepte auf einer (Suchmaschinen-)Website im Internet für Verzögerungen bzw. Nichtauffinden gesuchter Informationen sorgen, was Unmut und schlechte Erfahrungen auf Seiten der Nutzenden auslösen mag.

In der Literatur finden sich unterschiedliche Modelle zur Überwindung individueller Akzeptanzprobleme bzw. zur Förderung einer aktiven Nutzung von AS. Das *Technology Acceptance Model* (TAM) von (Davis 1989) ist das bekannteste (vgl. ▫ Abb. 5.3). Es erklärt die Nutzerakzeptanz als eine Funktion der wahrgenommenen Benutzungsfreundlichkeit und der wahrgenommenen Nützlichkeit (im Sinne der persönlichen Unterstützung) des Systems. Ferner sieht es die Akzeptanz durch die Anwender als eine notwendige Bedingung für den wirklichen Systemeinsatz. Nicht immer führt Akzeptanz aber auch zur Nutzung. Zudem kann ein für die eigenen Tätigkeiten als nicht nützlich wahrgenommenes AS für den Betrieb vorteilhaft sein, wenn z. B. am Arbeitsplatz Daten zu erfassen sind, die erst in späteren Prozessschritten notwendig werden.

Diese beiden Determinanten der Nutzerakzeptanz adressieren explizit die oben angeführten individuellen Akzeptanzprobleme. Wahrgenommene Nützlichkeit bezieht sich vor allem auf funktionale und arbeitsbezogene Elemente, z. B. inwieweit

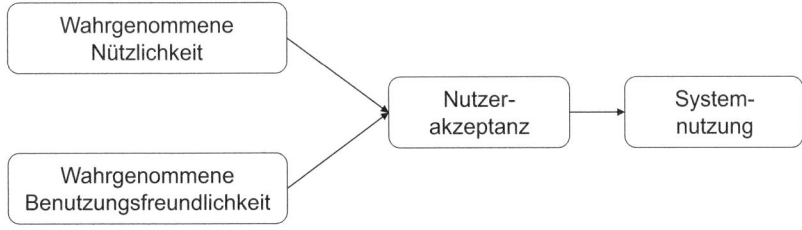

▫ **Abb. 5.3**   Technology Acceptance Model. Nach Davis (1989)

5

das System zu einer produktiveren Arbeitserfüllung beiträgt bzw. der Output der Arbeit durch eine höhere Qualität gekennzeichnet ist. Wahrgenommene Benutzungsfreundlichkeit stellt dagegen eher auf technische und designbasierte Elemente ab. Demnach steigt die Nutzungsakzeptanz, wenn die Bedienung des AS einfach zu verstehen und zu erlernen ist bzw. wenn sich das System flexibel auf die Erfordernisse der Nutzerin einstellt. Eine Weiterentwicklung durch Kombination der Erklärungskraft einzelner weiterer Modelle und deren moderierenden Einflüsse spiegelt sich in der *Unified Theory of Acceptance and Use of Technology* (UTAUT) von (Venkatesh et al. 2003) wider.

Akzeptanzprobleme auf der bereits erwähnten organisatorischen Ebene fußen auf technologischen, motivationspsychologischen, kompetenz- und ressourcenbasierten Barrieren, die sich häufig bei der Einführung von neuen Anwendungssystemen in Unternehmen und anderen Organisationen beobachten lassen. Technologische und psychologische Faktoren spielen bei einer Akzeptanzanalyse insofern eine Rolle, als die Einführung von AS neben Änderungen in der AS-Architektur auch Änderungen von bestehenden Prozessen, Arbeitsweisen und ggf. Produkten mit sich bringen kann. Sowohl Motivationsmängel und Veränderungsträgheit hinsichtlich des Lernens neuer Verhaltensweisen (d. h. die Benutzung eines neuen AS) als auch Überforderung (z. B. durch mangelnde Schulung oder Überlastung des Kurzzeitgedächtnisses) stellen auf Seiten der Mitarbeitenden ebenso eine wesentliche Barriere dar wie historisch gewachsene Entwicklungen und Erfahrungen beim Anwenden bisher eingesetzter AS (sog. „Pfadabhängigkeiten"). So kann die Ablösung eines Alt-Systems z. B. auch bedeuten, dass stark mit diesem Programm verflochtene andere Systeme ebenso betroffen sind und angepasst werden müssen. Neben dem „Wollen" der Mitarbeitenden bei der Nutzung einer neuen Lösung spielt auch das „Können" eine wesentliche Rolle. Nutzer des neuen AS müssen demnach neue Fertigkeiten im Umgang mit dem System erlernen. Eine große Lücke zwischen bestehenden und benötigten Fähigkeitsprofilen zur Bedienung des Neusystems kann deshalb zu erheblichen Unterbrechungen und Störungen bei der Einführung des AS führen. Angemessener Ressourceneinsatz und Managementunterstützung sind damit auch wichtig, um die Nutzungsakzeptanz bei solchen Projekten zu gewinnen und die Ängste vor anstehenden Veränderungen zu reduzieren.

Ebenso hat sich die Softwarebranche vorzuwerfen, dass zu häufig unausgereifte Softwareversionen auf den Markt kommen oder auch neue Versionen mit anderen Benutzungskonzepten und -oberflächen ausgestattet sind, die ein aufwändiges Umlernen der Nutzer erforderlich machen. Neue Softwareversionen führen dazu, dass erst einmal die Fehlerrate der Benutzer steigt.

Konsumenten benötigen z. B. bei der Online-Vertragsverwaltung von Energieanbietern einen wesentlich größeren Aufwand für das Kündigen eines Vertrages im Vergleich zum Abschließen eines komplett neuen Vertrages. Gerade bei ersterem unterscheidet sich die Benutzungsführung von Anbieter zu Anbieter aufgrund fehlender Standards. Umgekehrt erhoffen sich Anbieter mit guter Ergonomie eine schnellere Akquise von Neukunden. Ebenso kann es eine Anbieterstrategie sein, durch komplexe analoge Beratungsgespräche oder schwer erreichbare Firmenmitarbeitende zur Vertragsbearbeitung über das Internet zu bewegen.

5.3 Management von Projekten

Aufgaben des *Projektmanagements* sind das Planen, Steuern und Kontrollieren von Entwicklungs- und Einführungsprojekten für AS. Außerdem sind das Verteilen der anfallenden Tätigkeiten auf Personen sowie das Festlegen von Kommunikations- und Leistungsbeziehungen im Rahmen der *Projektorganisation* von hoher Bedeutung.

Es muss danach unterschieden werden, ob Individualsoftware selbst und ggf. unter Einbeziehung externer Mitarbeiter erstellt wird oder ob es sich um das Einführen und Anpassen von Standardsoftware handelt. Die grundsätzlichen Aufgaben sind gleich. Unterschiedlich sind die Inhalte, die das Projektmanagement behandeln muss.

5.3.1 Projektorganisation

Projekte werden üblicherweise von Teams ausgeführt. Die an einem Vorhaben mitwirkenden Personen übernehmen unterschiedliche Aufgabenbereiche in Abhängigkeit ihrer Qualifikation und Erfahrung. Je nach Komplexität des Projektes werden die Aufgaben den Mitarbeitern mehr oder weniger formalisiert zugeordnet. Es ist zu berücksichtigen, dass für bestimmte Aufgabeninhalte zeitlich befristete Spezialisten notwendig sein können. Als Mittler zwischen den IT- und Fachabteilungsinteressen werden oftmals IT-Koordinatoren eingesetzt.

In kleineren Vorhaben (Projekte mit vergleichsweise wenig Mitarbeitenden, kurzer Laufzeit und geringem Budget) findet man häufig eine nur schwach formalisierte Organisation. Das bedeutet, dass die Teammitglieder ohne *definierte Rollen* gleichberechtigt kooperieren. Die Aufgabenverteilung sowie das Lösen ggf. auftretender Probleme und Konflikte werden durch informelle Diskussionen oder Abstimmungen erreicht. Der Vorteil dieser Organisationsform ist, dass kein Mehraufwand durch übertriebene „Bürokratie" entsteht. Flexibilität und kurze Entscheidungszyklen bleiben gewahrt, kreative Lösungen werden gefördert.

Für mittlere bis große Entwicklungsprojekte ist diese Form der Organisation allerdings wenig geeignet: Absprachen werden nicht eingehalten (weil keine Kontroll- und Sanktionsmechanismen vorhanden sind), Konflikte bleiben ungelöst oder sogar unerkannt usw. Aus diesem Grund wird in größeren Vorhaben üblicherweise ein *Projektleiter* benannt, der mit Leitungsbefugnissen gegenüber den übrigen Mitarbeitenden ausgestattet ist und weitreichende Entscheidungsbefugnisse besitzt. Der Projektleiter delegiert die anstehenden Aufgaben an die Teammitglieder und koordiniert diese anschließend. In kritischen Projektphasen muss er bspw. auch auf die Motivation der Teammitglieder einwirken. Die mit den Teilaufgaben betrauten Personen berichten z. B. im Rahmen von Statussitzungen über den Fortgang der Arbeiten. Da die Projekte gemeinsam von IT- und Fachbereich durchgeführt werden, können je nach Organisationsmodell auch beide Bereiche kooperativ die Projektleitung stellen (vgl. ◘ Abb. 5.4).

Bei agiler Projektorganisation werden Ziele, die zu erreichen sind, vorgegeben, intern steuert sich das Projektteam aber weitgehend selbst.

5

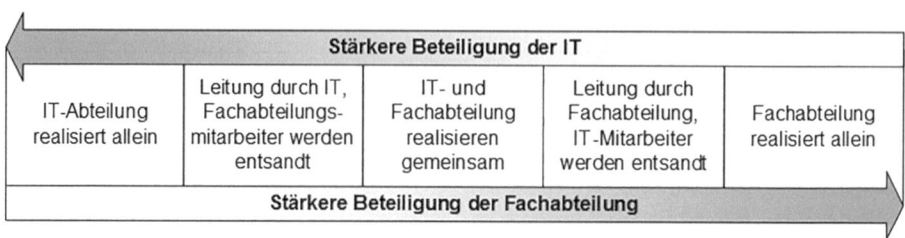

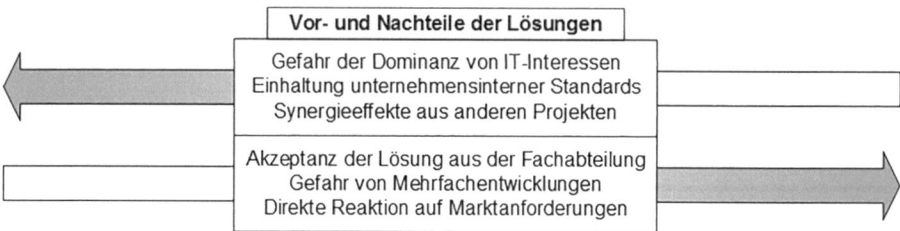

◘ **Abb. 5.4**   Beteiligungsmodelle für Software-Entwicklungsprojekte. (Vgl. Mertens und Knolmayer 1998, S. 87)

Nicht immer verfügt der Projektleiter über die alleinige Entscheidungsbefugnis und Budgetverantwortung. Insbesondere in Großprojekten unterliegt er i. d. R. der Kontrolle eines *Lenkungsausschusses*.

5.3.2 Projektplanung, -steuerung und -kontrolle

Planung, Steuerung und Kontrolle sind die wichtigsten Elemente des Projektmanagements. Üblicherweise sind die Projektleitung und die Mitglieder des Lenkungsausschusses mit diesem Aufgabenkomplex betraut.

Die eigentliche *Projektplanung* beginnt damit, dass die am Vorhaben beteiligten Stellen zu identifizieren sind. Anschließend müssen die Teilaufgaben aufeinander abgestimmt werden. Zur Koordination gibt das Projektmanagement Zeitpläne vor, legt Maßnahmen fest und plant, welche Mitarbeitenden die notwendigen Aufgaben übernehmen. Darüber hinaus müssen die Entscheidungsbefugnisse der Beteiligten geklärt werden. Bei der Einführung von Standardsoftware ist festzulegen, wie hierbei vorgegangen werden soll. Wird Individualsoftware erstellt, so ist z. B. zusätzlich die Entwicklungsumgebung zu bestimmen. Auch müssen Aktivitätsfolgen zum Einführen oder Entwickeln des AS definiert werden. Es ist zu untersuchen, wie sich die Aufgabeninhalte in Teilaufgaben zerlegen lassen. Darüber hinaus sind Termine vorzugeben, an denen man das Standardsoftwareeinführungs- oder Softwareentwicklungsprojekt bezüglich der erzielten Zwischenergebnisse (Meilensteine) und Endergebnisse überprüfen kann.

Eine der wichtigsten Aufgaben der *Projektsteuerung*, sowohl unter fachlichen Aspekten als auch unter dem Gesichtspunkt der *Mitarbeitermotivation*, ist die *Führung des Personals*. Dabei ist das Koordinieren von Fach- und IT-Interessen besonders schwierig (vgl. ◘ Abb. 5.4 und ▶ Abschn. 6.4.3).

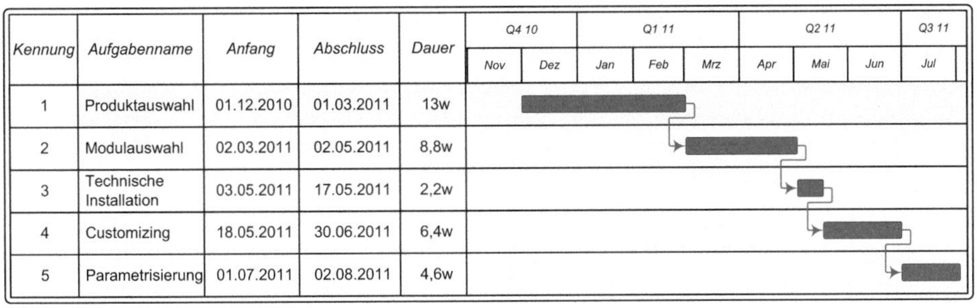

Kennung	Aufgabenname	Anfang	Abschluss	Dauer	Q4 10		Q1 11			Q2 11			Q3 11
					Nov	Dez	Jan	Feb	Mrz	Apr	Mai	Jun	Jul
1	Produktauswahl	01.12.2010	01.03.2011	13w									
2	Modulauswahl	02.03.2011	02.05.2011	8,8w									
3	Technische Installation	03.05.2011	17.05.2011	2,2w									
4	Customizing	18.05.2011	30.06.2011	6,4w									
5	Parametrisierung	01.07.2011	02.08.2011	4,6w									

■ **Abb. 5.5** Gantt-Diagramme

Die *Projektkontrolle* überprüft, ob die in der Planung vorgegebenen Aufgaben sachgemäß abgewickelt wurden und der Ressourceneinsatz den Planungen entsprochen hat. Außerdem werden die Erfahrungen so dokumentiert, dass man in Folgeprojekten wieder darauf aufbauen kann (z. B. in Erfahrungsdatenbanken, die zum Wissensmanagement zählen).

Für viele IT-Projekte wird berichtet, dass die geforderten Aufgaben nicht in der geplanten Zeit und mit den geschätzten Kosten erfüllt werden konnten. Insbesondere ist bekannt, dass bei verspäteten Projekten die Beteiligung weiterer Mitarbeiter oft keine positive Wirkung zeigt, da mehr Koordinationsaktivitäten in der Projektgruppe erfolgen müssen und die Einarbeitung der „Nachzügler" sehr zeit- und kostenintensiv sein mag. Nachfolgend werden deshalb wichtige Verfahren des Projektmanagements skizziert, die zu einer verbesserten Planungssicherheit beitragen.

Um die Zeit- und Terminplanung durchführen zu können, sind Balkendiagramme (Gantt-Diagramme, vgl. ■ Abb. 5.5) oder die Netzplantechnik hilfreich. Zum Überwachen des Projektfortschritts finden Projektbesprechungen statt. KANBAN-Boards werden genutzt, um Arbeitspakete zu priorisieren, Projektteams zuzuordnen und die Abarbeitung nachzuverfolgen. Es werden Statusberichte erstellt, mit denen man das Einhalten der fachlichen Anforderungen und der Termine sowie den Ressourcenverbrauch und die Kosten überprüft.

Neben der Terminplanung sind die Kosten zu schätzen (Balzert 2000, S. 73 ff.). Die Kosten werden für alle relevanten Ressourcen separat kalkuliert. Die Personalkosten bilden sowohl bei Entwicklungs- als auch Einführungsprojekten den größten Anteil. Daher plant man diese Ressourcen besonders differenziert. Die Kosten hängen maßgeblich von Faktoren wie Komplexität der zu entwickelnden Software, Methoden der Entwicklung, eingesetzten Werkzeugen und Motivation der Mitarbeiter ab. Um die Kosten zu schätzen, werden Verfahren verwendet, die grundsätzlich darauf basieren, dass man durch einen Analogieschluss das Vorhaben oder Teilaufgaben davon mit bereits abgeschlossenen Projekten vergleicht. Mit vorhandenen Erfahrungen wird dann der Aufwand geschätzt, z. B. gemessen in Mitarbeiterjahren (Balzert 2000). Ausgangspunkt jedes Schätzverfahrens ist die Bewertung des Projekts anhand verfahrensspezifischer Einflussgrößen. Dazu werden die abzubildenden Objekte, Funktionen, Berichte, Workflows sowie deren Komplexität analysiert. Verfahren wie z. B. die Object-Point-Methode, die wir hier nicht beschreiben können,

5

unterscheiden sich im Wesentlichen in den gewählten Einflussgrößen. Die Prognose-güte solcher Methoden wird maßgeblich durch die Erfahrung des mit der Aufgabe betrauten Experten bestimmt. Da die Ergebnisse verschiedener Ansätze für ein Projekt voneinander abweichen können, ist es empfehlenswert, mehrere Schätzungen mit verschiedenen Verfahren durchzuführen oder mehrere Personen parallel mit der Schätzung zu betrauen und die Ergebnisse zu vergleichen (Sneed 2003). Entlang des Projektfortschritts ist dann zu prüfen, ob der erzeugte Aufwand den Planungen entspricht oder Gegenmaßnahmen ergriffen werden müssen, die im Extremfall auch die Projekteinstellung bedeuten können, wenn die Aufwände den mit dem Projekt verbundenen Nutzen übersteigen (vgl. ▶ Abschn. 6.1.4).

5.4 Hilfsmittel der Projektdurchführung

Wissenschaft und Praxis haben eine Reihe von bewährten Hilfsmitteln zur Unterstützung von Entwicklungsprojekten hervorgebracht. Nachfolgend seien die wichtigsten überblicksartig dargestellt.

5.4.1 Projektwerkzeuge

Um die Organisation eines Projektes zu unterstützen, steht eine Vielzahl an Werkzeugen zur Verfügung. Einige Beispiele seien genannt: Mind-Maps werden verwendet, um Projektideen, Anforderungen oder auch Lösungsvorschläge zu strukturieren. Kanban-Boards bilden Arbeitspakete ab, die Zuordnung zu Projektteams und den Projektfortschritt. Gantt-Diagramme oder Netzpläne unterstützen die zeitliche Projektplanung. Kalkulationsschemata dienen sowohl zur Personalkalkulation und ihrer Einplanung als auch zur Kostenplanung und -kontrolle. Die Projekte werden mit Verfahren der Investitionsrechnung auf ihre Vorteilhaftigkeit geprüft (vgl. ▶ Abschn. 6.1.4) Umfangreichere Checklisten unterstützen, dass die relevanten Daten möglichst vollständig erfasst werden. Ebenso können Simulationsverfahren, z. B. unter Verwendung verfügbarer Daten aus digitalen Zwillingen (vgl. ▶ Abschn. 4.4.1.2), eingesetzt werden, um verschiedene Alternativen des Nutzens durch die neue Lösung zu bestimmen. Mit Werkzeugen zur verteilten Dokumentbearbeitung werden Inhalte und Lösungsskizzen dokumentiert, in Content Management-Systemen werden sämtliche Planungen und Dokumentationen für die Projekte verwaltet. Darin lassen sich auch Entscheidungen nachvollziehen, die ebenfalls begründet dokumentiert werden. In großen Organisationen oder bei der Auslagerung einzelner Aufgaben findet man räumlich verteilte Projektteams. Diese entstehen auch, wenn ein Teil der Projektmitarbeitenden mobil oder im Home-Office arbeitet. Um die Kommunikation und Abstimmung innerhalb einer solchen Gruppe zu gewährleisten, werden Videokonferenzsysteme eingesetzt. Für den kleineren unkomplizierten oder informellen Austausch verwendet man außerdem Chat-Tools.

5.4.2 Modellierungstechniken

Um die fachlichen Anforderungen in den Unternehmen zu spezifizieren, existieren verschiedene Beschreibungsmittel. Ebenso finden sich unterschiedliche Methoden zum Spezifizieren von Programmmodulen.

Die in ▶ Abschn. 4.1.3.2 dargestellte *Geschäftsprozessmodellierung* wird verwendet, um betriebliche Abläufe zu beschreiben. Im Rahmen von Projekten zur Einführung von AS kann man die Geschäftsprozessmodellierung zum Spezifizieren der zu unterstützenden Prozesse nutzen. Als Hilfsmittel für den fachlichen Entwurf in der AS-Entwicklung lassen sich die bereits beschriebenen Notationen zur *Datenmodellierung* (s. ▶ Abschn. 3.1.2.3) und zur *Funktionsmodellierung* (s. ▶ Abschn. 4.1.2) verwenden. Zwei weitere Verfahren, die man oft in der Entwurfsphase einsetzt, sind die *Datenflussmodellierung* und die *Objektmodellierung*, die im Folgenden beschrieben werden.

5.4.2.1 Datenflussmodellierung

Datenflusspläne dienen zur grafischen Darstellung des Informationsflusses einer IT-Anwendung. Sie zeigen mit genormten Symbolen, welche Daten von einer Verarbeitungsfunktion eingelesen, verarbeitet und ausgegeben werden, die dabei verwendeten Datenträger, die Informationsflussrichtung zwischen den Verarbeitungsprogrammen und den Datenträgern sowie den Datentyp. ◘ Abb. 5.6 veranschaulicht

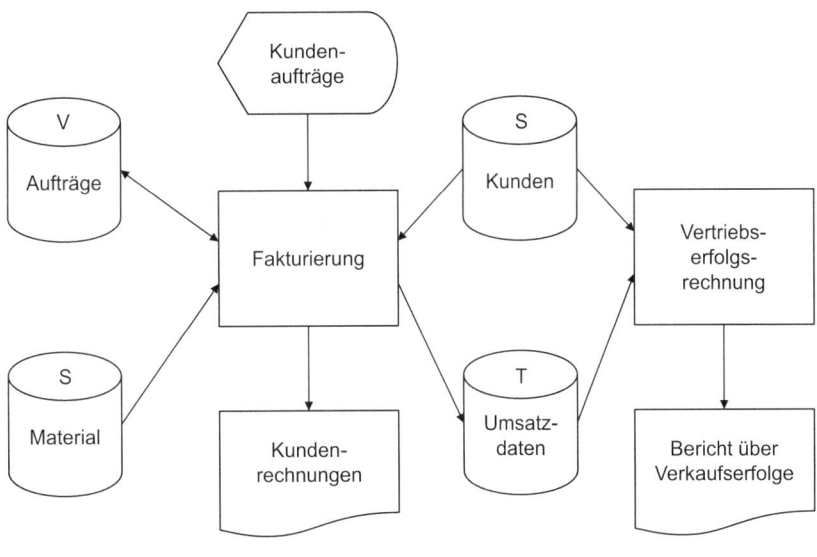

◘ **Abb. 5.6** Beispiel für einen Datenflussplan

den nachfolgend beschriebenen Sachverhalt in der Notation des *Datenflussplans*. Die
◘ Abb. 5.6 zeigt, dass abgewickelte Kundenaufträge über Bildschirmeingabe dem
Programm Fakturierung gemeldet werden.

Um die zur Rechnungsschreibung erforderlichen Daten, z. B. Kundenname, Adresse, Artikelnummer, Artikelpreis und bestellte Menge, einzulesen, greift das Programm „Fakturierung" auf die Stammdaten „Kunden", „Material" und auf die Vormerkdaten „Aufträge" zu, fertigt die Kundenrechnungen an und druckt diese aus. Die Umsatzdaten der verkauften Teile werden in einem Transferdatenspeicher abgelegt. Das Programm „Vertriebserfolgsrechnung" generiert Berichte über den Verkaufserfolg für das Management. Dazu werden die Informationen aus dem Transferdatenspeicher gelesen und mit den Kundenstammdaten verknüpft.

5.4.2.2 Objektmodellierung

Diese Vorgehensweise verwendet die Konzepte *objektorientierter Programmierung* und *objektorientierter Datenbanken* auch für den Entwicklungsprozess. Dabei werden Daten (hier: Attribute) und die Funktionalität ihrer Manipulation (hier: Methoden) in einer abgeschlossenen Programmeinheit (Objekt) beschrieben. Objekte mit gleichen Eigenschaften und gleichem Verhalten, d. h. mit gleichen Attributen und Methoden, werden in Klassen zusammengefasst. Für Klassen wird festgelegt, welche Zustände die Objekte annehmen und welche Änderungen an ihnen ausgeführt werden können. Änderungen werden durch die zugeordneten Methoden ausgelöst.

Um Methoden und Attribute einer allgemeinen Klasse (Oberklasse) automatisch auch an spezielle Klassen (Unterklassen) weiterzugeben, werden sog. Vererbungsrelationen definiert.

◘ Abb. 5.7 zeigt ein Beispiel für eine Klassenhierarchie, bei der die Eigenschaften der Klasse „Person" an die Klassen „Kunde" und „Mitarbeiter" vererbt werden.

Ein Programmablauf entsteht durch Austausch von Mitteilungen bzw. Nachrichten zwischen den Objekten. Sie lösen beim empfangenden Objekt die Ausführung einer Methode aus, d. h., dass diese auf Attribute angewendet wird. Dazu muss der Sender lediglich wissen, welche Mitteilung er zu schicken hat, um das gewünschte Ergebnis zu erhalten. Kenntnisse darüber, wie das Objekt intern arbeitet, sind dagegen nicht erforderlich. Eine Nachricht wird also durch einen Nachrichtennamen und durch Angabe verschiedener Parameter für das Bearbeiten im Empfängerobjekt beschrieben.

Auch bei der objektorientierten Softwareentwicklung lassen sich eine fachliche und eine technische Konzeption unterscheiden. In der fachlichen Konzeption werden die Objektklassen sowie ihre Eigenschaften und ihr Verhalten unabhängig von informationstechnischen Aspekten definiert. Darüber hinaus sind Nachrichten zwischen den *Objektklassen* zu bestimmen. Bei der technischen Konzeption werden die Struktur des AS, die Verarbeitungslogik und die Benutzungsoberflächen gestaltet. Der Unterschied zwischen beiden Vorgehensweisen liegt darin, dass bei der objektorientierten AS-Entwicklung die *Ergebnisse der fachlichen Konzeption weitgehend in die technische Konzeption übernommen* werden. Die Objekte und ihre Strukturen bleiben erhalten. Sie werden nicht wie beim traditionellen Vorgehen in Elemente des technischen Konzepts transformiert, sondern lediglich um Komponenten für die technischen Aspekte ergänzt (Heinrich und Mairon 2008).

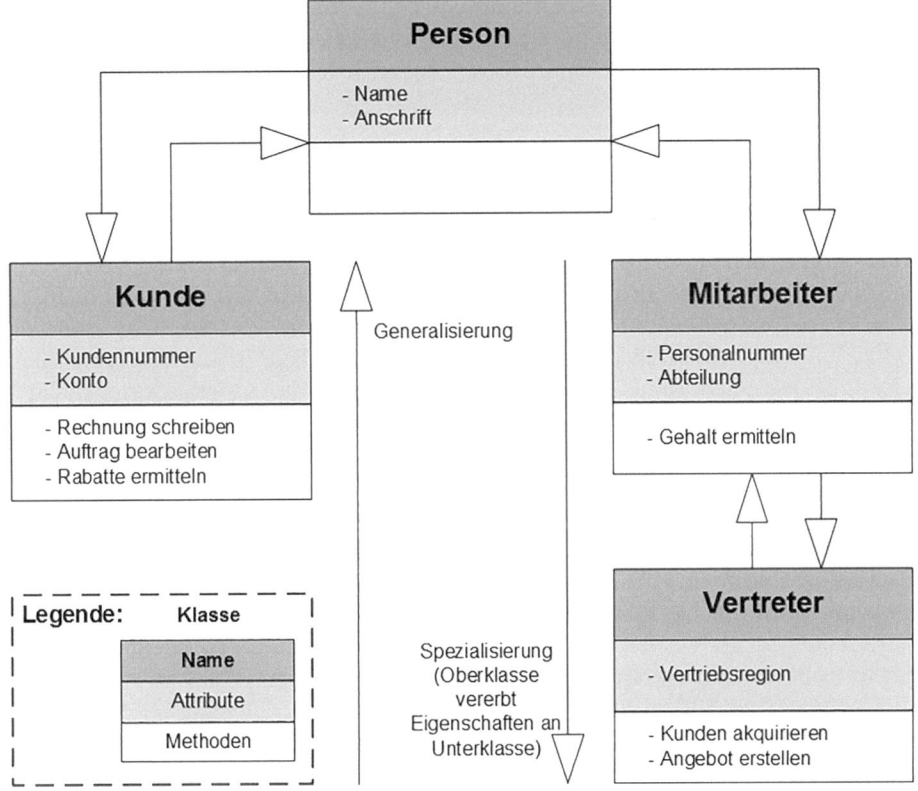

Person
- Name
- Anschrift

Kunde
- Kundennummer
- Konto

- Rechnung schreiben
- Auftrag bearbeiten
- Rabatte ermitteln

Generalisierung

Mitarbeiter
- Personalnummer
- Abteilung

- Gehalt ermitteln

Legende: Klasse
Name
Attribute
Methoden

Spezialisierung
(Oberklasse
vererbt
Eigenschaften an
Unterklasse)

Vertreter
- Vertriebsregion

- Kunden akquirieren
- Angebot erstellen

◘ **Abb. 5.7**   Beispiel eines Klassenkonzepts

Da man die Ergebnisse der fachlichen und der technischen Konzeption gemeinsam speichert und nicht von einer Phase in die andere übertragen muss, lassen sich Änderungen im Konzept leichter durchführen. Will man z. B. das IT-Konzept modifizieren, so muss man hier nicht in die fachliche Konzeption zurückgehen und dort ändern. Beim objektorientierten Vorgehen sind nur einmalig die betroffenen Objekte anzupassen.

Zur objektorientierten Modellierung wird die *Unified Modeling Language* (UML) genutzt (Oestereich 2013). Sie unterstützt sowohl sprachlich als auch visuell den Entwicklungsprozess von der objektorientierten Anforderungsanalyse bis zu Implementierungsaspekten für einzelne Objekte und deren Kommunikation.

5.5 Softwareindustrie

Die ersten betrieblichen Anwendungssysteme wurden von Anwenderunternehmen selbst entwickelt. Schrittweise setzte sich die Idee durch, diese Aufgabe in Teilen an spezialisierte Unternehmen zu übertragen. Parallel wurden immer mehr IT-Unternehmen wie etwa IBM gezwungen, Hardware und Software (gemeint war meist systemnahe Software) zu entbündeln. Getrieben von beiden Entwicklungen und später unterstützt durch die stark steigende Nachfrage nach Software für die unter-

5

schiedlichsten Anwendungsfelder, technische Plattformen und insbesondere auch für Konsumenten, bildete sich mit der Softwareindustrie eine neue Branche heraus, die mittlerweile auch gesamtwirtschaftlich von hoher Bedeutung ist.

■ **Marktstruktur**

◨ Abb. 5.8 zeigt die Entwicklung des Marktvolumens für Deutschland seit 2010. Auf dem Softwaremarkt, einem Segment des IT-Marktes, wurden in Deutschland im Jahr 2021 etwa 29,8 Mrd. Euro umgesetzt. Den Prognosen nach wächst der Softwaremarkt in den nächsten Jahren weiter (Bitkom 2023; Statista 2022a). 2021 waren 645.000 Personen in der deutschen Softwareindustrie beschäftigt (Fraunhofer 2021).

Die größten Softwareunternehmen Deutschlands sind die SAP SE sowie die DATEV eG und die Software AG. Der Vorsprung von SAP ist jedoch beträchtlich: SAP führt mit einem rund 25-fach größeren Umsatz als die zweitplatzierter DATEV den Markt klar an. SAP erreicht etwa 74 % des Umsatzvolumens der deutschen Top-100-Softwareanbieter allein. Selbst im europäischen Markt (Top 100) beträgt der Marktanteil von SAP gemessen am Umsatz noch etwa 39 %. Daneben gibt es eine Vielzahl hoch spezialisierter mittelständischer Softwareunternehmen. Auch für kleine und mittelgroße Unternehmen (KMUs) gibt s ein breites ERP-Angebot. Die DATEV ist mit ihrer Software in der Steuerberatung weit verbreitet und verbindet diese mit Software für KMUs. Dieses kann als ein Strukturvorteil der deutschen Wirtschaft gesehen werden. Bei 68 der Top 100 deutschen Softwareanbieter liegen die Softwareumsätze zwischen 10 Mio. und 50 Mio. Euro p. a.

Der Markt für Software unterteilt sich in den Markt für Geschäftskunden (Business to Business, B2B) und den Markt für Privatkunden (Business to Consumer, B2C). Etwa 85 % des Umsatzes entfällt auf den B2B-Markt. Im B2B-Segment werden beispielsweise branchenübergreifende Lösungen (bspw. ERP- oder CRM-Systeme) oder auch branchenspezifische Lösungen wie z. B. PLM-Systeme angeboten. Weniger komplexe Anwendungssoftware, beispielsweise zur Textverarbeitung, Bild- und Filmbearbeitung, zum Erstellen von Präsentationen oder zum Durchführen von Tabellenkalkulationen, hat sich auch im Markt für Privatkunden etabliert. Komplexe, spezifische Lösungen finden sich im Markt für Konsumenten dagegen kaum.

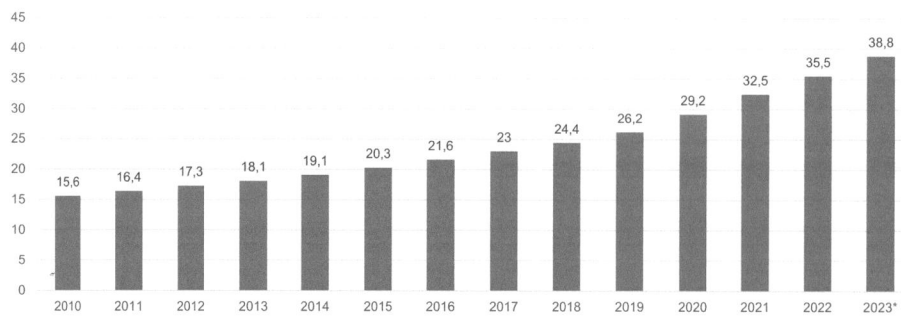

◨ **Abb. 5.8**   Umsatzentwicklung des deutschen Softwaremarkts. (Bitkom 2023) *Prognose

■ **Ökonomische Spezifika von Software**

Softwaremärkte sind durch die Eigenschaften des „Gutes" Software geprägt (Buxmann et al. 2015). Wie jedes digitale Gut kann man Programme zu sehr geringen Kosten reproduzieren. Software lässt sich beliebig häufig und ohne Qualitätsverluste kopieren, die variablen Kosten sind also vernachlässigbar. Der sog. *First-Copy Cost-Effect* beschreibt die Stückkostendegression beim Erstellen von digitalen Gütern. Typischerweise weist die Produktionskostenstruktur bei digitalen Produkten daher einen hohen Fixkostenanteil auf (v. a. Personalkosten). Dementsprechend sind die Kosten für die Urkopie („First Copy") relativ hoch, jedoch verteilen sich die hohen Entwicklungskosten bei zunehmender Verbreitung des Gutes ohne wesentliche Zusatzkosten auf die verkauften Produkte.

Wesentlich für Softwaremärkte ist aber die große Bedeutung von *Netzeffekten*, und zwar in zwei Varianten. Netzwerkeffekte liegen vor, wenn der Nutzen eines Programms für einen einzelnen Kunden mit der Gesamtzahl der Nutzer steigt. Beispielsweise entfaltet für eine Studentin eine Textverarbeitungssoftware einen größeren Nutzen, wenn neben ihr auch ihre Kommilitonen bei der Erarbeitung einer Seminararbeit dieselbe Software verwenden (*direkte Netzeffekte*) – dann fällt der Austausch von Dateien und die Zusammenarbeit auf gemeinsamen Dokumenten leichter. Zudem erfordern AS häufig andere Softwarekomponenten (z. B. eine bestimmte Datenbanksoftware) sowie darauf abgestimmte Hardware. Diese Abhängigkeiten zwischen komplementären Produkten und Diensten zählen zu den *indirekten Netzeffekten*. Austauschstandards (zur Verbindung der Software) neutralisieren diese Abhängigkeiten wettbewerbsstrategisch.

Gerade das Zusammenspiel von starker Fixkostendegression und starken Netzeffekten führt häufig zu einer starken Anbieter-Konzentration in Softwaremärkten („Winner-takes-it-all"-Markt). Dies zeigt sich etwa im Markt für Bürosoftwarepakete, in dem anfangs noch eine Reihe größerer Anbieter agierten. Microsoft dominiert als Marktführer heute diesen Bereich. Ebenfalls förderlich für die Konzentration auf Anbieterseite ist die relativ leichte Internationalisierbarkeit des Gutes Software, wenn Sprachvarianten, Währungen oder landesspezifische rechtliche Regelungen vernachlässigbar sind.

■ **Von On-Premise zu On-Demand**

Software lässt sich *On-Premise* und *On-Demand* bereitstellen. On-Premise-Softwarelösungen sind Programme, die auf den Computern des Kunden – Geschäfts- oder Privatkunde gleichermaßen – installiert werden. Sie ermöglichen es dem Kunden, die volle Kontrolle über die Software und die damit verbundenen Daten zu haben. Dies kann für bestimmte Unternehmen oder Branchen von Vorteil sein, insbesondere wenn es um Datensicherheit und Compliance geht. On-Demand-Softwarelösungen wiederum – auch *Software-as-a-Service (Saas)* genannt – werden nicht mehr auf der Hardware des Kunden installiert, sondern über die Cloud angeboten. Der Kunde kann von seinem Endgerät – ein herkömmlicher PC oder auch alle anderen Endgeräte – aus auf die Software zugreifen. Dabei muss sich der Kunde zunächst nur anmelden, um die Anwendung zu nutzen und umgeht daher eine umfangreiche Installation auf der eigenen Hardware. Nach der Einrichtung und An-/Einbindung der Saas-Lösung an die eigene Systemlandschaft kann das AS genutzt werden.

5

Vorteilhaft ist dabei, dass die Skalierbarkeit beim Anbieter liegt und der Kunde den Nutzungsumfang nach Belieben ausweiten kann. Die technische Infrastruktur (Server und Rechenzentren) verwaltet der Anbieter – genauso aber auch die Daten. Die Bezahlung dafür unterscheidet sich ebenfalls von der On-Premise-Lösung: Hier entrichtet der Kunde eine monatliche oder jährliche Nutzungsgebühr, die ihm den Zugang zur Saas-Lösung ermöglicht, und zahlt nicht einmalig für die dauerhafte Nutzung. Aus Anbietersicht bietet On-Demand gegenüber On-Premise ebenfalls Vorteile, welche die wiederkehrenden Einkünfte (die monatlichen Beiträge) beinhalten, aber auch geringere Kosten in der Wartung. Denn nun aktualisiert der Anbieter die Software auf der Cloud für alle Kunden gleichzeitig und verfolgt seinen eigenen Wartungsrhythmus. Gleichzeitig ist sein Geschäftsmodell ebenfalls skalierbar, da dieselbe Lösung für mehrere Kunden gleichzeitig bereitgestellt wird.

Die Vorteile für Nutzer und Anbieter sind eindeutig und schlagen sich daher auch in den Marktzahlen der Lösungsform nieder: Mit einem Jahresumsatz von rund 3,2 Mrd. Euro im Jahr 2017 ist der Marktumsatz für Saas-Lösungen im Jahr 2022 auf 10 Mrd. Euro angestiegen. Die Prognosen für die folgenden 5 Jahre suggerieren außerdem einen Anstieg um weitere 80 % des Umsatzes auf ca. 18,0 Mrd. Euro bis 2026 (Statista 2022b).

Literatur

Balzert H (2000) Lehrbuch der Software-Technik, Bd. 1 Software-Entwicklung, 2. Aufl. Spektrum, Heidelberg

Bitkom (2023) IKT-Marktzahlen. Bitkom (Bundesverband Informationswirtschaft, Telekommunikation und neue Medien e.V.). Berlin https://www.bitkom.org/sites/main/files/2023-01/BitkomITKMarktzahlenExtranetJanuar2023.pdf. Zugegriffen am 19.04.2023

Bock AC, Frank U (2021) Low-code platform. Bus Inf Syst Eng 63:733–740

Buxmann P, Diefenbach H, Hess T (2015) Die Softwareindustrie: Ökonomische Prinzipien, Strategien, Perspektiven, 3. Aufl. Springer, Berlin

Davis FD (1989) Perceived usefulness, perceived ease of use, and user acceptance of information technology. MIS Q 13(3):319–339

Dittrich J, Mertens P, Hau M, Hufgard A (2009) Dispositionsparameter in der Produktionsplanung mit SAP, 5. Aufl. Vieweg, Wiesbaden

Fraunhofer (2021) Wertschöpfung durch Software in Deutschland (2021). https://www.iuk.fraunhofer.de/content/dam/iuk/de/documents/positionspapier_wertsch%C3%B6pfung-durch-software_de.pdf. Zugegriffen am 12.12.2022

Heinrich G, Mairon K (2008) Objektorientierte Systemanalyse. Oldenbourg, München

Kneuper R (2007) CMMI. Verbesserung von Software- und Systementwicklungsprozessen mit Capability Maturity Model Integration (CMMI-DEV), 3. Aufl. dpunkt-Verlag, Heidelberg

Mai F (2020) Qualitätsmanagement in der Bildungsbranche: Grundlagen des Qualitätsmanagements nach DIN EN ISO 9000:2015. Gabler, Wiesbaden

Mertens P, Knolmayer G (1998) Organisation der Informationsverarbeitung, 3. Aufl. Gabler, Wiesbaden

Oesterreich B (2008) Agiles Projektmanagement. HMD – Praxis der. Wirtschaftsinformatik 45(260):18–26

Oesterreich B (2013) Analyse und Design mit UML 2.5: Objektorientierte Softwareentwicklung, 11. Aufl. Oldenbourg Wissenschaftsverlag, München

Sneed HM (2003) Aufwandsschätzungen von Software-Reengineering-Projekten. Wirtschaftsinformatik 45(6):599–610

Statista (2022a) Marktvolumen im Bereich Software in Deutschland. https://de.statista.com/statistik/daten/studie/189894/umfrage/marktvolumen-im-bereich-software-in-deutschland-seit-2007/. Zugegriffen am 12.12.2022

Statista (2022b) Software-as-a-service Deutschland. https://de.statista.com/outlook/tmo/public-cloud/software-as-a-service/deutschland#umsatz. Zugegriffen am 12.01.2023

Timinger H (2017) Modernes Projektmanagement. Wiley-VCH, Weinheim

Venkatesh V, Morris MG, David GB, Davis FD (2003) User acceptance of information technology: toward a unified view. MIS Q 27(3):425–478

Management der Ressource IT

Inhaltsverzeichnis

P. Mertens et al., *Grundzüge der Wirtschaftsinformatik*, https://doi.org/10.1007/978-3-662-67573-1_6

6.1 Wertbeitrag der IT

Ohne IT-basierte AS sind viele Unternehmen überhaupt nicht mehr funktionsfähig. Das Management der Ressource IT ist damit zu einem wichtigen Thema der Unternehmensführung geworden, auch weil große Kostenblöcke auf die IT entfallen.

Nachfolgend geht es um die Frage, wie Investitionen in neue, veränderte oder erweiterte AS sowie die technische Infrastruktur zu bewerten und zu priorisieren sind. Es somit zu klären, wie die IT-Investitionen zum Erfolg des Unternehmens beitragen.

6.1.1 Verbesserungen mit Hilfe des Prozesslebenszyklus

Ziel des *Geschäftsprozessmanagements* eines Unternehmens (zu den Grundlagen s. ▶ Abschn. 4.2) ist die Planung und Bereitstellung von effektiven und effizienten Prozesslösungen, die, entsprechend der verfolgten Unternehmensstrategie, den Kundennutzen erhöhen bzw. die Ziele des Unternehmens besser erfüllen.

Geschäftsprozessmanagement umfasst die institutionalisierte, permanente Planung, Umsetzung, Kontrolle und Verbesserung entlang des *Prozessmanagement-Lebenszyklus* im Sinne eines kontinuierlichen Verbesserungsprozesses. Prozess-Mining-Ansätze dienen dazu, gesammelte Daten (z. B. Logdateien) bzgl. der ausgeführten Prozessabläufe zu untersuchen. Dem Management von Geschäftsprozessen liegt ein phasenorientiertes Vorgehensmodell zugrunde (vgl. ◘ Abb. 6.1).

Analysephase
- Auswahl der zu analysierenden Geschäftsprozesse
- Erheben der Ist-Prozesse und deren IT-Unterstützung
- Bestimmen von Prozesskennzahlen (z. B. Durchlaufzeiten, Kosten) (Business Process Monitoring)
- Identifikation von organisatorischen und IT-Schwachstellen

◘ **Abb. 6.1**   Phasen des Prozess-management-Lebenszyklus

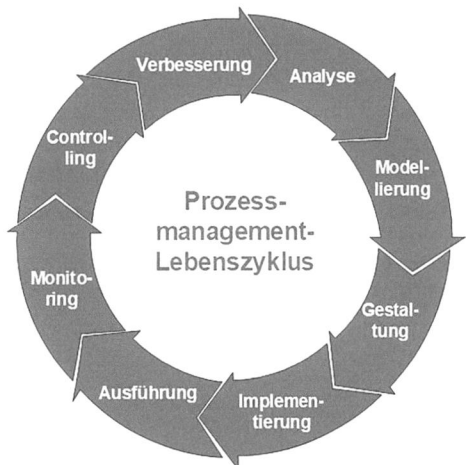

Modellierungsphase
- Modellieren der Ist- und Soll-Prozesse und deren IT-Unterstützung (u. a. Aktivitäten, Ereignisse, Dateninput/Datenoutput, Anwendungssysteme, Prozessbeteiligte und -verantwortliche)

Gestaltungsphase
- Identifikation und Abgrenzung vorhandener und zukünftiger Prozesse
- Formulieren von Prozesszielen und Prozessprinzipien
- Auswahl und Umsetzung von Verbesserungskonzepten (z. B. Überarbeitung, Neuentwurf Harmonisierung, Automatisierung und Auslagerung („Outsourcing"))
- Konzeption der geeigneten IT-Unterstützung
- Definition von Prozesskennzahlen und -metriken (z. B. Kosten, Durchlaufzeiten und Qualitätskennzahlen, wie Fehlerhäufigkeit oder Kundenbeschwerden)

Implementierungsphase
- Einführen der Soll-Prozesse im Unternehmen bzw. Funktionsbereich (z. B. Test, Schulung)
- Integration der Unterstützungssysteme in die IT-Architektur des Unternehmens

Ausführungsphase
- Ausführung der Geschäftsprozesse bei Anfallen der Aufgaben
- Nutzung prozessorientierter Unterstützungssysteme (z. B. Workflow-Management-Systeme, s. ▶ Abschn. 4.2.2), Prozessunterstützung und Prozessautomation

Monitoringphase
- IT-gestütztes Erheben relevanter Daten zu Prozesskennzahlen und -metriken
- Automatisierte Berichterstattung („Reporting") zu den Prozesskennzahlen an Prozessverantwortliche

Controllingphase
- Analyse der Prozesskennzahlen bzw. der Prozessleistung
- Identifikation von sog. Performance Gaps (z. B. durch Betriebsvergleiche oder Best- Practice Studien (Benchmarking), als Messung am Spitzenreiter)
- Definition von Maßnahmen zur Prozessverbesserung

Verbesserungsphase
- Initialisieren permanenter Verbesserungen der Geschäftsprozesse (*kontinuierlicher Verbesserungsprozess* (KVP))
- Gestalten von Anreizsystemen zum Belohnen von Verbesserungsvorschlägen (betriebliches Vorschlagswesen)

Der Ablauf von Modellierung und Gestaltung ist nicht völlig sequenziell. So beeinflussen die Verbesserungsideen, die während der Gestaltungsphase gewonnen werden, natürlich die Modellierung der Soll-Prozesse. Der Begriff „Lebenszyklus" bedeutet auch, dass nach der Verbesserungsphase eine erneute, aber zumeist verkürzte Analyse des Prozesssystems angestoßen und damit der Zyklus wiederholt durchlaufen werden kann. Dies ist z. B. dann der Fall, wenn Verbesserungspotenzial entdeckt wird, das eine Änderung der Prozesslandschaft nahelegt.

Wichtige strategische Aufgaben beim Management von Geschäftsprozessen sind:

- *Prozess-Strategie und -Portfolio-Gestaltung*. Analysieren des Prozess-Portfolios analog zu einer Geschäftsfeld-Portfolio-Betrachtung mit dem Ziel, die Effektivität der Prozessmaßnahmen zu erhöhen und Ressourcen bestmöglich einzusetzen.
- *Process Mass Customization*: Gestaltung von Prozessvarianten für verschiedene Kundengruppen auf Basis standardisierter Prozessbausteine. Dies wird u. a. durch SOA und Webservices unterstützt (s. ▶ Abschn. 2.2.4).
- *Prozess-Standardisierung*: Die Harmonisierung oder Standardisierung von Prozessen ist Voraussetzung zur Vereinheitlichung von Anwendungssystemen (s. ▶ Abschn. 6.2.2), u. a. um Kosten der IT zu reduzieren.
- *Business Process Outsourcing*: Übertragung eines bzw. mehrerer Prozesse auf einen externen Dienstleister, wobei der Leistungsaustausch über Vereinbarungen zur Dienstgüte, den Service Level Agreements (s. ▶ Abschn. 5.1.1.3), definiert und gesteuert wird.

6.1.2 IT als Wettbewerbsfaktor

Ob die seit Jahrzehnten steigenden IT-Investitionen mit einem Produktivitätsgewinn einhergehen, war in der Wissenschaft zum Teil umstritten. Der Zusammenhang zwischen IT-Investitionen und Produktivität oder Rentabilität wird seit etwa dreißig Jahren mithilfe von ökonometrischen Studien analysiert. Ende der 1980er-Jahre wurde in dieser Diskussion die These vom „*Produktivitätsparadoxon*" der IT erörtert. Eine Reihe gesamtwirtschaftlicher Studien belegte, dass trotz steigender Investitionen in IT kaum positive und – insbesondere im Dienstleistungssektor – teilweise sogar negative Produktivitätsentwicklungen zu verzeichnen waren. Neuere Studien untermauern jedoch den positiven Effekt von IT-Investitionen auf die Produktivität auf makro- und mikroökonomischer Ebene (Pilat 2005). Vergleiche auf der Ebene von Ländern, Wirtschaftszweigen und Einzelunternehmen zeigen dennoch enorme Unterschiede hinsichtlich des Erfolgs von IT-Investitionen.

6.1.3 Strategische Analyse neuer IT

Für die Analyse der *strategischen Wirkung von IT* bieten sich zwei Wege an. Einmal können digitale Technologien die Attraktivität und Struktur von Märkten verändern. Dies wird in der *marktorientierten* Sicht betrachtet. Andererseits können digitale Technologien auch den Prozess der Wertentstehung verändern. Letzteres lässt sich mit der *ressourcenorientierten* Sichtweise adressieren. Nachfolgend stellen wir Hilfsmittel für beide Wege vor.

6.1.3.1 Marktorientierte Sicht – Porter's Five Forces

Anhaltspunkte für eine systematische Prüfung aus marktorientierter Sicht bietet die Analyse der *Wettbewerbskräfte* nach Michael E. Porter (2010), häufig auch Branchenstrukturanalyse genannt. Das im Jahr 1980 erstmals vorgestellte *Branchenstrukturmodell* beschreibt den Einfluss von fünf Faktoren, welche die Attraktivität einer

Branche bestimmen. Porter unterstellt, dass die Attraktivität eines Marktes maßgeblich von der vorherrschenden Marktstruktur geprägt wird. Dabei stützt er sich auf die Grundidee der Industrieökonomie, wonach die Struktur eines Marktes das Verhalten aller Marktteilnehmer bestimmt. Inzwischen muss dieses Modell durch weitere Faktoren, wie die Globalisierung, die Deregulierung von Märkten oder die Wirkung des IT-Einsatzes in Märkten, erweitert werden (Isabelle et al. 2020). Um grundsätzliche Effekte des IT-Einsatzes zu beschreiben, die Unternehmen in Märkten erreichen können, bietet sich diese Analyse weiterhin an.

Das Modell sieht die systematische Analyse von fünf Einflussgrößen vor:

- Die *Bedrohung durch neue Anbieter* – Betreten neue Wettbewerber einen Markt, so zieht das i. d. R. eine Erhöhung der am Markt angebotenen Kapazitäten und damit eine Erhöhung des Preisdrucks nach sich. Derartige Effekte zeigen sich z. B. an Preismodellen für Privatkunden von Online-Brokern im Wertpapierhandel. Wichtig ist in diesem Zusammenhang, Existenz und Bestand von Markteintrittsbarrieren zu bewerten. Hohe Eintrittsbarrieren für neue Marktteilnehmer führen ceteris paribus zu einer höheren Attraktivität des Marktes für dort tätige Unternehmen.
- Die *Bedrohung durch Ersatzprodukte* – Das Aufkommen von Substituten im weiteren Sinn, d. h. Produkte, die auf ähnliche Kundenbedürfnisse abzielen, wirkt sich negativ auf die Attraktivität einer Branche aus. Elementar sind hier das Preis-Leistungs-Verhältnis der Branchenprodukte zu den Substituten sowie eventuelle Wechselkosten. So gibt es vermehrt Beispiele, dass Fleischersatzprodukte den Verkauf konventioneller Produkte gesenkt haben oder Verbrenner-PKW durch Elektrofahrzeuge verdrängt werden.
- Die *Verhandlungsstärke von Lieferanten* – Abhängig davon, wie sehr Lieferanten ihre Interessen in Geschäftsbeziehungen durchsetzen können, variiert die Gewinnmarge, die Unternehmen mit ihren Produkten erzielen können. Stärkere Lieferanten werden Einsatzstoffe zu höheren Einkaufspreisen anbieten bzw. niedrigere Qualitäten zu gleichen Preisen liefern. Ein Beispiel für Lieferanten, denen viel Verhandlungsmacht in einem Markt zukommt, sind die Hersteller von patentgeschützten Arzneimitteln.
- Die *Verhandlungsstärke von Kunden* – Ähnlich wie die Geschäftsbeziehungen eines Unternehmens zu dessen Lieferanten beeinflusst auch die Verhandlungsstärke der Kunden die Gewinnmarge eines Unternehmens. Starke Abnehmer verlangen niedrigere Preise bzw. höhere Qualitäten zu gleichen Preisen. Ein Beispiel hierfür sind in Deutschland die großen Lebensmittelhandelsketten, die den Verkauf einzelner Marken (z. B Coca-Cola) verhindern können.
- Die *Rivalität unter den bestehenden Unternehmen* – Intensiver Preis- oder Qualitätswettbewerb in einem Markt belastet die Gewinnmargen der einzelnen Unternehmen. Die Wettbewerbsintensität kann anhand von Faktoren wie der Anzahl aktiver Wettbewerber, Überkapazitäten am Markt oder anhand des Marktwachstums geschätzt werden. Beispiele sind Lieferdienste oder auch E-Scooter-Anbieter, bei denen zum Teil eine Marktkonzentration stattfindet.

Porters *Branchenstrukturmodell* geht davon aus, dass mit steigender Intensität der Wettbewerbskräfte das Gewinnpotenzial und somit auch die Attraktivität eines Marktes sinken. Unternehmen müssen dementsprechend ihre Wettbewerbsstrategie unter Beachtung jener fünf Komponenten und der drei weiteren Faktoren formulie-

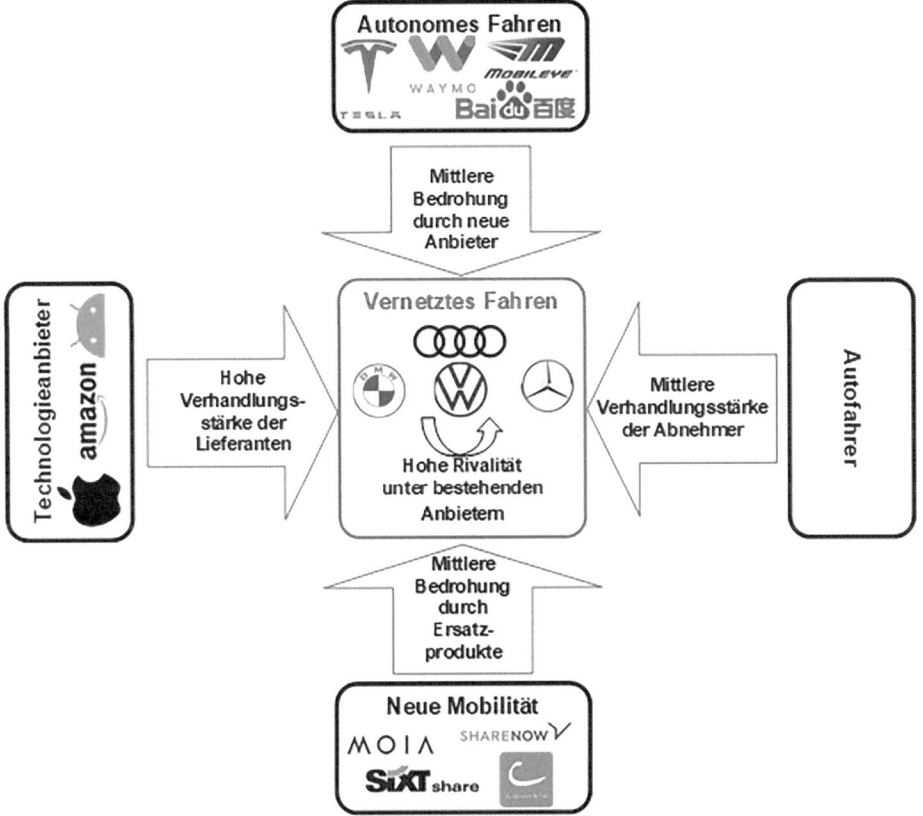

◘ Abb. 6.2 Branchenstrukturmodell für „vernetztes Fahren" in der Automobilbranche. (In Anlehnung an Porter 2010)

ren und stetig anpassen. Berücksichtigt werden muss auch, dass staatliche oder europäische Verordnungen den Einsatz moderner Methoden einschränken können. Als Beispiel seien die KI-gestützte automatisierte Kreditwürdigkeitsprüfung oder Personalauswahl genannt.

Das Branchenstrukturmodell lässt sich auch zur Abschätzung der Wirkung digitaler Technologien einsetzen. ◘ Abb. 6.2 zeigt exemplarisch eine Analyse der strategischen Wirkung der Technologien für digital vernetzte Fahrzeuge auf die Attraktivität der Automobilbranche.

Die Automobilbranche steht derzeit stark unter dem Einfluss neuer Technologien (Mertens und Pagel 2015). Auf der einen Seite wirken digitale Technologien auf die Produktionsprozesse der Hersteller und Lieferanten ein. So wurden und werden beispielsweise Lieferketten, oder auch Liefernetze, an vielen Stellen digitalisiert (s. ► Abschn. 4.8). Maschinen kommunizieren selbstständig untereinander und lösen automatisiert Bestell- und Lieferprozesse aus. Auf der anderen Seite erlebt die Branche aktuell vermehrt Schritte in eine Produktdigitalisierung der Fahrzeuge. Intelligente Telematik-Lösungen und Fahrassistenzsysteme, wie kamerabasierte Spurhalteassistenten oder automatische Einparkhilfen, und die Vernetzung des Automobils mit anderen Endgeräten, i. d. R. über das Internet, werden zu wichtigen Merkmalen der Produktdifferenzierung. Für E-Fahrzeuge sind z. B. Informationen zu energie-günstigen Fahrprogrammen oder freien Ladesäulen relevant. Die Automobil-konzerne sehen sich, vor allem im Bereich des vernetzten Fahrens, einer Gemenge-lage an strategischen Herausforderungen in ihrer Branche gegenüber (vgl. ◘ Abb. 6.2). Mit der Vernetzung des Automobils kommen die großen IT-Konzerne als Lie-feranten ins Spiel. Google, Apple und Co. nutzen dabei ihre marktführende Position in diesem Bereich aus und setzen die Erstausrüster (Original Equipment Manufactu-rer (OEMs)) bei der Vernetzung des Automobils mit neuen Technologien stark unter Druck. Außerdem werden die Endkunden auch in Zukunft aus einem breiten An-gebot an Automobilmarken das für sie passende Produkt wählen können. Im Wett-bewerb mit Ersatzprodukten finden sich in den Metropolen Mobility-as-a-Servi-ce-Anbieter, die mit weiterentwickelten autonom fahrenden Beförderungsdiensten weiter zunehmen dürften. Darüber hinaus experimentieren IT-Konzerne im Bereich des autonomen Fahrens, was die Wettbewerbsposition der OEMs, ähnlich wie die alternativen Mobilitätskonzepte, ebenfalls bedroht wird. Und auch *innerhalb* der Automobilbranche ist ein harter Kampf um die Vorherrschaft am Markt spürbar.

6.1.3.2 Ressourcenorientierte Sicht – Porter's Value Chains

In der *ressourcenorientierten* Perspektive setzt man an den wichtigsten Fähigkeiten eines Unternehmens (wie beispielsweise Kompetenzen des Personals, physische Res-sourcen und organisatorische Besonderheiten) an. Auch diese können durch digitale Technologien verändert werden. Eine Bank, die zum Beispiel sehr viele Kleinkredite an ihre Kunden vergibt, wird die Kreditvergabe möglichst weit automatisieren, ohne dabei den bisher vorhandenen Kundenkontakt zu verlieren. Eine hochautomatisierte Fertigung kann es beispielsweise ermöglichen, *kundenindividuelle* Produkte zeitnah zu liefern.

Einen systematischen Ansatz, um die Aktivitäten eines einzelnen Unternehmens zu untersuchen, liefert Michal E. Porters *Wertkettenmodell* für Unternehmen (Value Chain, vgl. Porter 2010). Dieses unterteilt die Aktivitäten einer Organisation in pri-märe Tätigkeiten (dazu zählen Eingangslogistik, Produktion/Operations, Marketing und Vertrieb, Ausgangslogistik, Service) und unterstützende Tätigkeiten (dazu zäh-len Infrastrukturentwicklung, Personalwirtschaft, Technologieentwicklung, Be-schaffung). Während primäre Tätigkeiten die Wertkette von der Produktion über den Vertrieb bis hin zur After-Sales Betreuung in der Nachverkaufsphase abbilden, haben die unterstützenden Tätigkeiten keinen direkten Beitrag zu Produktion und Vertrieb, sind aber für die Durchführung der primären Aktivitäten häufig besonders relevant. Ein Beispiel ist die Beschaffung im Industriebetrieb, die häufig einen höheren Beitrag zur Wertschöpfung als die Produktion leistet und dazu dienen kann, dass sich mit be-sonders leistungsfähigen und exklusiv gefertigten Bauteilen ein Wettbewerbsvorteil für das eigene Produkt gesichert werden kann. Die Relevanz der Beschaffung wird auch durch Rohstofflieferengpässe, z. B. in der Pharma- und Chemiebranche, oder dem Mangel an Mikrochips für viele Unternehmen deutlich.

Die *primären und unterstützenden Tätigkeiten* können bei Bedarf noch weiter seg-mentiert werden. So könnte beispielsweise die primäre Aktivität „Produktion/Opera-tions" etwa in „Vorproduktherstellung" und „Endmontage" aufgespalten werden. Zudem lassen sich sämtliche Tätigkeiten als direkte (unmittelbar mit Wertschöpfung verbunden, z. B. Endfertigung), indirekte (mittelbar mit Wertschöpfung verbunden, indem sie direkte Aktivitäten ermöglichen, z. B. Einkaufsadministration) oder qualitätssichernde Aktivitäten (mittelbar mit Wertschöpfung verbunden, da sie die Ausgangsqualität für folgende Wertschöpfungsstufen sicherstellen, z. B. Endkontrolle) einstufen.

Innerhalb einzelner Branchen lassen sich für die Unternehmen die Stufen der Wertschöpfungskette analysieren, mit denen die Leistungen erzeugt und Interessenten angeboten werden. Die IT kann dabei die Koordination der einzelnen Wertschöpfungsstufen beeinflussen und neue Vertriebswege eröffnen. Ebenso ist es möglich, die Struktur der Leistungserstellung zu verändern. Bei dem Angebot von Fernreisen kooperieren z. B. Online-Reiseportale mit lokalen Anbietern, die solche Reisen nach Kundenwunsch zusammenstellen. Das Online-Portal übernimmt das globale Marketing, die Qualitätssicherung des Angebots, die Zahlungsabwicklung und die Haftung gegenüber den Kunden. Der lokale Anbieter erschließt sich einen globalen Markt. Klassische Fernreiseanbieter, welche die Wertkette vollständig selbst organisieren und koordinieren, geraten damit unter neuen Wettbewerbsdruck.

■ Abb. 6.3 zeigt exemplarisch die Auswirkungen der Digitalisierung auf die Wertschöpfungskette der Musikbranche (vgl. Hess et al. 2008, S. 3). Anhand einer wertschöpfungsorientierten Darstellung wird das Ausmaß deutlich, mit dem sich die Musikbranche im Zuge der Digitalisierung verändert hat. Große Veränderungen haben sich dabei insbesondere im Rahmen der Musikdistribution ergeben, bei der die Produktion der zwar bereits digitalen, aber noch physischen Tonträger (CDs, DVDs) sowie die Nutzung von stationären Vermarktungskanälen im Einzelhandel nahezu vollständig entfallen sind und durch den Online-Musikhandel mit digitalen Formaten wie Online-Musikbörsen oder Musik-Streamingdiensten ersetzt wurde. Damit entfällt die Tonträgerproduktion und der digitale Vertrieb macht es Künstlern möglich, ohne Musikverlage ihre Musik zu vermarkten.

Wesentliche Unterschiede zum klassischen Offline-Markt sind der Wegfall physischer Produkte und Vertriebskanäle. An deren Stelle treten digitale Produkte und Online-Kanäle. So können auch die originären Hersteller von Produkten Geschäfte mit Konsumenten abwickeln. Der Wegfall physischer Wertschöpfungsschritte bzw. die Substitution durch online abgewickelte Prozesse ist in den Wertschöpfungsketten mehrerer Branchen wahrnehmbar. Viele Versicherungsunternehmen betreiben neben

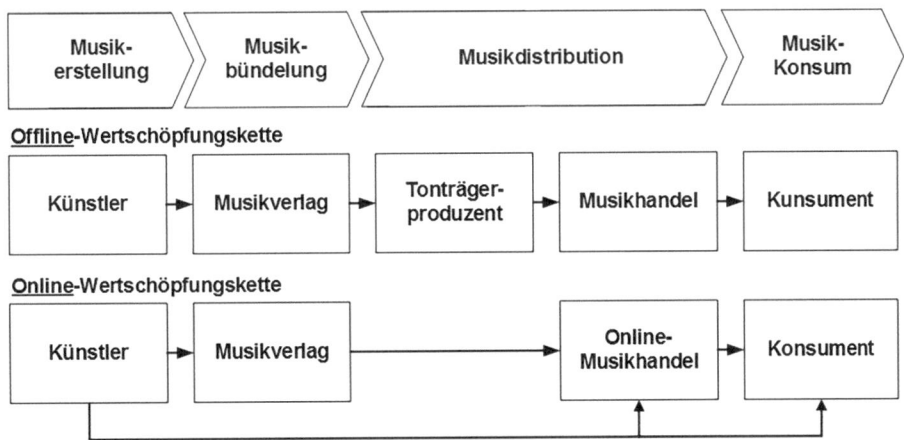

■ **Abb. 6.3** Wertschöpfungskette der Musikbranche

dem klassischen Versicherungsgeschäft auch Online-Direktversicherungen mit dem Ziel, den Kundenkontakt, beginnend im Marketing, über Vertrieb bis hin zur Vertragsabwicklung, Zahlung und Kundenbetreuung, weitestgehend digital abzuwickeln. Im klassischen Versicherungsgeschäft nicht-digitalisierte, aber wertschöpfende Stufen, wie z. B. das persönliche Beratungsgespräch, entfallen dabei. Eine Variante ist die Online-Beratung über digitale Kommunikationsmedien. Daneben werden Funktionen, z. B. für die Dateneingabe und -pflege, auf Privatkunden verlagert, was für die Unternehmen Rationalisierungseffekte bringt. Vergleichbare Entwicklungen zeigen sich im Online-Banking. Teilweise übernehmen auch KI-basierte Lösungen Beratungs- und Anlageempfehlungen sowohl in der Banken- als auch Versicherungsbranche.

Neben der Substitution analoger durch digitale bzw. dem vollständigen Wegfall analoger Wertschöpfungsschritte kann IT in vielfältiger Form zu Veränderungen in den Wertschöpfungsketten einer Branche führen. Der Spielraum reicht hier von horizontaler Integration (der Aufnahme von Aktivitäten auf derselben Wertschöpfungsstufe, auf denen das Unternehmen aktiv ist) und vertikaler Integration (der Aufnahme von Aktivitäten vor- oder nachgelagerter Wertschöpfungsstufen) über den Wegfall von Intermediären bis hin zu *In-* und *Outsourcing-Überlegungen* (s. ▶ Abschn. 6.3.3) primärer (direkter) und unterstützender (indirekter oder qualitätssichernder) Teilaktivitäten auf einzelnen Wertschöpfungsstufen.

6.1.4 Bewertung der Rentabilität von IT-Investitionen

Für Planungszwecke müssen *Rentabilitätsuntersuchungen* schon in sehr frühen Phasen eines IT-Projektes einsetzen. Dazu sind Daten zu Nutzen und Kosten einer IT-Lösung sowie den notwendigen Investitionssummen (Kapitalbindung) erforderlich. Neben den *direkt monetär bewertbaren Wirkungen* ist auch der *strategische Charakter* eines AS als nicht monetäre Größe zu berücksichtigen (s. ▶ Abschn. 6.1.3).

6.1.4.1 Kostenschätzung
Für die Rentabilitätsbeurteilung sollten die durch die Investition verursachten Kosten möglichst umfassend gemessen werden. Dazu kann bspw. das TCO-Verfahren (*Total Cost of Ownership*) genutzt werden. Ziel des Verfahrens ist es, alle Kosten, sowohl die einmaligen als auch die laufenden, zu erfassen, die durch Beschaffung und Einsatz eines IT-Systems über dessen gesamte Lebensdauer hinweg verursacht werden, um diese dem erzeugten Nutzen gegenüberzustellen. Hauptkomponenten der TCO sind:
- Beschaffungskosten (Auswahl, Einkauf, Erstellung, Abschreibungen)
- Bereitstellungskosten (Installation, Schulung)
- Modernisierungskosten (Versionswechsel, Erweiterungen)
- Betriebskosten (Energie, Service, Störungsbeseitigungen)
- Nutzungskosten (Konfiguration, Training, gegenseitige Nutzerhilfe)
- Stilllegungskosten (Abbau, Hardware-Entsorgung, Löschen und Archivieren von Datenbeständen)

Zu beachten ist dabei, dass die Bewertung sowohl die Kosten auf der Betreiberseite (IT-Bereich) als auch die Kosten der Benutzungsseite (Fachabteilung) einschließen sollte. Gerade letztere sind schwer zu bestimmen, da sie sich zumeist nicht direkt aus der Kostenrechnung ableiten lassen. Werden Cloud-Dienste in Anspruch genommen, dann sind die vom Leistungsumfang abhängigen Mietzahlungen auf der Kostenseite relevant und eine Kapitalbindung findet dadurch, dass keine Lizenzen gekauft werden, nicht statt.

6.1.4.2 Nutzenschätzung

Das Abschätzen der *Nutzeffekte*, insbesondere bei integrierten Systemen, ist üblicherweise schwieriger als die Kostenbestimmung. Neben *direkt monetär quantifizierbaren Nutzeffekten* (z. B. Personaleinsparungen durch Automation) treten nicht direkt *monetär quantifizierbare Ergebnisse* (z. B. Erhöhung der Pünktlichkeit im Versand) sowie qualitative oder *strategische Effekte* auf (z. B. Erhöhung der Zahl der Produktvarianten). Ziel ist es, möglichst viele Faktoren quantitativ zu bestimmen. Neben monetären Ergebnissen lassen sich Zeiteinheiten (etwa für den Vergleich von Tätigkeiten mit und ohne IT) und ähnliche Größen verwenden. Diese indirekten Maße müssen in einem Folgeschritt in Geldeinheiten umgerechnet werden. Dabei ist auch abzuschätzen, mit welcher Wahrscheinlichkeit sich diese potenziellen Nutzeffekte realisieren lassen. Die qualitativen Wirkungen kann man in eine Argumentenliste aufnehmen, um weitere Aspekte für eine Entscheidung zu berücksichtigen. Als besonders schwierig erweist sich, dass insbesondere bei integrierten Lösungen die Nutzeffekte auch in anderen Organisationseinheiten, Funktionen oder Prozessen als dem Einsatzort des Systems auftreten können. So werden im Einkauf erfasste Bestelldaten genutzt, um die Wareneingangskontrolle (s. ▶ Abschn. 4.3.3.3) zu beschleunigen oder die Eingangsrechnungsprüfung zu automatisieren. Solche Interdependenzen sind teilweise nur schwer zu identifizieren. Um die Nutzeffekte möglichst genau zu erfassen, lassen sich z. B. mithilfe von *Ursache-Wirkungs-Ketten* entsprechende Abschätzungen vornehmen. Beispielsweise bedingen verkürzte Lagerzeiten durch ein IT-System reduzierte Lagerbestände. Daraus ergeben sich eine niedrigere Kapitalbindung, geringere Bestandsrisiken und ein kleinerer Lagerraumbedarf als monetär bewertbare Wirkungen. Reißen allerdings Lieferketten, dann entstehen schneller Leerkosten, z. B. durch Produktionsausfälle. Ebenso können kürzeren Auftragsdurchlaufzeiten, die zu einer verbesserten Marktposition des Unternehmens führen, unter gewissen Annahmen Umsatzzuwächse und damit zusätzliche Deckungsbeiträge zugeordnet werden.

6.1.4.3 Verfahren zur Unterstützung der Investitionsentscheidung

Mithilfe von monetären Größen lassen sich Investitionsrechnungen durchführen. Gut geeignet sind mehrperiodige, *dynamische Investitionsrechnungen*, da sich i. Allg. sowohl die Kosten als auch die Nutzeffekte für die IT-Systeme im Zeitablauf ändern und so der unterschiedliche zeitliche Anfall der Zahlungsströme berücksichtigt wird (vgl. Blohm et al. 2012). So sind zu Beginn die Entwicklungskosten höher, während in den späteren Perioden die Wartung der Systeme überwiegt. Man muss zusätzlich zwischen einmalig anfallenden Kosten sowie laufenden Kosten des normalen Systembetriebs unterscheiden. Auf der Basis identifizierter Nutzeffekte und Kosten läuft die Rentabilitätsuntersuchung in drei Schritten ab. Zunächst werden die Rahmengrößen für die IT-Anwendung erhoben sowie mögliche Wirkungen erfasst. Anschließend sind die Effekte zu bewerten. Hierbei muss man unterscheiden, ob und wie sich die identifizierten Effekte quantifizieren lassen. Da viele der benutzten Daten mit Unsicherheiten behaftet sind, werden oft nicht nur Einzelwerte verwendet, sondern auch optimistische, wahrscheinliche und pessimistische Größen geschätzt oder man sieht Bandbreiten in den Berechnungen vor. Abschließend werden durch Differenzbildung aus den Nutzeffekten (brutto) und den relevanten Kosten die *Nettonutzeffekte* ermittelt. Nutzeffekte eines neuen Systems könnten sich z. B. auch durch eine verbesserte Lieferfähigkeit und damit zusätzliche Umsätze sowie zusätzliche Deckungsbeiträge einstellen.

◻ Abb. 6.4 zeigt ein stark vereinfachtes Beispiel einer solchen Rechnung für die Einführung eines Kundenportals, über das die Kunden Standardprodukte und Verbrauchsmaterial direkt nachbestellen, auf Handbücher und Anleitungen zur Produktnutzung zugreifen sowie neue Versionen an Analysesoftware für ihre Produkte selbstständig herunterladen können. Das Portal mag auch verwendet werden, um Fehlermeldungen oder Reklamationen für den Hersteller aufzugeben. Der *Kapitalwert* dient als Beurteilungskriterium.

Finanzielle Konsequenzen in Euro \ Jahr	0	1	2	3	4	5
Ausgaben für das Portal						
Beschaffung Standardsoftware	-70.000,-					
Customizing/Integration	-150.000,-					
Schulung	-40.000,-					
Hardware	-15.000,-					
Betriebskosten		-40.000,-	-40.000,-	-40.000,-	-40.000,-	-40.000,-
Zusätzlicher Personalbedarf		-20.000,-	-20.000,-	-20.000,-	-20.000,-	-20.000,-
Direkte Wirkung						
Personaleinsparung						
Auftragsabwicklung		40.000,-	60.000,-	80.000,-	80.000,-	80.000,-
Reklamationsmanagement		20.000,-	50.000,-	50.000,-	50.000,-	50.000,-
Einsparungen Auslieferung						
Softwareupdates		5.000,-	10.000,-	15.000,-	15.000,-	15.000,-
Indirekte Wirkungen						
Weniger Handbuchbedarf		4.000,-	10.000,-	20.000,-	20.000,-	20.000,-
Mehr Umsatz und Deckungsbeitrag durch bessere Kundenbindung		10.000,-	20.000,-	30.000,-	25.000,-	25.000,-
Nettonutzeffekt (NN$_j$)	-275.000,-	19.000,-	90.000,-	135.000,-	130.000,-	130.000,-
Kalkulationszinssatz	5 %					
Kapitalwert	150.155,-					

Formel für den Kapitalwert:

$$KW = \sum_{j=0}^{n} \frac{NN_j}{(1+z)^j}$$

KW: Kapitalwert in Euro
z: Kalkulationszinssatz
NN$_j$:   Nettonutzeffekte in Euro/Jahr
j: Jahr
n: Länge des Betrachtungszeitraums in Jahren

◻ **Abb. 6.4**   Beurteilung des Einsatzes eines Kundenportals mit der Kapitalwertmethode

Um Auswirkungen der folgenden Perioden in die Rechnung einfließen zu lassen, hat man die nächsten fünf Jahre betrachtet und deren Ergebnisse mit einem Zinssatz von 5 % diskontiert. In der Praxis findet man häufig auch eine Amortisationsrechnung, bei der ein monetärer Nutzen der IT-Lösung ins Verhältnis zum dafür verwendeten Kapital gesetzt wird, um zu bestimmen, bis wann sich die ursprünglichen Investitionen amortisiert haben werden. Eine lange Amortisationszeit weist auf ein hohes Risiko hin.

6.1.4.4 Standardisierung als spezielle Investition

Die Leitung des IT-Bereichs von Unternehmen hat immer wieder Entscheidungen zu treffen, inwieweit Hardware, Programmiersysteme oder AS unternehmensindividuell gestaltet werden sollen oder ob man für die jeweiligen Systeme die Auswahl vereinheitlicht und ob man internationale Standards, die von Standardisierungsinstitutionen als Normen festgelegt wurden (s. ▶ Abschn. 2.2.4), zugrunde legt (soweit diese nicht verbindlich vorgeschrieben sind, sodass sich eine Auswahl erübrigt). *De-facto-Standards* sind solche, bei denen sich am Markt Produkte wie Betriebssysteme oder AS erfolgreich durchgesetzt haben. Das Einführen von Standards muss dabei unter dem Aspekt der Rentabilität und der langfristigen Investitionssicherheit gesehen werden. Die Vor- und Nachteile einer Vereinheitlichung sollen im Folgenden am stark vereinfachten Beispiel der Einführung eines innerbetrieblichen Kommunikationsstandards ökonomisch analysiert werden (Buxmann und König 1998).

Zu diesem Zweck betrachten wir eine IT-Landschaft als eine Menge von n Systemkomponenten, welche Informationen speichern, verarbeiten und untereinander austauschen. Für diese Aufgaben existieren Standards. Die Normung eines Systemelements verursacht

Standardisierungskosten (z. B. für die Anschaffung von Software oder die Schulung menschlicher Aufgabenträger), vereinfacht aber die Informationsübertragung, sodass sog. Informationskosten eingespart werden können. Diese setzen sich aus Kommunikationskosten (z. B. Kosten für die individuelle Bearbeitung und Übertragung von Geschäftsdokumenten) und Friktionskosten (Opportunitätskosten einer schlechten Entscheidung, die auf mangelnden Informationen wegen der nicht standardisierten Übertragung basiert) zusammen. Vereinfachend wird unterstellt, dass es eine zentrale Entscheidungsinstanz für alle betrachteten Systemelemente gibt. Zudem wird nur eine statische, keine dynamische Kostenbetrachtung (s. ▶ Abschn. 6.1.4.1) vorgenommen.

Im Modell sind die Systemelemente S_i als Knoten dargestellt (vgl. ◘ Abb. 6.5). Die Standardisierung eines Knotens S_i verursacht Standardisierungskosten in Höhe von a_i.

◘ **Abb. 6.5** Bezeichnungen im Modell des Standardisierungsproblem

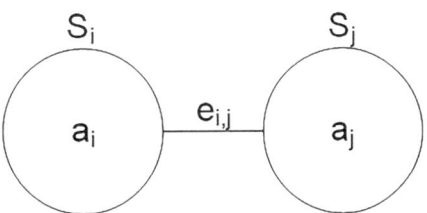

Die Entscheidung über die Standardisierung eines Knotens wird mithilfe der binären Aktionsvariablen x_i modelliert.

Die Kante zwischen zwei Knoten (S_i,S_j) repräsentiert den Übertragungsweg für Informationen. An der Kante sind die Informationskosten e_{ij} dargestellt, die über den gesamten Planungszeitraum (i,j) eingespart werden können, wenn beide Knoten standardisiert sind. Die Informationskosten $e_{i,j}$ zwischen zwei Knoten S_i und S_j werden eingespart, wenn S_i und S_j standardisiert sind, also $x_i = x_j = 1$. Die Zielfunktion des Entscheidungsproblems lautet dann:

$$\sum_{n}^{\substack{i=1 \\ j\neq1}} a_i x_i + \sum_{n}^{i=1}\sum_{n}^{i=1} e_{i,j}\left(1 - x_i * x_j\right) \rightarrow \min!$$

Dieses vereinfachte kombinatorische Optimierungsproblem kann mithilfe von Optimierungsverfahren exakt gelöst werden. Die Erweiterung des Modells um das Einbeziehen konkurrierender Normen wird jedoch bei großen IT-Systemen zu komplex für die Anwendung exakter Verfahren und bedarf des Einsatzes von Heuristiken. Diese benötigen deutlich weniger Rechenzeit, garantieren jedoch nicht, dass die optimale Lösung gefunden wird.

Das Beispiel in ◘ Abb. 6.6 steht für einen einfachen Fall eines IT-Systems mit fünf Systemelementen und nur einem zu implementierenden Standard.

Der linke Graph zeigt die Ausgangssituation. Hier ist kein Knoten standardisiert (standardisierte Knoten sind in der Abbildung grau markiert). Es fallen also keine knotenbezogenen Standardisierungskosten an, aber es werden auch keine kantenbezogenen Informationskosten eingespart. Der mittlere Graph zeigt den Fall, dass die Knoten S_3 und S_5 genormt sind. Dadurch werden Informationskosten in Höhe von 45 Geldeinheiten (GE) eingespart, allerdings sind zusätzlich 61 GE Standardisierungskosten angefallen, sodass die Gesamtkosten im Vergleich zur Ausgangssituation höher sind. Erst die weitere Standardisierung von S_1 (rechter Graph) vermag die Gesamtkosten unter die der Ausgangssituation zu senken, da hier die eingesparten Informationskosten die Standardisierungskosten übersteigen. Eine weitergehende Standardisierung der übrigen Knoten würde bei diesem Zahlenbeispiel die

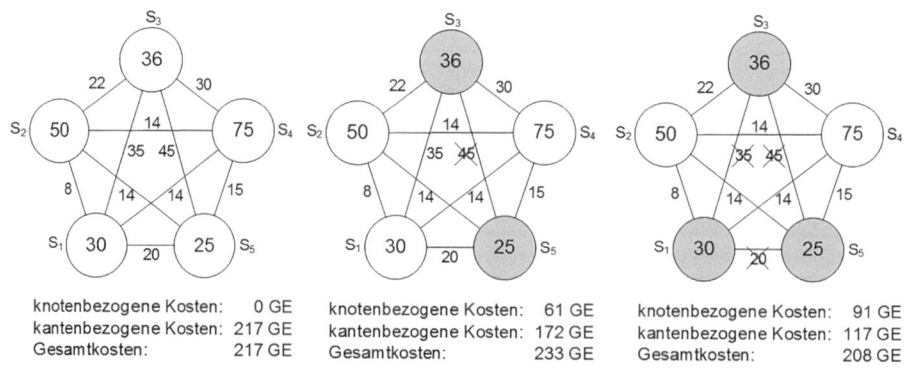

◘ **Abb. 6.6** Beispiel für das Standardisierungsproblem. (Buxmann und König 1998)

Gesamtkosten wieder ansteigen lassen, da mögliche Informationskosteneinsparungen kleiner sind als die dazu notwendigen Standardisierungskosten.

Ein besonderer Anlass für derartige Entscheidungen ist auch gegeben, wenn einem Konzern ein großes Unternehmen oder gar ein anderer großer Konzern angegliedert wird (Post-Merger Integration), wie es etwa der Fall war, als die Commerzbank die Dresdner Bank oder die Volkswagen AG die Porsche SE übernahm.

Dabei geht es z. B. um die Frage, ob und wie weit die AS-Landschaft standardisiert wird. Zum Erreichen von Einheitlichkeit gehen Konzerne oft so weit, dass besonders ausgefeilte Individualsoftware eines Tochterunternehmens abgelöst wird. Es können aber auch rechtliche Aspekte einer solchen Vereinheitlichung entgegenstehen, z. B. wenn es um Kundendaten geht.

Bei neuen Entwicklungen der IT muss man auch berücksichtigen, ob sehr früh oder später standardisiert wird. Ersteres birgt die Gefahr, unausgereifte Technik zu „zementieren". Wartet man aber zu lange, so haben sich Systeme im Unternehmen oder Konzern schon so auseinanderentwickelt, dass die Standardisierungskosten und die Widerstände der Nutzer beim Standardisieren entsprechend hoch sind.

6.1.5 IT-Projektportfolio

Im vorausgehenden Abschnitt haben wir uns auf die singuläre Betrachtung eines Investitionsvorhabens beschränkt. In der Realität gilt es in der Regel, sich zwischen mehreren vorliegenden Projektideen zu entscheiden. Nachfolgend beschreiben wir ein Verfahren, das es erlaubt, mehrere Projekte auf einmal zu bewerten. Zudem bezieht es neben ökonomischen auch technische Aspekte mit ein.

Ein Verfahren, das die gleichzeitige Beurteilung beider Aspekte ermöglicht, ist die *IT-Portfolio-Analyse*. Die Idee dazu wurde von den klassischen Portfolios aus der Management-Lehre übernommen. In der konkreten Ausgestaltung unterscheiden sich die IT-Portfolios jedoch deutlich von diesen klassischen Portfolios. Objekte im IT-Portfolio sind Projektideen. Für deren Vergleich werden zwei Portfolios gebildet, eines für die fachliche und eines für die technische Perspektive. In dem fachlichen Portfolio werden die beiden wichtigsten strategischen Ziele des IT-Einsatzes, in dem Machbarkeits-Portfolio die beiden wichtigsten technischen Herausforderungen abgebildet. ◘ Abb. 6.7 zeigt ein Beispiel mit zwei Teilportfolios zur Beurteilung der fachlichen Priorität und technischen Machbarkeit in einem konkreten Unternehmen.

In dem linken Beispielportfolio in ◘ Abb. 6.7 werden die Beiträge der Projektideen zur Differenzierung und zur Kostensenkung abgetragen. Im zweiten Portfolio repräsentieren die Achsen den Grad der Integration des diskutierten AS in die bestehende IT (abzulesen aus der Analyse der Architektur) sowie das vorhandene Know-how zur Umsetzung des Projekts. Der Integrationsgrad ist ein Indikator für die technischen Schwierigkeiten bei der Implementierung und beim Betrieb. Einzelne IT-Projekte werden typischerweise auf Basis subjektiver Bewertungen fachkundiger Mitarbeiter in den beiden Portfolios positioniert. So können IT-Projekte ausgewählt werden, die einerseits einen guten Beitrag zu den Unternehmenszielen (Kostenführerschaft und/oder Differenzierung) leisten und andererseits technisch wenig problematisch sind. In unserem Beispiel werden von dem Vorschlag für die Einführung eines

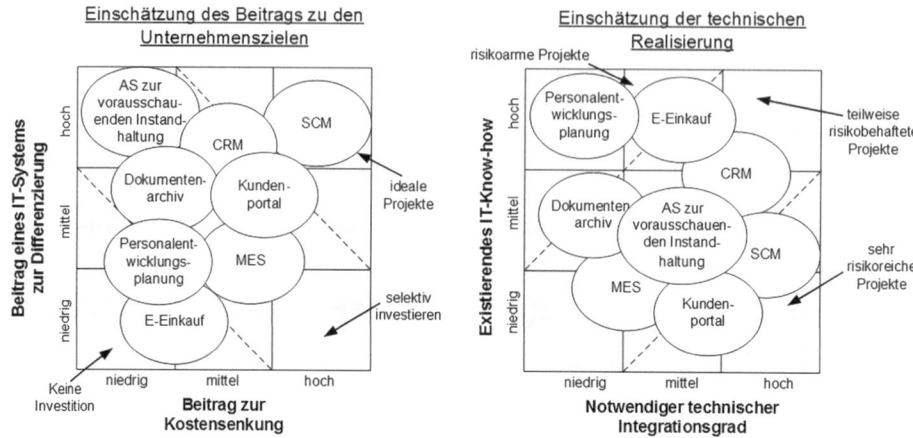

◘ Abb. 6.7   Portfolio-Analysen zur Beurteilung von IT-Projekten

neuen CRM-Systems (s. ▶ Abschn. 4.7) positive Wirkungen auf Differenzierung am Markt und auf die Kosten erwartet. Zudem ist das für die Durchführung des Projekts erforderliche Know-how vorhanden. Gleichwohl geht von der Vielzahl von Schnittstellen zu anderen Systemen (was für CRM-Systeme typisch ist) ein nicht unerhebliches technisches Risiko aus.

6.2   Management der IT-Landschaft

6.2.1   Beschreibung von IT-Landschaften

Zur Beschreibung von IT-Landschaften, d. h. aller im Unternehmen eingesetzten IT-Komponenten, haben sich mittlerweile eine Reihe von Verfahren herausgebildet. Bekannt ist das *Kreisel-Modell* von Krcmar wie es in ◘ Abb. 6.8 dargestellt ist, welches sowohl für die Ist- als auch für die Soll-Architektur verwendet werden kann (Krcmar 2015, S. 104). Kern dieses Modells sind die Anwendungs-, Daten- und Kommunikationsarchitekturen, die zusammen die IT-Architektur ergeben. Die Anwendungsarchitektur beschreibt in diesem Modell Aspekte zum Unterstützen von Geschäftsprozessen und Funktionen. Die *Datenarchitektur* zeigt die Datenbestände auf. Die *Kommunikationsarchitektur* bildet den Datenfluss zwischen Funktionen und Datenbeständen ab. Daneben finden sich in einer IT-Architektur Aussagen zur technischen Infrastruktur (typischerweise Server, Endgeräte und Netze, zusammen auch als *IT-Architektur* bezeichnet) sowie zu den Geschäftsprozessen und der Aufbauorganisation eines Unternehmens (zusammen als *Organisationsarchitektur* bezeichnet). Nur wenn all diese Bereiche aufeinander abgestimmt sind – so die mit dem Kreisel herangezogene Analogie – kann die Planung ausgewogen sein. Die Strategie als Vorgabe führt zur Stabilität der Architekturen auf allen genannten Ebenen.

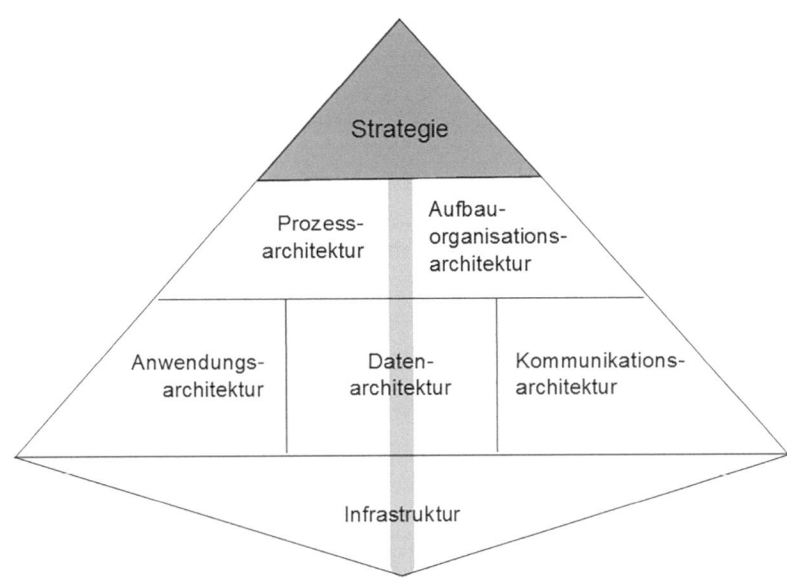

■ **Abb. 6.8**   Das Kreisel-Modell der IT-Architektur. (Krcmar 2015, S. 104)

Auf jeder Ebene des Modells kann man auf bekannte Beschreibungsverfahren zurückgreifen. Zum Darstellen konkreter Anwendungs- und Kommunikationsarchitekturen lassen sich z. B. simple Datenflussdiagramme einsetzen (s. ▶ Abschn. 5.4.2.1). Funktionsmodelle (s. ▶ Abschn. 4.1.2) konkretisieren die von den AS unterstützten Aufgaben. Die Datenarchitekturen werden mit Datenmodellen beschrieben (s. ▶ Abschn. 3.1.2.4). Dabei konzentriert man sich z. B. auf die besonders wichtigen Datenobjekte, wie sie etwa Stammdaten darstellen.

Die technische Infrastruktur, bei der es u. a. um Hardware, systemnahe Software, Basissysteme (z. B. E-Mail-Software) und technische Fragen der Vernetzung geht, wird in der Regel in Überblicksbildern mit Rechnern als Knoten und der Kommunikation als Kanten beschrieben. Dazu können auch Cloud-Dienste einbezogen werden. Diese Darstellungen ergänzt man um Produktlisten, mit denen man unter Standardisierungsaspekten vorgibt, welches IT-Produkt (Hardware, Basissoftware (s. ▶ Abschn. 2.1.3.1), usw.) man für die verschiedenen Aufgaben beschaffen und einsetzen darf. Mit Prozessmodellen und Organigrammen liegen etablierte Ansätze für die Beschreibung der Organisationsarchitektur vor.

6.2.2 Konsolidierung von IT-Landschaften

Die IT-Landschaft verändert sich fortwährend, da sie laufend mit der Unternehmensstrategie und veränderten Marktbedingungen abgestimmt wird oder die Automatisierung neue Möglichkeiten für ein Unternehmen eröffnet. Auslöser sind dabei entweder die strategische Planung top-down oder fachliche Anforderungen bottom-up. Betroffen davon sind sowohl die AS als auch die technische Infrastruktur. Die einhergehenden Veränderungen, auch der Zukauf oder Verkauf von Unternehmen oder Unternehmensteilen, können immer wieder zu Ineffizienzen führen, sodass z. B. gleiche Aufgaben durch unterschiedliche Systeme ausgeführt werden. Dies führt zu erhöhter Komplexität bei den Schnittstellen, mehrfachen Wartungskosten und teilweise inkonsistentem Abwickeln gleicher Sachverhalte. Daneben werden häufig Hardwarestrukturen unkoordiniert erweitert. Ziel ist es daher, AS zu vereinheitlichen und damit sowohl die Kosten als auch die Komplexität der IT-Landschaft zu reduzieren. Dazu werden sukzessive AS in den Unternehmen, die ähnliche Aufgaben übernehmen, auf ihre Vereinheitlichung hin überprüft und, wenn möglich, einzelne Systeme abgelöst. Auch versuchen Unternehmen und Behörden unter dem Vorwand „Digitalisierung" eigene Aufgaben, z. B. das Ausdrucken von Dokumenten, auf Lieferanten und Kunden (auch Privatpersonen) zu verlagern (Rationalisierung auf Kosten anderer). Ebenso versucht man die IT-Infrastruktur zu standardisieren. Hierbei geht es z. B. um die Vereinheitlichung eingesetzter Datenbanken, Applikationsserver, WMS oder DMS. Bei großen Unternehmen mit vielen Endgeräten versucht man z. B. auch die Betriebssystemversionen der eingesetzten Endgeräte zwecks einfacherer Wartung zu standardisieren. Anwendungen, die als Cloud-Lösung bezogen werden, reduzieren die Komplexität des eigenen Betriebs. Bei Standardarbeitsplätzen sind häufig virtualisierte Lösungen zu finden, auf die auch über einen Browser zugegriffen werden kann. Ergänzend zu diesen Vereinheitlichungen und Vereinfachungen bei der Software wird dieses auch für die Hardwarekomponenten angestrebt. Neben Effizienzvorteilen reduziert die Standardisierung eine Abhängigkeit von knappem Personal, da insgesamt weniger Spezial-Know-how benötigt wird. Das Suchen nach Einsparpotenzialen ist deshalb notwendig, weil ansonsten bei knappen IT-Budgets immer größere Anteile in Wartungskosten für genutzte Systeme fließen und so der Spielraum für Neues immer kleiner wird. Speziell bei der Softwareentwicklung erhöht sich der Koordinationsaufwand, wenn Komponenten unterschiedlicher Hardwarehersteller genutzt werden müssen. So wird vom Leiter der VW IT-Fahrzeugdigitalisierung beschrieben, dass in die Entwicklung des neuen Infotainmentsystems 86 Hardware-Lieferanten eingebunden wurden, was zu entsprechenden Schwierigkeiten führte (Holtermann et al. 2023).

6.3 Bezugsquellen von IT-Leistungen – „Sourcing" der IT

Bei der Frage nach Eigenerstellung oder Fremdbezug (oft als „Outsourcing" bezeichnet) der IT handelt es sich um ein Entscheidungsproblem, bei dem vier Aspekte zu berücksichtigen sind:
- welche Aufgaben der IT werden betrachtet (dem WAS),
- wo könnten Vorteile des Fremdbezugs liegen (dem WARUM),
- wie genau wird der Fremdbezug ausgestaltet (dem WIE) und
- wohin wird die Leistungserstellung verlagert (das WOHIN)?

6.3.1 Kategorisierung von IT-Aufgaben

Mit speziellem Bezug auf die Auslagerung hat De Looff (1995) ein dreidimensionales Schema zur Kategorisierung der IT-Leistungserstellung entwickelt. Er unterscheidet als Perspektiven den unterstützten Funktionsbereich (z. B. die Produktion), die für

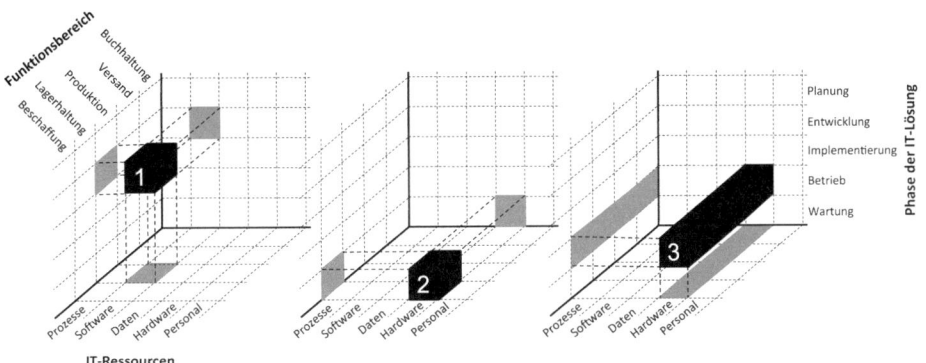

Abb. 6.9 Kategorisierung von IT-Funktionen beim Outsourcing. (Angelehnt an De Looff 1995, S. 238)

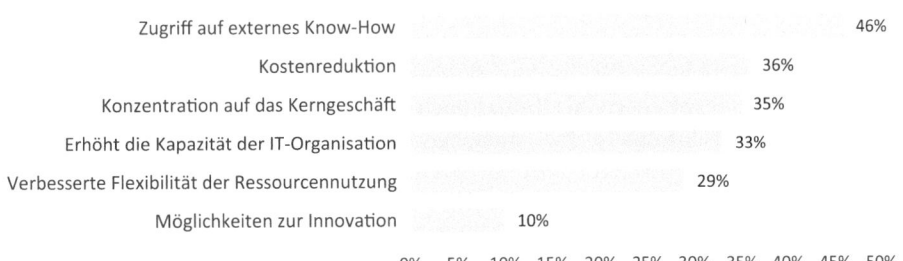

Abb. 6.10 Wesentliche Gründe für die Entscheidung IT-Funktionen auszulagern. (Vgl. Harvey Nash/KPMG 2018, S. 46)

die IT notwendigen Ressourcen (z. B. die Software) und die Phase im Lebenszyklus der IT-Lösung (z. B. den Betrieb). ◘ Abb. 6.9 zeigt die Anwendung dieses Schemas auf drei ausgewählte Beispiele. Im ersten Fall (1) ist zu klären, wer eine Software für den Produktionsbereich entwickelt. Der zweite Fall (2) betrachtet die Wartung der Hardware im Bereich der Beschaffung und der letzte Fall (3) beschreibt den Betrieb der gesamten IT-Infrastruktur über alle Funktionsbereiche hinweg.

Begründungen für das betriebliche Outsourcing und auch damit einhergehende Nachteile fasst ◘ Abb. 6.10 zusammen.

6.3.2 Treiber der Auslagerung von IT-Aufgaben

Intuitiv liegt es nahe, dass Unternehmen durch die Auslagerung von IT-Aufgaben die Kosten ihrer IT senken wollen. In empirischen Untersuchungen konnte dies auch schon mehrfach nachgewiesen werden. Gerade größere Unternehmen streben dieses an. Hintergrund ist, dass ein IT-Dienstleister durch die Übernahme gleichartiger Aufgaben von einer größeren Zahl an Anwenderunternehmen Skaleneffekte realisiert, die er dann zum Teil an seine Kunden weitergibt. Dieses ist auch ein Effekt bei großen Cloud-Dienstleistern. Angebote von Amazon (AWS) oder Microsoft (Azure) bieten nicht nur dynamisch Speicherplatz und Rechenleistung, es werden auch umfangreiche Softwaredienste (z. B. im KI-Bereich oder zur Datenhaltung) angeboten, mit denen Kunden bei der Entwicklung eigener Lösungen Implementierungsaufwand sparen können. Dieses kann bei intensiver Nutzung zu einem Lock-in-Effekt für die Kunden führen (zusätzliche Kundenbindung).

Empirische Analysen zeigen auch, dass die Reduktion der Kosten keinesfalls das einzige Argument für die Verlagerung von IT-Aufgaben zu Dienstleistern ist. In derartigen Untersuchungen kommt immer wieder zum Vorschein (vgl. ◖ Abb. 6.10), dass die Konzentration auf Kernkompetenzen und auch der Zugang zu fehlendem Know-how wesentliche Gründe für das Outsourcing in Unternehmen aller Größenordnungen sind (Gründer und Thomas 2021) Der letztgenannte Grund spielt vor allem bei kleineren Unternehmen eine besonders wichtige Rolle. Gerade im deutschsprachigen Raum dürfte auch der Fachkräftemangel als Motiv für das Auslagern an Bedeutung gewinnen.

6.3.3 Formen der Auslagerung von IT-Aufgaben

Hat sich ein Unternehmen für die Auslagerung einer IT-Aufgabe entschieden, dann stellt sich die keineswegs triviale Frage nach dem „Wie". Wichtig für diese Entscheidung sind insbesondere die entstehende finanzielle Abhängigkeit zu den Outsourcing-Dienstleistern, die infrage kommenden Standorte, der Umfang des Outsourcings und nicht zuletzt die Anzahl der Leistungserbringer (vgl. ◖ Abb. 6.11). Ebenfalls von Bedeutung mögen der Umfang der Änderungen und strategische Gesichtspunkte sein. Ein Aspekt bei einer solchen Entscheidung kann auch sein, wie einfach es ist, eine Rückabwicklung der beschlossenen Auslagerung vorzunehmen, wenn sich diese als Misserfolg erweist. Eine *Ausgliederung* liegt vor, wenn die IT in ein rechtlich selbstständiges aber noch abhängiges Unternehmen überführt wird (externes Outsourcing). Gründe dafür können z. B. das Gehaltsgefüge der IT-Abteilung,

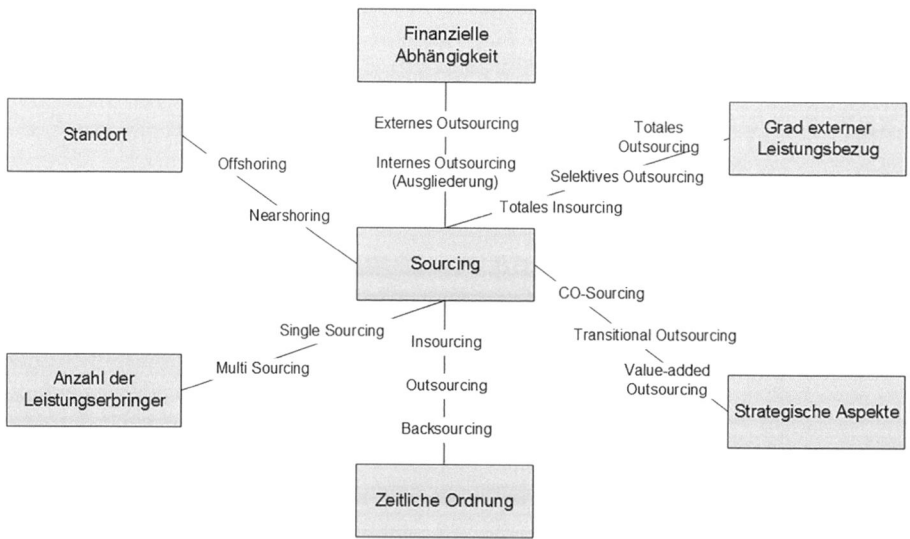

◖ **Abb. 6.11**   Multidimensionalität im IT-Sourcing. (Vgl. Jouanne-Diedrich 2004, S. 127)

eine Risikobegrenzung auf die ausgegliederte Gesellschaft oder Aufträge von anderen Unternehmen sein, die akquiriert und abgewickelt werden. Es kann damit auch die Auftragnehmerposition der IT-Gesellschaft betont werden.

Das am häufigsten herangezogene Merkmal für das Outsourcing ist der Grad des externen Leistungsbezugs. Dazu wird betrachtet, wie viel Prozent der Leistung von einem externen Unternehmen übernommen und wie viel Prozent selbst erstellt werden. Es wird dabei unterschieden zwischen den Formen *„totales Outsourcing"*, *„selektives Outsourcing"* und *„totales Insourcing"*. Bei Letztem wird die Leistung innerhalb des Unternehmens bezogen, nachdem ein formaler Ausschreibungsprozess gewonnen wurde, an dem auch externe Anbieter beteiligt waren. Angewandt auf die Kategorisierung nach dem Grad des Leistungsbezugs lässt sich bei Risikobetrachtungen feststellen, dass eng gefasste Verträge eine Voraussetzung für eine erfolgreiche Auslagerung sind. Außerdem haben Studien gezeigt, dass Verträge über *„totales Outsourcing"* die Erwartungen der Auftraggeber seltener erfüllen als bei *„selektivem Outsourcing"* oder *„totalem Insourcing"* (Barthelemy und Geyer 2004, S. 91 ff.). Mit *„totalem Outsourcing"* haben sich Anbieter auf dem Markt etabliert, die als sog. Systemhäuser umfassende Pakete an Dienstleistungen anbieten. Diese Bündel können von Unternehmen bedarfsbezogen eingekauft werden. Im deutschen Markt sind beispielsweise Anbieter wie Accenture, T-Systems oder IBM zu nennen. Große Cloud-Dienstleister sind global Amazon, Microsoft und Google, europaweit sind außerdem SAP und die Deutsche Telekom bedeutend.

Mit dem Outsourcing kann auch das Ziel verfolgt werden, Spitzenbelastungen in der IT abzudecken. Ist z. B. das Personal des Unternehmens, das neue Software entwickelt, völlig ausgelastet, stehen aber weitere Projekte an, so nutzt man das Outsourcing, in dieser Form *„CoSourcing"* genannt. Ebenfalls kann man ein sog. *„Transitional Outsourcing"* erwägen, wenn ein Technologiewechsel erfolgen soll, z. B. von einer vorhandenen Standardsoftware zu einer neuen Web-Service-basierten Software, und dazu Personal benötigt wird, das über Kenntnisse für beide Lösungen verfügt. Nach der Umstellung wird die neue Softwaregeneration wieder von den eigenen Mitarbeitern betrieben. Werden ausgelagerte Aufgaben auch noch um neue Zusatzleistungen angereichert, dann spricht man von *„Value-added Outsourcing"*. Ein Beispiel wäre das Übertragen der Lagerbestandsführung an einen Logistikdienstleister, der neben der IT-Abwicklung auch die gesamte Lagerhaltung und Kommissionierung übernimmt.

Es wird auch die Frage diskutiert, ob das Outsourcing in nahe Länder, wie z. B. Rumänien (*„Nearshoring"* genannt – auch wenn der Begriff unglücklich gewählt ist), oder aber „an ferne Küsten", wie z. B. Indien (auch *Offshoring* genannt), in Summe besonders vorteilhaft ist (Buxmann et al. 2015, S. 169 ff.; Aspray 2006). Studien zeigen, dass die durch geringere Gehälter, z. B. in Indien, eingesparten Kosten nur teilweise durch Zusatzkosten für das Management von Offshore-Projekten kompensiert werden. Es gibt aber auch Beispiele, bei denen sprachliche und kulturelle Barrieren sowie fehlende persönliche Treffen in einer Reihe von Fällen zu missglückten Offshoring-Projekten geführt haben. Daher ist im Einzelfall kritisch zu prüfen, ob das *„Nearshoring"* bei geringeren Kommunikationskosten, auch aufgrund von kleineren kulturellen Unterschieden, gegenüber dem Offshoring kostengünstiger ausfällt. Bei der Wahl der Regionen, in die die Auslagerung erfolgt, muss auch das politische Risiko berücksichtigt werden. Dieses zeigt sich insbesondere aufgrund des Ukraine-Krieges bei einem Outsourcing nach Russland oder in die Ukraine.

6

Wichtig für den Erfolg von Offshoring-Projekten ist auch die Frage, in welcher Form Auftraggeber und Auftragnehmer aneinander gebunden sind. Das Auslagern kann z. B. in ein neu gegründetes Tochterunternehmen erfolgen. Wird dieser Betrieb an einem Offshore-Standort gegründet, kann er für ein Unternehmen zahlreiche Vorteile mit sich bringen. Neben dem Ziel der Kosteneinsparung, das beim Offshoring noch stärker ausgeprägt ist als beim Outsourcing im Inland, sowie dem Zugang zu hoch qualifizierten Arbeitskräften, kann das „*Captive Offshoring*" die Erschließung neuer Märkte begünstigen. Es bezeichnet die Ausgründung eines Tochter-Unternehmens im Ausland (spezielle Form der Ausgliederung). Im Vergleich zu einer Vergabe an Fremdunternehmen ermöglicht das „*Captive Offshoring*" i. d. R. ein hohes Maß an Kontrolle, und zwar nicht nur über Prozesse, sondern auch über das Know-how des Unternehmens. Allerdings sind beim „*Captive Offshoring*" auch eine Reihe von Herausforderungen und Risiken zu beachten, die beim Offshoring mit Fremdunternehmen nicht auftreten. Dazu gehören vor allem die Kosten für den Aufbau des neuen Standorts. Aus diesen Gründen wählen viele Unternehmen auch die Form eines sog. Joint Ventures und mindern die Risiken, indem sie eine Partnerschaft mit einem lokalen Unternehmen aufbauen. Anhaltende Personalkostensteigerungen in Niedriglohnländern, wie Indien und China, reduzieren die Kostenvorteile dieser Maßnahmen. Unternehmen orientieren sich dann wieder um, suchen teilweise nach noch nicht so genutzten Regionen. Durch die zusätzlichen Kommunikations- und sonstigen Kosten, die durch Offshoring entstehen, ist bei steigenden Löhnen das Einsparungspotenzial schnell aufgebraucht. In Fällen, in denen diese Auslagerungsversuche keinen (dauerhaften) Erfolg gebracht haben, werden die Aufgaben häufig wieder in die Unternehmen zurückgeholt („*Backsourcing*"). Als Hindernis steht in Deutschland aber gerade im IT-Bereich der Fachkräftemangel dagegen. Die einzige Möglichkeit in ausreichendem Umfang personelle Leistungen anzubieten bleibt daher häufig nur die Auslagerung in Länder mit guter Ausbildung und Verfügbarkeit des Personals.

6.3.4 Theoriebasierte Erklärung des IT-Outsourcing

Ansatzpunkte für die Erklärung des zu beobachtenden Outsourcing-Verhaltens finden sich insbesondere in der ökonomischen Theorie und in der ressourcenorientierten Theorie der Unternehmung.

Ökonomisch birgt die Übertragung einer Aufgabe an einen externen Dienstleister die Chance, von Skaleneffekten in der Produktion zu profitieren. Allerdings erhöhen sich durch die Auslagerung von Aufgaben auch die Koordinationskosten. In diesem Sinne ist die Auslagerung einer Aufgabe immer dann sinnvoll, wenn die erreichbare Kostenreduktion (nach dem Gewinnaufschlag des Dienstleisters) mittels *Skaleneffekten* von steigenden Transaktionskosten nicht überkompensiert wird. Folgt man der *Transaktionskostentheorie* (s. ▶ Abschn. 7.3.1) dann eignen sich insbesondere wenig spezifische Aufgaben für eine Auslagerung.

Eine rein kostenorientierte Betrachtung würde aber der realen Entscheidungssituation in Unternehmen zweifelsohne nicht gerecht werden. Daher lässt sich zusätzlich die ressourcenbasierte Theorie der Unternehmen zur Erklärung des Outsourcing-Verhaltens bzgl. der IT heranziehen. Kernelemente dieser Theorie sind die Ressourcen, die einem Unternehmen zur Verfügung stehen, um Wettbewerbsvorteile gegenüber konkurrierenden Unternehmen zu erzielen (s. ▶ Abschn. 6.1.2). Ressourcen lassen sich danach in drei Klassen gliedern: *„menschliche Ressourcen"*, *„physische Ressourcen"* und *„organisatorische Ressourcen"*. Aus diesen Klassen werden diejenigen als strategische Ressourcen bezeichnet, die für das Unternehmen einmalig, wertvoll und immobil sowie für Konkurrenzunternehmen schwer zu imitieren und zu substituieren sind. IT-Aufgaben, die in diesem Zusammenhang eine hohe strategische Bedeutung aufweisen, sollten daher im Unternehmen gehalten werden, während sich IT-Aufgaben mit geringer strategischer Bedeutung für den Fremdbezug eignen.

Picot und Meier (1992) verbinden die beiden theoretischen Zugänge in einer Entscheidungsmatrix, die die strategische Bedeutung einzelner IT-Aufgaben und deren Spezifität gegenüberstellt und damit zu normativen Aussagen bzgl. der Sinnhaftigkeit des Outsourcings für einzelne IT-Aufgaben kommt. ◘ Abb. 6.12 zeigt diese Matrix.

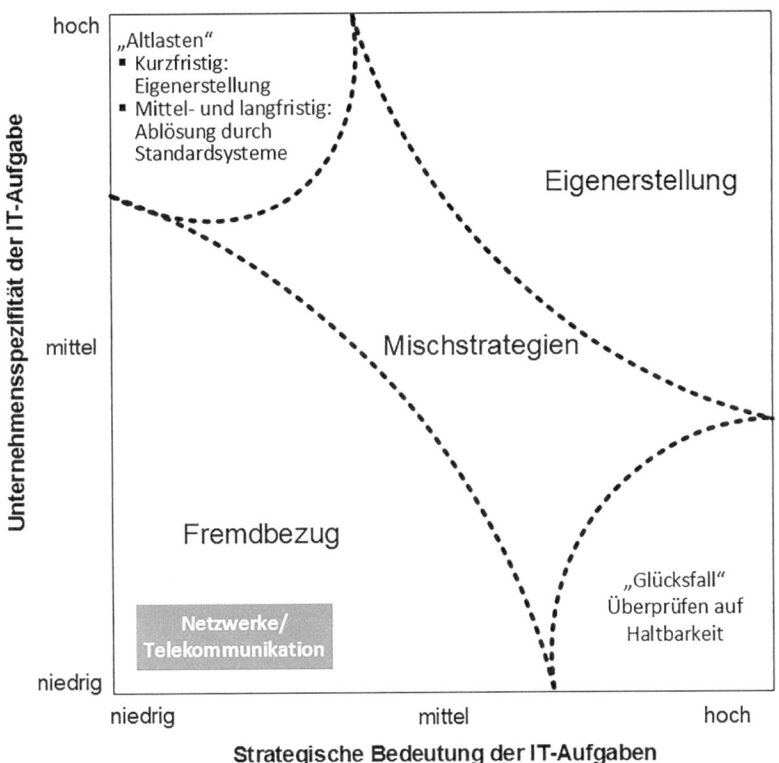

◘ **Abb. 6.12**   Entscheidungsmatrix für die Auslagerung von IT-Aufgaben. (Vgl. Picot und Meier 1992, S. 21)

6.4 IT Governance

IT-Governance umfasst Grundsätze und Verfahren zur Leitung der IT und prüft, ob die IT an den Geschäftszielen (s. ▶ Abschn. 6.1) des Unternehmens ausgerichtet ist, verantwortungsvoll die verfügbaren Ressourcen einsetzt sowie das Risiko-management angemessen betreibt (Meyer et al. 2003).

6.4.1 Einordnung der IT in die Unternehmensorganisation

Grundsätzlich kann die betriebliche IT auf zwei verschiedene Weisen in die Organi-sation eines Unternehmens eingeordnet werden: als Stabsstelle der Geschäftsleitung (1) oder als Funktionsbereich. Innerhalb der Variante Funktionsbereich lassen sich wiederum zwei Alternativen unterscheiden: die Positionierung der IT auf der glei-chen Ebene wie andere wichtige Funktionsbereiche (2) sowie die Unterordnung der IT unter einen anderen Funktionsbereich (3). In ◘ Abb. 6.13 sind diese drei Varian-ten schematisch dargestellt. Dabei kann es sich bei den Funktionsbereichen sowohl um Funktionen wie Produktion oder Vertrieb oder um Geschäftsbereiche handeln, wie z. B. Pkw und Lkw bei einem Automobilhersteller.

Welche der drei Varianten gewählt wird, hat spürbare Auswirkungen auf die Arbeit in der IT. In der ersten Variante fungiert die IT als verlängerter Arm der Unternehmensleitung. Tendenziell kann sie so grundsätzliche Vorstellungen besser durchsetzen, wird aber von den Funktionsbereichen im Tagesgeschäft weniger res-pektiert. Letzteres ist in Variante zwei nicht der Fall. Allerdings tritt die innerbetrieb-liche Dienstleistungsaufgabe dabei zurück (Mertens und Knolmayer 1998, S. 54). Beide Ausprägungen haben gemein, dass deren Einordnung eine hohe Wertschätzung

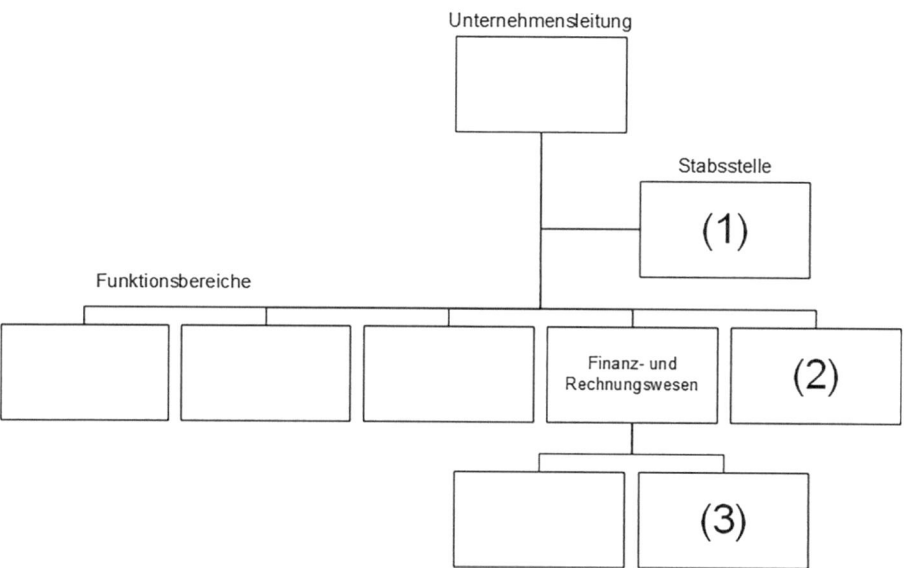

◘ Abb. 6.13 Möglichkeiten der Einordnung von IT-Abteilungen

für die IT ausdrückt. Genau dies ist in der dritten Variante nicht der Fall. Die dritte Variante, z. B. in Form einer Unterordnung unter den Bereich Finanz- und Rechnungswesen, findet sich daher nur noch in Unternehmen, in denen das wichtigste Anwendungsfeld der IT weiterhin das Finanz- und Rechnungswesen ist.

◘ Abb. 6.13 beschreibt die Einordnung der IT in bewusst einfacher Form. Geht man mehr ins Detail, so stellen sich gerade in größeren Unternehmen eine Reihe weiterer Fragen, wie z. B. nach der rechtlichen Selbstständigkeit von IT-Abteilungen und nach dem Zusammenspiel zwischen IT-Abteilungen auf zentraler und dezentraler Ebene. Einige Unternehmen gliedern die IT oder Teile davon in rechtlich selbstständige Unternehmen aus. Dieses hat den Vorteil, dass die Effizienz der eigenen Leistungserstellung durch einen Preis- und Qualitätsvergleich am Markt geprüft werden kann oder sich z. B. eine unabhängige Gehalts- und Stellenpolitik betreiben lässt. Ausgegliederte IT-Abteilungen werden aber oft auch zu Aktivitäten am externen Markt gezwungen (z. B. selbstentwickelte Software auch an Dritte zu verkaufen), was neben Chancen für sie auch eine Reihe von Risiken birgt.

6.4.2 CIO und IT-Steuerungsgremium

An der Schnittstelle zwischen IT und dem „restlichen" Unternehmen sind inzwischen drei organisatorische Konstrukte von besonderer Bedeutung: die des *Chief Information Officer* (CIO), des *Chief Digital Officer* (CDO) und des *IT-Steuerungsgremiums*. Gelegentlich taucht auch die Idee auf, einen „Chief AI Officer" zu etablieren.

Traditionell hat der IT-Leiter eines Unternehmens die Gesamtverantwortung für den IT-Einsatz im Unternehmen, d. h. er ist für die strategische Ausrichtung der IT verantwortlich und führt auch die IT-Einheiten des Unternehmens. Ein derartiges Tätigkeitsprofil hat typischerweise seinen Kompetenzschwerpunkt im technischen Bereich.

Anfang der 1990er-Jahre wurde im deutschsprachigen Raum erstmals diskutiert, ob der traditionelle IT-Leiter durch einen CIO ersetzt werden soll. Hinter dem CIO-Konzept stehen folgende Kerngedanken:
- Der Gesamtverantwortliche für den IT-Einsatz soll das Geschäft des Unternehmens verstehen – und damit nicht ausschließlich technisch fokussiert sein. Hintergrund ist die Bedeutung der IT für das Unternehmen, wie wir sie in ▶ Abschn. 6.1 bereits skizziert haben.
- Daneben prüfen Unternehmen, ob Teile ihrer IT zu Dienstleistern ausgelagert werden sollen. Ein traditioneller IT-Leiter, der für diese Unternehmensbereiche verantwortlich ist, wird bei derartigen Überlegungen sicherlich nicht immer objektiv urteilen.

Implizit ist mit dem CIO-Konzept auch die Frage verbunden, ob der ranghöchste Vertreter der IT Mitglied des obersten Führungsgremiums (in Deutschland und Österreich Vorstand oder Geschäftsführung, in der Schweiz der Verwaltungsrat) sein sollte. Dies ist aber ein nicht konstitutiver Teil des CIO-Konzepts. Heute findet sich im deutschsprachigen Raum neben dem CIO-Konzept auch nach wie vor der traditionelle IT-Leiter.

Bei manchen Unternehmen, die massiv digitale Veränderungen vorantreiben, gibt es auch den CDO. Dieser ist oft für die Digitalisierung der Schnittstelle zu den Kunden und für digitale Produkte verantwortlich oder intern für die Kommunikation und Organisation von Veränderungsprozessen. Vergleicht man beide Positionen, so ist der CIO stärker für das Management der vorhandenen IT-Lösungen im Unternehmen (Rechenzentren und Standardsoftware) und die Anwendungsentwicklung verantwortlich, wohingegen der CDO nach innovativen IT-Lösungen und Produkten sucht, die digitale Transformation koordiniert sowie die dazu notwendige Kultur im Unternehmen fördert (vgl. Horlacher und Hess 2016, S. 5131)

Daneben finden sich in fast allen größeren Unternehmen sog. *IT-Steuerungsgremien*, wenn auch gelegentlich unter anderen Namen. In einem derartigen Organ arbeiten typischerweise die Leiter der wichtigsten Unternehmensbereiche (die Anwender aus Sicht der IT), die Verantwortlichen der IT-Einheiten, der CIO/IT-Leiter, falls vorhanden der CDO sowie ggf. ein Mitglied des obersten Führungsgremiums eines Unternehmens mit. Verfügen die Anwendungsbereiche über eigene IT-Bereiche, dann sind deren Leiter ebenfalls Mitglied im Steuerungsgremium.

Ein IT-Steuerungsgremium hat zwei zentrale Aufgaben. Zum einen unterstützt es die Unternehmensleitung, den CIO/IT-Leiter oder die CDOs bei der Definition der IT-Strategie, bei der Auswahl externer IT-Dienstleister und bei der Priorisierung knapper Ressourcen in den internen IT-Abteilungen. Zum anderen ist ein IT-Steuerungsgremium für die Standardisierung des IT-Einsatzes im Unternehmen verantwortlich, wozu insbesondere die Auswahl von Standardsoftware für bereichsübergreifende Funktionen und Prozesse gehört. Auch definiert das IT-Steuerungsgremium Richtlinien für das Management von IT-Projekten, überwacht zentrale IT-Projekte und legt die Aufgabenverteilung zwischen zentraler IT und dezentralen IT-Abteilungen fest. Gleichwohl ist seine Arbeit klar von den Gremien abzugrenzen, die zur Steuerung von größeren Vorhaben eingesetzt werden.

6.4.3 Interne Organisation des IT-Bereichs

Hauptaufgaben einer IT-Abteilung sind die Entwicklung sowie der Betrieb von AS. Dazu sind ganz unterschiedliche Kompetenzen erforderlich. Zudem werden AS in Projekten entwickelt, während der Betrieb von Systemen eine Daueraufgabe ist. Aus diesen Gründen findet man in der IT typischerweise separate Einheiten für die Entwicklung und für den Betrieb der Systeme. Diese stellen den Kern einer IT-Abteilung dar. Darüber hinaus finden sich gelegentlich auch Organisationseinheiten, die die Anwender bei der Entwicklung neuer Prozesse oder IT-basierter Produkte unterstützen. Ebenso verfügen größere IT-Abteilungen über Stabsstellen für die strategische Planung der IT, das Architekturmanagement, das Controlling der IT und die Einhaltung von Datenschutzvorschriften (Datenschutzbeauftragte) im gesamten Unternehmen (vgl. Hess und Müller 2005). ◖ Abb. 6.14 zeigt eine beispielhafte Organisationsstruktur. In der betrieblichen Praxis finden sich viele Alternativen.

Die einzelnen Funktionen innerhalb der IT können nach verschiedenen Kriterien gegliedert sein. Im Bereich AS-Entwicklung liegt eine Spezialisierung nach An-

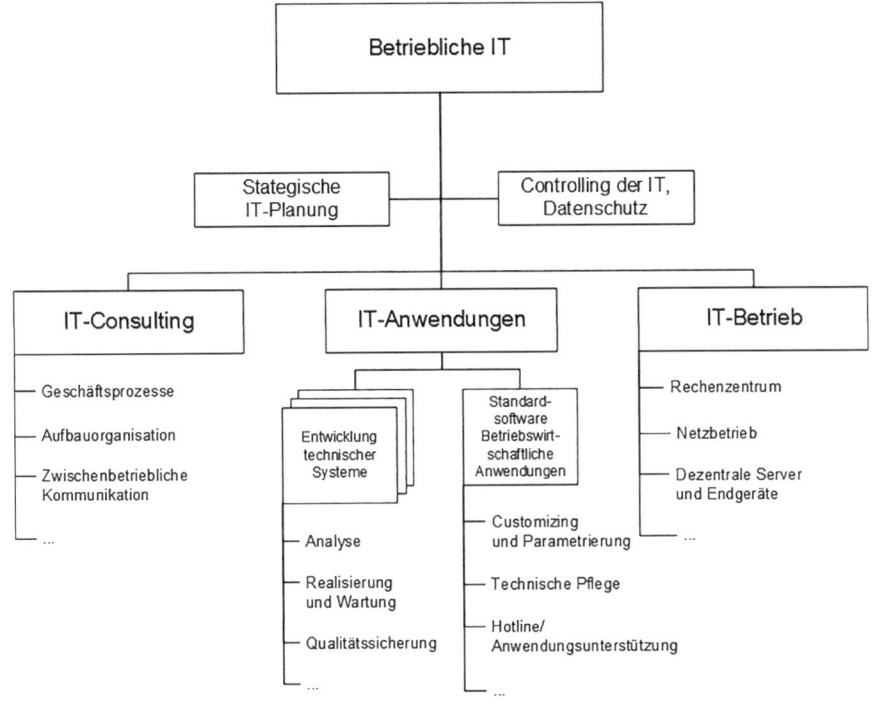

◘ Abb. 6.14 Organisation einer IT-Abteilung (Beispiel)

wendungssystemen oder nach Anwendern (z. B. Abteilungen) nahe. Letzteres bietet sich insbesondere dann an, wenn AS vorrangig für abgeschlossene Bereiche im Unternehmen entwickelt werden. Im *IT-Betrieb* steht dagegen oft eine Spezialisierung nach technischen Überlegungen im Fokus, da die Anforderungen der unterschiedlichen Unternehmensbereiche oder Anwendungssysteme sehr ähnlich sind.

Zur methodischen Unterstützung dieser Aufgaben wurden eine Reihe von Referenzmodellen, wie z. B. COBIT (*Control Objectives for Information and Related Technology*) entwickelt. COBIT enthält ein Modell derjenigen Steuerungs- und Kontroll-Prozesse (IT-Governance), die in einer IT-Abteilung gemeinhin ablaufen. Damit wird die Qualität der Leistungen überwacht und ein ordnungsgemäßer Betrieb der IT sichergestellt, sodass sich z. B. das Manipulieren wichtiger betrieblicher Daten mithilfe der IT ausschließen lässt. Die neueste Version COBIT 2019 besteht aus 40 Prozessen, die in 5 Domänen gegliedert sind: (1) Überwachung, Evaluierung und Bewertung (2) Lieferung und Unterstützung (3) Planung und Steuerung (4) Informationsmodellierung und Management (5) Strategieentwicklung (vgl. ISACA 2018).

Neben COBIT gibt es eine Reihe weiterer Referenzmodelle und Standards, z. B. zum Servicemanagement wie ITIL (*IT Infrastructure Library*) und ISO/EC 20000 Prozesse zum Erstellen von IT-Dienstleistungen.

6.5   Informationssicherheit und rechtliche Aspekte

Wegen der Bedeutung der IT und der Bedrohung durch Cyberangriffe ist sowohl das mit dem Betrieb verbundene Risiko zu berücksichtigen als auch bei Fragen der Informationsspeicherung und -nutzung der Rechtsrahmen zu beachten. Letzteres sind u. a. der Schutz personenbezogener Daten durch die Datenschutzgesetze, das Signaturgesetz zur Identität von Personen, die in Netzen Daten übertragen, die Mitbestimmungsrechte der Arbeitnehmer bei der *Einführung neuer IT-Systeme*, die *Computerkriminalität*, der *Urheberrechtsschutz für Computerprogramme*, die *Vertragsgestaltung*, z. B. beim Abschluss von Kauf- oder Wartungsverträgen für Hardware sowie die *Produkthaftung*, mit der ein Softwarehersteller für Schäden, die durch fehlerhafte Programme entstehen, haftbar gemacht werden kann (Schneider 2009). An „kritische Infrastrukturen", z. B. zur Energieversorgung oder im Gesundheitswesen, werden erhöhte Anforderungen gestellt.

6

6.5.1   Informationssicherheit

Es ist notwendig, die IT-Systeme angemessen vor einem Ausfall zu schützen und Maßnahmen zum Datenschutz zu ergreifen (vgl. BSI 2017, S. 8 ff.). Diese Aspekte werden mit den BSI-Standards zur Informationssicherheit behandelt, als Komponente des gesamten Risikomanagements eines Unternehmens. Rechtlich lässt sich diese Verpflichtung indirekt z. B. aus dem Gesetz zur Kontrolle und Transparenz im Unternehmensbereich (KonTraG) ableiten. Ebenso sind die wirtschaftlichen Folgen von IT-Risiken zu beachten.

Die BSI-Standards zur Informationssicherheit und zum IT-Grundschutz dienen dazu, die Risiken, die mit der IT verbunden sind, zu identifizieren, zu beurteilen und geeignete Maßnahmen zum Vermeiden oder *Beherrschen der Unsicherheiten* zu treffen.

Der Standard ist dazu in vier aufeinander aufbauende Themenbereiche eingeteilt:
(1) Managementsysteme zur Organisation der Informationssicherheit,
(2) eine IT-Grundschutzmethodik zum Identifizieren von Gefahrenpotenzialen und dem Spezifizieren von Gegenmaßnahmen,
(3) eine Risikoabschätzung für die einzelnen Gefahrenpotenziale sowie
(4) dem Notfallmanagement, falls eine der Gefahren eintritt.

In der IT-Grundschutzmethodik werden mehrere Betrachtungsebenen unterschieden:

Es gibt Anforderungen an die Organisation des IT-Systems, z. B. das Identitätsmanagement, die Schulung des Personals, die Organisation des Datenschutzes und die Datensicherheit sowie den Informationsaustausch.

- Grundsätze des IT-Betriebs behandeln die für die Organisation notwendigen Protokollierungen, Archivierungen und Tests sowie die Ausgestaltung von Telearbeit, die Nutzung von Cloud-Diensten und generell Anforderungen an das Outsourcing.
- Es werden notwendige Maßnahmen beschrieben, wie Sicherheitsvorfälle erkannt und behandelt werden.

- Für verschiedene Anwendungssoftware-Klassen werden Gefahrenpotenziale und Schutzmaßnahmen dargestellt. Dieses erfolgt auch für die genutzte Hardware einschließlich der Systemkomponenten sowie Netze und schließt die Fabrikautomation bei Industriebetrieben ein.
- Die Anforderungen umfassen daneben räumliche und bauliche Aspekte, von der die IT betroffen ist (z. B. Unterbringung des betrieblichen Rechenzentrums).

Damit steht ein umfassender Leitfaden zur Verfügung, um Maßnahmen zu identifizieren, mit denen die Sicherheit der IT geprüft und verbessert werden kann.

In Unternehmen, die in ihrer Leistungserstellung direkt von der IT abhängig sind, wie z. B. Finanzdienstleister, kann es notwendig sein, zusätzliche Schattenrechenzentren für den Fall eines Rechenzentrums-Ausfalls zu betreiben. Ansonsten wird versucht, durch Redundanz der Hardware kritische Systeme auch beim Ausfall einzelner Komponenten weiterbetreiben zu können. *Eine unterbrechungsfreie Stromversorgung* soll zumindest für ein geregeltes Herunterfahren der Systeme sorgen. Darüber hinaus gibt es auch Lösungen, bei denen Rechenzentren an zwei *unabhängige Stromversorgungsnetze* angeschlossen sind. Schließlich soll so auch verhindert werden, dass Daten durch technische Pannen oder Diebstahl verloren gehen (vgl. BSI 2015).

6.5.2 Datenschutzgesetze

Die Europäische Union hat im Jahr 2016 die Datenschutz-Grundverordnung (DSGVO) verabschiedet (Bundesgesetzblatt 2017), die Regeln zum Umgang mit personenbezogenen Daten EU-weit vereinheitlicht und seit 2018 in Deutschland in Kraft ist. Das bis dahin geltende Bundesdatenschutzgesetz (BDSG) wurde überarbeitet und angepasst. Darin wird geregelt, dass die Speicherung und Verarbeitung personenbezogener Daten nur dann erfolgen darf, wenn die Einwilligung der betroffenen Personen vorliegt, die Verarbeitung aus vertraglichen oder rechtlichen Verpflichtungen notwendig ist, lebenswichtige Interessen der Personen geschützt werden oder die Speicherung im öffentlichen Interesse (z. B. für die Besteuerung) liegt. Juristische Personen (z. B. eine AG oder GmbH) sind von den Gesetzen nicht betroffen.

Um den Schutz der personenbezogenen Daten zu gewährleisten, gibt es Grundregeln zum Umgang mit ihnen. Personenbezogene Daten sind Einzelangaben über persönliche oder sachliche Verhältnisse natürlicher Personen. Der Gestaltungsbereich umfasst die Erhebung, Verarbeitung und Nutzung dieser Daten. Im Gesetz wird auch festgelegt. welche Vorkehrungen zu treffen sind, um den unerlaubten Zugriff auf die Daten zu verhindern und auch, dass die betroffenen Personen ein Auskunftsrecht bzgl. der über sie gespeicherten Daten sowie im Fehlerfall ein Recht auf Korrektur oder Löschung haben. Bei erstmaliger Speicherung sind die betroffenen Personen zu informieren. Ebenso ist geregelt, dass bei Übermittlung dieser Daten an falsche Empfänger oder einem Diebstahl solcher Daten dieses den Aufsichtsbehörden (i. d. R. die Landesdatenschutzbeauftragten) mitzuteilen ist.

Ein Unternehmen muss einen *Datenschutzbeauftragten* benennen, wenn mindestens zehn Arbeitnehmer ständig personenbezogene Daten automatisiert verarbeiten. Er ist direkt der Geschäftsleitung unterstellt und hat zu gewährleisten, dass die

6

gesetzlichen Vorschriften eingehalten werden. Er ist bezüglich seiner Aufgabenerfüllung nicht weisungsgebunden und darf durch seine Tätigkeit keine Nachteile erfahren.

Neben dem betrieblichen Datenschutzbeauftragten gibt es auch einen Datenschutzbeauftragten des Bundes und Datenschutzbeauftragte für jedes Bundesland. Sie sollen bei den öffentlichen Stellen die Einhaltung der Datenschutzvorschriften kontrollieren. Diese nationalen Instanzen werden auf Ebene der Europäischen Union durch den europäischen Datenschutzbeauftragten ergänzt.

Besondere, über die allgemeinen Grundsätze hinausgehende Regelungen gelten für Unternehmen, die geschäftsmäßig mit Informationen handeln (Auskunfteien oder Anbieter von externen Datenbanken). Sie müssen bei einer Aufsichtsbehörde die Tätigkeitsaufnahme sowie den Zweck der Datensammlung und -übermittlung anmelden und nachweisen, wie sie mit den Daten umgehen und diese schützen.

Spezielle Regelungen haben sog. Telemedien- und Telekommunikationsanbieter zu beachten. Seit 2021 werden sowohl für nahezu alle Angebote von Webseiten, Suchmaschinen und Online Shops als auch Telekommunikationsdienstleister die relevanten Regelungen im *Telekommunikation-Telemedien-Datenschutzgesetz* (TTDSG) abgebildet (Bundesgesetzblatt 2021a).

Das Gesetz begrenzt die Erhebung und Speicherung von personenbezogenen Nutzungsdaten. Diese dürfen nur erhoben und gespeichert werden, soweit es für die Nutzung des Dienstes und dessen Abrechnung erforderlich ist. Ferner dürfen Dienstanbieter personenbezogene Daten auch dann erheben und bei Bedarf für andere Zwecke verwenden, wenn die Nutzerin darin eingewilligt hat. In der Praxis führt dieses dazu, dass die Anbieter im Internet Cookies auf den benutzten Endgeräten platzieren, über die Nutzungsdaten abgegriffen werden. Dazu muss die betroffene Person ihre Einwilligung geben. Dienstanbieter verwenden die so gewonnenen Nutzungsdaten bspw., um potenzielle Kunden besser zu verstehen und ihnen passgenaue Werbeanzeigen präsentieren zu können. Darüber hinaus werden weitere Pflichten kommerzieller Telemediendienstanbieter, etwa bezüglich des Impressums auf Websites oder der Kennzeichnung von Werbe-E-Mails, geregelt.

Im TTDSG wird für Telekommunikationsanbieter (z. B. Mobilfunkbetreiber) ebenfalls geregelt, für welche Zwecke personenbezogene Daten erhoben und gespeichert werden dürfen. Dieses ist insbesondere zur Diensterbringung und Abrechnung erlaubt. Zum Teil dürfen Daten zehn Wochen gespeichert werden, um in Einzelfällen zur Verfolgung von Straftaten oder zur Abwehr von Gefahren für die öffentliche Sicherheit von Sicherheitsbehörden genutzt zu werden (Bundesgesetzblatt 2021a).

Das *IT-Sicherheitsgesetz 2.0* (IT-SIG 2.0) soll dazu beitragen, dass ein Mindestniveau an Sicherheit, insbesondere bei Zugriffen über das Internet, gewährleistet wird. Es sollen technische und organisatorische Maßnahmen ergriffen werden, die IT-Systeme vor Cyber-Angriffen schützen. Neben dem Schutz von Kundendaten geht es dabei auch um die Sicherheit von kritischen Infrastrukturen (z. B. von Energieversorgern). Für Netzprovider besteht z. B. eine Informationspflicht der Kunden, wenn ihre Anschlüsse für Botnetz-Angriffe (durch automatisierte Computerprogramme) missbraucht werden, oder es gibt bestimmte Meldepflichten kritischer Infrastrukturanbieter für IT-Sicherheitsvorfälle. Die zentrale Meldestelle ist dazu das Bundesamt für Sicherheit in der Informationstechnik (BSI), das auch für den digitalen Verbraucherschutz verantwortlich zeichnet. Kritische Infrastrukturen sind Organisationen und Einrichtungen mit wichtiger Bedeutung für das staatliche Gemeinwesen, die gesamtgesellschaftliche Versorgung sowie den Schutz der Bürger. Darunter fallen z. B. Energieversorger oder Krankenhäuser (Bundesgesetzblatt 2021b).

6.5.3 Mitbestimmung

Bei der Einführung oder Änderung von IT-Systemen werden die Arbeitnehmer häufig durch den Betriebsrat vertreten. Dieses lässt sich aus den im Betriebsverfassungsgesetz geregelten *Beteiligungsrechten*, ableiten und ergibt sich insbesondere aus der Rechtsprechung des Bundesarbeitsgerichts.

Um diesen Einfluss wahrnehmen zu können, ist es wichtig, dass dem Betriebsrat frühzeitig, d. h. schon während der Analysephase, Informationen über geplante IT-Maßnahmen zugänglich gemacht werden, aus denen die Auswirkungen der Veränderungen auf die Mitarbeiter ersichtlich sind.

Spezielle Informations- und Beratungsrechte der Arbeitnehmervertreter sind dann gegeben, wenn etwa der Datenschutz von Mitarbeitern, Maßnahmen zur Arbeitsgestaltung (z. B. neue Arbeitsmethoden und Fertigungsverfahren) oder die Personalplanung betroffen sind. Bei der Veränderung von Arbeitsplätzen oder Arbeitsabläufen, die Mitarbeiter in besonderer Weise belasten, kann es neben der Unterrichtung auch zu einem Mitspracherecht (im Sinne der Einflussnahme) der Arbeitnehmervertreter kommen.

Im Gegensatz zur Mitsprache können bei der *Mitbestimmung* technische Systeme nur dann eingeführt werden, wenn sich die Arbeitgeber- und Arbeitnehmervertreter über deren Einsatzweise einig sind. Das Recht auf Mitbestimmung haben die Arbeitnehmer, wenn IT-Systeme eingeführt werden, die geeignet sind, das Verhalten oder die Leistung der Mitarbeiter oder von Arbeitsgruppen zu überwachen.

Zusätzlich können individuelle *Betriebsvereinbarungen* weitere Regelungen enthalten, die dem Betriebsrat ein erweitertes Mitspracherecht bei der Einführung und Ausgestaltung von Bildschirmarbeitsplätzen einräumen. Hierbei sind auch die rechtlichen Vorgaben der *Bildschirmarbeitsverordnung* zu beachten.

6.5.4 Weitere gesetzliche Bestimmungen

Der *Urheberrechtsschutz* soll den Ersteller einer Software vor unberechtigter Verwendung, Weitergabe oder Weiterentwicklung des Programms (z. B. Raubkopien) schützen. Die Programme sind dann geschützt, wenn sie von einem Autor stammen und Ergebnis seiner eigenen geistigen Schöpfung sind. Damit wird fast sämtliche Software in das Urheberrechtsgesetz einbezogen. Gleiches gilt für spezifische Inhalte, wie z. B. Musikstücke oder digitale Dokumente, die kostenpflichtig zum Download angeboten werden. Patentieren lässt sich Software dagegen nur, wenn sie einen sogenannten „technischen Beitrag" leistet (wie z. B. das Musikkompressionsformat MP3). Dieses ist z. B. in den USA anders.

Wird Standardsoftware erworben oder entwickelt ein Softwarehaus individuell für einen Kunden ein Programm, so schließt man entsprechende Verträge ab. Im Fall des Softwareerwerbs liegen üblicherweise *Kaufverträge* vor, mit denen der Verkäufer mindestens eine zweijährige Gewährleistung für die von ihm zugesicherten Produkteigenschaften übernimmt. Ist ein *Werkvertrag* für eine Individualprogrammierung abgeschlossen worden, so nimmt der Kunde zumeist mit einem Übergabeprotokoll die jeweilige Leistung ab. Externe Beratungsaufträge, z. B. zur IT-Organisation, regelt man häufig in *Dienstleistungsverträgen*. Darin ist nur das Entgelt für die Tätigkeit festgelegt, das abgelieferte Ergebnis muss dann vom Kunden nicht abgenommen werden.

Literatur

Aspray W (2006) Globalization and offshoring of software, a report of the ACM job migration task force. Association for Computing Machinery

Barthelemy J, Geyer D (2004) The determinants of total IT outsourcing: an empirical investigation of French and German firms. J Comput Inf Syst 44(3):91–97

Blohm H, Lüder K, Schaefer C (2012) Investition, 10. Aufl. Vahlen, München

BSI (2015) IT-Grundschutz. Bundesamt für Sicherheit in der Informationstechnik (BSI). https://www.bsi.bund.de/DE/Themen/ITGrundschutz/itgrundschutz_node.html. Zugegriffen am 13.04.2016

BSI (2017) Leitfaden zur Basis-Absicherung nach IT-Grundschutz: In drei Schritten zur Informationssicherheit. Zarbock, Frankfurt

Bundesgesetzblatt (2017) Gesetz zur Anpassung des Datenschutzrechts an die Verordnung (EU) 2016/679 und zur Umsetzung der Richtlinie (EU) 2016/680 (Datenschutz-Anpassungs- und -Umsetzungsgesetz EU – DSAnpUG-EU) vom 30. Juni 2017 (BGBL. I S 2097–2132)

Bundesgesetzblatt (2021a) Gesetz zur Regelung des Datenschutzes und des Schutzes der Privatsphäre in der Telekommunikation und bei Telemedien vom 23. Juni 2021 (BGBL. I S 1982–2002)

Bundesgesetzblatt (2021b) Zweites Gesetz zur Erhöhung der Sicherheit informationstechnischer Systeme vom 18. Mai 2021 (BGBL. I S 1122–1138)

Buxmann P, König W (1998) Das Standardisierungsproblem: Zur ökonomischen Auswahl von Standards in Informationssystemen. Wirtschaftsinformatik 40(2):122–129

Buxmann P, Diefenbach H, Hess T (2015) Die Software-Industrie, 3. Aufl. Springer, Berlin

De Looff LA (1995) Information systems outsourcing decision making: a framework, organizational theories and case studies. J Inf Technol 10(4):281–297

Gründer T, Thomas A (Hrsg) (2021) IT-Outsourcing und Digitalisierung in der Praxis. Vorgehen – Steuerung – Kontrolle – Ergebnisqualität, 3. Aufl. Erich Schmidt, Berlin

Harvey Nash KPMG (2018) CIO Survey 2018. The transformational CIO.

Hess T, Müller A (2005) IT-Controlling. In: Schäffer U, Weber J (Hrsg) Bereichscontrolling: Funktionsspezifische Anwendungsfelder, Methoden und Instrumente. Schäffer-Poeschel, Stuttgart, S 325–368

Hess T, Grau C, Dörr J (2008) Download-Angebote für Musik: Hintergründe, Bedeutung und Perspektiven. Arbeitsbericht Nr. 2 des Instituts für Wirtschaftsinformatik und Neue Medien, Ludwig-Maximilians-Universität München

Holtermann F, Backovic L, Tyborski R (2023) VW: so will Oliver Blume Cariad in den Griff kriegen. In: Handelsblatt, 30.01.2023.

Horlacher A, Hess T (2016) What does a chief digital officer do? Managerial tasks and roles of a new C-level position in the context of digital transformation. In: Bui TX, Sprague RH (hrsg) Proceedings of the 49th annual Hawaii international conference on system sciences. 5–8 January 2016, Kauai, Hawaii. 2016 49th Hawaii International Conference on System Sciences (HICSS). Koloa, Piscataway, S 5126–5135

Isabelle D, Horak K, McKinnon S, Palumbo C (2020) Is Porter's five forces framework still relevant? A study of the capital/labour intensity continuum via mining and IT industries. Technol Innov Manag Rev 10(6):28–41

ISACA (2018) Introducing COBIT 2019: overview. Schaumburg

von Jouanne-Diedrich H (2004) 15 Jahre Outsourcing-Forschung – Systematisierung und Lessons Learned. In: Zarnekow R, Brenner W, Grohmann H (Hrsg) Informationsmanagement – Konzepte und Strategien für die Praxis. dpunkt, Heidelberg, S 125–133

Krcmar H (2015) Informationsmanagement, 6. Aufl. Springer, Berlin, Heidelberg

Mertens P, Knolmayer G (1998) Organisation der Informationsverarbeitung, 3. Aufl. Gabler, Wiesbaden

Mertens P, Pagel P (2015) Wir verstehen uns als Ergänzung urbaner Mobilitätsangebote, um Kunden von A nach B zu bringen, Interview mit Nico Gabriel. Wirtschaftsinformatik Manag 7(4):70–75

Meyer M, Zarnekow R, Kolbe LM (2003) IT-Governance – Begriff, Status quo und Bedeutung. Wirtschaftsinformatik 45(4):445–448

Picot A, Meier M (1992) Analyse- und Gestaltungskonzepte für das Outsourcing. Inf Manag 7(4):14–27

Pilat D (2005) The ICT productivity paradox: insights from micro data. OECD Econ Stud 38:37–65

Porter ME (2010) Wettbewerbsvorteile, Spitzenleistungen erreichen und behaupten, 7. Aufl. Campus, Frankfurt am Main

Schneider J (2009) Handbuch des EDV-Rechts, 4. Aufl. Dr. Otto Schmidt, Köln

Digitaler Wandel von Unternehmen

Inhaltsverzeichnis

7.1 Digitale Innovationen

Das Aufkommen *digitaler Technologien* ermöglicht es Unternehmen, neuartige digitale Produkte und Dienstleistungen, Prozesse oder Geschäftsmodelle zu entwickeln. Sie verändern damit die Art und Weise, wie Individuen, Organisationen und die Gesellschaft funktionieren und interagieren (Nambisan et al. 2017). *Digitale Innovationen* wie z. B. die automatisierte Wartung von Maschinen oder die Personalisierung von Nachrichten haben im Extremfall das Potenzial, etablierte Unternehmen in ihrer Existenz zu bedrohen, wenn sie sich nicht mit ihnen wandeln (z. B. Christensen 1997; Schumpeter 1950). Im Zentrum des *digitalen Wandels* von Unternehmen stehen derartige digitale Innovationen – definiert als Marktangebote, Geschäftsprozesse oder -modelle, welche durch den Einsatz digitaler Technologien entstanden sind (Nambisan et al. 2017; Wiesböck und Hess 2020).

Digitale Innovationen umfassen zwei Komponenten (Wiesböck und Hess 2020), eine technische und eine fachliche Lösung. Die technischen Lösungen sind in der Regel Anwendungssysteme wie sie in ▶ Kap. 4 umfassend vorgestellt wurden. Die fachliche Lösung in einem Unternehmen ist ein betriebswirtschaftliches Konzept für einen bestimmten Teilbereich, z. B. für Vertrieb, Produktion oder Rechnungswesen. Beide müssen aufeinander abgestimmt sein – sonst fehlt der fachlichen Lösung die notwendige technische Unterstützung, bzw. die technischen Potenziale der technischen Lösung werden nicht vollständig genutzt, um neue fachliche Lösungen zu realisieren.

Treiber der Entstehung digitaler Innovationen können aus zwei Richtungen kommen. Eine Richtung sind neue fachliche Anforderungen in einem Unternehmen (etwa die Notwendigkeit der Ausdifferenzierung der Kundenbasis), die zu einer neuen fachlichen Lösung (z. B. zum Umgang mit den unterschiedlichen Kundensegmenten) führen. Diese fachliche Lösung benötigt wiederum eine passende technische Unterstützung (z. B. in Form eins angepassten Anwendungssystem für die Unterstützung des Vertriebs). In der zweiten Richtung können digitale Innovationen aber auch durch neue Technologien angestoßen werden – diese Richtung war früher eher selten, gewinnt aber immer mehr an Bedeutung. Neue Technologien (wie etwa ein neues Datenbankmanagementsystem) kommen in der Regel von außen in ein Unternehmen. IT-Anwender entwickeln nur im Ausnahmefall neue Technologien selbst. Die neuen Technologien müssen zunächst in ein konkretes Anwendungssystem überführt werden. Ein neu geschaffenes Anwendungssystem entfaltet seinen Nutzen aber nur, wenn es zu veränderten fachlichen Lösungen führt – sonst werden bestehende fachliche Lösungen einfach nur „elektrifiziert". Erlaubt z. B. ein Data Warehouse (s. ▶ Abschn. 3.2) (eine neue Technologie) auch die Speicherung unstrukturierter Daten, dann muss dies zunächst in ein neues Anwendungssystem zur Vertriebsunterstützung (der neuen technischen Lösung) überführt werden. Dieses entfaltet seinen Wert in einem Unternehmen aber nur, wenn das Vertriebskonzept (die fachliche Lösung) auch die Berücksichtigung unstrukturierter Daten vorsieht. Ist dies nicht der Fall, dann werden die neuen Funktionen des Anwendungssystems nie genutzt werden. In ◨ Abb. 7.1 wird das Grundmodell digitaler Innovationen dargestellt, die Rolle technologischer Innovationen ist dort besonders hervorgehoben.

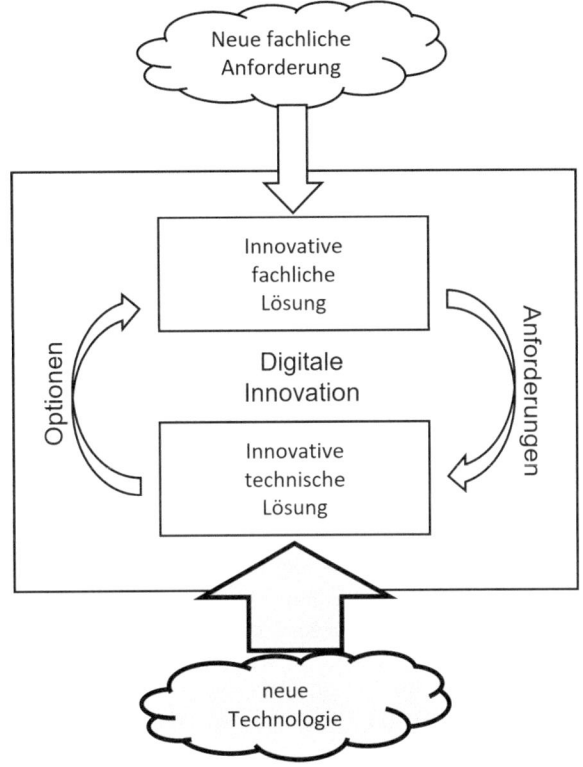

▣ Abb. 7.1 Grundmodell der digitalen Innovation unter besonderer Berücksichtigung neuer Technologien als Treiber. (Wiesböck und Hess 2020)

Grundlegend werden drei Arten von digitalen Innovationen unterschieden: neue digitale Produkte (z. B. neue Suchdienste für das Internet) und Dienste (wie sie zum Beispiel Fluggesellschaften rund um einen Flug anbieten, wie die Buchung über eine App, Änderungen und Einsehen der Buchung), neue digitale Prozesse (z. B. Prozessautomatisierungen wie Robotic Process Automation) und digitale Geschäftsmodelle (wie wir es später bei den Herstellern von Automobilen diskutieren werden). Organisationen müssen die nötigen Voraussetzungen für Entwicklung und Integration digitaler Innovationen auf verschiedenen Ebenen schaffen. Dazu gehören die (strategische) Führung des Unternehmens, die Organisationsstruktur, aber auch die IT-Infrastruktur und adaptierte Unternehmenskultur.

Wichtig für die Unternehmen ist besonders, welche Wirkung digitale Innovationen entfalten. (Venkatraman 1994) unterscheidet fünf Stufen. ▣ Abb. 7.2 zeigt dieses Modell. Heutige Unternehmen befinden sich in der Regel auf den Stufen 3, 4 oder 5.

■ **Stufe 1: Lokale Unterstützung**
Zu dieser Stufe gehört die Einführung eines neuen Anwendungssystems für einen bestimmten („*lokalen*") *Anwendungsbereich*. Dies beinhaltet beispielsweise die Einführung eines neuen Systems in *einer* Abteilung des Unternehmens. In ▣ Abb. 7.2 wird die neue Lösung daher wie folgt positioniert: Die Reichweite der Veränderung ist gering und das Potenzial der Vorteile überschaubar. Ein Beispiel ist die Einführung einer bestimmten Verkaufs-Software für die Vertriebsabteilung, die Software ist aber nicht mit anderen Unternehmenssystemen verknüpft.

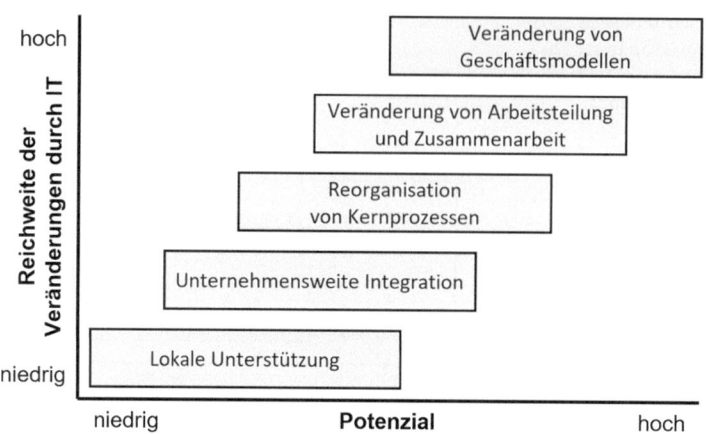

Abb. 7.2   Die fünf Wirkungsstufen der IT. (Vgl. Venkatraman 1994)

▪ Stufe 2: Unternehmensweite Integration

Die zweite Stufe umfasst digitale Innovationen, die *mehrere* Abteilungen miteinander über ein System verbinden. Diese Integration – also eine Eingliederung des Einzelnen in ein größeres Ganzes – kann sich auf die Daten beziehen oder auf die Systeme. Erstere sind beispielsweise in einer übergreifenden Datenbank zusammengeführt. Die Systeme sind so gestaltet, dass sie gegenseitig aufeinander zugreifen können. Aufbauend auf dem Beispiel aus der ersten Stufe ist in dieser Stufe die Verkaufs-Software mit dem Einkauf oder der Produktionsplanung verknüpft (s. ▶ Abschn. 4.3.3 und 4.4.1.3).

▪ Stufe 3: Reorganisation von Kernprozessen

Kernprozesse sind Abläufe, die für Unternehmen eine entscheidende Bedeutung in der Wertschöpfung haben. Häufig sind solche Prozesse nicht auf einen Bereich beschränkt, sondern sind abteilungsübergreifend. Reorganisierte Kernprozesse können beispielsweise mit der Integration von Künstlicher Intelligenz (KI) zusammenhängen: In dem Fall muss der Betrieb Prozesse neu gestalten oder ausrichten. Beispielsweise erreichen Restaurantbetriebe einen strategischen Vorteil, wenn sie ihre Prozesse wie die Personalplanung auf Grundlage von KI-Prognosesystemen automatisieren. Das verbessert die gastronomische Serviceleistung des Unternehmens und schlägt sich in der Umsatzzahlen nieder (Blöcher und Alt 2021).

▪ Stufe 4: Veränderung von Arbeitsteilung und Zusammenarbeit

Mit *überbetrieblicher Zusammenarbeit* – ab der vierten Stufe – geht der Einsatz von IT über die Grenzen des einzelnen Unternehmens hinaus. Das äußert sich häufig in Form von Kooperationen.

Ein Beispiel einer solchen Zusammenarbeit kann man heute an Flughäfen beobachten: Wo früher jede Fluggesellschaft ihren eigenen Schalter zum Check-In oder zur Boarding-Pass-Generierung hatte, teilen sich die Airlines heute einen Schalter. Diese „Self-Service Check-In Kiosks" sind mit den Systemen der teilnehmenden Gesellschaften integriert und ermöglichen beträchtliche Einsparungen hinsichtlich des Platzes und des Personals. Gleichzeitig profitieren auch die Kunden der Airlines von der Zeitersparnis (Kovynyov und Mikut 2019). Diese Zusammenarbeit und (auch Arbeitsteilung) ist nur durch die Integration der unterschiedlichen Anwendungssysteme und die Einigung auf Kommunikationsstandards möglich. Die Innovation ist die unternehmensübergreifende Integration der Systeme und deren Einbindung in die eigenen operativen Prozesse.

- **Stufe 5: Veränderung von Geschäftsmodellen**

In der fünften Stufe führen neu eingeführte AS zu einer Veränderung oder Neugestaltung von Geschäftsmodellen. Dazu gehört unter anderem die Einführung neuer Dienstleistungen (z. B. im Online-Banking) oder neuer Produkte (z. B. eines Elektrofahrzeugs) als auch die Anpassung des Erlösmodells (z. B. eines Software-Abonnements, Freemium). Neben diesen Veränderungen ist auch die Digitalisierung bisher physisch angebotener Produkte und Dienstleistungen sowie entsprechender Produktbündel zu nennen.

> **Praktisches Beispiel**
> Das Hamburger Versandhandelsunternehmen OTTO, Teil der Otto Group, hat schon vor der Jahrtausendwende erste Weichen für den Einstieg in den Onlinehandel gestellt (Haufe 2017). So konnten Kunden von OTTO bereits im Jahr 1995 ausgewählte Artikel über das Internet bestellen. Ab dem Jahr 1997 war schließlich das gesamte Katalogsegment online verfügbar, welches bis heute auf über zwei Millionen Artikel angewachsen ist. Mittlerweile erzielt OTTO mehr als 85 % des Gesamtumsatzes mit Verkäufen über das Internet. Während es anderen Katalogversandhändlern wie Quelle oder Neckermann nicht gelungen ist, ihr Geschäftsmodell auf die neuen Rahmenbedingungen einer digitalisierten Lebenswelt anzupassen, hat OTTO klare Änderungen am Geschäftsmodell vollzogen und insbesondere den Online-Vertriebskanal und die dahinter liegenden Prozesse mithilfe neuer E-Commerce-Systeme stark ausgebaut (vgl. Otto Group 2022). So gehören auch Bonprix, About You oder My Toys und viele weitere Online-Handelsplattformen zur OTTO-Gruppe (vgl. Otto Group 2023). Damit konnte sich OTTO – anders als seine einstigen Wettbewerber nachhaltig am Markt behaupten.

7.2 Veränderungen in der Wertschöpfung

Die voranschreitende Digitalisierung führt zu grundlegenden Veränderungen in der Wertschöpfung von Unternehmen. Um die Veränderungen in der Wertschöpfung zu erfassen, müssen diese dargestellt werden. Hier kommt die Geschäftsmodellierung ins Spiel. Ein Geschäftsmodell soll die Einbindung eines Unternehmens in die Wertschöpfung seiner Branche prägnant beschreiben und dabei sowohl den Leistungs- als auch den Geldfluss erfassen. Methoden für diese Modellierung tragen dazu bei (Osterwalder et al. 2005), das Verständnis, die Kommunikation und die Weiterentwicklung von Geschäftsmodellen zu verbessern. Sie fördern zudem die Dokumentation und der Modelle.

Die Beschreibung von Geschäftsmodellen umfasst in der Regel vier Bausteine (Szopinski et al. 2022): die Wert-Architektur, das Wert-Angebot, die Wert-Finanzierung und das Wert-Netzwerk. Die Wert-Architektur beschäftigt sich mit Ressourcen und Kompetenzen des Geschäfts. Das Wert-Angebot beschreibt die angebotenen Produkte oder Dienstleistungen. Im Baustein der Wert-Finanzierung werden das Erlösmodell und die Kostenstrukturen charakterisiert. Schließlich beschreibt das Wert-Netzwerk die wichtigsten Beziehungen zu Externen.

Es gibt mittlerweile eine große Zahl von Ansätzen für die Modellierung von Geschäftsmodellen. Sie decken in der Regel die vier oben genannten Bausteine ab. Nachfolgend stellen wir exemplarisch eine der prominentesten Methoden für die Modellierung von Geschäftsmodellen vor, den Business Model Canvas. Diese Methode wurde von Osterwalder und Pigneur (2011) entwickelt.

7.2.1 Idee der Geschäftsmodellbetrachtung

Um Geschäftsmodelle darzustellen, hat sich insbesondere das Business Model Canvas als geeignetes Konzept etabliert (Osterwalder und Pigneur 2011). Ziel dieses Ansatzes ist es, die Diskussion über Geschäftsmodelle auf eine ebenso einfache wie intuitive Art und Weise zu ermöglichen. Das Modell fungiert als eine gemeinsame Sprache, um sich über das abstrakte Grundprinzip – nach dem eine Organisation Werte schafft – auszutauschen.

Das Modell (siehe ◨ Abb. 7.3) besteht aus sieben leistungswirtschaftlichen und zwei – darunter angeordneten – finanzwirtschaftlichen Elementen.

Wie das Business Model Canvas ein Geschäftsmodell skizziert, soll nachfolgend anhand von Unternehmen veranschaulicht werden, die wir alle aus dem privaten Bereich kennen: Streaming-Dienste.

Schlüsselpartner	Schlüsselaktivitäten	Wertangebote	Kundenbeziehungen	Kundensegmente
	Schlüsselressourcen		Kanäle	
Kostenstruktur		Erlösströme		

◨ **Abb. 7.3**   Business Model Canvas. (In Anlehnung an Osterwalder und Pigneur 2011)

- Der Bereich *Kundensegmente* definiert die einzelnen zu erreichenden Zielgruppen sowie deren jeweiligen Eigenschaften, Bedürfnisse und Erwartungen an das Produkt (oder Unternehmen). Das Unternehmen legt seine Kundensegmente und Nischenmärkte entsprechend seinem Selbstverständnis fest – das gilt sowohl für die Breite als auch die Tiefe der Segmentierung. Diese Segmentierung drückt sich schlussendlich in den Produkten und Dienstleistungen aus, die das Unternehmen speziell auf die Kunden zuschneidet und sich damit auch gegenüber den Wettbewerbern abgrenzt. Für Streaming-Dienste sind diese die Altersgruppen sowie Länder der Kunden. Die Bedürfnisse und Erwartungen der Kunden schlagen sich in Preisen und Angebotsfülle nieder.

- Die *Kanäle* sind die Schnittstellen in der Kommunikation zwischen den Unternehmen und seinen Kunden (bildlich daher zwischen den Kundensegmenten und dem Wertangebot). Mit ihnen erreicht das Unternehmen – auch über Partner – die einzelnen Kundensegmente über die dedizierten Vertriebs- und Kommunikationskanäle. Das äußert sich in der Kommunikation mit Werbeaktionen für neue Produkte (beispielsweise Webseite, TV, Radio, soziale Medien etc.) oder dem Kundendienst (beispielsweise Hotlines, FAQs, ggf. Reparatur-Service), sowie durch die Nutzung unterschiedlicher Verkaufskanäle wie über das Internet, Großhändler oder Vertriebsnetzwerke. Häufig arbeiten die Streaming-Anbieter mit Telekommunikationsunternehmen zusammen, welche die Nutzung des Streamings für den Kunden vergünstigen, wenn dieser den Dienst zum Vertrag hinzubucht.

- Im Bereich *Kundensegmente* pflegt das Unternehmen seine Kundenbeziehungen abgestimmt auf das jeweilige Kundensegment. Diese Beziehungen lassen sich als das Gesamtbild aus Wissen und Prozessen definieren, welches das Unternehmen in Bezug auf die Kunden besitzt. Das Wissen ermöglicht den Erhalt profitabler Kundenbeziehungen entsprechend ihrem Segment. Die Prozesse beinhalten beispielsweise die Aufgaben zur Akquisition neuer Kunden (beziehungsweise Kundensegmente) oder die strukturierte Pflege der Kundenbeziehungen nach dem Kauf. Vorgelagert zur Akquisition und dem Kundendienst ist es eine Möglichkeit, Kunden in den Wertschöpfungsprozess miteinzubeziehen. Dies erreichen Unternehmen durch aktives Problem-Management der Software (beispielsweise über GitHub- oder Reddit-Communitys, in denen ein Austausch zum Lösen von Softwareproblemen stattfindet) oder eine aktive Gestaltung der Produkte (Co-Creation). Bei Streaming-Diensten äußert sich dies durch die gezielte Speicherung der Nutzungsdaten und Filmvorlieben, welche als Basis für ein verbessertes Nutzererlebnis und eine personalisierte Filmauswahl dienen.

- Das *Wertangebot* hat die zentrale Position als Vermittler zwischen den Kunden und den Ressourcen inne, da es den bestmöglichen Kundennutzen bei bestmöglicher Ressourcennutzung erreichen soll. Allgemein erfüllt das Wertangebot die Bedürfnisse, welche die Kundensegmente über die Kundenbeziehungen und Kanäle an das Unternehmen herantragen. Ressourcenseitig (links) bildet das Wertangebot die passende Kombination aus Schlüsselaktivitäten und -ressourcen mit dem Ziel, auf die Nachfrage des Absatzmarktes zu reagieren: Streaming-Dienste kaufen saisonal vermehrt Streaming-Rechte von dazu passenden Filmen, um das eigene Angebot zu stärken.

7

- *Schlüsselressourcen* können materiell (beispielsweise Maschinen oder Rechen-zentren) oder immateriell (beispielsweise Know-how) sein und dienen der Leistungserbringung. Das Unternehmen muss die Ressourcen nicht zwangsläufig besitzen, sondern es kann diese auch leihen oder über Partnerunternehmen in den Wertschöpfungsprozess einbringen. Bei Streamingdienst-Anbietern sind Empfehlungssysteme ganz sicher eine wichtige Ressource.
- Die *Schlüsselaktivitäten* umfassen alle Handlungen, die unter Einsatz der Schlüsselressourcen das Wertangebot erzeugen. Je nach Branche und Geschäfts-modell sind die Aktivitäten unterschiedlich ausgeprägt: Wo für Plattformen die Softwareentwicklungsprozesse der Programmierer ausschlaggebend sind, legen Fertigungsunternehmen großen Wert auf die Gestaltung der Produktions-prozesse. Die Produktion von Filmen kann für die Streaming-Plattform eine Schlüsselaktivität sein, neben der Weiterentwicklung der IT-Lösungen.
- *Schlüsselpartner* stellen jene Akteure dar, welche die Schlüsselressourcen bereit-stellen oder die Aktivitäten zur Erbringung der Schlüsselaktivitäten ermöglichen. So gehen Unternehmen beispielsweise Kooperationen ein, um das Geschäfts-risiko nicht allein tragen zu müssen, um Kosten zu sparen oder um Zugang zu Ressourcen zu erlangen. Dabei gibt es verschiedene Stufen von Bindung, von klassischen Lieferantenbeziehungen bis hin zu Joint Ventures. Diese Ko-operationen können sich in Form von Co-Produktionen von Inhalten äußern.
- Die *Kostenstruktur* beschreibt den Ressourceneinsatz für die Bereitstellung des Wertangebots. Dabei erfolgt in der Regel die Aufteilung in fixe und variable Kos-ten. Sie äußern sich im Streaming Geschäft als Serverkosten für die technolo-gische Infrastruktur bzw. Lizenzkosten für die angebotenen Filme.
- *Erlösströme* ergeben sich aus dem Wertangebot, die das Unternehmen über die Kanäle bereitstellt. Beschrieben werden Kategorien von Erlösquellen, so z. B. Er-löse aus Einzelverkäufen und aus Abos. Für Streaming-Anbieter ist beides rele-vant. Wichtig sind hier neben den identifizierten Strömen (wie z. B. Abo-Erlöse) auch deren Treiber (z. B. die Anzahl der Kunden).

7.2.2 Beispiele für Geschäftsmodellinnovationen

Die Lebenszeit eines Geschäftsmodells hat sich im Zeitalter des digitalen Wandels stark verkürzt. Insbesondere der technologische Fortschritt zwingt zum fort-währenden Hinterfragen von Geschäftsmodellen. Unternehmen und auch gesamte Branchen müssen das eigene Geschäftsmodell ständig an das dynamische Umfeld anpassen. Dies beinhaltet aber immer auch Chancen. Nachfolgend werden zwei Bei-spiele vorgestellt, die solche Anpassungen veranschaulichen.

7.2.2.1 Veränderungen der Geschäftsmodelle von Medienunternehmen

Eines der anschaulichsten Beispiele für die nachhaltigen Auswirkungen der Digitali-sierung auf gesamte Branchen ist die Transformation der Medienindustrie, darunter insbesondere die der Musikbranche.

Auslöser dieser Entwicklung waren die mit dem Internet – Ende der 1990er-Jahre – aufkommenden (illegalen) Musiktauschbörsen, in Form von Peer-to-Peer-Plattformen (s. ▶ Abschn. 4.4.5.1). Bis zu diesem Zeitpunkt hatte es die Musikindustrie versäumt, attraktive Online-Angebote für den Vertrieb von Musik zu schaffen. So war es vor allem das branchenfremde Start-up-Unternehmen Napster, das mit seinem Angebot eine nicht mehr aufzuhaltende Dynamik in Gang setzte. Napster ermöglichte erstmals den einfachen und kostenfreien Austausch von digitalen und unbegrenzt kopierbaren Musikdateien, die dezentral von Computer zu Computer übertragen wurden. Obwohl dabei offensichtlich bestehende Urheberrechte verletzt wurden, erfreute sich der Dienst schnell großer Beliebtheit, was sich in rapide ansteigenden Nutzungszahlen äußerte. Napster wurde zwar bereits wenige Jahre nach seiner Einführung aufgrund zahlreicher Gerichtsverfahren eingestellt, hatte jedoch mit anderen Musiktauschbörsen gravierende Umsatzeinbußen bei den großen Musikverlagen verursacht.

Die Antwort der Musikindustrie war die Erprobung neuer (digitaler) Distributionsformen: *Download-to-own*. Hierbei handelt es sich um den Einmalkauf eines Songs oder eines Albums und das damit einhergehende Herunterladen auf das Endgerät. Die Grundlage für die nächste Distributions- und Erlösstromveränderung bildet das *Streaming*. Dabei überträgt die Plattform Musikdateien für den Moment der Nutzung stückweise über das Internet, sodass diese nicht mehr dauerhaft lokal auf dem Endgerät gespeichert, sondern nur kurzfristig im Hauptspeicher (s. ▶ Abschn. 2.1.1.1) verfügbar sind. Dies setzt einen Internet-Zugang des Kunden zum Hören der Musik voraus und relativiert das Problem der illegalen Weiterverwendung erheblich. Das *Download-to-rent-Modell* baut darauf, dass der Nutzer gegen eine monatliche oder jährliche Zahlung Medieninhalte im Abonnement herunterladen oder streamen kann – dies entspricht einer Anpassung der Erlösströme im Business Model Canvas.

Die Vorstufe zur Kundenakquise und der Ansporn zum Kauf des Abonnements ist das *Freemium-Modell*. Dieses Erlösmodell ermöglicht dem Kunden die kostenfreie Nutzung des Dienstes trotz Werbung oder Einschränkungen in den Funktionalitäten. Gleichzeitig kann sich der Nutzer von Nachteilen des Freemiums befreien, indem er zahlungspflichtig ein Abonnement für die Premium-Version eingeht – diese ist dann werbe- und einschränkungsfrei. Prominente Beispiele hierfür sind Anbieter wie Spotify, Apple Music oder Deezer.

Ebenso hat die Musikindustrie die Neugestaltung der Geschäftsmodelle nicht nur in den Kanälen und Erlösströmen vorgebracht, sondern ebenfalls im Wertangebot: die modulbasierte Produktion von Medieninhalten (Grau 2008). Analog zu Konzepten in der Automobilindustrie wurde es dadurch möglich, einzelne Modulbausteine wie Textabschnitte, Videosequenzen oder Bilder für mehrere Produkte einzusetzen. Das Unternehmen erstellt dafür einzelne, nicht vermarktbare, Module. Diese kombiniert der Ersteller im nächsten Schritt zu vermarktungsfähigen Bündeln. Abschließend koppeln die Unternehmen die zusammengestellten Bündel an spezifische Medien, wonach sie die fertigen Medienprodukte vervielfältigen und distribuieren. Beispiele hierfür finden sich im Zusammenhang von Musikstücken mit der Social-Media-Applikation TikTok: In dieser Applikation wird eine Wiederverwendung von Inhalten nach Benlian et al. (2006) vorgenommen. Produzenten gestalten Musikstücke so, dass einzelne Songbausteine für Kurzzeit-Videos wiederverwendet werden können. So können Erlöse durch den Verkauf der Songs über die herkömmlichen Vertriebskanäle sowie die Lizenzvergabe für die kurzen Abschnitte an TikTok erreicht werden – Synergieeffekte durch die beschleunigte Verbreitung gehen damit einher (Toscher 2021).

7

7.2.2.2 Veränderungen der Geschäftsmodelle von Automobilherstellern

Als verarbeitende und damit auf die Herstellung von physischen Produkten spezialisierte Industrie ist die Automobilbranche bislang nicht in einem vergleichbaren Ausmaß von der digitalen Transformation betroffen, wie dies bei der bereits diskutierten Musikbranche der Fall ist. Dies ändert sich gerade. Besonders gewichtig ist das Thema – auch produktgetrieben – in den wertschöpfenden Prozessen mit dem Ziel, die Produktentwicklung und das Lieferkettenmanagement zu verbessern (Supply-Chain-Management, s. ▶ Abschn. 4.8).

Die Produktentwicklung verfolgt das Ziel, Fahrzeuge vielseitig mit dem Internet zu verbinden. Dafür braucht es ein entsprechend technologisch befähigtes Fahrzeug, d. h. die Rechenleistung mittels Steuergeräte und Hochleistungscomputer, die im Fahrzeug verteilt sind. Deshalb werden die elektrisch-elektronischen „Nervenbahnen" des Fahrzeugs neu geplant und gestaltet.

Diese Fahrzeuginfrastruktur versucht Zusatzdienste für den Kunden zu ermöglichen. Dazu gehören Fahrwerkseinstellungen und zusätzliche erlösbringende Dienste (Hess 2022). Unterschieden wird in Navigations- und Ortungsdienste, *Connected-Car-Dienste* und Unterhaltungs- oder Informationsdienste. *Connected-Car-Dienste* gestatten es dem Fahrer mit dem Fahrzeug und anderen Geräten zu kommunizieren und die Fahrzeugfunktionen zu steuern (vgl. ◖ Abb. 7.4). Dazu gehören der Fern-Zugriff auf das Fahrzeug, die Fahrzeugüberwachung und die Fahrzeugdiagnose – zugänglich über eine App im Smartphone. Aber auch die Fahrdaten können an Versicherungsunternehmen – wie wir später sehen werden – mit neuen Abrechnungsmodellen zur Auswertung gesendet werden.

Etablierte Hersteller versuchen diesem Trend gerecht zu werden. Einen ganz besonderen Stellenwert haben diese Dienste aber bei neuen Akteuren wie Tesla und anderen neuen Anbietern: diese stellen eigene Fahrzeuge her und differenzieren sich über die digitalen Dienste des Fahrzeugs. Zusätzlich zum elektrischen Antrieb bieten diese Hersteller die teilweise *autonome Fahrweise* ihrer Fahrzeuge an. Auch diese basieren, wie viele andere Dienste, auf den Echtzeit-Verkehrsdaten von vernetzten Autos. Hier kommen direkte Netzeffekte zum Tragen: Je mehr Autos vernetzt sind, umso mehr Daten zur Verkehrslage stehen zur Verfügung. Im vernetzten Auto finden sich aber auch *indirekte Netzeffekte*. Die technologische Infrastruktur des Autos bestimmt, welche Dienste genutzt werden können.

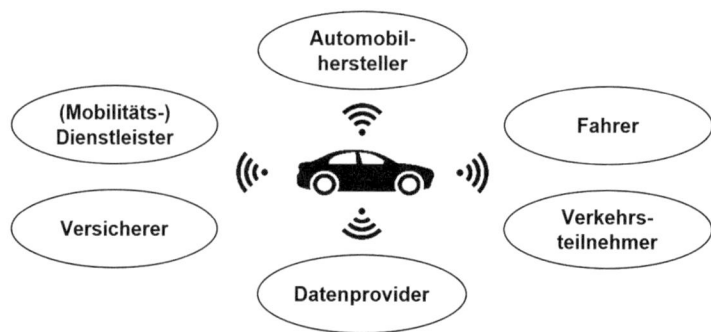

◖ **Abb. 7.4**   Mögliche Datenempfänger des vernetzten Fahrzeugs. (Vgl. Bitkom 2015)

Das vernetzte Auto ist daher Grundlage für zwei Szenarien: das selbstfahrende Fahrzeug und das *Carsharing*. Im ersten Szenario übernimmt das Fahrassistenzsystem den größten Teil des tatsächlichen Fahrens. Im zweiten Szenario geht die Automobilindustrie die Mobilität des Einzelnen an. Tatsächlich ist der Nutzungsgrad eines Autos gering, sodass eine höhere Gesamtnutzung ein Auto auch lukrativer für den Anbieter macht. Daraus entsteht das Konzept des Carsharings: Hersteller verkaufen ein Fahrzeug nicht mehr, sondern bieten es temporär zur Nutzung an – man mietet es also kurzfristig. Dies gilt auch für nicht-herstellende Anbieter, die Fahrzeuge kaufen und gegen eine Nutzungsgebühr für die Kunden bereitstellen. Der Nutzer zahlt daher nur für die effektive Nutzung eines Fahrzeugs (in Zeit und/oder Kilometer) und nicht für den tagtäglichen Besitz eines Solchen. Trotz der geringeren Kosten i. Vgl. zum eigenen Fahrzeug für den gelegentlichen Nutzer von Carsharing, hat das Konzept seine wirtschaftliche Tragfähigkeit auf Seiten der Anbieter noch nicht gezeigt.

Praktisches Beispiel

Der Fahrdienst Uber, der mittlerweile in vielen Ländern den klassischen Taxidiensten massive Konkurrenz macht, hat sich zum Ziel gesetzt, den Personentransport massiv zu verändern. Über eine Internet-Plattform können sich Privatpersonen mit ihren PKWs als Anbieter von Taxileistungen registrieren und Personen, die solche Beförderungsfahrten in Anspruch nehmen wollen, entsprechende Aufträge vergeben. Ein AS nimmt nun ein Matching zwischen verfügbaren Fahrzeugen und Kunden vor. Für Kunden ist eine Beförderungsfahrt damit deutlich günstiger als mit einem Taxi. Dieser Dienst kann überall da angeboten werden, wo es keine besonderen rechtlichen Regelungen gibt, durch die solche Beförderungsangebote an bestimmte Voraussetzungen gebunden sind und damit das Angebot eingeschränkt wird. Inzwischen werden in bestimmten Städten auch generelle Lieferdienste oder Essenslieferdienste angeboten. Waymo erweitert das Ganze mit fahrerlosen Taxen (Neue Züricher Zeitung 2021).

Eine vergleichbare Anwendungsidee findet sich auch für die befristete Vermietung von Unterkünften. Privatpersonen können auf Airbnb Unterkünfte anbieten, die von Reisenden über ein Portal gebucht werden. Damit ergibt sich ein massiver Wettbewerb zum Hotelgewerbe (Zervas et al. 2017). Sowohl Uber als auch Airbnb können, abgesehen von den rechtlichen Einschränkungen, weltweit ihre Dienste vermarkten.

7.3 Veränderungen in Organisationsformen und -strukturen

Auch die Führung eines Unternehmens wird durch digitale Technologien stark verändert. Sie haben aus organisationstheoretischer Sicht Auswirkungen auf die Art und Weise, wie sich Organisationen strukturieren und miteinander interagieren. Nachfolgend beschreiben wir daher zwei Beispiele für die sich aus digitalen Technologien ergebenden Optionen für die Führung eines Unternehmens.

7.3.1   Digitale Technologien und Koordinationsform

Eine zentrale Frage der Gestaltung der Arbeitsteilung ist, ob Aktivitäten in einem Unternehmen zusammengefasst oder besser auf verschiedene Akteure verteilt werden sollten.

Für ein einzelnes Unternehmen stellt sich somit die Frage, inwieweit Aktivitäten intern abgewickelt werden oder extern „auf dem Markt" beschafft werden sollten. Mithilfe der *Transaktionskostentheorie* lässt sich der Einfluss digitaler Technologien auf die Beantwortung dieser Frage aufzeigen (Picot et al. 2009).

Die Transaktionskostentheorie versteht wirtschaftlich relevantes Handeln als ein Netz sogenannter Transaktionen zwischen Akteuren, wobei die Akteure entweder selbstständig am *Markt* agieren („Transaktion am Markt"), in einem Unternehmen zusammenarbeiten („*Hierarchie*") oder – als Mittelweg – kooperieren („*hybrides Arrangement*"). Ist eine Transaktion sehr spezifisch, so empfiehlt die Transaktionskostentheorie die Abwicklung in einem Unternehmen, da für die Beschaffung einer solch spezifischen Transaktion mittels des Marktes hohe Kosten anfallen. Ist eine Transaktion dagegen wenig spezifisch, dann wird die Koordination über den Markt empfohlen. Für mittlere Spezifität bietet sich eine Kooperation als hybrides Arrangement – also beispielsweise eine Form der Kooperation – an. Die Spezifität einer Transaktion kennzeichnet den Umfang, in dem zwischen den beteiligten Unternehmen individuelle Absprachen getroffen werden, die beiden Akteuren ein Ausweichen auf andere Partner schwer macht.

In ◨ Abb. 7.5 sind die von der Transaktionskostentheorie angenommenen Transaktionskosten für die drei genannten Organisationsformen dargestellt (dünne Kur-

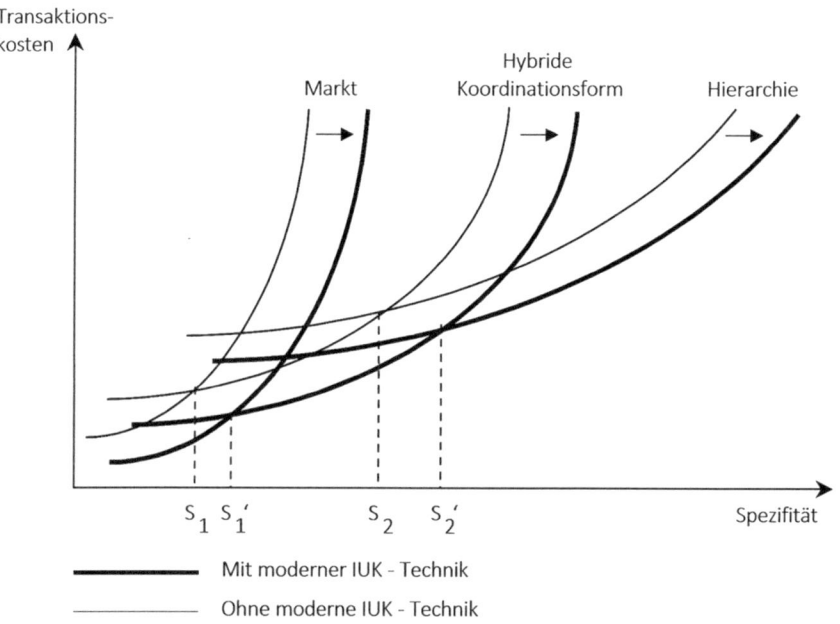

◨ **Abb. 7.5**   Wirkung neuer IT-Systeme auf die Organisationsformwahl. (Nach Picot et al. 2009, S. 72)

ven). In Abhängigkeit von der Spezifität einer Transaktion entsteht so eine Minimal-kostenkurve, d. h. es kann bestimmt werden, welche Organisationsform bei einer gegebenen Spezifität die kostenminimale ist.

Neue AS, wie z. B. unternehmensübergreifende Bestellabwicklungssysteme auf Basis des Datenaustauschstandards EDIFACT, führen tendenziell zu einer Reduktion der Kosten pro Transaktion: Kommunikation wird in diesem Sinne billiger. Genauer betrachtet reduzieren sich sowohl die fixen als auch die variablen Kosten einer Transaktion. Bildlich gesprochen, führt dies zum Absenken und Verflachen der Kurven in ◘ Abb. 7.5 (dicke Linien). Die Konsequenz daraus ist, dass sich die Schnittpunkte zwischen den drei Kurven verschieben und sich damit auch die Minimalkostenkurve ändert. Somit ist der Markt nach Einführung des AS für eine Spezifität bis S_1' und nicht nur bis S_1 die kostenminimale Organisationsform. Oder anders ausgedrückt: Mehr Transaktionen werden über den Markt abgewickelt. In der Literatur wird dies auch als „*Move-to-the-Market*" bezeichnet.

Allerdings geht diese Analyse von der wichtigen Annahme aus, dass die Spezifität konstant ist, d. h., dass durch die Einführung neuer AS die Spezifität einer Transaktion gleich bleibt. Dies ist aber nur dann der Fall, wenn die Kommunikation über weit verbreitete Standards erfolgt. Gerade in B2B-Beziehungen entwickeln Unternehmen häufig eigene Kommunikationsformate, wodurch sich die Spezifität einer Transaktion erhöht. Bildlich gesprochen kommt es damit zu einer „Gegenbewegung", am Ende zu einer Entwicklung, die zu kooperativen Organisationsformen führt. Diese Entwicklung wird in der Literatur als „*Move-to-the-Middle*" bezeichnet (Clemons et al. 1993).

7.3.2 Ökosysteme für digitale Produkte und Dienste

Der Begriff *Ökosystem (Ecosystem)* ist dem aus der Biologie bekannten Phänomen des natürlichen Ökosystems nachempfunden, das die symbiotische Gesamtheit diverser Komponenten in einer Lebensgemeinschaft beschreibt. Auf den wirtschaftlichen Kontext übertragen expliziert ein Ökosystem das Gesamtsystem eines im Zentrum stehenden Produkts und dessen zahlreiche Zusatzprodukte, die das Kernprodukt an wichtigen Punkten erweitern. Derartige Ökosysteme entwickeln sich in der Regel um ein bestimmtes Produkt herum und entstehen meist im Umfeld von Internetplattformen. Alle Unternehmen, die einen wertschöpfenden Beitrag zu dem betreffenden Produkt leisten können, werden darin für eine meist längerfristige Zusammenarbeit eingebunden. Ein prominentes Beispiel ist das iPhone (*Kernprodukt*) mit den zugehörigen Apps (*Zusatzprodukte*). In diesem Ökosystem befinden sich – neben Apple selbst – zahlreiche Akteure, darunter jene Firmen, die Apps programmieren und im App Store bereitstellen. Da das Wertversprechen und letztlich der erwartete Nutzen des Kunden neben dem Kernprodukt auch maßgeblich von den komplementären Produkten und Dienstleistungen des Ökosystems abhängt, stehen die Akteure in einem gewissen Abhängigkeitsverhältnis.

Die im Digitalkontext beobachtbaren Ökosysteme sind meist komplexe, systemische Phänomene. Um deren Zusammenspiel auf einem abstrakten Level zu verstehen, bedarf es einer zugänglichen Methode der Beschreibung und Modellierung. ◘ Abb. 7.6 zeigt, in vereinfachter Form, das Ökosystem des Apple App-Stores. Neben den von Apple bereitgestellten Kernprodukten (wie beispielsweise das iPhone)

7

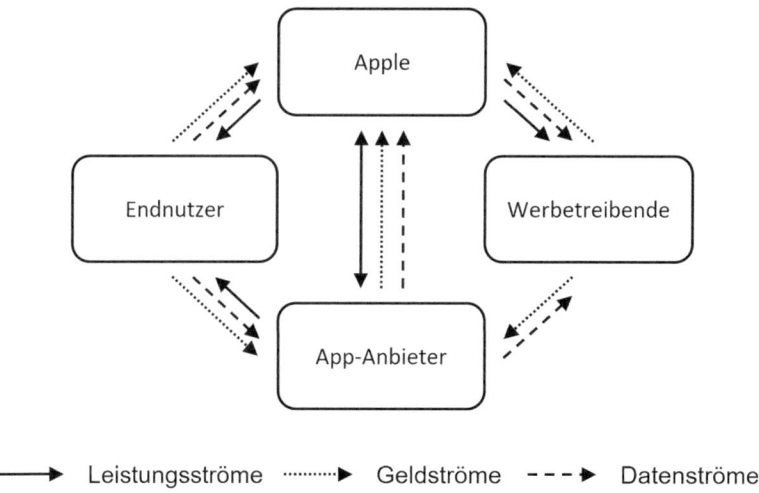

□ Abb. 7.6   Beschreibung der Interaktion im Ökosystem am Beispiel des Apple App Stores

bieten Drittanbieter komplementäre Apps an, für deren Nutzung die Anbieter Geld und Daten erhalten. Parallel haben App-Anbieter die Möglichkeit, durch werbe-finanzierte Modelle weitere Einnahmen zu generieren. Werbetreibende können die generierten Nutzerdaten für eine kosteneffiziente und maßgeschneiderte Ausspielung ihrer Werbemittel verwenden. Apple ist dabei als Orchestrator des Ökosystems an nahezu allen Strömen beteiligt und profitiert neben dem erweiterten Angebot an Apps für die Nutzer darüber hinaus durch Provisionen.

Damit ein solches Ökosystem entstehen und bestehen kann, sind spezielle Steuer-instrumente notwendig. Mit diesen Instrumenten kann der Initiator und Orchestra-tor des Ökosystems die Zusammenarbeit der Akteure kontrollieren und in eine ge-wisse Richtung leiten (Benlian et al. 2015). Zwei wichtige strategische Stellschrauben der Ökosystem-Steuerung sind die Preisgestaltung und der Grad der Öffnung.

Bei der Markteinführung eines Produkts – zu dem ein Ökosystem geschaffen wer-den soll – stehen sich zwei Gruppen gegenüber: die Hersteller (Komplementäre) und die Kunden (Endnutzer). Erstere stehen vor der Problematik, dass sie in Vorleistung gehen müssen. Die Kunden wiederum müssen sich für ein Produkt entscheiden, für das es die Zusatzleistungen (noch) gar nicht gibt. Zur Auflösung dieser „Henne-Ei-Problematik" kann der Initiator des Ökosystems über eine gezielte Preisgestaltung eine der beiden Gruppen subventionieren und damit die Attraktivität des Einstiegs erhöhen. Am häufigsten tritt dieses Phänomen auf Plattformen und Plattform-umgebungen auf – dem Ort, an dem sich Ökosysteme am häufigsten bilden.

Der Grad der Öffnung beschreibt die Entscheidung des Initiators, sich einem konkurrierenden Ökosystem zu öffnen (horizontal) oder eine (vertikale) Integration mit Komplementären anzustreben. Die Eintrittsbarriere in das jeweilige Ökosystems verleitet den Endnutzer dazu, nur eins oder gleich mehrere Ökosysteme zu nutzen: beispielsweise gleichzeitig ein iPhone und einen Windows-Computer. Die geringe Kompatibilität dieser zwei Komponenten veranschaulicht konkret den Grad der Öffnung der jeweiligen Ökosystem-Anbieter. Die Initiatoren für die Ökosystem-Kooperation müssen sich mit den zusammenarbeitenden Unternehmen auf gewisse technologische Standards einigen. Das reicht von einer übergreifenden Systemarchitektur mit Datenstandards hin zu einer Individuallösung zur Datenübertragung mit einer API.

Netzwerkeffekte spielen bei der Skalierung von Ökosystemen eine entscheidende Rolle und können durch den Aufbau starker Markteintrittsbarrieren für neue Wettbewerber einen hohen Einfluss auf die Übernahme und Verbreitung digitaler Innovationen haben. Der Erfolg von großen Ökosystem- und Plattformunternehmen wie Apple, Alphabet und Amazon verdeutlicht, dass das Verständnis und die gezielte Nutzung von Netzwerkeffekten für Unternehmen, die in der digitalen Wirtschaft erfolgreich sein wollen, entscheidend sein können.

7.4 Management des digitalen Wandels

7.4.1 Drei Formen des digitalen Wandels

Schon seit den 1970er-Jahren sind Unternehmen mit IT-Lösungen und damit mit digitalen Innovationen konfrontiert, man denke z. B. an die Veränderungen im Rechnungswesen. Während die Bedeutung digitaler Innovationen für Unternehmen zunächst eher gering war, hat ihre Entwicklung in den letzten Jahren stetig an Relevanz gewonnen. Unternehmen müssen daher einen adäquaten Ansatz finden, sich die Chancen und Risiken der Digitalisierung systematisch zu erschließen.

Digitale Technologien stehen im Zentrum des digitalen Wandels von Unternehmen, da sie auf unterschiedlichen Ebenen jene Veränderungen unterstützen und erzeugen, die für den langfristigen Erfolg eines Unternehmens am Markt entscheidend sind. Aktuell lassen sich drei Stufen des digitalen Wandels von Unternehmen unterscheiden, welche in ◘ Abb. 7.7. dargestellt sind (Hess 2022).

Der Begriff der *IT-gestützten Organisation* (englisch: „IT-enabled Organisation" -ITOT) stammt aus den 90er-Jahren, als der digitale Wandel von Organisationen im Rahmen der Einführung von Lösungen wie dem *Enterprise-Resource-Planning* (ERP) angegangen wurde.

Die IT-gestützte Organisation legt den Fokus auf digitale Prozessinnovationen. Typischerweise spielen hier IT-Abteilungen eine zentrale Rolle, da diese solche Prozessinnovationen parallel zu der Bereitstellung der technischen Infrastruktur vorantreiben. Die Auswirkungen auf die angebotenen Produkte oder Dienstleistungen sind hingegen limitiert, da die allgemeine Leistungserbringung des Unternehmens durch die IT-seitigen Veränderungen unterstützt oder verbessert wird, nicht

◘ **Abb. 7.7** Stufen der digitalen Transformation. (Hess 2022)

aber ergänzt. Das prominenteste Beispiel ist das ERP-System, welches für die meisten dieser Unternehmen ein System darstellt, das es ermöglicht, bisher analog und fragmentiert ablaufenden Prozesse deutlich effizienter zu machen.

Im Gegensatz dazu erfordert die *digitale Transformation* grundlegende Veränderungen im gesamten Unternehmen. Dies kann alle Arten von digitalen Innovationen – also auch die Entwicklung neuer Geschäftsbereiche und Produkte – betreffen und geht somit über Prozessveränderungen hinaus. Zur gezielten Adressierung dieser Potenziale bilden Unternehmen für die digitale Transformation häufig *Digitalisierungseinheiten* („Digital Innovation Units"). Diese sollen eigene Ideen entwickeln und zudem über das Unternehmen verteilte Digitalinitiativen zusammenführen.

In der dritten Stufe, den digital definierten Unternehmen, werden die zentralen Einheiten zur Unterstützung der digitalen Transformation wieder deutlich verkleinert. Hier können viele Mitarbeiter eigenständig Ansatzpunkte für digitale Innovationen innerhalb ihres Tätigkeitsbereiches finden und teilweise sogar mit leistungsfähigen Werkzeugen umsetzen.

Viele etablierte Unternehmen gehen aktuell die zweite Stufe des Wandels an. Ganz wenige sind sogar schon bei der dritten Stufe angekommen. Anders sieht es bei Unternehmen aus, die in den letzten Jahren gegründet wurden und stark digital sind, d. h. ihr Produkt ist weitgehend digital und die Produktion erfolgt ebenfalls überwiegend digital. Diese Unternehmen befinden sich in der Regel gleich in der dritten Stufe.

7.4.2 Digitale Transformation als Managementkonzept

Die digitale Transformation eines Unternehmens ist ein komplexes Vorhaben (vgl. Hess 2022), weshalb ein strukturierter Ansatz zu ihrer Bewältigung von hoher Wichtigkeit ist. ◘ Abb. 7.8 zeigt ein Framework, das die Aufgaben bei der digitalen Transformation in drei Schichten zerlegt. Kern ist die *Veränderung der Wertschöpfung* (innere Schicht). Dafür muss eine Reihe von *Voraussetzungen* geschaffen werden (mittlere Schicht). Und das ganze Vorhaben wird nur erfolgreich sein, wenn es systematisch gesteuert wird (äußere Schicht).

■ Veränderung der Wertschöpfungsstrukturen

Kern der digitalen Transformation ist die Veränderung der Wertschöpfungsstruktur. Um diese geht es in der ersten Schicht. In Frage kommen, anders als in der ersten Stufe des digitalen Wandels, alle Arten von digitalen Innovationen, d. h. von der Veränderung der Geschäftsprozesse bis hin zu neuen Geschäftsmodellen, ggf. sogar ergänzt um neue Führungskonzepte.

Der Katalog der dafür vorhandenen Instrumente zum Geschäftsprozessmanagement ist mittlerweile groß, und in vorangehenden Abschnitten wurden etwa Instrumente für die Beschreibung und Analyse von Geschäftsprozessen vorgestellt. Diese Instrumente werden in der Regel durch IT-Werkzeuge unterstützt, sowohl für die Modellierung als auch für die Analyse. Aktuell gewinnen Verfahren für das *Process Mining* besonders an Bedeutung (s. ▶ Abschn. 6.1.1). Dabei handelt es sich um einen datengetriebenen Ansatz zur Erarbeitung und methodischen Optimierung von Prozessen. Notwendig hierzu ist eine Datengrundlage, in welcher für jeden identifizierbaren Prozessschritt ein Zeitstempel, eine Aktivität, eine Ressource und die

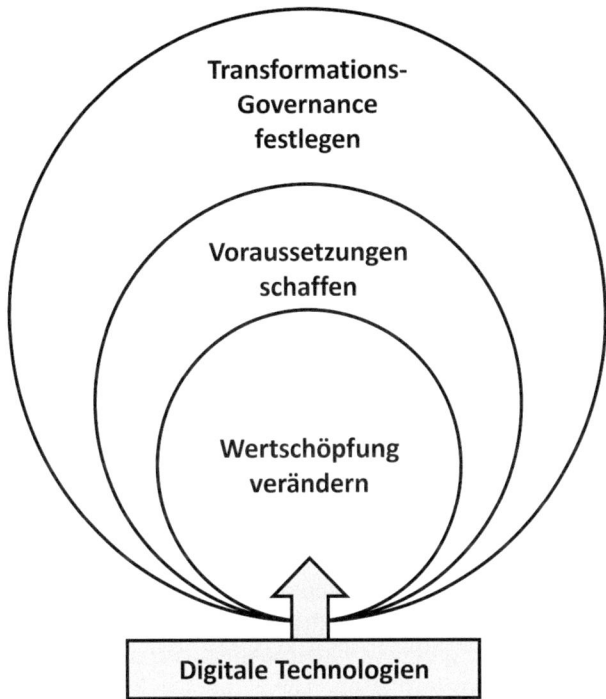

□ Abb. 7.8 Drei-Schichten-Framework der digitalen Transformation. (Wiesböck und Hess 2020)

Kosten erfasst sind. Auf dieser Basis lassen sich die realen Abläufe in einem Unternehmen rekonstruieren – als Ersatz für die sonst erforderliche Aufarbeitung von Prozessen in Workshops von „klassischen" Business Process Management Methoden.

■ **Schaffen der Voraussetzungen für digitale Transformation**

Die digitale Transformation setzt eine schnell erweiterbare IT-Landschaft und die passende Organisationsstruktur und Kultur im Unternehmen voraus.

Nach aktuellem Stand des Wissens sind das *Cloud Computing* sowie das Konzept der *bimodalen IT* wirksame Ansatzpunkte, um eine erweiterbare IT-Landschaft zu schaffen. Besonders komplexe – meist historisch gewachsene – IT-Landschaften profitieren vom Cloud-Computing (s. ▶ Abschn. 2.2.5.2). Die bimodale IT befasst sich hingegen mit der *operativen* Ausgestaltung der IT-Abteilung im Unternehmen: Ein Teil der Abteilung ist zuständig für den reibungslosen Ablauf des operativen Betriebs und die Wartung der Systeme. Der andere Teil ist für die Entwicklung von Innovation und Weiterentwicklung dieser verantwortlich.

Weitere Voraussetzung für eine erfolgreiche digitale Transformation sind innovationsfördernde Unternehmensstrukturen, welche durch die Schaffung von neuen Abteilungen, die Öffnung für Externe und den Abbau bestehender Strukturen erreicht werden können. *Digital Innovation Units* (DIU) sind Abteilungen, die das Unternehmen von der Hauptorganisation mit dem Ziel abgrenzt, die Entwicklung und Integration von digitalen Innovationen in der Organisation voranzutreiben.

Es lassen sich *interne Ermöglicher*, *externe Erweiterer* und *externe Schöpfer* als Grundtypen von DIUs unterscheiden (vgl. Hess 2022). *Ermöglicher* entstehen aus der eigenen Organisation und liefern Innovationen intern durch das Unternehmen.

Externe Erweiterer und *externe Schöpfer* unterscheiden sich dahingehend, dass erstere bestehende Geschäftsfelder ausbauen und letztere neue Geschäftsfelder mit Innovationen schaffen. Sie werden von Firmen über *Inkubatoren* und *Corporate Venturing* akquiriert. Inkubatoren sind ein Konzept aus der Medizin und beschreiben einen Brutkasten, welcher neugeborene Kinder in den ersten Lebenstagen bei der gesunden Entwicklung schützt. Eine ähnliche Idee verfolgen Inkubatoren-Programme, bei denen ein etabliertes Unternehmen ein Start-up – oder eine ausgesonderte Abteilung – „unter seine Fittiche nimmt" und diesem eine räumliche, infrastrukturelle oder Mentoring Umgebung gewährt.

Bei Corporate Venturing stellt ein etabliertes Unternehmen Risikokapital (englisch: Venture Capital) für eine finanzielle Beteiligung an einem Start-up zur Verfügung. Dies erzeugt einen Türöffner zu neuen Technologien und damit auch zu Innovation, die wiederum in das eigene, bestehende Geschäftsmodell eingebracht werden können.

■ **Transformations-Governance**

Die äußerste Stufe des Frameworks adressiert die Steuerung der digitalen Transformation eines Unternehmens. Hier geht es um die Inhalte der Transformationsstrategie, wie sich die einzelnen Aspekte darin unterscheiden und welche Formen sie in Unternehmen angenommen haben.

Gerade in größeren Unternehmen laufen parallel eine Reihe von Initiativen zur digitalen Transformation. Diese müssen koordiniert werden, gerade weil es Abhängigkeiten zwischen den Projekten gibt und Ressourcen nur begrenzt zur Verfügung stehen. Zunehmend bemühen sich diese Unternehmen daher um die Formulierung und Implementierung einer digitalen Transformationsstrategie (kurz: *Digitalstrategie*). Digitalstrategien enthalten vier zentrale Elemente (Matt et al. 2015): Die Nutzung von Technologie, die Veränderung der Wertschöpfung, strukturelle Veränderungen und finanzielle Aspekte (s. ◘ Abb. 7.9).

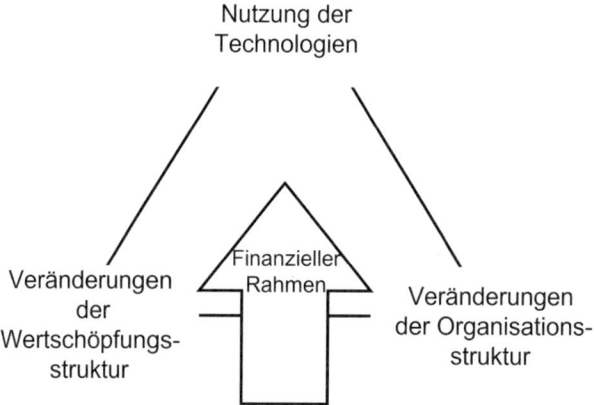

◘ **Abb. 7.9**   Elemente einer Digitalstrategie. (Matt et al. 2015)

Bezüglich der *Nutzung von Technologien* geht es darum, zu definieren, was ein Unternehmen von ihnen erwartet und inwieweit es die Möglichkeiten hat, neue Lösungen erfolgreich einzusetzen. Ein Unternehmen muss sich hier insbesondere entscheiden, ob es Marktführer bei einer solchen Innovation sein möchte oder ob es sich damit begnügt, etablierte IT für die Verbesserung seiner Produkte oder zur Optimierung von Geschäftsprozessen zu nutzen. So setzt beispielsweise der Weltmarktführer im Bereich Landtechnik *John Deere* zunehmend auf den Einsatz von IT, um seinen Kunden eine sog. informationsbasierte Landwirtschaft zu ermöglichen. Dabei steht eine nahtlose Vernetzung zwischen Maschinen, Fahrern und Feldern im Mittelpunkt, welche *John Deere* mit der IT-Lösung FarmSight anbietet (John Deere 2015). Diese ermöglicht u. a. eine verbesserte Planung von Ernten und das frühzeitige Erkennen von Defekten in Maschinen.

Aus der Nutzung neuer Technologien entstehen *Veränderungen in der Wertschöpfung*, die sich in neuen Geschäfts- oder Erlösmodellen äußern können. Eine Reihe von Versicherern bieten – ermöglicht durch die entsprechende Fahrzeug-Telematik – *Pay-How-You-Drive* Kfz-Versicherungslösungen an, welche die Fahrweise der einzelnen Kunden individuell beurteilen und dementsprechend die Prämienzahlungen flexibel anpassen. Das Telematik-Gerät wird an einer beliebigen Stelle im Fahrzeug platziert und über die Verbindung zu einer Smartphone-App werden die Fahrdaten aus dem Gerät zusammen mit den Standortdaten an den Versicherer gesendet. Die Auswertung verspricht bis zu 30 % geringere Versicherungsbeiträge für den defensiv fahrenden Kunden.

Aus der Nutzung neuer Technologien und aus neuen Formen der Wertschöpfung resultieren wiederum *(Organisations-)strukturelle Veränderungen* innerhalb des Unternehmens. Hierbei geht es um die Frage, wo in der bestehenden Unternehmensstruktur digitale Aktivitäten angesiedelt werden sollen. Wenn die oben genannten Veränderungen Produkte, Prozesse und Kompetenzen nur in geringem Maße beeinflussen, mag die Integration neuer digitaler Aktivitäten in bestehende Strukturen angemessen sein. Sollten sie jedoch großen Einfluss haben, dann kann eine separate digitale Einheit im Unternehmen sinnvoller sein.

Zuletzt müssen auch *finanzielle Aspekte* berücksichtigt werden. Diese werden von der Dringlichkeit, die ein Unternehmen in Bezug auf seine Digitale Transformation empfindet, sowie die finanziellen Möglichkeiten, die einem Unternehmen überhaupt zur Verfügung stehen, bestimmt. So wird ein Unternehmen, das mit stetig sinkenden Umsätzen zu kämpfen hat, einen größeren Druck verspüren, Veränderungen in Angriff zu nehmen. Unternehmen aus dem traditionellen Medienbereich wie die *New York Times* oder *Der Spiegel* sind hier ein gutes Beispiel, da sie mit ihren ehemals ausschließlich analogen Angeboten starken Druck von digitalen Konkurrenzangeboten bekamen (vgl. Sulzberger 2011). Eine ähnliche Situation lässt sich bei traditionellen Handelsunternehmen beobachten.

Praktisches Beispiel

Ravensburger, ein mittelständischer Spiele- und Kinderbuchverlag, ist rechtzeitig auf den Digitalisierungszug aufgesprungen und hat seine klassischen analogen Produkte mit digitalen Zusatzangeboten kombiniert und erweitert. Im Fokus stehen dabei „hybride Produkte". Ein Beispiel ist „tiptoi®", ein digitaler Stift, der zusätzliche Audioinformationen bereitstellt, sobald man Teile eines Buchs oder Spieles berührt. Um an vorderster Front bei solchen technologischen Entwicklungen zu bleiben, hat Ravensburger eigens Spezialisten für digitale Spiele und Bücher in den traditionellen Geschäftseinheiten eingesetzt. Zudem werden in einer vom klassischen Geschäft unabhängigen Gesellschaft mit dem Namen „Ravensburger Digital" neue digitale Produkte und Dienstleistungen entwickelt, die weiter entfernt von den Kernangeboten sind als die oben genannten hybriden Produkte. Diese Einheit entwickelt vor allem Online- und App-basierte Spiele, die nicht mehr mit den traditionellen Ravensburger Spielen in Verbindung stehen. Finanziert wird das Ganze intern über Margen aus dem weiterhin starken Kerngeschäft.

7.4.3 Die Rolle eines Chief Digital Officers bei der digitalen Transformation

Es wird häufig gefordert, dass die Verantwortung für die digitale Transformation eines Unternehmens beim *Chief Executive Officer* (CEO) liegen soll. Dieses bestätig auch die Praxis in einer Studie, bei der knapp 80 % der Teilnehmer angaben, dass der Beschluss der digitalen Transformationsstrategie, die Abstimmung mit der Unternehmensstrategie und die Veränderung der Unternehmenskultur hauptverantwortlich beim CEO liegen müsse (KPMG 2016).

Vor dem Hintergrund seines breiten Aufgabenspektrums fehlt einem CEO nicht selten die Möglichkeit, sich mit ausreichend Zeit diesem Thema zu widmen. Zur Lösung dieses Problems werden in Organisationen daher vermehrt „digitale" Führungskräfte eingestellt, namentlich *Chief Digital Officer* (CDO) (Tumbas et al. 2017), die den CEO auf breiter Front unterstützen (Hess 2022).

Grundsätzlich ist ein CDO (der häufig auch mit anderen Titeln, wie z. B. Head of Digital Transformation, in Unternehmen zu finden ist) mit verschiedenen Aspekten der digitalen Transformation betraut und dafür mitverantwortlich, dass eine digitale Transformationsstrategie entsteht, dass diese auf aktuellen technologischen Entwicklungen beruht und dass sie mittels geeigneter Initiativen auch tatsächlich implementiert wird. Gleichwohl setzen CDOs in der Praxis je nach Unternehmenskontext unterschiedliche, gegebenenfalls über den Zeitverlauf wechselnde Schwerpunkte: „Everyone defines the CDO role and its scope differently" (Haffke et al. 2016, S. 8). Welche Rolle CDOs ausüben, hängt von verschiedenen Faktoren ab, wie z. B. dem digitalen Reifegrad des Unternehmens, den digitalen Kompetenzen der Mitarbeiter, der Unternehmensgröße und dem Rückhalt durch den CEO. Konkret werden drei CDO-Rollentypen beschrieben (Singh und Hess 2017):

- CDOs als *Entrepreneure* explorieren durch den Einsatz digitaler Technologien hervorgerufene Innovationen, erarbeiten eine digitale Transformationsstrategie und setzen diese in ihrem Unternehmen, legitimiert durch den CEO, um. In dieser Rolle verändern CDOs zum Teil ganze Geschäftsmodelle.

- Als *Digital Evangelists* zielen CDOs darauf ab, Begeisterung für digitale Technologien zu entfachen. Dies erfordert in der Regel einen Kulturwandel, der unter anderem durch die Kommunikation von Fortschritten bei digitalen Aktivitäten vorangetrieben werden kann.
- CDOs als *Koordinatoren* schaffen bestehende Silomentalitäten ab und steuern den kontrollierten Wandel hin zu fachbereichsübergreifend zusammenarbeitenden Abteilungen. Da die digitale Transformation kein isolierter Prozess ist, sondern viele Bereiche betrifft, tragen CDOs dieses Typs zur Vernetzung des gesamten Unternehmens bei.

Um die jeweilige Rolle erfolgreich umsetzen zu können, sollten CDOs neben originärem Transformationswissen auch über fundierte IT-Kenntnisse sowie über ausreichend Widerstandsfähigkeit (Resilienz) verfügen, welche insbesondere für das Agieren in bereichsübergreifenden Projekten hilfreich ist. Zudem profitieren CDOs von visionärem Denken (Gestaltung der digitalen Zukunft des Unternehmens) und Inspirationsfähigkeit (Überzeugung von internen Entscheidungsträgern und Mitarbeitern von ihrer Vision der digitalen Transformation).

In den letzten Jahren hat die CDO-Position an Popularität gewonnen und ist eine der am schnellsten wachsenden Top-Management Positionen weltweit. Eine aktuelle Praxisstudie zeigt, dass in 20 % der befragten Unternehmen aus unterschiedlichen Branchen in Deutschland ein CDO die digitale Transformation steuert; Tendenz steigend (Bitkom 2022). Diese Zahl verdeutlicht jedoch auch, dass die Schaffung der CDO-Rolle eine adäquate Antwort auf die Herausforderungen der digitalen Transformation sein kann, CDOs jedoch nicht in allen Unternehmen eingesetzt werden. Firk et al. (2021) haben herausgearbeitet, dass die Entscheidung, die Verantwortung für die digitale Transformation in der Position eines CDO zu zentralisieren, maßgeblich von zwei Faktoren abhängt:

- Der *Transformationsdruck* signalisiert, wie wichtig für Unternehmen der Übergang zu digitalen Geschäftsmodellen ist. Informations- und wissensbasierte Geschäftsmodelle, wie die von Medien- oder Dienstleistungsunternehmen, sind besonders anfällig dafür, durch digitale Substitute ersetzt zu werden. Solche Unternehmen können davon profitieren, dass CDOs die digitale Transformation beschleunigen, indem sie neue digitale Geschäftsmodelle entwerfen und notwendige Fähigkeiten aufbauen. Zudem spielen externe Faktoren – in Form von neuen Wettbewerbern, die etablierte Marktpositionen gefährden können – eine Rolle. CDOs können Betriebe in dieser Hinsicht unterstützen, indem sie „Bedrohungen" durch aufstrebende digitale Unternehmen antizipieren und entsprechende Gegenmaßnahmen einleiten.
- Daneben wirkt sich der *Koordinationsbedarf* bei der digitalen Transformation auf den „Mehrwert" eines CDO aus. Ein hoher Koordinationsbedarf entsteht insbesondere in stark diversifizierten Organisationen. Diese sind oftmals anfällig für die Entstehung von Geschäftssilos, wodurch viele digitale Initiativen in einer entkoppelten Weise verfolgt werden. CDOs können solche dezentralen digitalen Aktivitäten bündeln und Synergien bei der Entwicklung und Anwendung digitaler Technologien funktionsübergreifend realisieren. Ein erhöhter Koordinationsbedarf kann auch dann auftreten, wenn das regionale Umfeld bei der digitalen

Infrastruktur noch nicht genügend entwickelt ist, was Unternehmen teilweise daran hindert, digitale Innovationen zu realisieren. Hier können CDOs durch Kommunikation und Kooperationen mit relevanten externen Stakeholdern eine Verbesserung der Infrastruktur erwirken.

Praktisches Beispiel

Um den Wandel von einem Ladenhändler mit Onlinekanal in ein Digitalunternehmen mit unterstützendem Filialnetz zu forcieren, hat die Douglas GmbH 2020 eine CDO-Position geschaffen und diese als Teil einer dreiköpfigen Geschäftsführung verankert. Im Mittelpunkt der Arbeit des CDOs steht die Weiterentwicklung des E-Commerce-Geschäfts, wobei er dabei große Unterstützung durch den CEO erhält. Konkretes Ziel ist hier der Auf- und Ausbau einer skalierbaren „Beauty & Health"-Plattform, welche die Angebote von verschiedenen paneuropäischen Händlern vereint. Durch das Betreiben der Plattform ergeben sich zudem Chancen für die Entwicklung neuer Geschäftsmodelle. Insbesondere die generierten Zugriffe von Interessenten und Kunden sowie die dadurch gewonnenen Daten werden von dem CDO und seinem Team verwertet, etwa für Konzeption von neuen Werbemodellen auf der Plattform und weiterer Douglas-Kanälen. Für den erfolgreichen Aufbau der Plattform und der Umsetzung der weiteren Geschäftsmodelle ist die Zusammenarbeit mit dem CIO von hoher Bedeutung, da viele der Systeme den neuen Anforderungen nicht mehr entsprechen und grundlegend neugestaltet werden müssen.

Neben dem Vorantreiben dieser marktnahen Initiativen fördert der CDO der Douglas GmbH den kulturellen Wandel innerhalb der Organisation. Dabei muss der CDO die Mitarbeiter von der Notwendigkeit der digitalen Transformation überzeugen und mit auf den Weg zu einem kundenzentrierten Unternehmen mit digitalen Angeboten nehmen. Da die Douglas GmbH viele langjährige Mitarbeiter mit hoher Loyalität beschäftigt, ist dafür unter anderem das Aufbrechen von etablierten Arbeitsweisen, wie etwa Silos, und der Aufbau digitaler Kompetenzen erforderlich.

Neben der Beziehung des CDOs zum CEO ist auch das Verhältnis des CDOs zum *Chief Information Officer* (CIO) besonders wichtig. Während CDOs typischerweise das Potenzial digitaler Technologien (z. B. die Generierung von Umsätzen durch digitale Produkte und Dienstleistungen) identifizieren, realisieren CIOs die dafür erforderlichen technischen Lösungen (z. B. Anwendungen oder Infrastruktur). In Konstellationen, in denen CDOs neben CIOs eingesetzt werden, ist eine enge Abstimmung der beiden Positionen notwendig, insbesondere da die unterschiedlichen Hintergründe und Kompetenzen schnell zu divergierenden Betrachtungsweisen führen und damit Digitalisierungsprogramme hemmen können. Die Forschung zeigt, dass vier Faktoren (siehe ◘ Abb. 7.10) für eine prosperierende Zusammenarbeit zwischen CDO und CIO entscheidend sind (Horlacher und Hess 2016).

- Ein gemeinsames Verständnis für die Ziele der digitalen Transformation
- Spezialisierung und klar umrissene Rollendefinitionen
- Vertrauen in die gegenseitige Expertise
- Koordination bezüglich der konkreten Zusammenarbeit

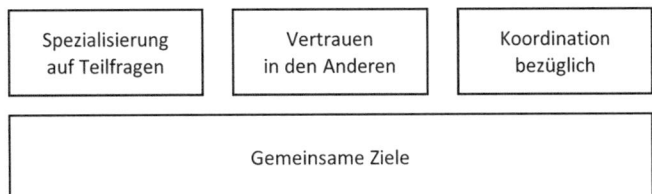

Abb. 7.10   Voraussetzungen für eine funktionierende Zusammenarbeit von CDO und CIO

Die drei letztgenannten Punkte führen zu einer Verringerung der kognitiven Überlastung von CDO und CIO, da beide auf unterschiedliche Wissensgebiete spezialisiert sind, dem Wissen und den Fähigkeiten des jeweils anderen vertrauen und sich dementsprechend auf unterschiedliche Aspekte einer gemeinsamen Aufgabe konzentrieren. Das gemeinsame Verständnis für die Ziele der digitalen Transformation ist den anderen drei Faktoren hingegen vorgelagert, da ein solches übergreifend zu einer schnelleren Entscheidungsfindung und Effektivität beiträgt.

Literatur

Benlian A, Grau C, Hess T, Braunstein YM (2006) Dissemination of content reutilization practices in the German and US book publishing industry. J Media Bus Stud 3(2):41–61

Benlian A, Hilkert D, Hess T (2015) How open is this platform? The meaning and measurement of platform openness from the complementers' perspective. J Inf Technol 30(3):209–228

Bitkom (2015) Safer Internet Day 2015, Wohin geht die Fahrt? Datenschutz und Datensicherheit im vernetzten Auto. Konferenzpräsentation. Bitkom (Bundesverband Informationswirtschaft, Telekommunikation und neue Medien e. V.). Zugegriffen am 13.04.2016

Bitkom (2022) Viele Unternehmen planen Stellen für Chief Digital Officer. https://www.bitkom.org/Presse/Presseinformation/Chief-Digital-Officer-Stellen-2022. Zugegriffen am 10.01.2023

Blöcher K, Alt R (2021) AI and robotics in the European restaurant sector: assessing potentials for process innovation in a high-contact service industry. Electronic Markets 31(3):529–551

Christensen CM (1997) The innovator's dilemma: when new technologies cause great firms to fail. Harvard Business School Press, Boston

Clemons E, Reddi S, Row M (1993) The impact of information technology on the organization of economic activity – the "move to the middle" hypothesis. J Manag Inf Syst 10(2):9–35

Firk S, Hanelt A, Oehmichen J, Wolff M (2021) Chief digital officers: an analysis of the presence of a centralized digital transformation role. J Manag Stud 58(7):1800–1831

Grau C (2008) Kostendegression in der digitalisierten Medienproduktion. Kovač, Hamburg/München

Haffke I, Kalgovas BJ, Benlian A (2016) The role of the CIO and the CDO in an organization's digital transformation. In: International conference on information systems, Dublin

Haufe (2017) OTTO: Vom Internet-Pionier zum digitalen Unternehmen. https://www.haufe.de/controlling/controllerpraxis/otto-vom-internet-pionier-zum-digitalen-unternehmen_112_426608.html. Zugegriffen am 10.01.2023

Hess T (2022). Digitale Transformation strategisch steuern: Vom Zufallstreffer zum systematischen Vorgehen. Springer, Wiesbaden

Horlacher A, Hess T (2016) What does a Chief Digital Officer do? Managerial tasks and roles of a new C-level position in the context of digital transformation. In: Proceedings of the 49th Hawaii international conference on system sciences, Hawaii

John Deere (2015) (Hrsg) Schwerpunkt auf „Konnektivität" zwischen Maschinen, Fahrern und Feldern. Presse-Information. http://www.deere.de/de_DE/our_company/news_and_media/press_releases/2015/agriculture/farmsight_strategie.page?. Zugegriffen am 06.08.2015

7

Kovynyov I, Mikut R (2019) Digital technologies in airport ground operations. NETNOMICS 20(1):1–30

KPMG (2016) Der Chief Digital Officer – Phantom oder Wegbereiter? Studie zur Steuerung der digitalen Transformation in der Medienbranche. Managementstudie der KPMG AG

Matt C, Hess T, Benlian A (2015) Digital transformation strategies. Bus Inf Syst Eng 57(5):339–343

Nambisan S, Lyytinen K, Majchrzak A, Song M (2017) Digital innovation management: reinventing innovation management research in a digital world. MIS Q 41(1):365–395

Neue Züricher Zeitung (2021) Wie ein Taxi, nur ohne Chauffeur: Phoenix ist der einzige Ort in den USA, wo sich schon heute jedermann von autonomen Autos herumfahren lassen kann. https://www.nzz.ch/mobilitaet/die-fahrerlose-zukunft-ist-in-phoenix-schon-realitaet-ld.1642265. Zugegriffen am 19.12.2022

Osterwalder A, Pigneur Y (2011) Business Model Generation: Ein Handbuch für Visionäre, Spielveränderer und Herausforderer. Campus, Frankfurt am Main

Osterwalder A, Pigneur Y, Tucci C (2005) Clarifying business models: origins, present, and future of the concept. Commun Assoc Inf Syst 16:1–38

Otto Group (2022) Otto Group wächst im E-Commerce nachhaltig erfolgreich. https://www.ottogroup.com/de/medien/newsroom/meldungen/Otto-Group-waechst-im-E-Commerce-nachhaltig-erfolgreich.php. Zugegriffen am 06.08.2015

Otto Group (2023) (Hrsg) Konzernfirmen. https://www.ottogroup.com/de/ueber-uns/konzernfirmen.php. Zugegriffen am 10.01.2023

Picot A, Reichwald R, Wigand R (2009) Die grenzenlose Unternehmung, 5. Aufl. Gabler, Wiesbaden

Schumpeter JA (1950) Capitalism, socialism and democracy, 3. Aufl. Harper and Row, New York

Singh A, Hess T (2017) How Chief Digital Officers promote the digital transformation of their companies. MIS Q Exec 16(1):1–17

Sulzberger A (2011) The continuing digital transformation of the New York Times. http://blogs.lse.ac.uk/polis/2011/11/01/the-continuing-digital-transformation-of-the-new-york-times-by-arthur-sulzberger/. Zugegriffen am 08.02.2016

Szopinski D, Massa L, John T, Kundisch D, Tucci CL (2022) Modeling business models: a cross-disciplinary analysis of business model modeling languages and directions for future research. Commun Assoc Inf Syst 51(1):39

Toscher B (2021) Resource integration, value co-creation, and service-dominant logic in music marketing: the case of the TikTok platform. Int J Music Bus Res 10(1):33–50

Tumbas S, Berente N, Vom Brocke J (2017) Three types of Chief Digital Officers and the reasons organizations adopt the role. MIS Q Exec 16(2):121–134

Venkatraman N (1994) IT-enabled business transformation: from automation to business scope redefinition. Sloan Manage Rev 35(2):73–87

Wiesböck F, Hess T (2020) Digital innovations. Electron Mark 30(1):75–86

Zervas G, Proserpio D, Byers JW (2017) The rise of the sharing economy: estimating the impact of Airbnb on the hotel industry. J Market Res 54(5):87–705

Serviceteil

© Der/die Herausgeber bzw. der/die Autor(en), exklusiv lizenziert an Springer-Verlag GmbH, DE, ein Teil von Springer Nature 2023
P. Mertens et al., *Grundzüge der Wirtschaftsinformatik*, https://doi.org/10.1007/978-3-662-67573-1

Überblicks- und Vertiefungsliteratur

Zu Kapitel 1: Grundlagen

Abts D, Mülder W (2017) Grundkurs Wirtschaftsinformatik: Eine kompakte und praxisorientierte Einführung. Springer, Heidelberg

Alpar P, Rainer A, Bensberg F, Czarnecki C (2023) Anwendungsorientierte Wirtschaftsinformatik: Strategische Planung, Entwicklung und Nutzung von Informationssystemen, 10. Aufl. Springer, Wiesbaden

Amberg M, Bodendorf F, Möslein K (2012) Wertschöpfungsorientierte Wirtschaftsinformatik. Springer, Berlin

Brenner W, Hess T (2014) Wirtschaftsinformatik in Wissenschaft und Praxis. Springer, Berlin

Ferstl OK, Sinz EJ (2012) Grundlagen der Wirtschaftsinformatik, 7. Aufl. Oldenbourg, München

Fischer J, Dangelmaier W, Nastansky L, Suhl L (2012) Bausteine der Wirtschaftsinformatik: Grundlagen und Anwendungen, 5. Aufl. Schmidt, Berlin

Hansen HR, Mendling J, Neumann G (2019) Wirtschaftsinformatik, 12. Aufl. De Gruyter Oldenbourg, Berlin

Heinrich LJ (2012) Geschichte der Wirtschaftsinformatik: Entstehung und Entwicklung einer Wissenschaftsdisziplin, 2. Aufl. Gabler, Berlin

Heinzl A, Mädche A, Riedl R (2023) Wirtschaftsinformatik: Einführung und Grundlegung, 5. Aufl. Springer, Berlin

Kurbel K, Brenner W, Chamoni P, Frank U, Mertens P, Roithmayr F (Hrsg) (2009) Studienführer Wirtschaftsinformatik 2009/2010. Gabler, Wiesbaden

Laudon KC, Laudon JP, Schoder D (2015) Wirtschaftsinformatik: Eine Einführung, 3. Aufl. Pearson, London

Leimeister JM (2021) Einführung in die Wirtschaftsinformatik, 13. Aufl. Springer, Berlin

Preuss P, Frank S (2023) Wirtschaftsinformatik: Technologische Trends und betriebliche Informationssysteme, 6. Aufl. Schäffler-Poeschel, Stuttgart

Schwarzer B, Krcmar H (2014) Wirtschaftsinformatik: Grundlagen betrieblicher Informationssysteme, 5. Aufl. Schäffler-Poeschel, Stuttgart

Wilde T, Hess T (2007) Forschungsmethoden der Wirtschaftsinformatik. Eine empirische Untersuchung. Wirtschaftsinformatik 49(4):280–287

Zu Kapitel 2: Rechner und deren Vernetzung

Bedner M (2013) Cloud Computing: Technik, Sicherheit und rechtliche Gestaltung. Kassel University Press, Kassel

Brause R (2017) Betriebssysteme: Grundlagen und Konzepte, 4. Aufl. Springer, Heidelberg

Kohne A, Ringleb S, Yüzel C (2015) Bring your own Device: Einsatz von privaten Endgeräten im beruflichen Umfeld – Chancen, Risiken und Möglichkeiten. Springer, Berlin

Kolbe LM, Zarnekow R (2013) Green IT – Erkenntnisse und Best Practices aus Fallstudien. Springer, Heidelberg

Mandl P, Bakomenko A, Weiß J (2009) Grundkurs Datenkommunikation: TCP/IP-basierte Kommunikation: Grundlagen, Konzepte und Standards, 2. Aufl. Vieweg+Teubner, Wiesbaden

Rahm E, Saake G, Sattler K-U (2015) Verteiltes und Paralleles Datenmanagement – Von verteilten Dantenbanken zu Big Data und Cloud. Springer, Berlin

Reinheimer (Hrsg) (2023) Cloud Computing: Die Infrastruktur der Digitalisierung. Springer, Wiesbaden

Riggert W, Lübben R (2022) Rechnernetze: Ein einführendes Lehrbuch, 7. Aufl. Hanser, München

Zu Kapitel 3: Daten, Informationen und Wissen

Abkenar SB, Kashani MH, Mahdipour E, Jameii SM (2021) Big data analytics meets social media: a systematic review of techniques, open issues, and future directions. Telematics Inform 57:101517

Ali F, Khusro S (2021) Content and link-structure perspective of ranking webpages: a review. Comput Sci Rev 40:100397

Allouch M, Azaria A, Azoulay R (2021) Conversational agents: goals, technologies, vision and challenges. Sensors 21(24):8448

Bauer A, Günzel H (2013) Data-Warehouse-Systeme: Architektur, Entwicklung, Anwendung, 4. Aufl. dpunkt, Heidelberg

Birjali M, Kasri M, Beni-Hssane A (2021) A comprehensive survey on sentiment analysis: approaches, challenges and trends. Knowl Based Syst 226:107134

Brajković H, Jakšić D, Poščić P (2020) Data warehouse and data quality-an overview. CECIIS:17–24. Varazdin

Fill H-G, Meier A (2020) Blockchain: Grundlagen, Anwendungsszenarien und Nutzungspotenziale. Springer, Berlin

Gluchowski P, Chamoni P (2016) Analytische Informationssysteme: business Intelligence-Technologien und –Anwendungen, 5. Aufl. Springer, Berlin

Krcmar H (2015) Informationsmanagement, 6. Aufl. Springer, Berlin

Lang V (2022) Digitale Kompetenz: Grundlagen der Künstlichen Intelligenz, Blockchain-Technologie, Quanten-Computing und deren Anwendungen für die Digitale Transformation. Springer, Berlin

Maier A, Kaufmann M (2019) SQL & NoSQL databases: models, languages, consistency options and architectures for big data management. Springer, Heidelberg

Picot A, Dietl H, Franck E, Fiedler M, Royer S (2008) Organisation: Theorie und Praxis aus ökonomischer Sicht. Schaeffler-Poeschel, Stuttgart

Zu Kapitel 4: Integrierte Anwendungssysteme im Unternehmen

Allweyer T (2020) BPMN 2.0 – business process model an notation: einführung in den Standard für die Geschäftsprozessmodellierung, 4. Aufl. O. V

Ammenwerth E, Haux R, Knaup-Gregori P, Winter A (2015) IT-Projektmanagement im Gesundheitswesen: Lehrbuch und Projektleitfaden. Schattauer, Stuttgart

Andelfinger VP, Hänisch T (Hrsg) (2016) eHealth: Wie Smartphones, Apps und Wearables die Gesundheitsversorgung verändern werden. Springer, Berlin

Becker E, Buhse W, Günnewig D, Rump N (2003) Digital rights management. Springer, Berlin

Becker J (2013) Die Digitalisierung von Medien und Kultur. Springer, Wiesbaden

Becker J, Schütte R (2004) Handelsinformationssysteme, 2. Aufl. Redline, Frankfurt am Main

Bodendorf F, Robra-Bissantz S (2012) E-Business Management. Springer, Berlin

Bruhn M, Hadwich K (Hrsg) (2022) Smart Services. Springer, Berlin

Dickersbach JT (2009) Supply chain management with APO: structures, modelling approaches and implementation of SAP SCM, 3. Aufl. Springer, Berlin

Diller H, Haas A, Ivens B (2005) Verkauf und Kundenmanagement. Kohlhammer, Stuttgart

Dittrich J, Mertens P, Hau M, Hufgard A (2009) Dispositionsparameter in der Produktionsplanung mit SAP, 5. Aufl. Vieweg+Teubner, Wiesbaden

Dumas M, La Rosa M, Mendling J, Reijers HA (2021) Grundlagen des Geschäftsprozessmanagement. Springer, Wiesbaden

Ellringmann H (2021) Vom Qualitätsmanagement zum strategischen Geschäftsprozessmanagement. Masing Handbuch Qualitätsmanagement 2021:55–77

Enneper D (2006) Content Management in Medienunternehmen. VDM, Saarbrücken

Gath M, Herzog O, Edelkamp S (2015) Autonomous, adaptive, and self-organized multiagent systems for the optimization of decentralized industrial processes. In: Kolodziej J, Correia L, Molina JM (Hrsg) Intelligent agents in data-intensive computing. Studies in Big Data 14(1):71–98

Gerke W, Steiner M (Hrsg) (2001) Handwörterbuch des Bank- und Finanzwesens. Schäffer-Poeschel, Stuttgart

Götzer K, Maué P, Emmert U (2023) Dokumenten-Management: Informationen im Unternehmen effizient nutzen. dpunkt, Heidelberg

Gronau N (2016) Handbuch der ERP-Auswahl, 2. Aufl. Gito, Berlin

Gronau N (2021) ERP-Systeme: Architektur, Management und Funktionen des Enterprise-Resource Planning, 4. Aufl. De Gruyter Oldenbourg, Berlin

Haas P (2006) Gesundheitstelematik. Springer, Berlin

Haas P (2009) Medizinische Informationssysteme und Elektronische Krankenakten. Carl Hanser, Berlin

Häcker B, Reichwein B, Turad N (2008) Telemedizin. Oldenbourg, München

Horváth P (2020) Controlling, 14. Aufl. Vahlen, München

Krafzig D, Banke K, Slama D (2007) Enterprise SOA. Best Practices für Serviceorientierte Architekturen. mitp, Heidelberg

Krcmar H (2015) Informationsmanagement, 6. Aufl. Springer, Berlin

Kurbel K (2021) ERP und SCM: enterprise resource planning und supply chain management in der Industrie, 9. Aufl. De Gruyter Oldenbourg, Berlin

Leimeister JM (2020) Dienstleistungsengineering und -management, 2. Aufl. Gabler, Berlin

May M (Hrsg) (2018) CAFM-Handbuch – Digitalisierung im Facility Management erfolgreich einsetzen, 4. Aufl. Springer, Berlin

Mertens P, Barbian D, Baier S (2018) Digitalisierung und Industrie 4.0 – eine Relativierung. Springer Wiesbaden

Munzer I (2000) Mikrogeographische Marktsegmentierung im Database Marketing von Versicherungsunternehmen. dissertation.de, Berlin

Pfohl H-C (2023) Logistics management. Springer, Berlin

Piller F (2006) Mass customization, 4. Aufl. Springer, Berlin

Schmelzer HJ, Sesselmann W (2020) Geschäftsprozessmanagement in der Praxis, 9. Aufl. Hanser, München

Schönsleben P (2020) Integrales Logistikmanagement, 8. Aufl. Springer, Berlin

Stadtler H, Kilger C, Meyr H (2015) Supply chain management and advanced planning, 5. Aufl. Springer, Berlin

Stürken M (2001) Möglichkeiten und Grenzen der Integration von computergestützten Konstruktions- und Verkaufssystemen (CADCAS). dissertation.de, Berlin

Weber J (2010) Logistik- und supply chain controlling, 6. Aufl. Schäffer-Poeschel, Stuttgart

Weiber R, Kleinaltenkamp M, Geiger I (2022) Business- und Dienstleistungsmarketing, 2. Aufl. Kohlhammer, Stuttgart

Wildemann H (2002) Das Just-In-Time-Konzept: Produktion und Zulieferung auf Abruf, 5. Aufl. Transfer-Centrum, München

Zu Kapitel 5: Planung, Realisierung und Einführung von Anwendungssystemen

Balzert H (2008) Lehrbuch der Software-Technik: Softwaremanagement, 2. Aufl. Spektrum, Heidelberg

Balzert H (2009) Lehrbuch der Software-Technik: Basiskonzepte und Requirements Engineering, 3. Aufl. Spektrum, Heidelberg

Balzert H (2011) Lehrbuch der Objektmodellierung: Analyse und Entwurf mit der UML 2, 2. Aufl. Spektrum, Heidelberg

Becker J, Kugeler M, Rosemann M (Hrsg) (2012) Prozessmanagement: Ein Leitfaden zur prozessorientierten Organisationsgestaltung, 7. Aufl. Springer, Berlin

Booch G, Rumbaugh J, Jacobson I (2006) Das UML Benutzerhandbuch. Addison-Wesley, München

Brandt-Pook H, Kollmeier R (2020) Softwareentwicklung kompakt und verständlich: Wie Softwaresysteme entstehen, 3. Aufl. Springer Vieweg, Wiesbaden

Brugger T, Czeslik M, Hager A, Uebel M (2021) Business Transformation mit S/4 HANA: Leitlinien und Vorgehensmodell für einen ganzheitlichen Unternehmenswandel. Springer, Berlin

Gronau N (2016) Handbuch der ERP-Auswahl, 2. Aufl. Gito, Berlin

Oestereich B (2009) Analyse und Design mit UML 2.3: Objektorientierte Softwareentwicklung, 9. Aufl. Oldenbourg, München

Österle H, Winter R (2003) Business engineering, 2. Aufl. Springer, Berlin

Pfeifer T, Schmitt R (2021) Masing Handbuch Qualitätsmanagement, 7. Aufl. Hanser, München

Pomberger G, Pree W (2004) Software Engineering: Architektur-Design und Prozessorientierung, 3. Aufl. Carl Hanser, München

Schütte R, Seufert S, Wulfert T (2022) IT-Systeme wirtschaftlich verstehen und gestalten: Methoden – Paradoxien – Grundsätze. Springer, Berlin

Sommerville I (2018) Software engineering, 10. Aufl. Pearson Studium, München

Tiemeyer E (2023) Handbuch IT-Management: Konzepte, Methoden, Lösungen und Arbeitshilfen für die Praxis, 8. Aufl. Hanser, München

Wieczorrek HW, Mertens P (2011) Management von IT-Projekten: Von der Planung zur Realisierung, 4. Aufl. Springer, Berlin

Zu Kapitel 6: Management der Ressource IT

Alpar P, Alt R, Bensberg F, Grob HL, Weimann P, Winter R (2014) Anwendungsorientierte Wirtschaftsinformatik: Strategische Planung, Entwicklung und Nutzung von Informationssystemen, 7. Aufl. Springer, Wiesbaden

Amberg M, Bodendorf F, Möslein K (2012) Wertschöpfungsorientierte Wirtschaftsinformatik. Springer, Berlin

Cardona M, Kretschmer T, Strobel T (2013) The contribution of ICT to productivity: key conclusions from surveying the empirical literature. Inf Econ Policy 25(3):109–125

Gründer T, Thomas A (Hrsg) (2021) IT-Outsourcing und Digitalisierung in der Praxis. Vorgehen – Steuerung – Kontrolle – Ergebnisqualität, 3. Aufl. Erich Schmidt Verlag, Berlin

Heinrich LJ, Riedl R, Stelzer D (2014) Informationsmanagement – Grundlagen, Aufgaben, Methoden, 11. Aufl. De Gruyter Oldenbourg, Berlin

Hirschheim R, Heinzl A, Dibbern J (2020) Information systems outsourcing: the era of digital transformation, 5. Aufl. Springer, Berlin

Keuper F, Schomann M, Sikora LI, Wassef R (Hrsg) (2018) Disruttion und Transformation Management: Digital Leadership – Digitales Mindset – Digitale Strategie. Springer, Berlin

Marly J (2018) Praxishandbuch Softwarerecht, 7. Aufl. Beck, München

Resch O (2020) Einführung in das IT-Management: Grundlagen, Umsetzung, Best Practice, 5. Aufl. Erich Schmidt, Berlin

Zarnekow R, Brenner W, Grohmann HG (Hrsg) (2004) Informationsmanagement – Konzepte und Strategien für die Praxis. dpunkt, Heidelberg

Zu Kapitel 7: Digitale Transformation von Unternehmen

Cox I (2016) Digital uncovered: it takes more than technology to succeed in the digital world. Axin, o. O

Heinemann G, Haug K, Gehrckens M (2013) Digitalisierung des Handels mit ePace. Innovative E-Commerce-Geschäftsmodelle und digitale Zeitvorteile. Gabler, Wiesbaden

Hess T (2022) Digitale Transformation strategisch steuern: Vom Zufallstreffer zum systematischen Vorgehen. Springer, Wiesbaden

Hess T, Matt C, Benlian A, Wiesböck F (2016) Options for formulating a digital transformation strategy. MIS Q Exec 15(2):103–119

Keuper F, Hamidian K, Verwaayen E, Kalinowski T, Kraijo C (2013) Digitalisierung und Innovation. Planung – Entstehung – Entwicklungsperspektiven. Springer Gabler, Wiesbaden

Knörrer D, Wosen MW, Moormann J, Schmidt D (2021) Digitale Ökosysteme: Strategien, KI, Plattformen. Frankfurt School Verlag, Frankfurt

Kugler S, Anrich F (2018) Digitale Transformation im Mittelstand mit System: Wie KMU durch eine innovative Kultur den digitalen Wandel schaffen. Springer, Berlin

Laudon KC, Traver CG (2021) E-commerce 2021-2022: business, technology, society, 17. Aufl. Pearson, London

Lee EK, Gerla M, Pau G, Lee U (2016) Internet of vehicles: from intelligent grid to autonomous cars and vehicular fogs. J Distrib Sens Netw 12(9)

Stichwortverzeichnis

If you have any concerns about our products,
you can contact us on
ProductSafety@springernature.com

In case Publisher is established outside the EU,
the EU authorized representative is:
Springer Nature Customer Service Center GmbH
Europaplatz 3, 69115 Heidelberg, Germany

Printed by Libri Plureos GmbH
in Hamburg, Germany